“十三五”国家重点出版物出版规划项目
卓越工程能力培养与工程教育专业认证系列规划教材（电气工程及其自动化、自动化专业）
中国大学 MOOC 配套教材
浙江大学新工科机器人工程专业系列教材

自主移动机器人

熊　蓉　王　越　张　宇　周春琳　编著

机 械 工 业 出 版 社

本书介绍了与自主移动机器人运动学建模、导航规划和定位建图相关的数学基础、技术方法和算法。数学基础方面包括概率表示与基本运算，刚性物体三维运动的表示、建模以及计算，概率估计问题建模与求解等；运动学建模方面涵盖轮式移动机器人、躯干式移动机器人、腿足式移动机器人；导航规划方面涵盖路径规划、避障规划、轨迹规划以及融合导航方法；定位建图方面包括常用环境感知传感器、地图表示方法、局部地图构建、里程估计、同时定位与地图构建等，其中里程估计包括运动里程估计、激光里程计、视觉里程计以及多传感器融合里程估计，同时定位与地图构建介绍了闭环检测、问题建模、最优化求解以及采用扩展卡尔曼滤波和粒子滤波两种方法的定位技术。

本书可作为普通高校机器人相关专业高年级本科生和研究生的教材，也可供该领域的科研人员和工程技术人员参考。

本书配有电子课件，选用本教材的教师可通过以下方式之一索取：登录 www. cmpedu. com 注册下载，加微信 jinaqing_candy 索取，或发邮件至 jinacmp@ 163. com 索取（注明姓名、学校等信息）。

图书在版编目（CIP）数据

自主移动机器人/熊蓉等编著. —北京：机械工业出版社，2021. 5
（2025. 1 重印）
“十三五”国家重点出版物出版规划项目　卓越工程能力培养与工程教育专业认证系列规划教材. 电气工程及其自动化、自动化专业
ISBN 978-7-111-67669-0

Ⅰ. ①自…　Ⅱ. ①熊…　Ⅲ. ①移动式机器人－高等学校－教材
Ⅳ. ①TP242

中国版本图书馆 CIP 数据核字（2021）第 037409 号

机械工业出版社（北京市百万庄大街 22 号　邮政编码 100037）
策划编辑：吉　玲　责任编辑：吉　玲　刘琴琴
责任校对：肖　琳　封面设计：严娅萍
责任印制：刘　媛
涿州市般润文化传播有限公司印刷
2025 年 1 月第 1 版第 6 次印刷
184mm×260mm · 16. 5 印张 · 414 千字
标准书号：ISBN 978-7-111-67669-0
定价：55. 00 元

电话服务	网络服务
客服电话：010-88361066	机　工　官　网：www. cmpbook. com
010-88379833	机　工　官　博：weibo. com/cmp1952
010-68326294	金　　书　　网：www. golden-book. com
封底无防伪标均为盗版	机工教育服务网：www. cmpedu. com

前　言

移动是机器人应用所需的一个重要基础功能，可有效拓展机器人的作业范围，完成物品转运、环境清洁、异常巡检等作业，也可到达人类无法到达或者存在危险的区域进行科考探测、侦查救援等。因此，移动机器人在工业、农业、林业、军事、医疗、家庭等各个领域都有着广泛的应用需求。

移动机器人应用领域和应用场景的拓展，对具有更高环境通过能力的移动方式以及不依赖人工遥控和环境内特殊导引标识部署的自主移动技术提出了极大需求。自主移动无须人的介入，对于移动机器人的应用推广具有很好的支撑性，但是对算法的智能性、适应性、可靠性和鲁棒性提出了更高的要求。近年来，移动机器人相关技术飞速发展，移动方式除了传统的轮式、履带式，也形成了多种可以灵巧稳定运行的仿生移动机器人，包括躯干式的仿生游动机器人和仿生飞行机器人以及腿足式的四足机器人和双足机器人等。自主移动技术不仅在导航规划方面形成了经典的算法，并且在地图表示与构建、里程估计、同时定位与地图构建等方面形成了系统方法，有效促进了自主移动机器人的应用推广。

本书编写的目的是为了解和开展自主移动机器人研究的学生和工程师提供基础知识和方法的指导。全书共 7 章：第 1 章对移动机器人及其关键技术进行简要介绍，包括什么是移动机器人，移动机器人的应用、类别、关键性能，以及自主移动需要解决的重要问题及模块架构；第 2 章介绍本书中各个章节的共性数学基础，包括随机变量和概率分布、三维空间几何和动态系统方程、常用的估计方法和技术，本章内容将为后续章节中的具体问题提供分析工具；第 3 章主要介绍常用轮式移动机器人的运动学建模方法及机动度、完整性等问题，并结合现有发展介绍仿生游动机器人和仿生飞行机器人的主要类型与运动学建模方法，以及四足机器人和双足机器人的运动学建模和行走步态生成方法；第 4 章介绍解决机器人自主移动过程中如何从起始点安全快速到达目标点的导航规划方法，包括路径规划、避障规划和轨迹规划，以及近年来研究学者提出的融合导航方法；第 5、6、7 章介绍移动机器人定位建图技术，包括如何利用传感器信息对环境进行建模、基于相邻两次传感器数据进行里程估计、融合多帧传感器数据构建全局一致地图并实现自主定位，这些是目前实现机器人自然导航、自主移动的重要关键技术。

本书由浙江大学熊蓉、王越、张宇、周春琳编写。四位人员均长期从事自主移动机器人相关技术研究，在国家自然科学基金面上项目、国家自然科学基金青年项目、国家自然科学基金-浙江省两化融合联合基金、科技部重点研发项目课题等长期支持下取得了系列成果，相关技术应用于工业、航空航天、核能、港口、无人驾驶等领域，并培育了变电站无轨自然导航巡检机器人、工厂无轨自然导航搬运机器人等优秀产品，形成规模应用。本书第 1、4、5 章由熊蓉编写，第 3 章由熊蓉和周春琳合作编写，第 2、7 章由王越编写，第 6 章由张宇编写。

限于编著者水平，书中难免有疏漏之处，恳请读者批评指正。

编著者

目 录

第1章

绪　论

1.1　什么是移动机器人

随着社会和技术的发展，机器人已经成为智能制造的重要工具，也是促进医疗服务、资源勘探、公共安全、灾难救援的重要技术支撑，其研发、制造、应用成为衡量一个国家科技创新和制造业水平的重要标志，成为国家重点发展的战略性高新技术和产业。

第一台机器人诞生于1959年（图1-1），它被称为机械臂，模拟了人的手臂运动能力，并通过末端执行器来模拟手的操作能力，完成对物体的抓取、抛光、打磨、装配等作业。由于机械臂在速度、负荷和重复运行精度等方面的优势，它被广泛应用于工业生产制造中（图1-2），也被称为工业机器人。但是机械臂作业需要安装在特定的位置上，其作业空间只能是机械臂末端能够到达位姿的集合。传统工业机器人为了确保作业执行的速度和精度，通常安装在固定基座上，使得其作业范围非常有限。

图1-1　第一台机器人

图1-2　工业机器人应用

移动机器人泛指具有移动功能的机器人。第一台移动机器人由斯坦福大学机器人研究所于1966年—1972年期间研发，如图1-3所示，它采用两轮差分驱动方式，并安装有视觉传感器、激光传感器，采用非接触方式感知环境中障碍物，通过碰撞环检测是否与障碍物发生碰撞。随后，各种移动机器人被广泛研究并推广应用。

目前，移动机器人主要采用人类制造的移动车辆结构或者模拟人类/动物的移动方式来实现移动功能，它可有效扩大机器人的工作范围和活动空间，使得机器人能够移动到固定式机器人无法到达的空间位置，完成要求的操作任务。图1-4a为工业生产制造中广泛应用的移动机器人，也称为AGV（Autonomous Guided Vehicle）；图1-4b则是美国宇航局研发的火星探测机器人；图1-4c是美国波士顿动力公司研发的可以行走和上下楼梯的四足机器人。

图 1-3　第一台移动机器人

a) AGV　　b) 火星探测机器人　　c) 四足机器人

图 1-4　各类移动机器人示例

近几年移动机器人与新一代轻型机械臂相结合，形成了移动作业机器人，通过移动底盘扩大了机械臂的作业范围。图 1-5a 为德国 KUKA 研制的四轮全方位移动机器人搭载机械臂实现大型构件的移动打磨作业；图 1-5b 为公共安全中经常使用的防爆机器人，在履带式移动底盘上装载机械臂可完成对物体的远程观测和操作；图 1-5c 是面向家庭服务的移动作业机器人；图 1-5d 中的仿人机器人也是一种移动作业机器人，采用拟人双足移动方式，通过双臂实现作业。

a) 四轮全方位移动作业工业机器人　　b) 履带移动作业防爆机器人

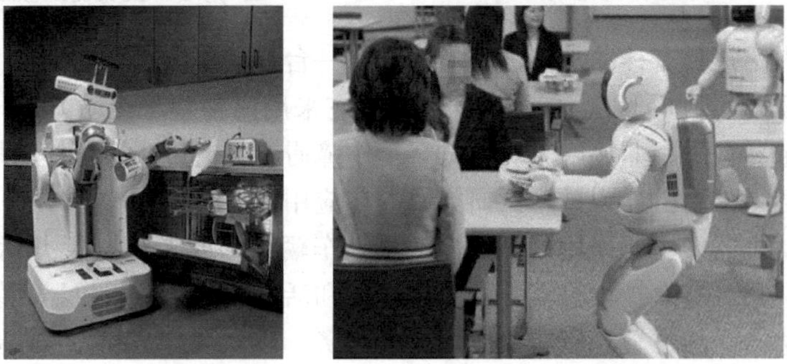

c) 轮式移动作业家庭服务机器人　　d) 腿式移动作业仿人机器人

图 1-5　移动作业机器人示例

1.2　移动机器人的应用

移动机器人在工业、农业、林业、军事、医疗、家庭等各个领域都具有广泛的应用前景。现有大规模应用主要包括：①自动化生产系统中的物料搬运；②电商仓库中的分拣货架搬运，如2011年亚马逊在其仓库中引入KIVA机器人，实现货架到人的运行方式如图1-6所示；③军事探测侦查、武器装备、爆炸物处理，如图1-7所示；④家庭环境中的地面及窗户清洁、室外割草等，如图1-8所示。现有示范应用或者正在研发的应用包括：①火星、月球等星面探测；②海洋开发中的资源勘探、水下设备维护、沉船打捞；③核工业设备的维护与检修；④建筑壁面的装修、检查和清洗；⑤采矿业中的隧道掘进和矿藏开采；⑥农林业中的水果采摘、树枝修建、圆木搬运；⑦医疗服务方面的病员护理、医生助手；⑧社会服务业中的助老助残等。图1-9和图1-10给出了多种水下移动机器人和地面移动机器人的应用。随着技术的逐渐成熟和行业应用需求的发展，将会有更多类型的移动机器人产品和应用，特别是应用于劳动强度大、人类无法进入或对人类有危害的场合中。

图1-6　电商仓库中的移动机器人

a) 武装作战机器人　　b) 探测侦查机器人　　c) 爆炸物处理机器人

图1-7　军事应用中的各类移动机器人

a) 扫地机器人　　b) 擦窗机器人　　c) 游泳池清洁机器人　　d) 割草机器人

图1-8　家庭环境中的各类移动机器人

a) 深海探测载人潜水器HOV(蛟龙号)

b) 设备维护远程遥控水下机器人ROV

c) 自主水下机器人AUV

图 1-9　海洋环境中的各类移动机器人

a) 农业应用

b) 林业应用

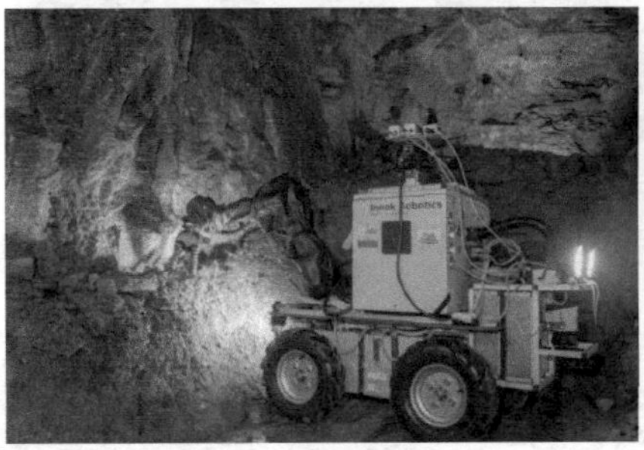

c) 矿业应用

d) 安防应用

图 1-10　各类地面移动机器人应用

1.3 移动机器人的分类

移动机器人的一个关键问题是如何实现环境空间中的灵活移动，即机动性，这取决于所用移动机构。

1. 按移动机构来分

按移动机构来分，移动机器人可分为轮式移动机器人、履带式移动机器人、腿式移动机器人和躯干式移动机器人。

（1）轮式移动机器人 轮式移动机器人最为常见，它通过轮子与地面的摩擦运动来实现移动。第一台移动机器人以及图 1-4a 和 b、图 1-5a 和 c 均为轮式移动机器人。通过采用不同类型和不同排布的轮子可以构成不同的轮式移动机器人。轮式移动机器人结构简单，但其移动效率极大地依赖于环境情况，特别是地面的平坦度和硬度。在平地移动时可具有较高的运动速度；当地面变软时，其效率会大大降低，在非结构环境中移动性能较差。

（2）履带式移动机器人 履带式移动机器人如图 1-11 所示，它通过履带的面接触方式来适应地面的不平整。图 1-12 为履带式移动机构基本组成，由履带、支撑履带的链轮、滚轮以及承载这些零部件的行驶框架构成。驱动轮旋转驱动履带循环，诱导轮和驱动轮一起支撑履带，下滚轮用来减少履带着地压强的不均匀性，上滚轮用于防止履带下垂。通过这种机构设计，履带式移动机器人可较好地适应不平整地面和松软地面，并具有稳定性好、接地比压大、牵引力大等优点，但履带的摩擦会对地面造成较大磨损，适合于军事、救援等领域。

图 1-11 履带式移动机器人

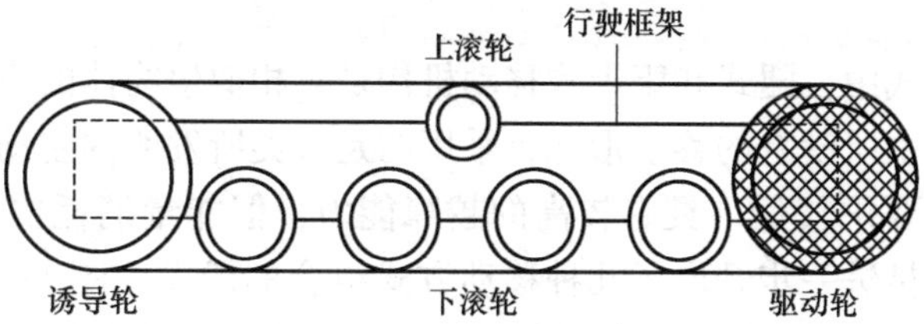

图 1-12 履带式移动机构

（3）腿式移动机器人 腿式移动机器人可以模拟人或足式动物。国内外在该方面都开展了大量的研究，形成了仿人双足机器人、仿狗/仿驴/仿豹子的四足机器人、仿蟑螂、蚂蚁等昆虫类的多足机器人，如图 1-13 所示。与其他移动方式相比，腿式机器人与地面通过足接触，是一种非连续点接触，因此不仅可以适应不平整地面、松软地面，而且可以适应不连续地形，跨/翻越沟、坎、台阶等障碍。此外，腿式运动系统可以主动隔振。在地面高低不平时，通过不同腿部的高度调节确保身体运动的平稳。但是腿式移动机器人机构复杂，腿部关节既需要快速摆动又需要支撑身体重量，对驱动提出了很高要求。并且由于自由度大，不仅造成系统难以准确建模控制，也造成系统能耗高、成本高。当支撑腿较少导致支撑域较小时，机器人容易受外力影响而失去平衡。因此，腿式移动机器人是移动机器人领域的重要难题之一。

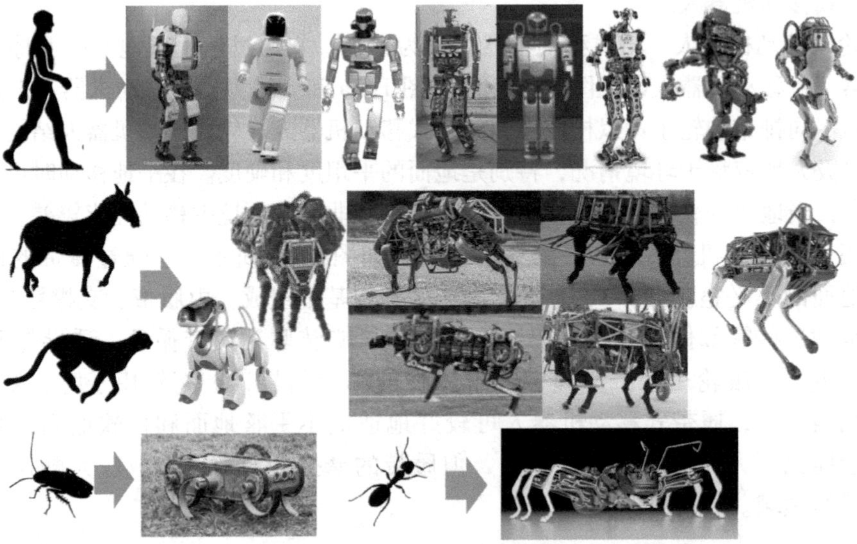

图 1-13　各种腿式移动机器人

（4）躯干式移动机器人　躯干式移动机器人采用依附于空间的移动方式，目前以仿生为主要研发趋势，图 1-14 为陆地上蛇的模拟、空中飞鸟的模拟和水中鱼的模拟。

图 1-14　躯干式移动机器人

上述各种移动方式中，腿式和躯干式移动机构是对相似生物体的模拟，而轮式和履带式移动机构则是生物体中所没有的移动形态，采用的是人类所发明的主动驱动轮模式。腿式移动机构对行走路面的要求较低，具有较高的越障能力，但能量消耗要远远大于轮式移动机构。近几年，研究人员进一步开展了几种移动方式组合的研发，图 1-15 中波士顿动力研发的轮腿式移动机器人 Handler 有效结合了平整地面上轮式的高效和腿式对不平整地面的适应能力。除了移动结构的创新，新型材料和驱动也被引入，图 1-16 为哈佛大学研发的新型蛇形机器人，它内部采用软体材料和气动驱动，外部采用剪纸模仿蛇鳞工作原理，用激光切割技术把聚酯皮肤剪裁成鳞状，实现与地面的摩擦运动，与传统的刚性结构的蛇形机器人相比具有更好的环境附着性。

图 1-15 波士顿动力研发的轮腿式移动机器人 Handler

图 1-16 哈佛大学研发的新型蛇形机器人

2. 按环境特点和作业空间来分

除了按移动方式分类，也有根据环境特点和作业空间进行分类。按环境特点来分，移动机器人可以分为结构环境内的机器人和非结构环境内的机器人。结构环境是指在导轨（一维）和铺设好的道路（二维）上的移动环境，在这种场合，机器人可采用车轮方式移动。非结构环境包括：①陆上二维、三维环境，海上、海中环境，空中、太空环境等原生的自然环境；②陆上建筑物的内外环境（阶梯、电梯、张紧的钢丝）、间隙、沟、踏脚石（不连续环境）等，以及海中的混凝土、作为构筑物的桩、钢丝绳等有人工制作物的环境。在这类非结构环境中，可参考自然界动物的移动机构，如 2 足、4 足等步行机构，匍匐运动机构（蛇），吸附机构，飞翔中的升力控制、重心控制、离心力控制等，也可以利用人们开发的履带、驱动器。按作业空间来分，移动机器人可分为陆地移动机器人、水下移动机器人、空中移动机器人。

1.4 移动机器人的关键性能

在研发移动机器人时，主要考虑机动度、速度、加速度、运动精度、运动稳定性、载荷能力和移动自主性等关键性能。

1）机动度表示移动机器人在空间中运动的灵活度，也称为移动自由度，由可移动度和可操纵度组成。可移动度是通过执行单元的速度控制可以实现的机器人空间移动自由度，而可操控度是通过执行单元的方向控制可以实现的机器人空间移动自由度。

2）速度、加速度包括机器人移动的最大、最小速度和加速度。

3）运动精度包括到点精度和重复精度。前者指机器人移动到点的实际位置和理想位置之间的误差；后者是指在相同位置指令下机器人连续重复运动若干次，其位置的分散情况。这个运动精度可以是开环控制下，仅仅根据运动学和动力学模型，通过速度或加速度控制实现到点运动；也可以是闭环控制下，结合传感器感知实现伺服位置控制。

4）运动稳定性可以分为静态稳定和动态稳定。静态稳定指机器人的质心（Center of Mass，CoM）投影点落在支撑域内。所谓支撑域是指机器人与地面接触点张成的凸多边形。例如，图1-15中Handler与地面接触的是两个轮子的点，张成的支撑域是两点的连线，因此机器人是无法静态稳定的。图1-4中的AGV则通常有三个及以上数量的轮子着地，张成的支撑域是三角形或者多边形，机器人容易形成静态稳定。图1-17中双脚站立的人，其支撑域为两个脚的外包络框构成的区域，打球单脚着地时，其支撑域则为单脚外包络框构成的区域，此时支撑域较小，因此难以实现静态稳定。研究人员在腿足式机器人平衡控制研究中提出了零力矩点（Zero Moment Point，ZMP）或者压力中心点（Center of Pressure，CoP）落在支撑域内等动态稳定规则。

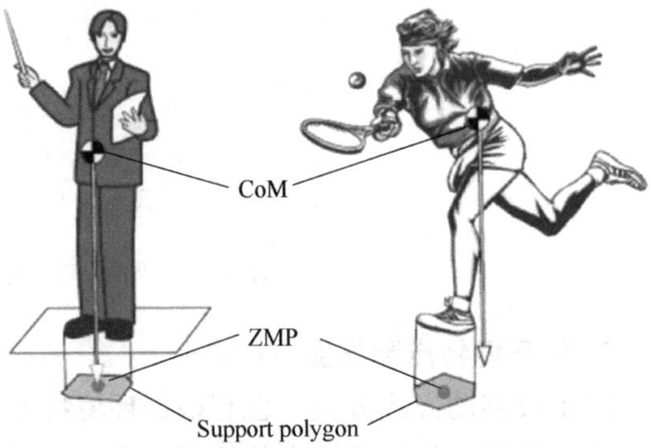

图1-17　双足机器人的支撑域与稳定性

5）移动机器人可以通过遥控、半自主或者全自主的方式在环境中作业。全自主移动无须人的介入，对于机器人应用推广具有很好的便捷性，但是对算法的智能性、适应性、可靠性和鲁棒性提出了很高的要求。在工厂里使用的AGV为了实现自主移动并确保可靠性，往往采用在作业环境中部署磁钉、磁条、二维码、激光反射板等人工标识的方法。但在家庭、办公、室外以及人类无法到达的环境中，无法为机器人部署人工标识，这种情况下必须要实现智能的自主移动，即利用机器人自身对环境的感知及认知完成准确移动作业。由于这方面的技术不够成熟，难以适应各种环境和环境的变化，难以保障可靠性和鲁棒性，因此美国NASA在火星探测早期是通过地面人工远程遥控火星机器人来实现移动的，一个太阳日仅能够移动10cm，直到2007年才实现半自主移动，由人工做间隔一定距离的移动路径点规划，机器人在路径点之间做自主感知和移动控制。目前，无人工标识的全自主移动技术取得了重要突破，在家庭清洁、酒店送物、工厂搬运等机器人上都有应用推广，减少了在环境中部署人工标识的需求，提高了机器人作业的灵活性。

1.5　自主移动关键技术

不论是有人工标识还是无人工标识，机器人自主移动都需要解决三个关键问题："在哪里""到哪里""怎么去"。"在哪里"是确定机器人在环境中的位置，通常是在所给定环境地图的坐标系中确定机器人的位置，也称为定位问题。"到哪里"是目标规划问题，与任务相关。"怎么去"则需要寻找从机器人当前位置到目标位置的移动规划和控制，称为导航规划。这三者需要统一在环境地图坐标系中进行描述，涉及地图表示与构建问题。因此自主移动领域需要研究解决地图表示与构建、定位、导航这三方面问题。如果在环境中设置人工标识，地图构建和定位问题可以大大简化，但一般应用环境中难以设置人工标识，并且存在物体移动、光照/季节/气候等各种动态变化，使得这两个问题成为约束机器人在一般环境中可靠鲁棒移动的瓶颈问题。

自主移动各模块架构如图 1-18 所示。机器人在环境中执行移动作业会改变其在环境中的位置，通过传感器测量和信息处理可获得对环境的局部观测信息和自身运动变化信息。利用这些信息，可以通过信息融合来构建环境的全局地图，也可以通过与已有地图的匹配来确定机器人的当前位置。进而结合任务目标规划进行导航规划，可获得移动机器人质心或者参考点的移动轨迹序列，基于运动学模型可根据质心或参考点移动轨迹计算得到各个驱动的控制序列，机器人实现向目标点的移动。

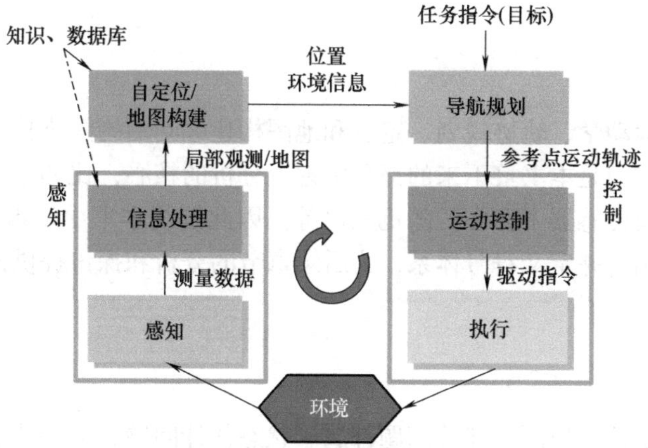

图 1-18 自主移动模块架构

该架构描述了模块之间的关系，各个模块可以顺序执行，也可以并行执行，相互之间通过消息订阅-发布模式进行信息的交换。后者能够更好地适应目标的变化、环境的变化以及各个模块工作频率的不同。例如，自定位频率往往受传感器采集频率和计算效率的影响，时间在几十到几百毫秒，而驱动单元的控制频率往往在数个毫秒，导航规划为了确保安全也需要很快地根据对环境的局部观测进行避障运动规划。因此模块之间通过信息交互机制实现并行执行的模式目前被广泛采用。

1.6 小结

本章对移动机器人的定义、作用、应用、分类、关键性能和自主移动关键技术进行了介绍和说明，期望让读者对移动机器人及其应用发展有一个感性认识，对移动机构类别及研发应用时所关注的重要性能有一个基本了解，并理解后续各章内容在机器人实现自主移动中所起到的作用和相互之间的关联。

习 题

1-1 列举移动机器人应用的领域和完成的作业。

1-2 列出轮式、履带式、腿式、躯干式四类移动机器人各自的优点、缺点和适用环境。

1-3 列出移动机器人的关键性能，并对关键性能进行名词解释。

1-4 说明机器人自主移动要解决的关键问题及其所对应的研究内容，并描述研究内容之间的相互关系。

1-5 查阅文献资料，介绍一个新型移动机器人，包括其移动方式、关键性能参数、应用领域、主要技术特色。

第 2 章 预备知识

移动机器人的运动学、轨迹规划、定位和地图构建等问题均围绕移动机器人的状态空间展开。因此，状态空间是本书接下来的部分中理论分析的核心，比如在状态空间中表达移动机器人的位姿、建模传感器中存在的随机噪声等。因此围绕本书中牵涉到的共性理论基础，本章将进行统一介绍，并定义符号体系，为后续章节的分析和探讨提供便捷。

2.1 概率基础

移动机器人的定位、地图构建等问题都属于状态估计问题，解决状态估计问题常采用概率理论框架。因为状态估计的核心是从带有随机噪声的传感器原始信息中估计出自身的状态，这就牵涉到如何表示各种噪声、如何建模各种带有噪声的状态空间等，因此本章首先介绍概率理论，从随机变量、概率密度函数开始，逐步介绍样本、统计量等概念，最后针对在移动机器人甚至是工程领域中最常见的分布——高斯分布进行具体的探讨。

2.1.1 概率密度函数

首先看一个例子。如图 2-1 所示，假定有一个移动机器人在一个工厂中长时间工作，有一个传感器每隔一段时间就会检查一次机器人的处理器是否过热。那么传感器结果就有两种可能：一种结果是正常，一种是过热。其中过热是一个随机事件，它可能一天都不发生，也可能一天发生了两次，将正常和过热称为随机事件 e，传感器结果的样本空间为 $S=\{$正常，过热$\}$。同样的定义也可以推广到其他的案例，比如机器人的定位误差可能在 5cm 以内，也可能在 5～10cm，也可能是 10cm 以上，那么定位误差的样本空间就是 $S=\{$5cm 以内,5～10cm,10cm 以上$\}$。通过这些案例，可知随机变量的定义如下：**随机变量 X 是一个从样本空间 S 到一个实数 x 的函数，$X(e)=x$，其中 $e\in S$ 且 $x\in R$。**

将传感器结果这个随机事件数量化，比如把正常记为 $x=0$，把过热记为 $x=1$，就构造了一个表示传感器结果的随机变量 X，结果正常即 $X=0$，过热即 $X=1$。注意：这里的 0 和 1 虽然是数，但两者之间不存在大小关系，随机变量的定义就是为了将随机事件定义到实数上。当随机事件本身就是数值时，比如将定位误差定义为误差值，定位误差的事件就是一个实数，事件的集合就是一个区间，如 $S=\boldsymbol{R}^+$，此时随机变量就可以简化为 $x=e$，即定位误差 X 为某个数被表示为 $X=e$。至此，通过以上构建映射的方法，可以将一系列移动机器人中可能发生的随机事件，都定义为随机变量。

图 2-1 随机变量在机器人传感中的使用案例

注：机器人携带的温度传感器读数是一个随机变量，基于温度给出的过热或正常的判定也是一个随机变量（左）；机器人的测距仪读数是一个随机变量，与真实值之间的误差也是一个随机变量（右）。

在定义了随机变量后，可以定义一个随机变量的概率：**对于一个样本空间 S 中的每个事件 e，概率 $Pr(e)$ 满足两个性质：①对任意 e，均有 $Pr(e)\in[0,1]$；②$\sum_{e\in S}Pr(e)=1$。**对于传感器结果 X，假设正常事件的概率 $Pr(X=0)=0.99$，那么 $Pr(X=1)=0.01$。通常概率的具体取值并不通过定义获得，而是通过估计获得，描述了这个事件发生的频率。如果存在另一个机器人 2，而之前的机器人称为机器人 1，定义机器人 2 的传感器结果为 Y，正常事件的概率 $Pr(Y=0)=0.8$，那么可以认为在没有其他因素干扰的情况下，机器人 2 可能比机器人 1 更容易发生故障。这里使用“可能”是因为两个机器人的概率值均是通过估计获得，而估计本身也不是一个确定量。通过对每个事件附加概率，就可以形成概率分布函数 $Pr(X=x)$，其将随机变量的取值映射到概率值上。

连续随机变量无法采用以上的方式定义，因为其样本空间 S 不离散。通常通过累积分布函数进行定义，记为 $F(x)$，该函数可以定义为：$F(x)\triangleq Pr(X\leqslant x)$。通过将连续随机变量的事件转化为区间，借助离散随机变量的概率分布函数对累积分布函数进行定义。如图 2-2 所示，以定位误差为例，前面将定位误差划分为离散的样本空间，即 $S=\{$5cm 以内,5~10cm,10cm 以上$\}$，那么对于被定义为误差值的定位误差 X，它的累积分布函数就是 $F(5)=Pr$(5cm 以内)，$F(10)=Pr$(5cm 以内)$+Pr$(5~10cm) 等。根据累积分布函数的定义方法，可知该函数满足：

- $F(x)$ 是单调非减的，因为概率的取值非负；
- $\lim_{x\to\infty}F(x)=1$；
- $\lim_{x\to-\infty}F(x)=0$。

注意到当 x 是连续时，可以进一步定义**概率密度函数**：

$$p(x)=\frac{\mathrm{d}F(x)}{\mathrm{d}x} \tag{2-1}$$

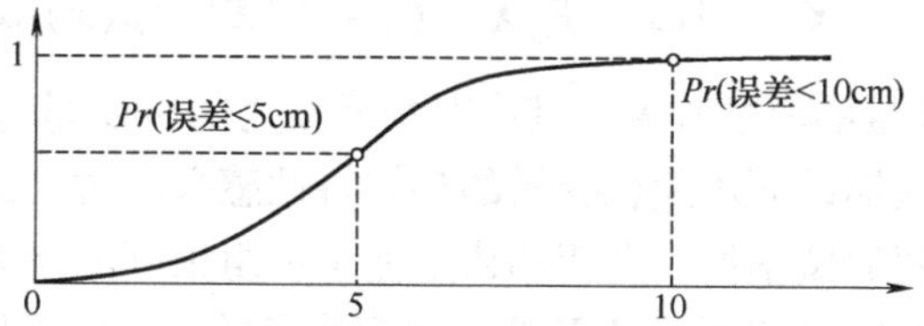

图 2-2 定位误差的累积分布函数

根据该定义，可知概率密度函数满足：

- $p(x) \geqslant 0$；
- $\int_{-\infty}^{\infty} p(x)\,\mathrm{d}x = 1$；
- $\int_{a}^{b} p(x)\,\mathrm{d}x = Pr(a \leqslant X \leqslant b)$。

至此，定义了概率密度函数用于描述连续随机变量的概率性质。通过对连续随机变量进行积分，可以对一个连续随机变量任意划分而得的事件进行概率定义，比如定位误差在3.1～5.8cm之间的概率就等于$\int_{3.1}^{5.8} p(x)\,\mathrm{d}x$。考虑到在移动机器人系统中，误差往往是连续随机变量，所以概率密度函数将是本书进行分析时最常用的工具之一，由它衍生出的一系列数学工具在估计问题上发挥了重要作用。为了使用这些工具，就需要了解如何将一个移动机器人中的问题表达成一个基于连续随机变量的问题，而关键就是对定义的熟练把握，这也是本章首先详细地介绍定义的原因。对于累积分布函数和概率密度函数所具有性质的证明，可以在概率和数理统计类教材中查阅到，也可以由定义导出。由于本书的主题不是概率和数理统计，因此不再针对这部分内容详细展开。需要注意的是，尽管已经介绍了概率和对应的一系列函数，但并没有介绍概率的值如何确定。事实上，概率框架下状态估计的数学核心就是对概率或概率密度函数进行建模，并确定函数的参数。

2.1.2 期望、方差及高斯分布

估计一个事件的概率可以通过重复对该随机变量进行测量，并计算频率获得，这也是离散随机变量常用的估计方式。但用这种方法确定连续随机变量中概率密度函数的值几乎不可能，因为连续随机变量的取值有无穷多个。针对该问题，一类常见的解决方式是对随机变量的一些特殊参数进行估计，比如期望和方差。此外，也可以将概率密度函数赋予特殊的解析形式，并用该函数的未知参数对概率密度函数进行表达。由于参数的个数是离散且有限的，估计参数是确定概率密度函数的一条可实现途径。在概率和数理统计发展中，有一系列的概率密度函数形式被提出用来表征各种随机事件，这些特殊形式包括高斯分布、伽马分布、学生分布等。本节对工程领域中应用最广泛的高斯分布进行详细介绍。

在机器人问题中考虑到状态估计通常面向多维系统，所以在后续的章节中，除非进行特殊说明，$\boldsymbol{X}$ 均表示 N 维随机变量，其取值 $\boldsymbol{x} \in \boldsymbol{R}^N$。首先介绍描述随机变量常用的参数，首先是**期望**

$$E\{\boldsymbol{X}\} = \int \boldsymbol{x} p(\boldsymbol{x})\,\mathrm{d}\boldsymbol{x} \tag{2-2}$$

式（2-2）描述了随机变量的均值。定义 N 维随机变量的**协方差矩阵**

$$\mathrm{Cov}\{\boldsymbol{X}\} = \int (\boldsymbol{x} - E\{\boldsymbol{X}\})(\boldsymbol{x} - E\{\boldsymbol{X}\})^{\mathrm{T}} p(\boldsymbol{x})\,\mathrm{d}\boldsymbol{x} \tag{2-3}$$

式（2-3）描述了随机变量的离散程度，其中对角元素为随机变量每个元素的**方差**。当对某个具体事件的概率不感兴趣，而对随机变量的整体特性感兴趣时，比如更关心定位误差的平均水平而非某个具体区间的概率值，期望和协方差是一组很好的参数。

现在引出高斯分布的定义如下，**若 $\boldsymbol{X}$ 的概率密度函数 $p(\boldsymbol{x})$ 满足**

$$p(\boldsymbol{x}) = \frac{1}{\sqrt{(2\pi)^N |\boldsymbol{\Sigma}|}} \exp\left(-\frac{1}{2} (\boldsymbol{x} - \boldsymbol{\mu})^{\mathrm{T}} \boldsymbol{\Sigma}^{-1} (\boldsymbol{x} - \boldsymbol{\mu}) \right) \tag{2-4}$$

则随机变量 X **服从高斯分布，记为** $\boldsymbol{X} \sim N(\boldsymbol{\mu}, \boldsymbol{\Sigma})$。对于 $\boldsymbol{X} \sim N(0, \boldsymbol{I})$，记为 $\boldsymbol{X}$ 服从标准高斯分布，其中 $\boldsymbol{I}$ 为 $N \times N$ 单位矩阵。如图 2-3 所示，给出了两个高斯分布的概率密度函数，其均值为 0，协方差矩阵的主对角线为 1，非对角线为 0.3。可以看到，当非对角元素有值，也就是两个变量间存在相关性时，高斯分布的协方差椭圆会发生旋转。

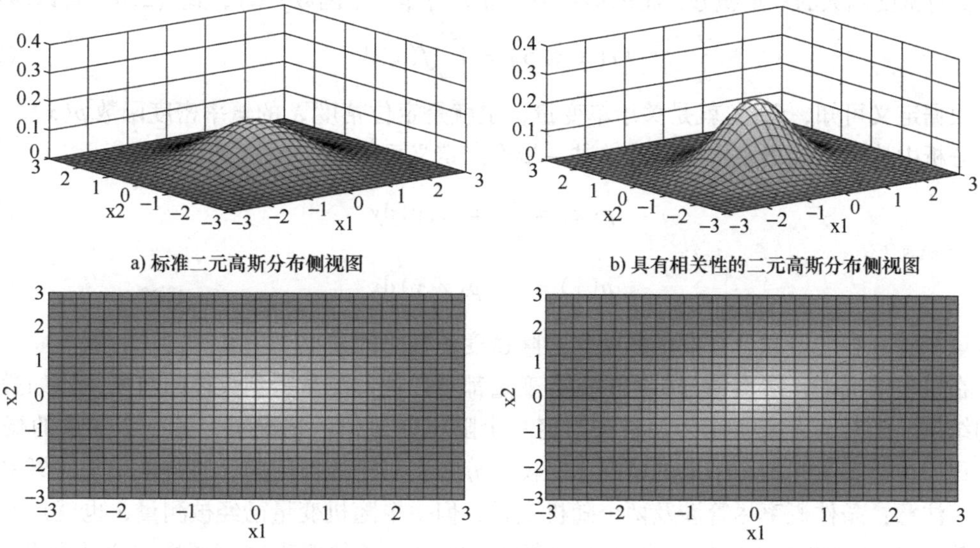

a) 标准二元高斯分布侧视图　　b) 具有相关性的二元高斯分布侧视图

c) 标准二元高斯分布俯视图　　d) 具有相关性的二元高斯分布俯视图

图 2-3　多变量高斯分布的概率密度函数

将满足高斯分布的随机变量代入式（2-2）和式（2-3），可以发现参数 $\boldsymbol{\mu}$ 是 $\boldsymbol{X}$ 期望，$\boldsymbol{\mu} = E\{\boldsymbol{X}\}$，而参数 $\boldsymbol{\Sigma}$ 对应 $\boldsymbol{X}$ 的协方差矩阵，$\boldsymbol{\Sigma} = \mathrm{Cov}\{\boldsymbol{X}\}$。这说明了解一个 N 维随机变量的期望和协方差矩阵，可以大致了解甚至完全确定随机变量的概率密度函数。这也说明对于满足特殊分布的随机变量，估计其分布的参数所需要的样本数远远比直接通过概率分布函数定义，确定概率密度函数更高效。数理统计领域的大量实践经验证明，这些常用的分布往往能够很好地表示实际数据。

图 2-3 彩图

2.1.3　联合概率和条件概率

在移动机器人的实际应用中，通常不会关心单个随机变量的分布情况，更多的是利用一些容易测到的随机变量，对不容易测到的随机变量进行估计。比如机器人利用激光测距、视觉测距等方式间接得到定位信息，那么此时激光的测距结果是一个随机变量，而机器人的定位信息是另一个无法直接测量的随机变量。这就需要研究定位和激光测距两个随机变量之间的关系，通过激光测距的分布情况推测定位的分布情况。为了实现该目标，本节将介绍多变量联合概率分布以及条件概率。

给定两个随机变量 X 和 Y，根据累积函数定义可推广到两个随机变量的情况，即 $F(x,y) \triangleq Pr(X \leqslant x, Y \leqslant y)$，这样就可以导出联合概率密度函数：

$$p(x,y) = \frac{\partial^2 F(x,y)}{\partial x \partial y} \tag{2-5}$$

在给定联合概率密度函数的情况下，导出单变量概率密度函数的方法也很直观。设定位

精度 X 和激光测距 Y 的联合分布为 $p(x,y)$，如果要知道定位精度在 5cm 范围内的概率，可以采用如下求解方法：

$$Pr(X \leqslant 5) = Pr(X \leqslant 5, Y \leqslant \infty) = F(5,\infty) = \int_{-\infty}^{5}\left(\int_{-\infty}^{\infty} p(x,y)\,\mathrm{d}y\right)\mathrm{d}x \tag{2-6}$$

注意到对密度函数的双重积分，将内括号中的部分看作一个函数 $f(x)$，式（2-6）可以转化为

$$Pr(X \leqslant 5) = \int_{-\infty}^{5} f(x)\,\mathrm{d}x \tag{2-7}$$

根据定义可知，$f(x)$ 就是关于单变量，也就是定位精度 X 的概率密度函数 $p(x)$，在多变量分析中称为边际概率密度函数。进一步推广定义可得

$$p(x) = \int_{-\infty}^{\infty} p(x,y)\,\mathrm{d}y \tag{2-8}$$

$$p(y) = \int_{-\infty}^{\infty} p(x,y)\,\mathrm{d}x \tag{2-9}$$

通过该步骤，多变量联合密度函数就和边际密度函数之间建立了关联。

在很多情况下，多变量分析时的部分变量都可以通过测量得到具体的数据，比如激光测距的结果。此时，大家往往会关心在给定一个随机变量值的情况下，另一个变量的概率分布，比如在给定激光测距结果的情况下定位的分布。对于这类问题，通常采用条件概率进行分析。注意：条件概率尽管涉及两个随机变量，但一个随机变量已经被测量，也就是说有具体的值，也就意味着条件是一个具体的事件。因此，条件概率密度函数定义为**条件 $Y \in A$ 下，其中 A 是一个范围，随机变量 X 的条件概率密度函数**，即

$$p(x \mid Y \in A) = \frac{p(x, Y \in A)}{p(Y \in A)} = \frac{\int_A p(x,y)\,\mathrm{d}y}{\int_A p(y)\,\mathrm{d}y} = \frac{\int_A p(x,y)\,\mathrm{d}y}{\int_A \int_{-\infty}^{\infty} p(x,y)\,\mathrm{d}x\mathrm{d}y} \tag{2-10}$$

比如当激光的测量结果 Y 都在 50cm 以内时，定位精度 X 的概率密度为 $p(x \mid Y \leqslant 50)$，而当激光的测量结果 Y 都在 50cm 以上时，定位精度的概率密度为 $p(x \mid Y > 50)$，如图 2-4 所示。现在不妨比较在两个条件下定位精度的期望

$$\varepsilon \triangleq \int_{-\infty}^{\infty} xp(x \mid Y \leqslant 50)\,\mathrm{d}x - \int_{-\infty}^{\infty} xp(x \mid Y > 50)\,\mathrm{d}x \tag{2-11}$$

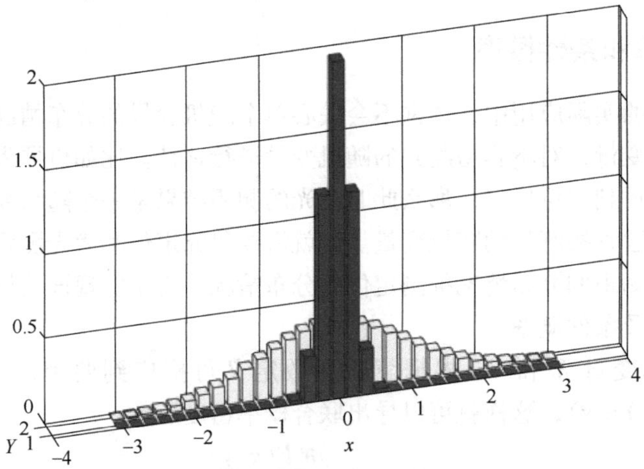

图 2-4 定位精度和测量结果构成的条件分布

注：其中测量结果在 50cm 以内时，用 1 表示，否则用 2 表示。可以看到，在该例子中，当测量结果在 50cm 以内时，测量的方差更小。但均值类似。

假定上式满足高斯分布，可以很容易导出两者的期望，如果 $\varepsilon>0$，说明激光在近距离测距时的定位平均性能比在激光测远距离时更好，进一步分析可能这是因为激光的远距离测距系统误差更大造成的。该示例的目的不是为了探究激光测距和定位精度之间的机理，但该示例很好地说明了利用概率工具，能够为揭示深层次的机理提供启发和依据。

本节首先介绍了单变量概率和单变量概率密度函数，然后引出联合概率密度函数，最后导出条件概率密度函数，配合具体的概率分布形式如高斯分布，分析的案例与实际情况越贴近，则越能够给出具有意义的结论。并且在条件密度函数的分析过程中，将联合概率密度、边际概率密度和期望等之前所介绍的工具都串联到一起。可以预期，本章的内容将为后续状态估计问题提供有效的建模和分析工具。

2.2 三维动态系统

机器人一般在三维空间工作。对于三维空间中的点的运动，通常可以采用质点的方式进行描述。但机器人是一个刚体，除了位置的描述以外还需要描述姿态，因此仅采用质点方式描述机器人的状态是不够的。本章接下来的部分将介绍描述机器人位置和旋转的数学工具，并引入位姿的概念对机器人的空间描述标准化。在此基础上，进一步基于位姿概念建模机器人运动学系统，将机器人的角速度、线速度等一阶导数信息和位置信息关联。最后针对位姿中的旋转部分，介绍其概率分布的描述方法，建模机器人状态系统中的不确定度，为后续的概率估计建立基础。

2.2.1 位移、旋转和位姿

不失一般性，如图 2-5 所示，物理空间中一个质点的位置可以用一个三维向量 $\boldsymbol{p}\triangleq(x,y,z)^{\mathrm{T}}\in\boldsymbol{R}^3$ 进行描述，向量中三个元素分别表示质点 $\boldsymbol{p}$ 在空间坐标系 $\mathbf{B}$ 中的 x、y 和 z 轴坐标，后续为了体现点所在的坐标系，记为 $\boldsymbol{p}^{\mathbf{B}}$。考虑到机器人是一个刚体，不妨定义 $\mathbf{B}$ 是刚体的坐标系。当机器人运动时，该坐标系就会和静态的参考坐标系 $\mathbf{W}$ 发生相对运动。定义坐标系 $\mathbf{B}$ 的三轴单位向量在 $\mathbf{W}$ 下的坐标为 $\boldsymbol{x}_{\mathbf{B}}^{\mathbf{W}}$、$\boldsymbol{y}_{\mathbf{B}}^{\mathbf{W}}$ 和 $\boldsymbol{z}_{\mathbf{B}}^{\mathbf{W}}$，原点为 $\boldsymbol{t}_{\mathbf{B}}^{\mathbf{W}}$。那么刚体上的点 $\boldsymbol{p}$ 在 $\mathbf{W}$ 中的位置为

$$\boldsymbol{p}^{\mathbf{W}}=(\boldsymbol{x}_{\mathbf{B}}^{\mathbf{W}}\quad \boldsymbol{y}_{\mathbf{B}}^{\mathbf{W}}\quad \boldsymbol{z}_{\mathbf{B}}^{\mathbf{W}})\boldsymbol{p}^{\mathbf{B}}+\boldsymbol{t}_{\mathbf{B}}^{\mathbf{W}} \tag{2-12}$$

做如下定义：

$$\boldsymbol{R}_{\mathbf{B}}^{\mathbf{W}}\triangleq(\boldsymbol{x}_{\mathbf{B}}^{\mathbf{W}}\quad \boldsymbol{y}_{\mathbf{B}}^{\mathbf{W}}\quad \boldsymbol{z}_{\mathbf{B}}^{\mathbf{W}}) \tag{2-13}$$

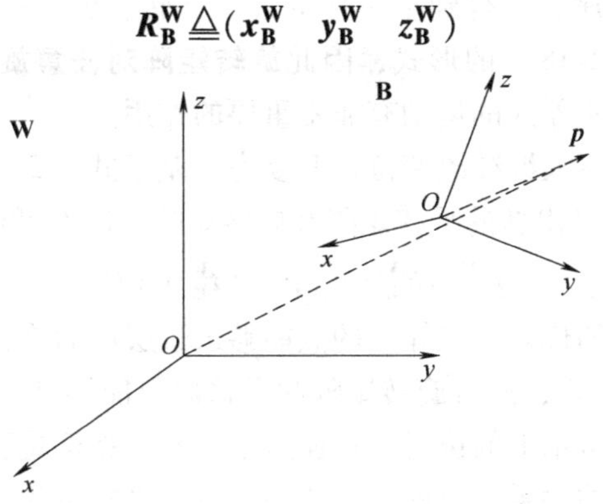

图 2-5 世界坐标系 W、刚体坐标系 B 以及质点 p 的定义

可以想象，当机器人相对于 W 做平移运动时，$\boldsymbol{R}$ 为单位矩阵，此时点 $\boldsymbol{p}^{\mathbf{B}}$ 遵循质点运动的向量和表示方式，即 $\boldsymbol{p}^{\mathbf{W}}=\boldsymbol{p}^{\mathbf{B}}+\boldsymbol{t}_{\mathbf{B}}^{\mathbf{W}}$。但当机器人相对于 W 转动时，$\boldsymbol{R}$ 就不再是一个单位矩阵，因为 B 的三轴都不再和 W 的三轴平行。$\boldsymbol{R}$ 被称为旋转矩阵，用其下标和上标表示下标坐标系相对于上标坐标系的转动。由该定义可以导出 $\boldsymbol{R}$ 的性质：

- $\boldsymbol{R}$ 的三个列向量两两互相垂直；
- $\boldsymbol{R}$ 的三个列向量模长为 1；
- $\boldsymbol{R}$ 的三个列向量满足笛卡儿坐标系的右手定则顺序，因此 $|\boldsymbol{R}|=1$。

从坐标系变换的角度，旋转矩阵可以看作是一组标准正交基，表示的是旋转后的坐标系相对于旋转前坐标系的三轴。旋转可以用多种形式进行定义，先介绍一种机器人中比较常用的方式：将旋转的过程分解为依次关于初始状态的 x 轴、y 轴和 z 轴进行旋转，即 W 的三轴分别旋转 θ_x、θ_y 和 θ_z，称为翻滚角、俯仰角和航向角。根据旋转矩阵的定义方式，可以得到三个旋转矩阵：

$$\boldsymbol{R}_x(\theta_x)\triangleq\begin{pmatrix}1 & 0 & 0\\ 0 & \cos(\theta_x) & -\sin(\theta_x)\\ 0 & \sin(\theta_x) & \cos(\theta_x)\end{pmatrix} \tag{2-14}$$

$$\boldsymbol{R}_y(\theta_y)\triangleq\begin{pmatrix}\cos(\theta_y) & 0 & \sin(\theta_y)\\ 0 & 1 & 0\\ -\sin(\theta_y) & 0 & \cos(\theta_y)\end{pmatrix} \tag{2-15}$$

$$\boldsymbol{R}_z(\theta_z)\triangleq\begin{pmatrix}\cos(\theta_z) & -\sin(\theta_z) & 0\\ \sin(\theta_z) & \cos(\theta_z) & 0\\ 0 & 0 & 1\end{pmatrix} \tag{2-16}$$

考虑到在进行三个旋转的过程中不发生平移，那么刚体上一点 $\boldsymbol{p}$ 通过这种旋转过程，最终在参考坐标系 W 下的位置可以求解如下：

$$\boldsymbol{p}^{\mathbf{W}}=\boldsymbol{R}_z(\theta_z)\boldsymbol{R}_y(\theta_y)\boldsymbol{R}_x(\theta_x)\boldsymbol{p}^{\mathbf{B}}+\boldsymbol{t}_{\mathbf{B}}^{\mathbf{W}} \tag{2-17}$$

将式（2-17）对比式（2-12）可以得出

$$\boldsymbol{R}_{\mathbf{B}}^{\mathbf{W}}=\boldsymbol{R}_z(\theta_z)\boldsymbol{R}_y(\theta_y)\boldsymbol{R}_x(\theta_x) \tag{2-18}$$

从式（2-18）中可以发现，一个旋转矩阵可以通过一组关于特定轴按一定顺序旋转的旋转矩阵连乘导出，并且该过程不会破坏旋转矩阵的性质。此外，由于矩阵乘法不满足交换律，旋转过程如果调换顺序，会得到不一样的最终旋转。更一般地，对于任意两个旋转矩阵，因为均可分解为式（2-18）的形式，因此**旋转矩阵对任意旋转矩阵乘法封闭且不满足交换律**，这个结论对描述机器人的运动有非常重要的作用。

如图 2-6 所示，若机器人继续改变位置和姿态，基于式（2-12），则可以以当前的坐标系 B 看作参考系，从而定义出新的平移矩阵和旋转矩阵，即 $\boldsymbol{t}_{\mathbf{B}_1}^{\mathbf{B}}$ 和 $\boldsymbol{R}_{\mathbf{B}_1}^{\mathbf{B}}$，得到

$$\boldsymbol{p}^{\mathbf{W}}=\boldsymbol{R}_{\mathbf{B}}^{\mathbf{W}}(\boldsymbol{R}_{\mathbf{B}_1}^{\mathbf{B}}\boldsymbol{p}^{\mathbf{B}_1}+\boldsymbol{t}_{\mathbf{B}_1}^{\mathbf{B}})+\boldsymbol{t}_{\mathbf{B}}^{\mathbf{W}} \tag{2-19}$$

可以看到，通过这种嵌套的代入，刚体上的点能够通过层层的旋转和平移获得其当前在参考坐标系中的位置 $\boldsymbol{p}^{\mathbf{B}_1}$。换言之，通过旋转矩阵和平移向量能够唯一确定某个刚体上的点随着刚体平移和转动在静止参考系下的位置。遵循这个特性，**将位置和姿态合称位姿**，用于描述坐标系关于另一个坐标系的关系，也就是刚体关于一个坐标系的关系，在本书中即为机器人的空间三维几何关系。

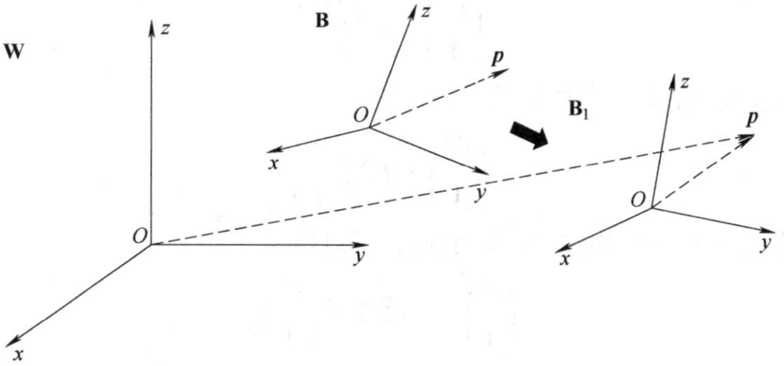

图 2-6 发生运动的刚体坐标系（从 B 到 $\mathbf{B}_1$）

机器人的位姿可以用一个变换矩阵 $\boldsymbol{T}$ 进行定义：

$$\boldsymbol{T}=\begin{pmatrix}\boldsymbol{R} & \boldsymbol{t}\\ 0 & 1\end{pmatrix} \tag{2-20}$$

式中，$\boldsymbol{t}$ 是位置平移向量；$\boldsymbol{R}$ 是旋转矩阵；因此 $\boldsymbol{T}$ 是 4×4 具有特殊结构的矩阵。将空间中点的位置进行增广，式（2-12）可以表示为

$$\begin{pmatrix}\boldsymbol{p}^{\mathbf{W}}\\ 1\end{pmatrix}=\begin{pmatrix}\boldsymbol{R}_{\mathbf{B}}^{\mathbf{W}} & \boldsymbol{t}_{\mathbf{B}}^{\mathbf{W}}\\ 0 & 1\end{pmatrix}\begin{pmatrix}\boldsymbol{p}^{\mathbf{B}}\\ 1\end{pmatrix}\triangleq\boldsymbol{T}_{\mathbf{B}}^{\mathbf{W}}\begin{pmatrix}\boldsymbol{p}^{\mathbf{B}}\\ 1\end{pmatrix} \tag{2-21}$$

可以看到在引入位姿后，要计算刚体上一点 $\boldsymbol{p}$ 在 **W** 下的位置变得十分简洁。更进一步，可以将式（2-21）写作

$$\begin{pmatrix}\boldsymbol{p}^{\mathbf{W}}\\ 1\end{pmatrix}=\boldsymbol{T}_{\mathbf{B}}^{\mathbf{W}}\boldsymbol{T}_{\mathbf{B}_1}^{\mathbf{B}}\begin{pmatrix}\boldsymbol{p}^{\mathbf{B}_1}\\ 1\end{pmatrix} \tag{2-22}$$

该变换称为齐次变换。注意到两个位姿矩阵可以连乘，表达为

$$\boldsymbol{T}_{\mathbf{B}_1}^{\mathbf{W}}=\boldsymbol{T}_{\mathbf{B}}^{\mathbf{W}}\boldsymbol{T}_{\mathbf{B}_1}^{\mathbf{B}} \tag{2-23}$$

该式可以解释为，机器人从位姿 $\boldsymbol{T}_{\mathbf{B}}^{\mathbf{W}}$ 开始，相对于坐标系 **B** 进行了一次运动到达位姿 $\boldsymbol{T}_{\mathbf{B}_1}^{\mathbf{B}}$，此时机器人在全局参考系 **W** 下的位姿为两者相乘，也就是 $\boldsymbol{T}_{\mathbf{B}_1}^{\mathbf{W}}$。由于旋转矩阵对矩阵乘法成立，而位移是 $\boldsymbol{R}^3$ 中的向量，因此对任意线性变换封闭，因此位姿对矩阵乘法封闭，但也不满足交换律。从具体的操作上，位姿矩阵的相乘，可以通过第一个矩阵的下标和第二个矩阵的上标对应并相消，然后将第一个矩阵的上标和第二个矩阵的下标作为结果的上下标完成。

以上讨论的都是刚体上的点在刚体运动过程中相对于静态参考系 **W** 的变化过程，比如机器人运动过程中相机的光心位置随着运动在 **W** 的位置变换。接下来介绍如何采用以上的位姿和齐次变换方法来表示 **W** 中的点在刚体坐标系下的观测。比如机器人工作空间中的一个路标，随着机器人的运动，其在机器人的传感器中呈现的位置会有所不同，如图 2-7 所示。引起不同的本质原因在于机器人作为一个观测者，其在 **W** 有不同的位姿，而观测是被观测物在机器人坐标系下的位置。基于以上分析，沿用之前机器人从 $\boldsymbol{T}_{\mathbf{B}}^{\mathbf{W}}$ 运动到 $\boldsymbol{T}_{\mathbf{B}_1}^{\mathbf{W}}$ 的案例，设被观测物在静态参考系下的位置为 $\boldsymbol{l}^{\mathbf{W}}$，那么在机器人起点处的观测为 $\boldsymbol{l}^{\mathbf{B}}$。由于观测结果和某个时刻机器人的坐标系之间的关系是静态关系，可以把观测想象成该时刻刚体上的点，那么根据齐次变换，可以得到

$$\begin{pmatrix} \boldsymbol{l}^{\mathbf{W}} \\ 1 \end{pmatrix} = \boldsymbol{T}_{\mathbf{B}}^{\mathbf{W}} \begin{pmatrix} \boldsymbol{l}^{\mathbf{B}} \\ 1 \end{pmatrix} \tag{2-24}$$

当机器人运动到位姿 $\boldsymbol{T}_{\mathbf{B}_1}^{\mathbf{W}}$时，有如下关系：

$$\begin{pmatrix} \boldsymbol{l}^{\mathbf{W}} \\ 1 \end{pmatrix} = \boldsymbol{T}_{\mathbf{B}_1}^{\mathbf{W}} \begin{pmatrix} \boldsymbol{l}^{\mathbf{B}_1} \\ 1 \end{pmatrix} \tag{2-25}$$

对式（2-24）和式（2-25）均左乘矩阵的逆，可以得到

$$\begin{pmatrix} \boldsymbol{l}^{\mathbf{B}} \\ 1 \end{pmatrix} = (\boldsymbol{T}_{\mathbf{B}}^{\mathbf{W}})^{-1} \begin{pmatrix} \boldsymbol{l}^{\mathbf{W}} \\ 1 \end{pmatrix} \tag{2-26}$$

$$\begin{pmatrix} \boldsymbol{l}^{\mathbf{B}_1} \\ 1 \end{pmatrix} = (\boldsymbol{T}_{\mathbf{B}_1}^{\mathbf{W}})^{-1} \begin{pmatrix} \boldsymbol{l}^{\mathbf{W}} \\ 1 \end{pmatrix} \tag{2-27}$$

式（2-26）和式（2-27）说明，当已知机器人相对于 **W** 的位姿以及路标的位置 $\boldsymbol{l}^{\mathbf{W}}$，可以计算出路标在该位姿下的观测。换言之，由观测和路标的位置也可以反推出机器人的位姿。能够实现这些计算的本质，在于位姿满足矩阵相乘的性质并且对矩阵相乘封闭，因此只要通过求逆就可以实现。

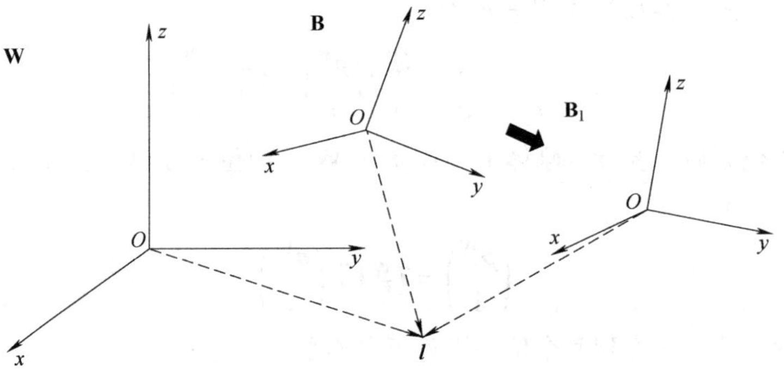

图 2-7　静态路标 $\boldsymbol{l}$ 在发生运动的刚体坐标系（从 **B** 到 $\mathbf{B}_1$）中发生改变

本节介绍了描述空间中的点、刚体上的点、刚体的位置和旋转三个方面的概念，并通过引入位姿和齐次变换将这些量之间的变换通过矩阵乘法的形式进行了表示。基于这些理论和方法，可以对机器人在运动过程中发生的对静态点的动态观测，以及自身点在静态参考系下的变换进行建模，从而确定移动机器人的基本模型。但以上的理论都是以静态的观点看待机器人的运动，也就是截取机器人某一个时刻的位姿来分析观测。对于机器人很多传感器而言，往往测得的位姿量是由速度或角速度甚至加速度积分得到，具有累积误差。所以要使用这些传感器不含累积误差的原始观测，就需要对速度、角速度这些动态量进行建模。另一方面，对于很多估计过程中的算法，也需要分析位姿变换的微分量。以下的内容中将对动态特性进行描述。

2.2.2　状态系统建模

相比于位移和旋转量，速度和角速度量除了测量的坐标系，还需要考虑运动的相对性，比如当刚体的原点坐标系 **B** 相对于参考系 **W** 转动时，需要明确的是：角速度指的是 **B** 相对于 **W** 转动的角速度还是 **W** 相对于 **B** 的角速度。因此，定义这类速度量时，需要考虑三个要素，比如 **B** 相对于 **W** 转动，在 **W** 下测量，则记为 $\boldsymbol{\omega}_{\mathbf{BW}}^{\mathbf{W}}$；如果在 **B** 下测量，则记为

$\boldsymbol{\omega}_{\mathbf{BW}}^{\mathbf{B}}$。不同测量系下的角速度满足

$$\boldsymbol{\omega}_{\mathbf{BW}}^{\mathbf{W}}=\boldsymbol{R}_{\mathbf{B}}^{\mathbf{W}}\boldsymbol{\omega}_{\mathbf{BW}}^{\mathbf{B}} \tag{2-28}$$

通常在本书中考虑动态刚体，即机器人相对于一个静态参考系的运动，比如 **W** 或某一特定时刻的刚体坐标系。

首先介绍旋转矩阵关于时间 t 的微分，考虑到旋转矩阵的三个列向量为坐标轴在 **W** 下的坐标，因此当发生旋转时，旋转矩阵的微分可以理解为坐标轴因旋转产生的瞬时速度。根据物理定理，一个点绕一个轴旋转时，其线速度为角速度叉乘该点的位移。对三个轴都施加该过程，即可导出：

$$\frac{\mathrm{d}\boldsymbol{R}_{\mathbf{B}}^{\mathbf{W}}}{\mathrm{d}t}=\boldsymbol{\omega}_{\mathbf{BW}}^{\mathbf{W}}\times\boldsymbol{R}_{\mathbf{B}}^{\mathbf{W}} \tag{2-29}$$

给定刚体上一点在静态坐标系中的变换，当刚体 **B** 相对于静态参考系 **W** 运动时，表达式如下：

$$\boldsymbol{p}^{\mathbf{W}}=\boldsymbol{R}_{\mathbf{B}}^{\mathbf{W}}\boldsymbol{p}^{\mathbf{B}}+\boldsymbol{t}_{\mathbf{B}}^{\mathbf{W}} \tag{2-30}$$

两侧对时间微分

$$\frac{\mathrm{d}\boldsymbol{p}^{\mathbf{W}}}{\mathrm{d}t}=\frac{\mathrm{d}\boldsymbol{R}_{\mathbf{B}}^{\mathbf{W}}}{\mathrm{d}t}\boldsymbol{p}^{\mathbf{B}}+\frac{\mathrm{d}\boldsymbol{t}_{\mathbf{B}}^{\mathbf{W}}}{\mathrm{d}t} \tag{2-31}$$

注意：如果 t 没有上下标即为时间，如有则代表位移量。将式（2-29）代入式（2-31），可得

$$\boldsymbol{v}_{p\mathbf{W}}^{\mathbf{W}}=\boldsymbol{\omega}_{\mathbf{BW}}^{\mathbf{W}}\times\boldsymbol{R}_{\mathbf{B}}^{\mathbf{W}}\boldsymbol{p}^{\mathbf{B}}+\boldsymbol{v}_{\mathbf{BW}}^{\mathbf{W}} \tag{2-32}$$

式（2-32）右侧中第一项和最后一项由速度定义可得。第二项可以理解为由于刚体转动给刚体上一点带来的速度。角速度 $\boldsymbol{\omega}\in\boldsymbol{R}^3$ 定义为旋转轴$\frac{\boldsymbol{\omega}}{|\boldsymbol{\omega}|}$乘以模值 $|\boldsymbol{\omega}|$，方向满足右手定则。考虑到叉乘可以写成矩阵乘法的形式，对任意向量 $\boldsymbol{k}$，定义运算 $(\cdot)_{\times}$ 为

$$(\boldsymbol{k})_{\times}\triangleq\begin{pmatrix}0 & -k_z & k_y\\ k_z & 0 & -k_x\\ -k_y & k_x & 0\end{pmatrix} \tag{2-33}$$

那么式（2-32）可以表示为

$$\boldsymbol{v}_{p\mathbf{W}}^{\mathbf{W}}=(\boldsymbol{\omega}_{\mathbf{BW}}^{\mathbf{W}})_{\times}\boldsymbol{R}_{\mathbf{B}}^{\mathbf{W}}\boldsymbol{p}^{\mathbf{B}}+\boldsymbol{v}_{\mathbf{BW}}^{\mathbf{W}} \tag{2-34}$$

进一步对上式求导，可以获得加速度的关系如下：

$$\frac{\mathrm{d}\boldsymbol{v}_{p\mathbf{W}}^{\mathbf{W}}}{\mathrm{d}t}=\frac{\mathrm{d}(\boldsymbol{\omega}_{\mathbf{BW}}^{\mathbf{W}})_{\times}}{\mathrm{d}t}\boldsymbol{R}_{\mathbf{B}}^{\mathbf{W}}\boldsymbol{p}^{\mathbf{B}}+(\boldsymbol{\omega}_{\mathbf{BW}}^{\mathbf{W}})_{\times}(\boldsymbol{\omega}_{\mathbf{BW}}^{\mathbf{W}})_{\times}\boldsymbol{R}_{\mathbf{B}}^{\mathbf{W}}\boldsymbol{p}^{\mathbf{B}}+\boldsymbol{a}_{\mathbf{BW}}^{\mathbf{W}} \tag{2-35}$$

式（2-29）、式（2-32）和式（2-35）描述了机器人上一点以及机器人的姿态在静态参考坐标系 **W** 下测量所得的运动学方程。

若测量在动态坐标系下进行，则方程有所不同。以非静态坐标系 **B** 为例，可得姿态的方程为

$$\frac{\mathrm{d}\boldsymbol{R}_{\mathbf{W}}^{\mathbf{B}}}{\mathrm{d}t}=-\boldsymbol{R}_{\mathbf{W}}^{\mathbf{B}}(\boldsymbol{\omega}_{\mathbf{BW}}^{\mathbf{W}})_{\times} \tag{2-36}$$

通过叉乘和旋转矩阵的性质，可得

$$\frac{\mathrm{d}\boldsymbol{R}_{\mathbf{W}}^{\mathbf{B}}}{\mathrm{d}t}=-(\boldsymbol{\omega}_{\mathbf{BW}}^{\mathbf{B}})_{\times}\boldsymbol{R}_{\mathbf{W}}^{\mathbf{B}} \tag{2-37}$$

位移量在 **B** 下的微分可以表示为

$$\frac{\mathrm{d}\boldsymbol{R}_{\mathrm{W}}^{\mathrm{B}}\boldsymbol{p}^{\mathrm{W}}}{\mathrm{d}t}=\frac{\mathrm{d}\boldsymbol{R}_{\mathrm{W}}^{\mathrm{B}}}{\mathrm{d}t}\boldsymbol{p}^{\mathrm{W}}+\boldsymbol{R}_{\mathrm{W}}^{\mathrm{B}}\frac{\mathrm{d}\boldsymbol{p}^{\mathrm{W}}}{\mathrm{d}t} \tag{2-38}$$

进一步推导可得

$$\boldsymbol{v}_{p\mathrm{W}}^{\mathrm{B}}=-(\boldsymbol{\omega}_{\mathrm{BW}}^{\mathrm{B}})_{\times}\boldsymbol{R}_{\mathrm{W}}^{\mathrm{B}}\boldsymbol{p}^{\mathrm{W}}+\boldsymbol{R}_{\mathrm{W}}^{\mathrm{B}}\boldsymbol{v}_{p\mathrm{W}}^{\mathrm{W}} \tag{2-39}$$

可以看到，在非静态坐标系下测量时，除了原有的速度项，还会产生与观测坐标系转动有关的量。对速度量继续微分可以推导如下：

$$\frac{\mathrm{d}\boldsymbol{v}_{p\mathrm{W}}^{\mathrm{B}}}{\mathrm{d}t}=-\frac{\mathrm{d}(\boldsymbol{\omega}_{\mathrm{BW}}^{\mathrm{B}})_{\times}}{\mathrm{d}t}\boldsymbol{R}_{\mathrm{W}}^{\mathrm{B}}\boldsymbol{p}^{\mathrm{W}}+(\boldsymbol{\omega}_{\mathrm{BW}}^{\mathrm{B}})_{\times}(\boldsymbol{\omega}_{\mathrm{BW}}^{\mathrm{B}})_{\times}\boldsymbol{R}_{\mathrm{W}}^{\mathrm{B}}\boldsymbol{p}^{\mathrm{W}}-2(\boldsymbol{\omega}_{\mathrm{BW}}^{\mathrm{B}})_{\times}\boldsymbol{R}_{\mathrm{W}}^{\mathrm{B}}\boldsymbol{v}_{p\mathrm{W}}^{\mathrm{W}}+\boldsymbol{R}_{\mathrm{W}}^{\mathrm{B}}\frac{\mathrm{d}\boldsymbol{v}_{p\mathrm{W}}^{\mathrm{W}}}{\mathrm{d}t} \tag{2-40}$$

式（2-37）、式（2-39）和式（2-40）描述了机器人上一点以及机器人的姿态在非静态转动参考系 **B** 下测量所得的运动学方程。

这些运动学方程和上面所讲的特征观测方程如对路标的观测等，都可以用统一的形式进行表达，即

$$\begin{cases}\dfrac{\mathrm{d}\boldsymbol{x}}{\mathrm{d}t}=\boldsymbol{f}(\boldsymbol{x},\boldsymbol{u})\\ \boldsymbol{y}=\boldsymbol{h}(\boldsymbol{x})\end{cases} \tag{2-41}$$

这里 $\boldsymbol{x}$ 表示一般化的状态量，可以是静态测量的状态也可以是非静态测量的状态，可以仅包含位姿，也可以包含速度、位姿，甚至只包含姿态；$\boldsymbol{u}$ 指的是机器人的可控量如速度，或机器人运动学方程中的测量如加速度、角速度等；$\boldsymbol{f}$ 即为上述一系列推导的运动学模型。对于第二个式子，$\boldsymbol{h}$ 指的是观测方程；$\boldsymbol{y}$ 一般是外部的观测，比如机器人观测到一个路标，那么 $\boldsymbol{y}$ 就是路标相对于机器人的位置。运动学方程和观测方程一起构成系统方程，建模了移动机器人的作业过程。本书的核心就是对移动机器人的控制和状态估计，两者都围绕式（2-41）展开。

2.2.3　旋转的线性化

前面已经介绍了三维工作空间中移动机器人的系统方程，但机器人的系统方程由于转动的介入是一个非线性系统。非线性系统分析的一个重要方法是线性化，但与一般的线性化不同的是旋转对加法不封闭，所以需要采用特殊的线性化方法。本节将介绍如何对旋转这类特殊的变量进行线性化。

可以从转动的过程来看待旋转矩阵的变化。如图 2-8 所示，给定一个定义在 **W** 中的单位旋转轴 $\frac{\boldsymbol{\theta}}{|\boldsymbol{\theta}|}$ 和关于该旋转轴的旋转角度 $|\boldsymbol{\theta}|$，可以表示任意旋转运动。不妨观察通过该转动前后刚体上点 $\boldsymbol{r}$ 的位置，对于任意转动前，也就是 **B** 和 **W** 的三轴平行时的向量 $\boldsymbol{r}$，该向量可以分解为平行于旋转轴的分量 $\boldsymbol{r}_{\parallel}=\frac{\boldsymbol{\theta}^{\mathrm{T}}}{|\boldsymbol{\theta}|}\boldsymbol{r}\frac{\boldsymbol{\theta}}{|\boldsymbol{\theta}|}$ 以及垂直于旋转轴的分量 $\boldsymbol{r}_{\perp}=\boldsymbol{r}-\boldsymbol{r}_{\parallel}$。当绕 $\boldsymbol{k}$ 旋转时，仅 $\boldsymbol{r}_{\perp}$ 会发生变化，因此旋转后的 $\boldsymbol{r}$，记为 $\tilde{\boldsymbol{r}}$，可以表示为

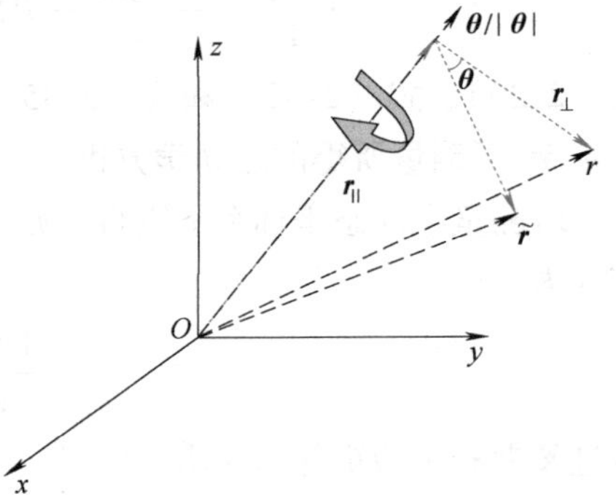

图 2-8　旋转的符号定义和表达方式

$$
\begin{aligned}
\tilde{\boldsymbol{r}} &= \boldsymbol{r}_{\parallel} + \cos|\boldsymbol{\theta}|\boldsymbol{r}_{\perp} + \sin|\boldsymbol{\theta}|\,|\boldsymbol{r}_{\perp}|\frac{\boldsymbol{\theta}}{|\boldsymbol{\theta}|}\times\frac{\boldsymbol{r}_{\perp}}{|\boldsymbol{r}_{\perp}|} \\
&= \boldsymbol{r}_{\parallel} + \cos|\boldsymbol{\theta}|\boldsymbol{r}_{\perp} + \sin|\boldsymbol{\theta}|\frac{\boldsymbol{\theta}}{|\boldsymbol{\theta}|}\times\boldsymbol{r}_{\perp} \\
&= \frac{\boldsymbol{\theta}^{\mathrm{T}}}{|\boldsymbol{\theta}|}\boldsymbol{r}\frac{\boldsymbol{\theta}}{|\boldsymbol{\theta}|} + \cos|\boldsymbol{\theta}|\left(\boldsymbol{r} - \frac{\boldsymbol{\theta}^{\mathrm{T}}}{|\boldsymbol{\theta}|}\boldsymbol{r}\frac{\boldsymbol{\theta}}{|\boldsymbol{\theta}|}\right) + \sin|\boldsymbol{\theta}|\frac{\boldsymbol{\theta}}{|\boldsymbol{\theta}|}\times\left(\boldsymbol{r} - \frac{\boldsymbol{\theta}^{\mathrm{T}}}{|\boldsymbol{\theta}|}\boldsymbol{r}\frac{\boldsymbol{\theta}}{|\boldsymbol{\theta}|}\right) \\
&= \boldsymbol{r} + \frac{\boldsymbol{\theta}}{|\boldsymbol{\theta}|}\times\left(\frac{\boldsymbol{\theta}}{|\boldsymbol{\theta}|}\times\boldsymbol{r}\right) - \cos|\boldsymbol{\theta}|\frac{\boldsymbol{\theta}}{|\boldsymbol{\theta}|}\times\left(\frac{\boldsymbol{\theta}}{|\boldsymbol{\theta}|}\times\boldsymbol{r}\right) + \sin|\boldsymbol{\theta}|\frac{\boldsymbol{\theta}}{|\boldsymbol{\theta}|}\times\boldsymbol{r} \\
&= \boldsymbol{r} + (1-\cos|\boldsymbol{\theta}|)\left(\frac{\boldsymbol{\theta}}{|\boldsymbol{\theta}|}\right)_{\times}^{2}\boldsymbol{r} + \sin|\boldsymbol{\theta}|\left(\frac{\boldsymbol{\theta}}{|\boldsymbol{\theta}|}\right)_{\times}\boldsymbol{r} \\
&= \left(\boldsymbol{I} + (1-\cos|\boldsymbol{\theta}|)\left(\frac{\boldsymbol{\theta}}{|\boldsymbol{\theta}|}\right)_{\times}^{2} + \sin|\boldsymbol{\theta}|\left(\frac{\boldsymbol{\theta}}{|\boldsymbol{\theta}|}\right)_{\times}\right)\boldsymbol{r}
\end{aligned}
\tag{2-42}
$$

其中$\frac{\boldsymbol{\theta}}{|\boldsymbol{\theta}|}\times\left(\frac{\boldsymbol{\theta}}{|\boldsymbol{\theta}|}\times\boldsymbol{r}\right) = -\boldsymbol{r}_{\perp}$是化简上式的关键步骤。进而导出 Rodrigues 旋转公式如下：

$$
\boldsymbol{R}_{\mathrm{B}}^{\mathrm{W}} = \boldsymbol{I} + (1-\cos|\boldsymbol{\theta}|)\left(\frac{\boldsymbol{\theta}}{|\boldsymbol{\theta}|}\right)_{\times}^{2} + \sin|\boldsymbol{\theta}|\left(\frac{\boldsymbol{\theta}}{|\boldsymbol{\theta}|}\right)_{\times} \tag{2-43}
$$

可以看到，旋转矩阵实际上是一个由三自由度参数 $\boldsymbol{\theta}\in\boldsymbol{R}^3$ 作为自变量，因变量为矩阵的函数，记为 $\boldsymbol{R}(\boldsymbol{\theta})$。对于一个旋转函数，可以分解为两个旋转矩阵相乘，不妨设在 $\boldsymbol{\theta}=\bar{\boldsymbol{\theta}}$ 处作为一个旋转矩阵，可得

$$
\boldsymbol{R}(\boldsymbol{\theta}) = \boldsymbol{R}(\bar{\boldsymbol{\theta}})\boldsymbol{R}(\delta\boldsymbol{\theta}) \tag{2-44}
$$

当 $\delta\boldsymbol{\theta}$ 是一个小量时，也就是 $\boldsymbol{\theta}$ 离展开的点 $\bar{\boldsymbol{\theta}}$ 很接近时，以 $\delta\boldsymbol{\theta}$ 为自变量代入式（2-43），舍弃二次项可近似为

$$
\lim_{\delta\boldsymbol{\theta}\to 0}\boldsymbol{R}(\delta\boldsymbol{\theta}) \approx \boldsymbol{I} + \delta\boldsymbol{\theta}_{\times} \tag{2-45}
$$

将式（2-45）代入式（2-44）可得

$$
\boldsymbol{R}(\boldsymbol{\theta}) \approx \boldsymbol{R}(\bar{\boldsymbol{\theta}})(\boldsymbol{I} + \delta\boldsymbol{\theta}_{\times}) = \boldsymbol{R}(\bar{\boldsymbol{\theta}}) + \boldsymbol{R}(\bar{\boldsymbol{\theta}})\delta\boldsymbol{\theta}_{\times} \tag{2-46}
$$

当 W 中的静态点被在原点的机器人观测时，存在

$$
\boldsymbol{p}^{\mathrm{B}} = \boldsymbol{R}_{\mathrm{W}}^{\mathrm{B}}\boldsymbol{p}^{\mathrm{W}} \tag{2-47}
$$

对该式进行旋转线性化可得

$$
\boldsymbol{p}^{\mathrm{B}} \approx \bar{\boldsymbol{R}}_{\mathrm{W}}^{\mathrm{B}}\boldsymbol{p}^{\mathrm{W}} + \bar{\boldsymbol{R}}_{\mathrm{W}}^{\mathrm{B}}\delta\boldsymbol{\theta}_{\times}\boldsymbol{p}^{\mathrm{W}} = \bar{\boldsymbol{R}}_{\mathrm{W}}^{\mathrm{B}}\boldsymbol{p}^{\mathrm{W}} - \bar{\boldsymbol{R}}_{\mathrm{W}}^{\mathrm{B}}(\boldsymbol{p})_{\times}^{\mathrm{W}}\delta\boldsymbol{\theta} \tag{2-48}
$$

其中 $\bar{\boldsymbol{R}}_{\mathrm{W}}^{\mathrm{B}}$ 指线性化点生成的旋转矩阵。借助式（2-45）的结论，式（2-47）被表示成一个关于 $\delta\boldsymbol{\theta}$ 的线性问题，使得非线性系统的求解被简化。这里需要注意的是，线性化的近似准确性几乎完全取决于 $\bar{\boldsymbol{\theta}}$ 和 $\boldsymbol{\theta}$ 的距离。

2.2.4 旋转的概率表示

在概率基础中，已经介绍了随机变量以及对应的各种概率分布，对移动机器人实际工况中必然存在的不确定性和噪声进行了描述。然而前面所介绍的随机变量是针对实数取值的，但旋转的取值并不属于实数空间。因此下面将介绍如何把旋转作为随机变量，但只介绍其服从高斯分布的情况。定义随机旋转变量 $\boldsymbol{R}$ 为

$$
\boldsymbol{R} = \bar{\boldsymbol{R}}\boldsymbol{R}(\boldsymbol{n}) \tag{2-49}
$$

其中 $\bar{\boldsymbol{R}}$ 是无噪声的旋转矩阵，根据式（2-43），$\boldsymbol{n}\in\boldsymbol{R}^3$，因此可定义其服从高斯分布的噪声

$\boldsymbol{n}\sim N(0,\boldsymbol{\Sigma})$。那么存在

$$p(\boldsymbol{n})=\frac{1}{\sqrt{(2\pi)^3|\boldsymbol{\Sigma}|}}\exp\left(-\frac{1}{2}\boldsymbol{n}^{\mathrm{T}}\boldsymbol{\Sigma}^{-1}\boldsymbol{n}\right) \tag{2-50}$$

定义式（2-43）的反过程，即已知 $\boldsymbol{R}$，导出对应的旋转轴和角度的 $\boldsymbol{\theta}$ 运算为 $\boldsymbol{\theta}=g(\boldsymbol{R})$，具体形式为

$$\boldsymbol{r}(\boldsymbol{R})=1+\cos2|\boldsymbol{\theta}| \tag{2-51}$$

$$\frac{\boldsymbol{\theta}}{|\boldsymbol{\theta}|}=\boldsymbol{R}\frac{\boldsymbol{\theta}}{|\boldsymbol{\theta}|} \tag{2-52}$$

将 g 代入式（2-50）可得

$$\int p(\boldsymbol{n})\mathrm{d}\boldsymbol{n}=\int\frac{1}{\sqrt{(2\pi)^3|\boldsymbol{\Sigma}|}}\exp\left(-\frac{1}{2}g(\overline{\boldsymbol{R}}^{\mathrm{T}}\boldsymbol{R})^{\mathrm{T}}\boldsymbol{\Sigma}^{-1}g(\overline{\boldsymbol{R}}^{\mathrm{T}}\boldsymbol{R})\right)\frac{1}{|\boldsymbol{J}|}\mathrm{d}\boldsymbol{R}=1 \tag{2-53}$$

式中，$\boldsymbol{J}$ 是旋转 $\boldsymbol{R}$ 关于 $\boldsymbol{n}$ 的雅可比矩阵。所以可以定义包含噪声的随机变量 $\boldsymbol{R}$，服从概率分布

$$p(\boldsymbol{R})=\frac{1}{\sqrt{(2\pi)^3|\boldsymbol{\Sigma}|}}\exp\left(-\frac{1}{2}g(\overline{\boldsymbol{R}}^{\mathrm{T}}\boldsymbol{R})^{\mathrm{T}}\boldsymbol{\Sigma}^{-1}g(\overline{\boldsymbol{R}}^{\mathrm{T}}\boldsymbol{R})\right)\frac{1}{|\boldsymbol{J}|} \tag{2-54}$$

当 $\boldsymbol{n}$ 是一个小量时，通常认为 $|\boldsymbol{J}|=1$，这样就完成了 $p(\boldsymbol{R})$ 的概率分布函数定义。

本节对移动机器人的动态系统方程进行了建模，可以发现移动机器人的方程是一个非线性模型，这主要是因为表示姿态的旋转量并不是实数空间中的元素。针对该问题，本节进一步针对旋转量定义了随机分布，并将线性化技术建立到旋转矩阵上。这些工作使得读者可以采用实数空间中经常采用的手段去分析旋转变量，将位置和姿态即位姿，用统一方法进行处理，为后续的估计和控制奠定了重要的基础。

2.3 估计方法

通过前面介绍的系统方程和随机理论，可以将实际中的移动机器人系统建模为随机系统方程。基于随机系统方程，可以采用概率分布的方式对位姿和观测进行描述，也可以引入概率理论中的估计方法对状态进行估计。考虑到移动机器人的动态特性，估计方法可以分为批处理和迭代两大类：前者能够获得很好的效果，并且能对过去的状态进行修正，但计算量会不断增长；后者能够保证每个步骤的计算处理时间一致，但只估计当前的状态。两者在机器人的实际应用中各有优势，本节将进行介绍两种方法的基本思路，为后续很多具体问题的求解打下基础。

2.3.1 概率状态系统

机器人的系统方程由式（2-41）给出，本节根据实际情况，在方程中进一步考虑噪声的影响如下：

$$\begin{cases}\dfrac{\mathrm{d}\boldsymbol{x}}{\mathrm{d}t}=\boldsymbol{f}(\boldsymbol{x},\boldsymbol{u},\boldsymbol{n}_f)\\ \boldsymbol{y}=\boldsymbol{h}(\boldsymbol{x},\boldsymbol{n}_h)\end{cases} \tag{2-55}$$

式中，$\boldsymbol{n}_f$ 和 $\boldsymbol{n}_h$ 分别为服从某种分布的随机噪声。对式（2-55）进行积分，注意该式的积分可能随使用的模型而有所不同，这会在后面章节讲到具体问题时再介绍。定义积分后的系

统为

$$\begin{cases}\boldsymbol{x}_{t+1}=\boldsymbol{F}(\boldsymbol{x}_t,\boldsymbol{u}_t,\boldsymbol{n}_{F,t})\\ \boldsymbol{y}_t=\boldsymbol{h}(\boldsymbol{x}_t,\boldsymbol{n}_h)\end{cases} \tag{2-56}$$

式中，t 表示系统的时刻；$\boldsymbol{n}_{F,t}$是积分后系统中的噪声。此时，系统由连续系统变为离散系统，符合实际运行中机器人的数据采集形式，并适合采用计算机进行计算。可以进一步将式（2-56）可以写成下式：

$$\begin{cases}p(\boldsymbol{x}_{t+1}\mid\boldsymbol{x}_t,\boldsymbol{u}_t)\\ p(\boldsymbol{y}_t\mid\boldsymbol{x}_t)\end{cases} \tag{2-57}$$

因为 $\boldsymbol{n}_{F,t}$和 $\boldsymbol{n}_h$ 的存在，系统的状态量和观测量成了随机变量，因此相应的系统方程可以转化为关于随机变量的概率分布，从而将确定性系统分析转化到概率分布分析的范畴中，使概率估计的工具能够被用于移动机器人问题。通常在实际应用中假设 $\boldsymbol{n}_{F,t}$和 $\boldsymbol{n}_h$ 满足高斯分布，这样式（2-57）中的概率密度形式在移动机器人系统中也都服从或近似服从高斯分布。具体的推导会在后续的章节中详细介绍。

基于系统方程的定义，一般移动机器人从 0 ~ t 时刻的状态和所收集到的数据的整体联合概率分布可以写为

$$\begin{cases}p(\boldsymbol{X}_t\mid\boldsymbol{U}_{t-1})=p(\boldsymbol{x}_0)p(\boldsymbol{x}_1\mid\boldsymbol{x}_0,\boldsymbol{u}_0)p(\boldsymbol{x}_2\mid\boldsymbol{x}_1,\boldsymbol{u}_1)\cdots\\ p(\boldsymbol{Y}_t\mid\boldsymbol{X}_t)=p(\boldsymbol{y}_0\mid\boldsymbol{x}_0)p(\boldsymbol{y}_1\mid\boldsymbol{x}_1)\cdots\end{cases} \tag{2-58}$$

式中，$\boldsymbol{X}_t\triangleq\{\boldsymbol{x}_0,\boldsymbol{x}_1,\cdots,\boldsymbol{x}_t\}$；$\boldsymbol{Y}_t\triangleq\{\boldsymbol{y}_0,\boldsymbol{y}_1,\cdots,\boldsymbol{y}_t\}$；$\boldsymbol{U}_t\triangleq\{\boldsymbol{u}_0,\boldsymbol{u}_1,\cdots,\boldsymbol{u}_t\}$。上式的推导主要借助了如下的关系：

$$p(\boldsymbol{x}_{t+1}\mid\boldsymbol{X}_t)=p(\boldsymbol{x}_{t+1}\mid\boldsymbol{x}_t),\quad p(\boldsymbol{y}_t\mid\boldsymbol{X}_t)=p(\boldsymbol{y}_t\mid\boldsymbol{x}_t) \tag{2-59}$$

这两个关系成立的原因在于系统的递推关系。如式（2-56）所定义的，在给定 $\boldsymbol{x}_t$ 的情况下，$\boldsymbol{x}_{t+1}$的分布可以由 $\boldsymbol{x}_t$ 导出，而不再需要和任意其他过去时刻的状态产生关联。同样的关系也存在于 $\boldsymbol{y}_t$ 和 $\boldsymbol{x}_t$ 中，当 $\boldsymbol{x}_t$ 给出时，$\boldsymbol{y}_t$ 不需要依赖其他的状态就可以被唯一确定，所以增加其他的状态不能改变 $\boldsymbol{y}_t$ 的概率密度。

2.3.2 最大后验估计

通过上述的推导，将从 0 ~ t 时刻所有的状态和传感器数据 $\boldsymbol{Y}$ 和 $\boldsymbol{U}$ 关联到一起，形成了联合分布，这使得状态在给定传感器数据下的分布能够被导出，并使得各种估计器都能够适用。本节主要介绍一种最大后验估计器，在下一节中将介绍滤波估计器。最大后验估计器的思路比较直接，即取后验分布中使得概率最大的那组状态即可。为了实现该目的，首先要实现后验分布的推导。这里后验分布是指在给定 $\boldsymbol{U}_{t-1}$和 $\boldsymbol{Y}_t$ 的情况下，$\boldsymbol{X}_t$ 的分布，可以得到

$$p(\boldsymbol{X}_t\mid\boldsymbol{Y}_t,\boldsymbol{U}_{t-1})=\frac{p(\boldsymbol{Y}_t,\boldsymbol{X}_t\mid\boldsymbol{U}_{t-1})}{\int p(\boldsymbol{Y}_t,\boldsymbol{X}_t\mid\boldsymbol{U}_{t-1})\mathrm{d}\boldsymbol{X}_t}=\frac{p(\boldsymbol{Y}_t\mid\boldsymbol{X}_t)p(\boldsymbol{X}_t\mid\boldsymbol{U}_{t-1})}{\int p(\boldsymbol{Y}_t\mid\boldsymbol{X}_t)p(\boldsymbol{X}_t\mid\boldsymbol{U}_{t-1})\mathrm{d}\boldsymbol{X}_t} \tag{2-60}$$

对上式求概率最大的状态可以写为

$$\hat{\boldsymbol{X}}_t=\mathrm{argmax}\frac{p(\boldsymbol{Y}_t\mid\boldsymbol{X}_t)p(\boldsymbol{X}_t\mid\boldsymbol{U}_{t-1})}{\int p(\boldsymbol{Y}_t\mid\boldsymbol{X}_t)p(\boldsymbol{X}_t\mid\boldsymbol{U}_{t-1})\mathrm{d}\boldsymbol{X}_t}=\mathrm{argmax}\,p(\boldsymbol{Y}_t\mid\boldsymbol{X}_t)p(\boldsymbol{X}_t\mid\boldsymbol{U}_{t-1}) \tag{2-61}$$

在后续的章节中，$\hat{\cdot}$ 指的是对 · 的估计值。式（2-61）中第二个等号成立的原因在于，分

母因为 $\boldsymbol{X}_t$ 被积分从而和 $\boldsymbol{X}_t$ 无关，只和测量值有关，因此是一个具体的常数，在最优化运算中可省略。为了使计算更方便，特别是对于高斯分布这类包含指数的分布，上式可写成

$$\hat{\boldsymbol{X}}_t = \text{argmin} - \log p(\boldsymbol{Y}_t \mid \boldsymbol{X}_t) - \log p(\boldsymbol{X}_t \mid \boldsymbol{U}_{t-1}) \tag{2-62}$$

这样写一方面可以使用 log 运算将概率密度函数中的指数去除；另一方面可将问题转化为比较常见的最优化问题，可以应用很多现成的工具。比如求该式对状态的偏微分导出解析解，或利用近似将问题用迭代法解决等。该式的具体形式将在后续的具体问题中被明确。从该式中可以看出，最大后验估计使用所有的历史数据从而导出当前的最优解，并且该最优解是机器人从 $0 \sim t$ 时刻的最优完整轨迹，那么随着移动机器人的运行时间逐渐变长，轨迹会越来越长，状态的量会越来越多，式（2-62）中包含的项也就越来越多，导致计算量最终无法满足需求。因此，最大后验估计更适合离线最优化，或在运行时间比较有限的应用场景中使用。

针对式（2-62）所给出的概率优化问题，这里给出一个具体的案例。假定系统方程（2-56）中的随机噪声部分均满足零均值的高斯分布，即

$$\begin{cases} p(\boldsymbol{x}_{t+1} \mid \boldsymbol{x}_t, \boldsymbol{u}_t) = \beta_x \exp\left(-\dfrac{1}{2}(\boldsymbol{x}_{t+1} - \boldsymbol{F}(\boldsymbol{x}_t, \boldsymbol{u}_t, 0))^{\mathrm{T}} \boldsymbol{\Sigma}_x^{-1} (\boldsymbol{x}_{t+1} - \boldsymbol{F}(\boldsymbol{x}_t, \boldsymbol{u}_t, 0)) \right) \\ p(\boldsymbol{y}_t \mid \boldsymbol{x}_t) = \beta_y \exp\left(-\dfrac{1}{2}(\boldsymbol{y}_t - \boldsymbol{h}(\boldsymbol{x}_t, 0))^{\mathrm{T}} \boldsymbol{\Sigma}_y^{-1} (\boldsymbol{y}_t - \boldsymbol{h}(\boldsymbol{x}_t, 0)) \right) \end{cases} \tag{2-63}$$

为简单起见，将高斯分布中的常数项用 β_x 和 β_y 表示。其中，$\boldsymbol{\Sigma}_x$ 和 $\boldsymbol{\Sigma}_y$ 为系统模型中噪声的协方差矩阵。可以看到，这里假设 $\boldsymbol{F}(\boldsymbol{x}_t, \boldsymbol{u}_t, \boldsymbol{n}_{F,t})$ 和 $\boldsymbol{h}(\boldsymbol{x}_t, \boldsymbol{n}_h)$ 各自服从与 $\boldsymbol{n}_{F,t}$ 及 $\boldsymbol{n}_h$ 同样的分布。这个假设在噪声是加性噪声时可以满足，即

$$\begin{cases} \boldsymbol{F}(\boldsymbol{x}_t, \boldsymbol{u}_t, \boldsymbol{n}_{F,t}) = \boldsymbol{F}(\boldsymbol{x}_t, \boldsymbol{u}_t, 0) + \boldsymbol{n}_{F,t} \triangleq \boldsymbol{F}_t + \boldsymbol{n}_F \\ \boldsymbol{h}(\boldsymbol{x}_t, \boldsymbol{n}_h) = \boldsymbol{h}(\boldsymbol{x}_t, 0) + \boldsymbol{n}_h \triangleq \boldsymbol{h}_t + \boldsymbol{n}_h \end{cases} \tag{2-64}$$

该假设在实际系统中常常采用：一方面因为中心极限定理，即多个独立随机变量之和也就是多个误差源，其和趋近于高斯分布；另一方面因为建模和数学处理相对简单。对于以上高斯系统，可以得到其对数形式为

$$\begin{cases} \log p(\boldsymbol{x}_{t+1} \mid \boldsymbol{x}_t, \boldsymbol{u}_t) = c_1 - \dfrac{1}{2}(\boldsymbol{x}_{t+1} - \boldsymbol{F}_t)^{\mathrm{T}} \boldsymbol{\Sigma}_x^{-1} (\boldsymbol{x}_{t+1} - \boldsymbol{F}_t) \\ \log p(\boldsymbol{y}_t \mid \boldsymbol{x}_t) = c_2 - \dfrac{1}{2}(\boldsymbol{y}_t - \boldsymbol{h}_t)^{\mathrm{T}} \boldsymbol{\Sigma}_y^{-1} (\boldsymbol{y}_t - \boldsymbol{h}_t) \end{cases} \tag{2-65}$$

式中，c_1 和 c_2 表示取对数操作后的常数部分。将以上结果代入到式（2-58），可以得到

$$\begin{cases} \log p(\boldsymbol{X}_t \mid \boldsymbol{U}_{t-1}) = \log p(\boldsymbol{x}_0) + \sum_t \log p(\boldsymbol{x}_t \mid \boldsymbol{x}_{t-1}, \boldsymbol{u}_{t-1}) \\ \log p(\boldsymbol{Y}_t \mid \boldsymbol{X}_t) = \sum_t \log p(\boldsymbol{y}_t \mid \boldsymbol{x}_t) \end{cases} \tag{2-66}$$

假定 $p(\boldsymbol{x}_0)$ 为满足零均值、协方差为 $\boldsymbol{\Sigma}_x$ 的高斯分布，并将式（2-65）代入式（2-66），合并常数项可得

$$\begin{cases} \log p(\boldsymbol{X}_t \mid \boldsymbol{U}_{t-1}) = -\dfrac{1}{2}(\boldsymbol{x}_0^{\mathrm{T}} \boldsymbol{\Sigma}_x^{-1} \boldsymbol{x}_0 + \sum_t (\boldsymbol{x}_t - \boldsymbol{F}_{t-1})^{\mathrm{T}} \Sigma_x^{-1} (\boldsymbol{x}_t - \boldsymbol{F}_{t-1})) + c_1 \\ \log p(\boldsymbol{Y}_t \mid \boldsymbol{X}_t) = -\dfrac{1}{2} \sum_t (\boldsymbol{y}_t - \boldsymbol{h}_t)^{\mathrm{T}} \boldsymbol{\Sigma}_y^{-1} (\boldsymbol{y}_t - \boldsymbol{h}_t) + c_2 \end{cases} \tag{2-67}$$

注意：这里的常数项是式（2-65）中常数项的和，但这里不再重新标注，简写为同一个符号，因为后续对常数项的取值并不关心。最终将上式代入式（2-62）可得

$$\hat{\boldsymbol{X}}_t = \operatorname{argmin} \boldsymbol{x}_0^{\mathrm{T}} \boldsymbol{\Sigma}_x^{-1} \boldsymbol{x}_0 + \sum_t ((\boldsymbol{y}_t - \boldsymbol{h}_t)^{\mathrm{T}} \boldsymbol{\Sigma}_y^{-1} (\boldsymbol{y}_t - \boldsymbol{h}_t) + (\boldsymbol{x}_t - \boldsymbol{F}_{t-1})^{\mathrm{T}} \boldsymbol{\Sigma}_x^{-1} (\boldsymbol{x}_t - \boldsymbol{F}_{t-1})) \tag{2-68}$$

因为是最小化运算，所以将式中不影响结果的常数项均移除。从式（2-68）中可以看到，当系统噪声满足高斯分布时，最大后验估计实际上就是一个最小二乘问题，如果当 $\boldsymbol{f}$ 和 $\boldsymbol{h}$ 的形式是线性函数时，高斯系统的最大后验估计可以通过线性最小二乘获得解析解。当 $\boldsymbol{f}$ 和 $\boldsymbol{h}$ 的形式是非线性函数时，系统的估计则为非线性最小二乘。对于该问题，也有许多现有的方法可以求解。

下面先介绍一种常用的非线性最小二乘方法，称为高斯-牛顿迭代优化算法。进一步简化式（2-68）的表达形式，做如下定义：

$$\boldsymbol{h} = \begin{pmatrix} \cdots \\ \boldsymbol{y}_t - \boldsymbol{h}_t \\ \cdots \end{pmatrix}, \quad \boldsymbol{\Sigma}_y = \begin{pmatrix} \ddots & \mathbf{0} & \mathbf{0} \\ \mathbf{0} & \boldsymbol{\Sigma}_y & \mathbf{0} \\ \mathbf{0} & \mathbf{0} & \ddots \end{pmatrix} \tag{2-69}$$

$$\boldsymbol{F} = \begin{pmatrix} \cdots \\ \boldsymbol{x}_t - \boldsymbol{F}_{t-1} \\ \cdots \end{pmatrix}, \quad \boldsymbol{\Sigma}_x = \begin{pmatrix} \ddots & \mathbf{0} & \mathbf{0} \\ \mathbf{0} & \boldsymbol{\Sigma}_x & \mathbf{0} \\ \mathbf{0} & \mathbf{0} & \ddots \end{pmatrix} \tag{2-70}$$

那么待最小化的函数，称为目标函数可以被写为

$$\hat{\boldsymbol{X}}_t = \operatorname{argmin} \begin{pmatrix} \boldsymbol{x}_0 \\ \boldsymbol{h} \\ \boldsymbol{F} \end{pmatrix}^{\mathrm{T}} \begin{pmatrix} \boldsymbol{\Sigma}_x^{-1} & 0 & 0 \\ 0 & \boldsymbol{\Sigma}_y^{-1} & 0 \\ 0 & 0 & \boldsymbol{\Sigma}_x^{-1} \end{pmatrix} \begin{pmatrix} \boldsymbol{x}_0 \\ \boldsymbol{h} \\ \boldsymbol{F} \end{pmatrix} \tag{2-71}$$

迭代法，顾名思义就是通过不断变更待求变量 $\boldsymbol{X}_t$，来实现对上述函数的最小化。高斯-牛顿法的核心思想是用一个二次函数对当前的目标函数进行拟合，认为二次函数的最小值点就是当前步骤能够选择的最优值。不断进行上述的步骤，即可实现目标函数的不断下降，最后达到局部最优解。假定当前的状态量为 $\check{\boldsymbol{X}}_t$，以下式为例，可以做线性化近似如下

$$\boldsymbol{y}_t - \boldsymbol{h}_t \approx \boldsymbol{y}_t - \boldsymbol{h}(\check{\boldsymbol{x}}_t, 0) - \frac{\partial \boldsymbol{h}}{\partial \boldsymbol{x}_t}(\boldsymbol{x}_t - \check{\boldsymbol{x}}_t) \triangleq \boldsymbol{e}_{h_t} - \boldsymbol{J}_{h_t} \delta \boldsymbol{x}_t \tag{2-72}$$

同样也可以近似得到

$$\boldsymbol{x}_t - \boldsymbol{F}_{t-1} \approx \check{\boldsymbol{x}}_t + \boldsymbol{x}_t - \check{\boldsymbol{x}}_t - \boldsymbol{F}(\check{\boldsymbol{x}}_{t-1}, 0) - \frac{\partial \boldsymbol{F}}{\partial \boldsymbol{x}_{t-1}}(\check{\boldsymbol{x}}_{t-1} - \boldsymbol{x}_{t-1}) \triangleq \boldsymbol{e}_{F_t} - \begin{pmatrix} -\boldsymbol{I} \\ \boldsymbol{J}_{F_{t-1}} \end{pmatrix}^{\mathrm{T}} \begin{pmatrix} \delta \boldsymbol{x}_t \\ \delta \boldsymbol{x}_{t-1} \end{pmatrix} \tag{2-73}$$

根据以上的分解，可以推广所有的函数

$$\boldsymbol{h} \approx \boldsymbol{e}_h - \boldsymbol{J}_h \delta \boldsymbol{X}_t \tag{2-74}$$

和

$$\boldsymbol{F} \approx \boldsymbol{e}_F - \boldsymbol{J}_F \delta \boldsymbol{X}_t \tag{2-75}$$

其中 $\boldsymbol{J}_h$ 和 $\boldsymbol{J}_F$ 都是对雅可比矩阵式（2-72）和（2-73）的扩展和堆叠，同理可得 $\boldsymbol{e}_h$ 和 $\boldsymbol{e}_F$，使整个函数能表达为矩阵形式。至此，可以进一步近似式（2-71）得到

$$\delta \hat{\boldsymbol{X}}_t = \operatorname{argmin} \begin{pmatrix} -\check{\boldsymbol{x}}_0 - \boldsymbol{J}_0 \delta \boldsymbol{X}_t \\ \boldsymbol{e}_h - \boldsymbol{J}_h \delta \boldsymbol{X}_t \\ \boldsymbol{e}_F - \boldsymbol{J}_F \delta \boldsymbol{X}_t \end{pmatrix}^{\mathrm{T}} \begin{pmatrix} \boldsymbol{\Sigma}_x^{-1} & 0 & 0 \\ 0 & \boldsymbol{\Sigma}_y^{-1} & 0 \\ 0 & 0 & \boldsymbol{\Sigma}_x^{-1} \end{pmatrix} \begin{pmatrix} -\check{\boldsymbol{x}}_0 - \boldsymbol{J}_0 \delta \boldsymbol{X}_t \\ \boldsymbol{e}_h - \boldsymbol{J}_h \delta \boldsymbol{X}_t \\ \boldsymbol{e}_F - \boldsymbol{J}_F \delta \boldsymbol{X}_t \end{pmatrix} \tag{2-76}$$

通过线性化近似，将非线性最小二乘问题转化为了线性最小二乘问题，引入一个符号定义以

简化表达如下

$$\delta\hat{\boldsymbol{X}}_t=\operatorname{argmin}(\boldsymbol{b}-\boldsymbol{A}\delta\boldsymbol{X}_t)\boldsymbol{W}^{-1}(\boldsymbol{b}-\boldsymbol{A}\delta\boldsymbol{X}_t) \tag{2-77}$$

其中的 $\delta\boldsymbol{X}_t$ 可以通过如下的线性解得到：

$$\delta\hat{\boldsymbol{X}}_t=(\boldsymbol{A}^{\mathrm{T}}\boldsymbol{W}^{-1}\boldsymbol{A})^{-1}\boldsymbol{A}^{\mathrm{T}}\boldsymbol{W}^{-1}\boldsymbol{b} \tag{2-78}$$

得到 $\delta\hat{\boldsymbol{X}}_t$，可以更新 $\check{\boldsymbol{X}}_t$ 如下：

$$\check{\boldsymbol{X}}_t=\check{\boldsymbol{X}}_t+\delta\hat{\boldsymbol{X}}_t \tag{2-79}$$

可以看到，上式能够在局部范围内保证目标函数的下降。当 $\check{\boldsymbol{X}}_t$ 更新后，又可以重复上述的线性化步骤，在新的 $\check{\boldsymbol{X}}_t$ 展开，并求解新的增量，进一步使目标函数下降。显然，当 $\check{\boldsymbol{X}}_t$ 越来越接近局部最优解时，$\delta\hat{\boldsymbol{X}}_t$ 会趋近于0，从而实现收敛。

可以看到，高斯-牛顿算法在当前局部拟合二次型，然后取二次型的最小解。也就是说理论设计上，每个迭代步骤都希望目标函数会下降。然而，在实际操作的过程中，会出现目标函数不降反升的情况，发生这种情况的根本原因在于用二次型拟合局部曲面时存在显著的误差。因此，在使用高斯-牛顿算法进行问题求解时，并不能保证求解会趋于最优解，甚至会出现发散的情况。如图2-9所示。

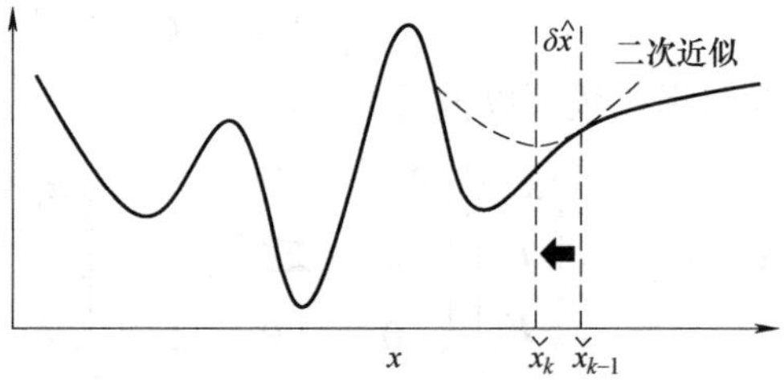

图2-9　高斯-牛顿优化目标函数单步迭代

注：在每个迭代步骤中，目标函数在 $\check{x}$ 处展开，用一个二次函数近似目标函数的局部，然后通过寻找二次函数的最值，来找到当前 $\check{x}$ 处的最优更新量 $\delta\hat{x}$，进而希望获得相比当前更好的估计 $\check{x}$。

为了解决该问题，下面介绍一种新算法。给定目标函数 $f(\boldsymbol{X})$，希望在当前的解 $\boldsymbol{X}$ 上施加一个扰动 $\delta\boldsymbol{X}$，通过泰勒展开可以得到

$$f(\boldsymbol{X}+\delta\boldsymbol{X})=f(\boldsymbol{X})+\nabla f\delta\boldsymbol{X}+o(\delta\boldsymbol{X}) \tag{2-80}$$

式中，∇f 是 f 的梯度；$o(\delta\boldsymbol{X})$ 是无穷小项。当 $\delta\boldsymbol{X}$ 很小时，无穷小项 $o(\delta\boldsymbol{X})$ 可以忽略。此时，若要保证 $f(\boldsymbol{X}+\delta\boldsymbol{X})<f(\boldsymbol{X})$，一个直观的求解办法是求解如下问题：

$$\min f(\boldsymbol{X}+\delta\boldsymbol{X})-f(\boldsymbol{X}) \tag{2-81}$$

$$\delta\boldsymbol{X}^{\mathrm{T}}\delta\boldsymbol{X}\leqslant\boldsymbol{\epsilon} \tag{2-82}$$

式中，$\boldsymbol{\epsilon}$ 是某个给定的小量。将式（2-80）代入可得

$$\min\nabla f\delta\boldsymbol{X} \tag{2-83}$$

$$\delta\boldsymbol{X}^{\mathrm{T}}\delta\boldsymbol{X}\leqslant\boldsymbol{\epsilon} \tag{2-84}$$

如图2-10所示，该问题是一个带约束线性规划问题。由于目标函数为线性，因此问题取到极值时，应当取值在约束条件的边界上。将不等式约束转化为等式约束，可以用拉格朗日乘子的方法求解。构造拉格朗日函数如下：

$$L(\delta\boldsymbol{X},\lambda)=\nabla f\delta\boldsymbol{X}+\lambda(\delta\boldsymbol{X}^{\mathrm{T}}\delta\boldsymbol{X}-\boldsymbol{\epsilon}) \tag{2-85}$$

其中 λ 是拉格朗日乘子。将上式分别对 $\delta\boldsymbol{X}$ 和 λ 求导可得

$$\frac{\partial L}{\partial\delta\boldsymbol{X}}=\nabla f+2\lambda\delta\boldsymbol{X} \tag{2-86}$$

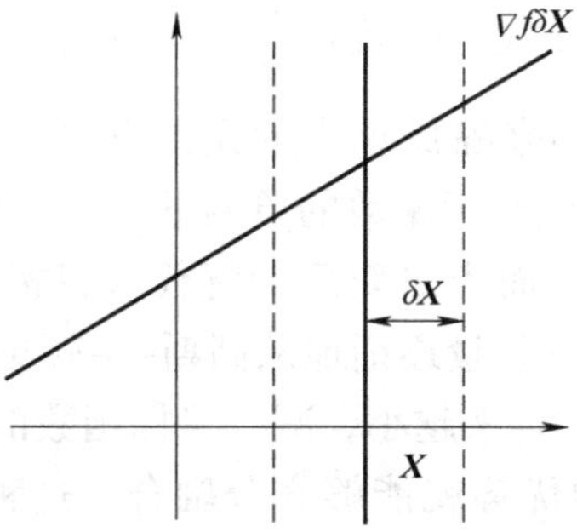

图 2-10 δX 受约束的线性规划问题

注：可以看到由于目标函数是线性函数，所以优化问题的解应当在约束范围的边界。

$$\frac{\partial L}{\partial \lambda}=\delta \boldsymbol{X}^{\mathrm{T}}\delta \boldsymbol{X}-\boldsymbol{\epsilon} \tag{2-87}$$

令上述两式为 0 可解得

$$\delta \boldsymbol{X}=-\sqrt{\boldsymbol{\epsilon}}\frac{\nabla f}{\|\nabla f\|}=-\alpha \nabla f \tag{2-88}$$

式（2-88）的含义是，当更新量为梯度的负方向时，能够使函数下降最快，具体的模值则通过∇f进行控制，这主要是因为用一阶泰勒展开做近似时存在近似误差。然而，由于步长 α 可控，该方法提供了一种机制来确保优化迭代往函数下降的方向行进。比如，将更新量代入到 f 中，实际测试是否下降，如果未下降，则进一步缩小 α。通过合理的确定步长，可以获得

$$f(\boldsymbol{X}_0)>f(\boldsymbol{X}_1)>f(\boldsymbol{X}_2)>\cdots \tag{2-89}$$

在经过 K 次迭代后，获得 $\boldsymbol{X}_K$，可以认为此时的 $f(\boldsymbol{X}_K)$ 取得的是极小值，为最优解。用这种更新实现优化的方法被称为梯度下降法。

从梯度下降法的理论中，可以看到该方法保证函数值单调下降的方式是调整步长参数 α，确保获得极小值的思路是构建单调下降的迭代序列。这种思路存在一个问题：当目标函数具有多个极值时，该方法只能保证找到一个极值，该极值和初值 $\boldsymbol{X}_0$ 之间存在单调下降的目标函数值。因此，梯度法和高斯-牛顿法一样，也只能保证获得极值，也就是局部最优解，而无法确保全局最优解。要获得全局最优解的关键是挑选足够好的初值，使从初值到全局最优解间具有单调下降的目标函数值。

相比于高斯-牛顿法，梯度下降法的收敛速度会有所不足，因为高斯-牛顿法用二次型拟合，直接搜索二次型的最优值。但梯度下降法通过调整参数 α，保证每个步骤函数值均下降。因此，如果能在高斯-牛顿法中嵌入这样的调整机制，就能够融合两种算法各自的优势。基于迭代的更新量公式（2-78），增加一项得到

$$\delta \boldsymbol{X}=(\boldsymbol{A}^{\mathrm{T}}\boldsymbol{W}^{-1}\boldsymbol{A}+\alpha \boldsymbol{I})^{-1}\boldsymbol{A}^{\mathrm{T}}\boldsymbol{W}^{-1}\boldsymbol{b} \tag{2-90}$$

式中，α 为常数因子。当 α 很小时，该式和式（2-78）类似，得到高斯-牛顿更新量，实现快速迭代。当 α 很大时，该式变为

$$\delta \boldsymbol{X}=\frac{1}{\alpha}\boldsymbol{A}^{\mathrm{T}}\boldsymbol{W}^{-1}\boldsymbol{b} \tag{2-91}$$

注意到高斯-牛顿的目标函数具有特定的非线性二次型结构，而非线性二次型的梯度即为 $\boldsymbol{A}^{\mathrm{T}}\boldsymbol{W}^{-1}\boldsymbol{b}$。也就是说，当 α 很大时，该式和梯度下降法的更新量计算式（2-88）具

有类似的形式。而当 α 进一步变大，也就是$\frac{1}{\alpha}$进一步变小，可以看作和梯度下降法类似的调整策略，能够通过步长变小来确保单步的误差下降。因此，在引入 α 以后的式（2-90）中，能够通过调整 α 来实现目标函数的单调下降。具体来说，α 的调整机制是：α 越小就可能获得越快的收敛特性，而当更新后的解代入目标函数后发现无法减少目标函数值时，则可以通过增大 α 来使更新量逐渐地从高斯-牛顿更新量转化为梯度更新量，而当 α 进一步增大，则梯度更新量会越来越小，减少目标函数的可能性则越来越大。这样，高斯-牛顿法和梯度下降法彼此的优势就能够充分融合，这种算法称为 Levenberg-Marquardt 算法，简称 LM 算法。一个在二次误差函数上的 LM 更新方向如图 2-11 所示。显然，当误差函数就是二次函数时，高斯-牛顿方法能够一步到达最值点，而梯度下降法需要多步迭代。但在更多的误差函数中，高斯-牛顿的二次型近似不一定都能带来更快的收敛，这主要取决于近似的程度，而梯度下降法总能在合理的步长下获得下降。LM 算法在确定 α 时，给出了一套具体的 α 调整机制，其总体思路和本节介绍的思路一致，但具体的细节这里不再详细展开，可以参考相关论文。

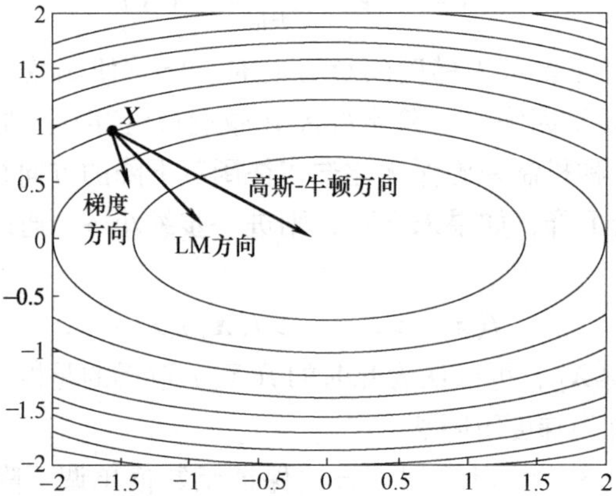

图 2-11　三种优化算法的更新方向

注：$\boldsymbol{X}$ 是当前的估计，下一步迭代的更新方向如图所示，LM 可以通过调整 α 在两个方向之间取得平衡。

优化算法的另一个要点是初值的选择。在 SLAM 问题中，初值的选择相对简单，因为 SLAM 中有较多的信息可以用于构筑初值，比如采用纯里程计、视觉里程、激光里程等相对量构建方法都可以用于构建轨迹，然后作为优化的初值来提升 SLAM 收敛到全局最优解的可能性。对于特征和位姿同时存在的 SLAM 问题，还可以采用将该问题先建模为位姿图模型，通过相对位姿关系先求解所有的位姿，然后再将用位姿求解所有的特征，形成整个问题的初值。这些构建方法还能够提升多变量最小二乘求解的速度，因为初值的质量较好，就可以用较少的迭代次数到达最优解。

通过该示例主要想说明的问题是，当采用概率进行建模时，估计器的形式并不直观。但当将具体的概率分布形式代入到对应的估计器中，优化问题就可以被具体化为可求解的形式。采用概率进行描述时的优点是无论系统噪声是否满足高斯分布。无论系统方程是否为线性，估计器的形式均保持不变，因此具有一般化的表达，这对于指导具体的问题建模和求解具有很重要的意义。在该示例中也能够看到，当采用对数最小化的表达时，对于高斯分布这类指数族分布具有很好的化简能力，大大简化了问题的表达。

2.3.3 滤波

滤波估计器相比于最大后验估计器最大的区别是只关注当前，也就是不再估计过去的状态量，是一种递归的估计方法。因此基于滤波的方法可以保证状态的规模始终控制在一个常数水平，而不是单调增长，符合在线运算的要求。并且，对于机器人的自主移动，只关注当前也可以满足路径规划和控制的要求，因为过去的状态已经无法再进行控制，所以基于滤波的估计器在移动机器人中也有很多的应用。

所谓关注当前的状态，用概率的表达方式来表示就是关注 $p(\boldsymbol{x}_t \mid \boldsymbol{Y}_t, \boldsymbol{U}_{t-1})$ 而不再是 $p(\boldsymbol{X}_t \mid \boldsymbol{Y}_t, \boldsymbol{U}_{t-1})$。而递归就是要在 $p(\boldsymbol{x}_t \mid \boldsymbol{Y}_t, \boldsymbol{U}_{t-1})$ 和 $p(\boldsymbol{x}_{t-1} \mid \boldsymbol{Y}_{t-1}, \boldsymbol{U}_{t-2})$ 之间建立关系。该式可以用如下的方式推导：

$$p(\boldsymbol{x}_t \mid \boldsymbol{Y}_t, \boldsymbol{U}_{t-1}) = \frac{p(\boldsymbol{y}_t \mid \boldsymbol{x}_t)\int p(\boldsymbol{x}_t \mid \boldsymbol{x}_{t-1}, \boldsymbol{u}_{t-1})p(\boldsymbol{x}_{t-1} \mid \boldsymbol{Y}_{t-1}, \boldsymbol{U}_{t-2})\mathrm{d}\boldsymbol{x}_{t-1}}{\int p(\boldsymbol{y}_t \mid \boldsymbol{x}_t)\int p(\boldsymbol{x}_t \mid \boldsymbol{x}_{t-1}, \boldsymbol{u}_{t-1})p(\boldsymbol{x}_{t-1} \mid \boldsymbol{Y}_{t-1}, \boldsymbol{U}_{t-2})\mathrm{d}\boldsymbol{x}_{t-1}\mathrm{d}\boldsymbol{x}_t} \tag{2-92}$$

和最大后验过程中的分母类似，分母由于将状态量全部积分，所以可看作是一个常数。但这里不能简单地将其忽略，因为在滤波的递归过程中，t 时刻的分布 $p(\boldsymbol{x}_t \mid \boldsymbol{Y}_t, \boldsymbol{U}_{t-1})$ 还需要被 $t+1$ 时刻所使用，因此需要进一步考虑如何求解该常数项。需要明确的是，该常数项的作用是为了使 $p(\boldsymbol{x}_t \mid \boldsymbol{Y}_t, \boldsymbol{U}_{t-1})$ 保持 $\int p(\boldsymbol{x}_t \mid \boldsymbol{Y}_t, \boldsymbol{U}_{t-1})\mathrm{d}\boldsymbol{x}_t = 1$ 这个概率密度函数的条件而存在。对于某些具体的分布，该式可以导出具体的解析形式。但大多数情况下，当导出分子 $p(\boldsymbol{y}_t \mid \boldsymbol{x}_t)\int p(\boldsymbol{x}_t \mid \boldsymbol{x}_{t-1}, \boldsymbol{u}_{t-1})p(\boldsymbol{x}_{t-1} \mid \boldsymbol{Y}_{t-1}, \boldsymbol{U}_{t-2})\mathrm{d}\boldsymbol{x}_{t-1}$ 的形式后，可以对其进行积分归一化来满足该条件。得到每个时刻的后验分布以后，对其进行估计相对简单，可以采用最大化

$$\hat{\boldsymbol{x}}_t = \mathrm{argmax}p(\boldsymbol{x}_t \mid \boldsymbol{Y}_t, \boldsymbol{U}_{t-1}) \tag{2-93}$$

也可以采用期望如下：

$$\hat{\boldsymbol{x}}_t = \int \boldsymbol{x}_t p(\boldsymbol{x}_t \mid \boldsymbol{Y}_t, \boldsymbol{U}_{t-1})\mathrm{d}\boldsymbol{x}_t \tag{2-94}$$

在具体化滤波时同样以高斯分布为例，即系统方程满足式（2-63）。在介绍具体的推导前，首先引入一条结论以方便后续的推导。假定随机变量 $\boldsymbol{X}$ 和 $\boldsymbol{Y}$ 满足如下的高斯分布：

$$\boldsymbol{X}, \boldsymbol{Y} \sim N\left(\begin{pmatrix}\boldsymbol{\mu}_X \\ \boldsymbol{\mu}_Y\end{pmatrix}, \begin{pmatrix}\boldsymbol{\Sigma}_{XX} & \boldsymbol{\Sigma}_{XY} \\ \boldsymbol{\Sigma}_{YX} & \boldsymbol{\Sigma}_{YY}\end{pmatrix}\right) \tag{2-95}$$

则有

$$p(\boldsymbol{x} \mid \boldsymbol{y}) \sim N(\boldsymbol{\mu}_X + \boldsymbol{\Sigma}_{XY}\boldsymbol{\Sigma}_{YY}^{-1}(\boldsymbol{y} - \boldsymbol{\mu}_Y), \boldsymbol{\Sigma}_{XX} - \boldsymbol{\Sigma}_{XY}\boldsymbol{\Sigma}_{YY}^{-1}\boldsymbol{\Sigma}_{YX}) \tag{2-96}$$

$$p(\boldsymbol{y} \mid \boldsymbol{x}) \sim N(\boldsymbol{\mu}_Y + \boldsymbol{\Sigma}_{YX}\boldsymbol{\Sigma}_{XX}^{-1}(\boldsymbol{x} - \boldsymbol{\mu}_X), \boldsymbol{\Sigma}_{YY} - \boldsymbol{\Sigma}_{YX}\boldsymbol{\Sigma}_{XX}^{-1}\boldsymbol{\Sigma}_{XY}) \tag{2-97}$$

$$p(\boldsymbol{y}) \sim N(\boldsymbol{\mu}_Y, \boldsymbol{\Sigma}_{YY}) \tag{2-98}$$

$$p(\boldsymbol{x}) \sim N(\boldsymbol{\mu}_X, \boldsymbol{\Sigma}_{XX}) \tag{2-99}$$

图 2-12 展示了该步骤的一个案例。

首先关注式（2-92）在 $t=0$ 时刻的情况，此时 $\boldsymbol{U}_{t-1}$ 为空集，可以得到

$$p(\boldsymbol{x}_0 \mid \boldsymbol{Y}_0) = \frac{p(\boldsymbol{y}_0 \mid \boldsymbol{x}_0)p(\boldsymbol{x}_0)}{\int p(\boldsymbol{y}_0 \mid \boldsymbol{x}_0)\mathrm{d}\boldsymbol{x}_0} \tag{2-100}$$

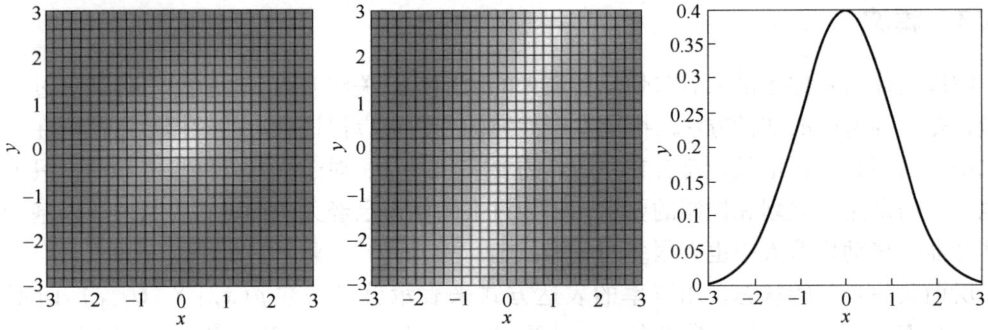

图 2-12　联合分布 $p(\boldsymbol{x},\boldsymbol{y})$、条件分布 $p(\boldsymbol{x}\mid\boldsymbol{y})$ 及边际分布 $p(\boldsymbol{x})$

注：联合分布中的随机变量 x 和 y 的均值均为 0，协方差矩阵的主对角线为 1，非对角线为 0.3。

考虑到非线性系统的分析非常困难，因此在 $p(\boldsymbol{x}_0)$ 的期望 $\check{\boldsymbol{x}}_0$ 处进行泰勒展开，取一阶系统近似系统进行简化

$$\boldsymbol{y}_0 \approx \boldsymbol{h}(\check{\boldsymbol{x}}_0,0)+\frac{\partial \boldsymbol{h}}{\partial \boldsymbol{x}}(\boldsymbol{x}_0-\check{\boldsymbol{x}}_0)+\boldsymbol{n}_h \triangleq \boldsymbol{h}_0+\boldsymbol{J}_{h_0}(\boldsymbol{x}_0-\check{\boldsymbol{x}}_0)+\boldsymbol{n}_h \tag{2-101}$$

图 2-12 彩图

基于该式，可以导出联合分布 $p(\boldsymbol{y}_0,\boldsymbol{x}_0)$，其中期望为

$$E\left\{\begin{pmatrix}\boldsymbol{x}_0\\ \boldsymbol{y}_0\end{pmatrix}\right\}=\begin{pmatrix}0\\ \boldsymbol{h}_0\end{pmatrix} \tag{2-102}$$

协方差矩阵为

$$\mathrm{Cov}\left\{\begin{pmatrix}\boldsymbol{x}_0\\ \boldsymbol{y}_0\end{pmatrix}\right\}=\begin{pmatrix}\boldsymbol{\Sigma}_x & \boldsymbol{\Sigma}_x\boldsymbol{J}_{h_0}^{\mathrm{T}}\\ \boldsymbol{J}_{h_0}\boldsymbol{\Sigma}_x & \boldsymbol{J}_{h_0}\boldsymbol{\Sigma}_x\boldsymbol{J}_{h_0}^{\mathrm{T}}+\boldsymbol{\Sigma}_y\end{pmatrix} \tag{2-103}$$

考虑到近似后的系统为线性系统，而高斯分布的线性组合仍为线性组合，图 2-13 展示了一个例子。所以借助上述的结论，由联合分布 $p(\boldsymbol{y}_0,\boldsymbol{x}_0)$ 得到 $p(\boldsymbol{x}_0\mid\boldsymbol{Y}_0)$，即

$$p(\boldsymbol{x}_0\mid\boldsymbol{Y}_0)\sim N(\boldsymbol{\Sigma}_x\boldsymbol{J}_{h_0}^{\mathrm{T}}(\boldsymbol{J}_{h_0}\boldsymbol{\Sigma}_x\boldsymbol{J}_{h_0}^{\mathrm{T}}+\boldsymbol{\Sigma}_y)^{-1}(\boldsymbol{y}_0-\boldsymbol{h}_0),\boldsymbol{\Sigma}_x-\boldsymbol{\Sigma}_x\boldsymbol{J}_{h_0}^{\mathrm{T}}(\boldsymbol{J}_{h_0}\boldsymbol{\Sigma}_x\boldsymbol{J}_{h_0}^{\mathrm{T}}+\boldsymbol{\Sigma}_y)^{-1}\boldsymbol{J}_{h_0}\boldsymbol{\Sigma}_x) \tag{2-104}$$

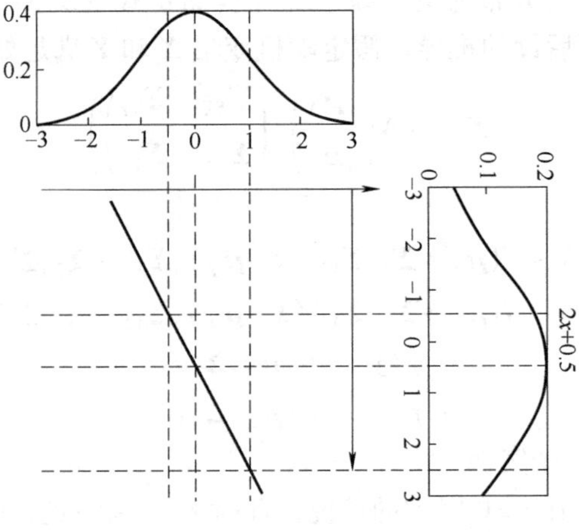

图 2-13　高斯分布经过线性变换仍为高斯分布

注：图中的线性变换为 $2x+0.5$，x 服从期望为 0、方差为 1 的标准高斯分布。线性变换后的高斯分布服从期望为 0.5、方差为 4 的高斯分布。

通常，定义 $\boldsymbol{K}_0 \triangleq \boldsymbol{\Sigma}_x \boldsymbol{J}_h^{\mathrm{T}} (\boldsymbol{J}_h \boldsymbol{\Sigma}_x \boldsymbol{J}_h^{\mathrm{T}} + \boldsymbol{\Sigma}_y)^{-1}$，称为卡尔曼增益。那么式（2-104）可以化简为

$$p(\boldsymbol{x}_0 \mid \boldsymbol{Y}_0) \sim N(\boldsymbol{K}_0(\boldsymbol{y}_0 - \boldsymbol{h}_0), (\boldsymbol{I} - \boldsymbol{K}_0 \boldsymbol{J}_{h_0}) \boldsymbol{\Sigma}_x) \tag{2-105}$$

考虑到滤波步骤的迭代特性，定义时刻 t 的后验分布为 $p(\boldsymbol{x}_t \mid \boldsymbol{Y}_t) \sim N(\boldsymbol{\lambda}_t, \boldsymbol{\Phi}_t)$，那么每个时刻关于状态 $\boldsymbol{x}_t$ 的估计即为 $\boldsymbol{\lambda}_t$，协方差为 $\boldsymbol{\Phi}_t$。在滤波中，将该步骤称为更新。

继续向后续步骤推导，根据式（2-92）可得

$$p(\boldsymbol{x}_1 \mid \boldsymbol{Y}_1, \boldsymbol{U}_0) = \frac{p(\boldsymbol{y}_1 \mid \boldsymbol{x}_1) \int p(\boldsymbol{x}_1 \mid \boldsymbol{x}_0, \boldsymbol{u}_0) p(\boldsymbol{x}_0 \mid \boldsymbol{Y}_0) \mathrm{d}\boldsymbol{x}_0}{\int p(\boldsymbol{y}_1 \mid \boldsymbol{x}_1) \int p(\boldsymbol{x}_1 \mid \boldsymbol{x}_0, \boldsymbol{u}_0) p(\boldsymbol{x}_0 \mid \boldsymbol{Y}_0) \mathrm{d}\boldsymbol{x}_0 \mathrm{d}\boldsymbol{x}_1} \tag{2-106}$$

首先推导

$$p(\boldsymbol{x}_1 \mid \boldsymbol{Y}_0, \boldsymbol{U}_0) = \int p(\boldsymbol{x}_1 \mid \boldsymbol{x}_0, \boldsymbol{u}_0) p(\boldsymbol{x}_0 \mid \boldsymbol{Y}_0) \mathrm{d}\boldsymbol{x}_0 \tag{2-107}$$

积分号内的部分为联合分布，此时在 $p(\boldsymbol{x}_0 \mid \boldsymbol{Y}_0)$ 的期望处，采用线性近似

$$\boldsymbol{x}_1 \approx \boldsymbol{F}(\boldsymbol{\lambda}_0, \boldsymbol{u}_0, 0) + \frac{\partial \boldsymbol{F}}{\partial \boldsymbol{x}}(\boldsymbol{x}_0 - \boldsymbol{\lambda}_0) + \boldsymbol{n}_F \triangleq \boldsymbol{F}_0 + \boldsymbol{J}_{F_0}(\boldsymbol{x}_0 - \boldsymbol{\lambda}_0) + \boldsymbol{n}_F \tag{2-108}$$

进一步导出联合分布的期望为

$$E\left\{\begin{pmatrix} \boldsymbol{x}_0 \\ \boldsymbol{x}_1 \end{pmatrix}\right\} = \begin{pmatrix} \boldsymbol{\lambda}_0 \\ \boldsymbol{F}_0 \end{pmatrix} \tag{2-109}$$

协方差矩阵为

$$\mathrm{Cov}\left\{\begin{pmatrix} \boldsymbol{x}_0 \\ \boldsymbol{x}_1 \end{pmatrix}\right\} = \begin{pmatrix} \boldsymbol{\Phi}_0 & \boldsymbol{\Phi}_0 \boldsymbol{J}_{F_0}^{\mathrm{T}} \\ \boldsymbol{J}_{F_0} \boldsymbol{\Phi}_0 & \boldsymbol{J}_{F_0} \boldsymbol{\Phi}_0 \boldsymbol{J}_{F_0}^{\mathrm{T}} + \boldsymbol{\Sigma}_x \end{pmatrix} \tag{2-110}$$

与式（2-104）不同，这里由于是积分，也就是求解边际分布，那么根据上述结论可以简单得到

$$p(\boldsymbol{x}_1 \mid \boldsymbol{Y}_0, \boldsymbol{U}_0) \sim N(\boldsymbol{F}_0, \boldsymbol{J}_{F_0} \boldsymbol{\Phi}_0 \boldsymbol{J}_{F_0}^{\mathrm{T}} + \boldsymbol{\Sigma}_x) \tag{2-111}$$

该步骤在滤波中被称为预测步骤。尽管只推导两步，但此时的 $p(\boldsymbol{x}_1 \mid \boldsymbol{Y}_0, \boldsymbol{U}_0)$ 和上一个更新步骤的输入 $p(\boldsymbol{x}_0)$ 已经具有一样的高斯分布形式，区别主要是更新步骤时由于状态的期望不再为0，方差也发生了取值的变化，有如下表达：

$$p(\boldsymbol{x}_1 \mid \boldsymbol{Y}_1, \boldsymbol{U}_0) \sim N(\boldsymbol{F}_0 + \boldsymbol{K}_1(\boldsymbol{y}_1 - \boldsymbol{h}_1), (\boldsymbol{I} - \boldsymbol{K}_1 \boldsymbol{J}_{h_1})(\boldsymbol{J}_{F_0} \boldsymbol{\Phi}_0 \boldsymbol{J}_{F_0}^{\mathrm{T}} + \boldsymbol{\Sigma}_x)) \tag{2-112}$$

遵循更新步骤可以得到 $p(\boldsymbol{x}_1 \mid \boldsymbol{Y}_1, \boldsymbol{U}_0)$，由此迭代，可以实现高斯分布下的滤波。需要注意的是：线性化的位置随着迭代步骤的变化而会发生改变。这套滤波技术通过近似线性系统实现高斯分布的传导，称之为扩展卡尔曼滤波方法（EKF）。将 EKF 的迭代步骤 t 整理如下：

$$\boldsymbol{K}_t = (\boldsymbol{J}_{F_{t-1}} \boldsymbol{\Phi}_{t-1} \boldsymbol{J}_{F_{t-1}}^{\mathrm{T}} + \boldsymbol{\Sigma}_x) \boldsymbol{J}_{h_t}^{\mathrm{T}} (\boldsymbol{J}_{h_t} (\boldsymbol{J}_{F_{t-1}} \boldsymbol{\Phi}_{t-1} \boldsymbol{J}_{F_{t-1}}^{\mathrm{T}} + \boldsymbol{\Sigma}_x) \boldsymbol{J}_{h_t}^{\mathrm{T}} + \boldsymbol{\Sigma}_y)^{-1} \tag{2-113}$$

$$\boldsymbol{\lambda}_t = \boldsymbol{F}_{t-1} + \boldsymbol{K}_t(\boldsymbol{y}_t - \boldsymbol{h}_t) \tag{2-114}$$

$$\boldsymbol{\Phi}_t = (\boldsymbol{I} - \boldsymbol{K}_t \boldsymbol{J}_{h_t})(\boldsymbol{J}_{F_{t-1}} \boldsymbol{\Phi}_{t-1} \boldsymbol{J}_{F_{t-1}}^{\mathrm{T}} + \boldsymbol{\Sigma}_x) \tag{2-115}$$

本节主要将上述所推导出的确定性系统引入随机噪声导出了随机系统，进而可以用概率的形式进行表示。在此基础上，可以将传感器的测量值和状态一起构建联合分布，这为估计器的设计确定了基础。然后，基于联合分布导出的后验或递归形式，可以采用最大后验或者滤波的方式对状态进行估计。前者能给出轨迹，但计算量逐渐变大；后者只给出当前，但计算量保持常数。两者各有优劣，因此要在实际应用时结合具体的场景考虑选择。本节所介绍的随机系统并没有限定具体的形式，这是因为采用不同的传感器、不同的运动学模型甚至不

同的参数化都会引起具体形式的变化。但无论具体形式如何变化，在抽象到随机系统模型时，估计器的本质不会改变，即在后验分布上进行最大值或期望运算。当系统模型遵循高斯分布噪声以及 $t=0$ 时刻满足高斯分布时，最大后验方法可以被表示为最小二乘问题，而滤波方法可以被表示为卡尔曼滤波问题。在后续的介绍中，重点将是如何根据实际情况建模概率分布的具体形式，使其尽可能去满足高斯分布，一方面能关联状态和具体的传感器数据，一方面能使计算和推导更容易解决。

2.4 小结

本章共介绍了三个方面的内容。首先对概率的基本知识进行了回顾，将实际移动机器人问题中的不确定性通过概率的方式进行了表达，为机器人的状态估计构建了理论基础。在此基础上，又介绍了三维空间中带旋转和平移的刚体运动学，考虑到移动机器人是一个刚体，所以可以采用刚体运动学对移动机器人系统进行建模。在介绍运动学时，接触了一个新的类型即旋转矩阵，其并不属于欧式空间，不具备加法、数乘、交换律等特性。为了使旋转矩阵能和欧式空间的平移量用相同的方法处理，进一步介绍了旋转矩阵的线性化，并在旋转上定义了高斯分布。这样，模型中的所有变量均可以通过概率表达，并可以使用线性化技术。最后，在有了模型和不确定度表达以后，能够推导出最大后验估计和滤波估计两种估计器形式，这也将是本书使用最多的工具。可以看到，当随机分布的类型是高斯分布时，最大后验估计可以通过非线性最小二乘表达，并可以通过线性化技术进行迭代求解。滤波估计即为卡尔曼滤波器，通过线性化技术将卡尔曼滤波推广到非线性系统下实现估计。总的来说，本节的内容可以归纳为面向移动机器人的建模工具和分析工具，对于本书后续的内容具有基础作用。

习　题

2-1　如果激光测距仪 A 相比于激光测距仪 B，在一次测量中获得了更精确的结果，能否说激光测距仪 A 的精度更高？如果不能，如何设计测试手段验证其中某一台的精度更高？

2-2　在实际实现中，对矩阵求逆效率较低，但由于位姿矩阵有特殊的结构，请推导出位姿矩阵逆的解析形式。

2-3　请推导在世界坐标系和在刚体坐标系下观测的角速度两者之间的关系。

2-4　为什么在转化为最大后验估计后，概率分布中的常数项可以忽略？

2-5　如果可以直接观测到机器人的旋转，根据旋转的噪声概率表示，写出最大后验估计最小二乘形式。

2-6　请对比梯度下降法和高斯-牛顿法两者在优化非线性最小二乘时的优势。

2-7　仅针对当前时刻的位姿估计，不考虑线性化近似误差，卡尔曼滤波的估计和最大后验估计是否相等？

2-8　针对过去时刻的位姿估计，不考虑线性化近似误差，卡尔曼滤波的估计和最大后验估计是否相等？

第 3 章

运动学建模

3.1 概述

运动学是指从几何的角度描述和研究物体位置随时间的变化规律。机器人运动学模型描述的是机器人上某一参考点运动控制与各个驱动运动控制之间的数学模型。因此，运动学建模与机器人的机械结构密切相关，是实现机器人运动控制和系统设计的基础。

运动控制一般是以时间为变量的位置控制、速度控制以及加速度控制。通过建立机械系统的运动模型，既可以根据某一时刻各个驱动的运动控制指令或者运动感知反馈计算得到该时刻机器人参考点的合成运动，也可以根据机器人参考点位置、速度或加速度的运动控制要求计算得到各个驱动的运动控制指令。前者称为正运动学，后者称为逆运动学。

如图 3-1 所示的轮式移动机器人，该机器人由两个主驱动轮和一个无驱动力的随动轮组成，每个主驱动轮由一个电动机控制，电动机末端安装有光电或者磁编码器可获得电动机实际转速，随动轮随车体运动形成被动运动。参考点可以是机器人的质心，也可以考虑运算方便，以两个主驱动轮连线中间点为参考点。对于移动机器人，通常以速度作为运动控制量。记两个主驱动轮转速分别为 $\dot{\boldsymbol{\varphi}}(t)=(\dot{\varphi}_1(t),\dot{\varphi}_2(t))^{\mathrm{T}}$，参考点速度为 $\boldsymbol{v}(t)=(v(t),\omega(t))^{\mathrm{T}}$。该轮式移动机器人运动学模型就是建立这一参考点的速度控制 $\boldsymbol{v}(t)$ 与两个轮子的速度控制 $\dot{\boldsymbol{\varphi}}(t)$ 之间的关系 $\boldsymbol{v}(t)=f(\dot{\boldsymbol{\varphi}}(t))$。当希望机器人按 2m/s 前向移动速度、1.5rad/s 旋转速度运动时，即 $\boldsymbol{v}(t)=(2,1.5)^{\mathrm{T}}$，可以通过所建立的该轮式移动机器人运动学模型得到每个轮子的速度要求，进而根据轮子与电动机之间的传动系统的减速比计算得到电动机的速度控制指令。反之，根据主驱动轮电动机末端所安装编码器获得的电动机转速，可以计算得到轮子转速，通过该轮式移动机器人的逆运动学模型，可以得到参考点的运动速度，即

$$\dot{\boldsymbol{\varphi}}(t)=f^{-1}(\boldsymbol{v}(t)) \tag{3-1}$$

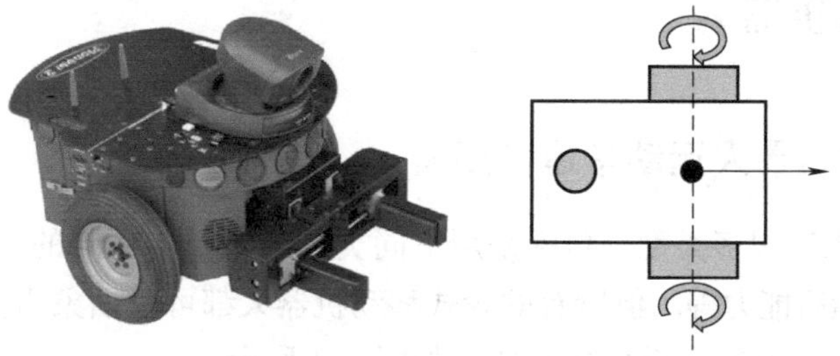

图 3-1　轮式移动机器人

进而根据轮子与电动机之间的传动系统的减速比计算得到电动机的速度控制指令。记电动机速度为 $\boldsymbol{n}(t)=[n_1(t),n_2(t)]^{\mathrm{T}}$，减速比为 η，则

$$\boldsymbol{n}(t)=\frac{\eta\dot{\boldsymbol{\varphi}}(t)}{2\pi} \tag{3-2}$$

反之，根据主驱动轮电动机末端所安装编码器获得的电动机转速 $\boldsymbol{n}(t)$，可以计算得到轮子转速 $\dot{\boldsymbol{\varphi}}(t)$，通过该轮式移动机器人正运动学模型 $\boldsymbol{v}(t)=f(\dot{\boldsymbol{\varphi}}(t))$，可以得到参考点的运动速度 $\boldsymbol{v}(t)$。

对于图 3-2 的足式移动机器人，一般采用位置控制模式。首先，根据质心运动速度要求和稳定性判据，计算得到质心运动位置轨迹和相应落脚点位置，根据落脚点位置生成摆动腿末端运动位置轨迹。然后，以质心为原点建立机器人坐标系，以足末端为参考点，所建立运动学模型类似于机械臂运动学建模，描述了末端空间位置与各个关节角度位置之间的关系。根据参考点位置控制要求，利用逆运动学模型可以计算得到关节角度位置要求。根据当前关节角度信息反馈，利用正运动学模型可以计算参考点当前位置。

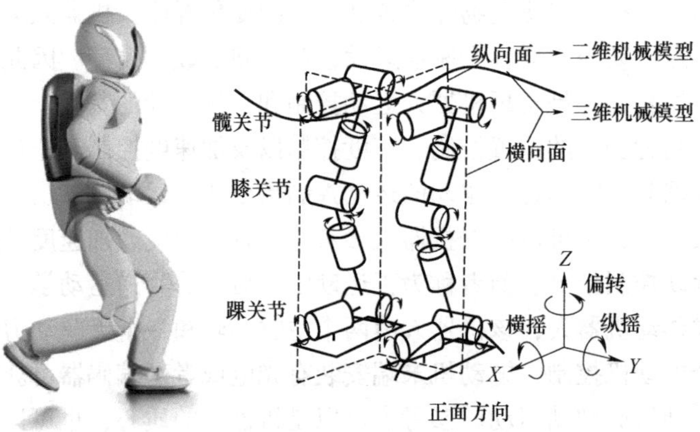

图 3-2 彩图

图 3-2　足式移动机器人

运动学模型不仅是系统运行控制的基础核心，在系统设计阶段也起着重要的作用。通过运动学模型，可以根据对机器人整体运动的性能指标要求来计算得到对驱动的运动指标要求，为驱动器、传动器的选型提供重要依据。

本书主要以轮式移动机器人为平台来介绍自主移动相关知识，因此本章仅介绍轮式移动机器人运动学建模。下面将依次介绍影响轮式移动机器人运动学建模要素、建模方法和机动度评估分析方法。

3.2　轮式移动机器人

3.2.1　轮式移动机器人运动学建模要素

轮式移动机器人有很多类型，包括采用不同类型的轮子、不同的轮子组合和排放方式、不同的尺寸形状和运行能力等。但所有的轮式移动机器人都可以抽象为由车体、车轮、车体-车轮之间的支撑机构、车轮驱动机构组成，如图 3-3 所示。

各部分作用如下：

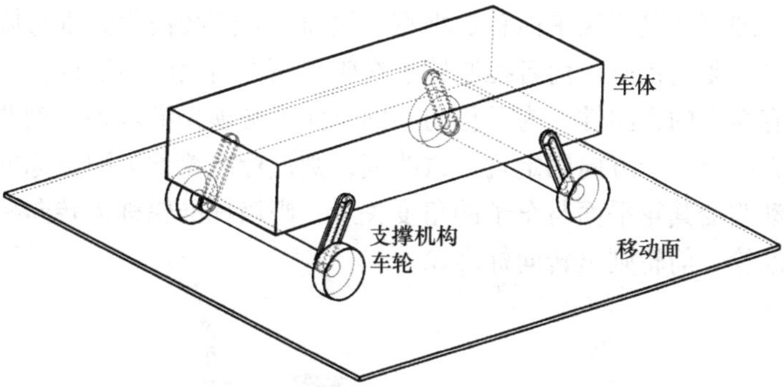

图 3-3　轮式移动机器人的共性结构组成

1）车体：用于安装各种元器件、承载负重。

2）驱动机构：用于产生轮子的驱动力矩和制动力矩。

3）车轮：承受全车重量，并在车轮驱动机构的作用下运动或者制动，通过地面摩擦作用形成对整个车子的牵引力或制动力，使车子运动或制动。

4）支撑机构：用于连接车体与车轮，起到将重量分布到各个轮子、减轻车轮振动对车体的影响、确保所有车轮着地的作用。

通过上述作用分析可以看到，车轮是形成或者限制车体运动的关键，轮子的类型及其机械结构排布直接影响其运动作用的合成，是轮式移动机器人运动学建模的重要因素。此外，有驱动机构的轮子必须确保着地，这样每个轮子的运动才对机器人的运动产生作用或者约束。

1. 轮子的类型

目前，主要有四种类型的轮子：标准轮、脚轮、Swedish 轮和球轮，如图 3-4 所示。这四种轮子在运动学上具有很大的差别，因此选择不同的轮子类型对于整个移动机器人的运动学有很大的影响。

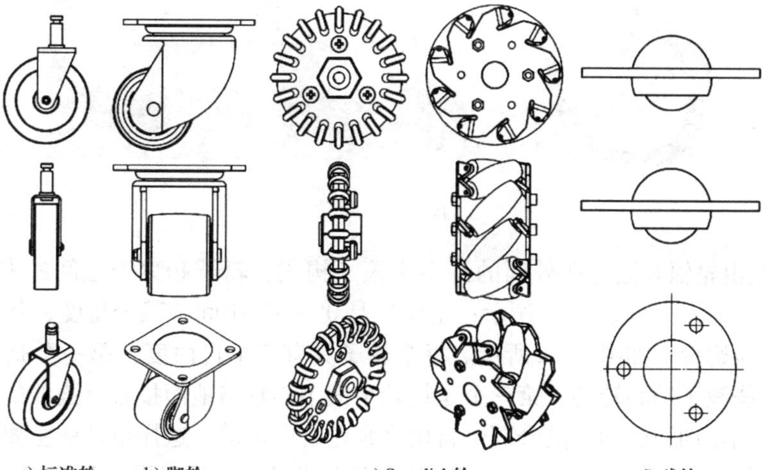

a) 标准轮　b) 脚轮　c) Swedish轮　d) 球轮

图 3-4　轮子类型

标准轮是最为常见的轮子，汽车、自行车等采用的轮子都属于标准轮。这类轮子具有两个自由度，如图 3-5 所示，分别为绕着轮平面中心轴的旋转和绕着轮平面中心与地面接触点连线的旋转。由于理想情况下轮平面总是垂直于地面，该连线被称为垂直旋转轴。可以分别对这两个自由度进行驱动控制，前者控制轮子在轮平面方向上的滚动速度，后者控制轮平面方向。标准轮具有很高的方向性，为了移向不同方向，必须先沿着垂直轴调整轮子方向。如果轮子安装后其方向与车子方向固定且不再改变，则该标准轮称为固定标准轮。如果轮子安装后可以通过驱动改变其轮平面与车子的角度关系，则该标准轮称为转向标准轮。自行车的后轮就是固定标准轮，前轮则是转向标准轮。

图 3-5　标准轮

脚轮如图 3-6 所示，在日常生活中也非常多见，移动椅、旅行箱等均采用脚轮。当外力推动椅子或者箱子时，脚轮会调整轮平面方向，使得轮平面与物体的运动方向一致。可以看到脚轮类似于标准轮，具有很高的方向性，为了移向不同方向，必须首先沿着垂直轴调整轮子方向。但不同的是，脚轮不以轮平面中心与地面接触点连线作为垂直旋转轴，而是沿着一个偏离的垂直旋转轴转动。因此标准轮可以无偏地完成这种调向，因为它的垂直旋转轴通过轮子和地面的接触点，而脚轮则是有偏调向，导致在调向时对物体或者机器人底盘施加了一个力矩。

图 3-6　脚轮

Swedish 轮由轮辐和固定在外周的许多小滚子构成，轮子和滚子之间的夹角可以是 90°（也称为 Transwheel），如图 3-7b 所示；也可以是 0° ~ 90°中间的某个角度，其中 45° Swedish 轮也称为麦克纳姆轮，如图 3-7a 所示。每个轮子具有三个自由度，第一个是绕轮子主轴转动，第二个是绕滚子轴心转动，第三个是绕轮平面中心轴与地面接触点连线的垂直旋转轴转动。轮子的主轴用动力驱动，其余两个自由度则是自由运动。这样设计的主要优点是，它可以像标准轮一样活动，但由于在径向上的阻力很小使得轮子可以沿着许多可能的轨迹移动。这种轮子的主要问题是两个小轮子在交替接触地面的过程中会产生振动。为减少 Swedish 轮转动过程中的振动，提出了连续切换轮（Alternate wheel），如图 3-7c 所示。连续切换轮的轮辐上有两种滚子，分为内圈和外圈，都可以绕与轮盘轴垂直的轴心转动，具有公共的切面方向。这样既保证了在轮盘滚动时同地面的接触点高度不变，避免机器人振动，也保证了在任意位置都可实现沿与轮盘轴平行方向的自由滚动。

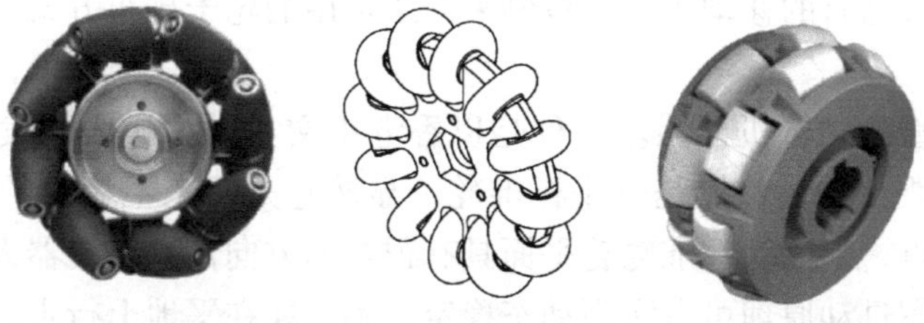

a) 45°Swedish轮（麦克纳姆轮）　b) 90°Swedish轮　c) 90°连续切换轮

图 3-7　Swedish 轮

Swedish 轮虽然增加了一个自由度，但并不是真正意义上的全方向轮，与标准轮相比，它只是增加了着地滚子轮平面方向上的运动能力。而球轮则是真正的全方向轮，它的任意一个剖面都是一个标准轮，因此可以向任意一个角度运动，而且不需要进行轮子方向的调整，如图 3-8 所示。在 20 世纪 90 年代，计算机配置的还不是光电鼠标，而是机械鼠标，里面安装的就是一个球轮，只不过机械鼠标是通过外力驱动使它向施力方向运动实现顺应，而球轮可以通过对球轮的驱动控制实现球轮在空间中的运动。

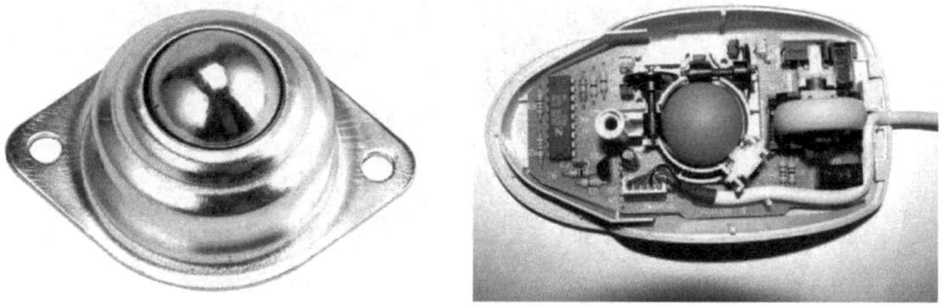

图 3-8　球轮

这四种轮子既可以通过驱动装置进行主动控制，也可以安装在机器人上作为无动力驱动的随动轮，即分担机器人的重量、与主动轮共同构成机器人的支撑域并跟随机器人的运动。其中，脚轮在机器人运动时可以快速调整轮平面方向，使轮子随着机器人的运动而滚动，只是在调整轮平面方向时会对机器人的运动产生一定的影响。球轮则不需要调整方向直接随动，但一般球轮不会太大，使得底盘离地高度有限，并且安装处容易积灰而卡死，一旦球轮有磨损，也会对机器人运动的平稳性造成影响。标准轮和 Swedish 轮虽然也可以作为随动轮，但标准轮不能侧向移动、Swedish 轮则不能任意方向移动，因此会对机器人的运动造成约束。

2. 轮子的排布

通过采用不同的轮子类型和不同的轮子数量可以构建不同的轮式移动机器人，不同的配置使得机器人在稳定性、移动性和操控性方面具有不同的特性。①稳定性包括静态稳定和动态稳定。对于一个移动机器人，其所有着地的轮子不论是主动轮还是随动轮，所形成的着地点凸包就是该移动机器人的稳定支撑域。当机器人质心落在支撑域内时，称为静态稳定；如果质心不在支撑域内，但在运动过程中通过控制能实现机器人稳定，称为动态稳定。②所谓移动性，是指通过改变轮子的速度能够实现的机器人运动自由度。③操控性，则是指通过改变轮子的方向能够间接实现的机器人运动自由度。

目前主要研究和应用的轮式移动机器人有独轮车、两轮车、三轮车、四轮车和多轮全方位移动车。本节结合已有的移动机器人范例来介绍常用的轮子排布方式和它们的运动特性。

（1）独轮车

目前有两种类型的独轮机器人。一种是以香港中文大学为代表研发的独轮机器人，如图 3-9 所示。从外观上看，整体是一个标准轮，显然它是静态不稳定的，因为支撑域只有轮子与地面接触的点，但因为标准轮轮平面具有很好的方向性且与机器人质心运动方向保持一致，因此利用陀螺进动原理可以实现动态稳定，不仅能在平地上行走，而且能够在不平整地面和倾斜地面上行走，具有对外界扰动不敏感、运动时滚动摩擦力较小的优点。实现时，其采用一个旋转飞轮作为驱动部件，飞轮的轴承上安装有双链条的操纵器和一个驱动马达。飞轮不仅可以使机器人实现稳定运行，还可以调整机器人运动的方向，具有可操作性强的优点。除了上述优点，其所研发的独轮机器人还具有从倒地的状态中自动站立及水陆两栖的能力。利用水陆两栖的特性，可将它引入到海滩和沼泽地等环境，进行运输、营救和矿物探测；利用外形纤细的特性，可将它用作监控机器人，实现对狭窄地方的监控；利用驱动原理，可进一步开发不受地形影响、运动自如的月球车，用于航天领域。

图 3-9　整体为标准轮的独轮机器人

另一种独轮机器人采用球轮，图 3-10 是卡耐基梅隆大学所研发的独轮机器人。由于球轮具有全向移动特性，因此通过方向控制可以方便地实现机器人向各个方向的移动，具有很好的操纵性。但是由于球轮点接触造成支撑域小，因此静态不稳定，且因为可以进行任意方向操控，控制方向与当前质心运动方向不一致时容易不稳，所以动态也难以稳定。

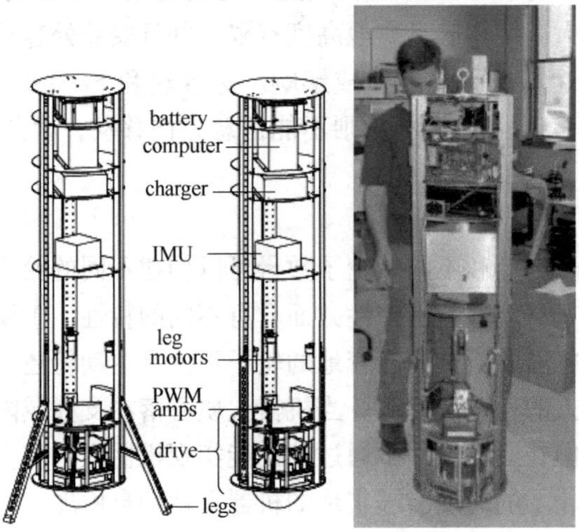

图 3-10　采用球轮的独轮机器人

(2) 两轮车

两轮车通常采用两个标准轮构成，对标准轮的转速或者方向进行驱动控制。其排布方式可以采用两轮摩托车或两轮自行车的方式前后排布，如图 3-11 所示，后轮作为固定标准轮进行转速控制，前轮作为转向标准轮进行方向控制。这种方式控制复杂，难以实现静态和动态稳定。国内外研究机构在这方面也开展了多年的研究：图 3-11a 为伯克利大学和德克萨斯 A&M 大学联合研制的自动摩托车 Ghostrider，图 3-11b 为近几年清华大学研发的可以自稳定驾驶的两轮自行车。

a) 自动摩托车　　　　b) 自动自行车

图 3-11　前后排布的两轮车

如图 3-12 所示，也可以采用两轮左右并列同轴排布、独立驱动的方式。这种方式虽然难以静态稳定，但和第一种独轮车一样，标准轮具有很好的方向性以及和车子运动方向一致的特性，因此可以采用逆钟摆方式实现动态平衡。如图 3-13 所示，在机器人上部安装测量机器人相对于重心倾斜信息的陀螺仪和/或加速度计，根据倾斜信息测量和估计，按机器人上部摔倒方向驱动轮子，从而使得轮子始终位于机器人重心之下，机器人保持平衡。目前这种两轮车已经形成了代步性工具产品，人站在机器人上通过重心控制来控制移动机器人前进、后退、转弯以及加减速，两轮车可在不平整地面上运行，但制动时以及低速行走时极不稳定。

图 3-12　左右并列同轴排布的两轮车

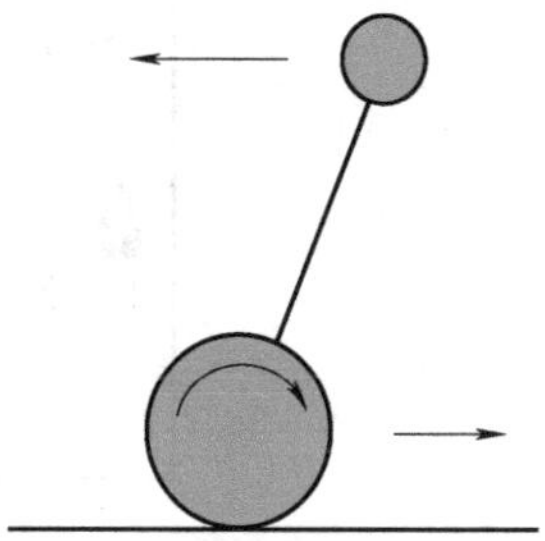

图 3-13　两轮车的动态平衡控制

(3) 三轮车

三轮移动机构是车轮型机器人的基本移动机构，由三个轮子的着地点张成了较大的支撑域，因此具有静态稳定的特性。目前，作为移动机器人移动机构用的三轮机构有三类排布方式，如图 3-14 所示。

图 3-14a 是后轮用两个标准轮独立驱动、前轮用脚轮或者球轮作为辅助支撑的随动轮。这种机构的特点是机构组成简单，旋转半径可以从 0 到无限大，任意设定。但是它的旋转中

心是在连接两驱动轮的轴线延长线上，所以旋转半径即使是 0，旋转中心与车体的重心实际是不一致的。

图 3-14b 中前轮由操舵机构和驱动机构组成。如果采用标准轮，则由操舵机构和驱动机构分别控制其绕垂直旋转轴转动调整轮平面方向及绕轮平面中心轴旋转调整滚动速度。后两轮则作为辅助支撑的随动轮，可以采用脚轮、球轮、Swedish 轮，也可以采用固定标准轮，只是前三种不会对机器人运动产生约束，最后一种会存在不能侧移的约束。这种方式下旋转半径同样可以从 0 到无限大连续变化，但速度和方向的驱动器都集中在前轮部分，所以机构复杂。

图 3-14c 的机构是为避免图 3-14b 机构过于复杂的缺点而设计的，前轮由操舵机构控制方向，后轮通过差动齿轮进行驱动，类似汽车的驱动方式。

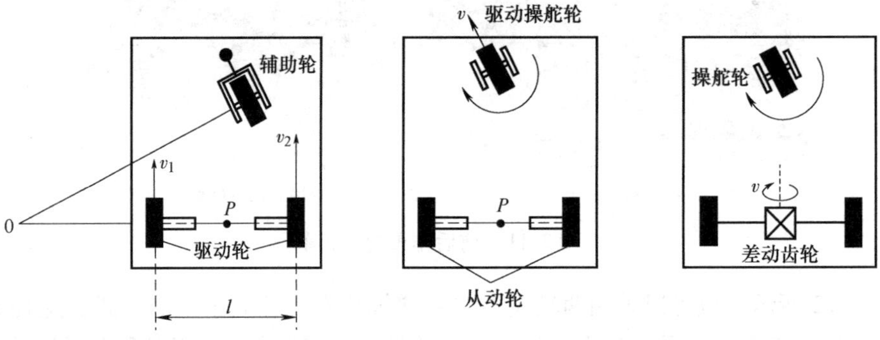

图 3-14　三轮车型移动机器人的机构

(4) 四轮车

四轮车的驱动机构和运动基本上与三轮车相同。图 3-15a 是两个独立驱动的标准轮并行放置在车体左右两侧，中轴线前后两端带有辅助轮的方式。与图 3-14a 相比，当旋转半径为 0 时，图 3-15a 的移动机器人能实现绕车体中心旋转，更有利于在狭窄场所改变方向。图 3-15b 是汽车方式，通常称为阿克曼底盘，适合于高速行走，稳定性好。

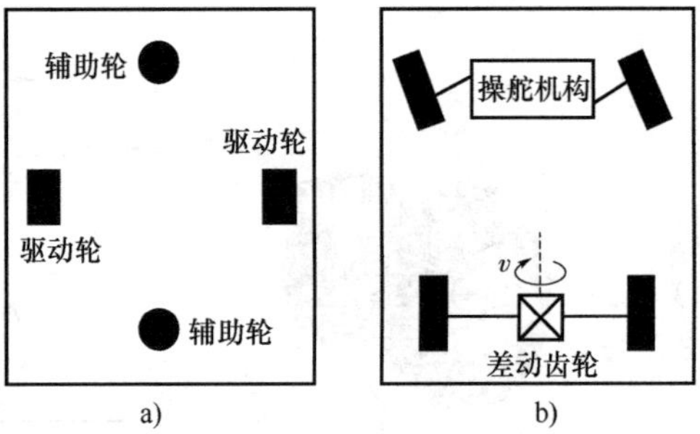

图 3-15　四轮车的排布方式

根据使用目的，还可以使用六轮驱动车或者更多轮子的结构，这里不再一一介绍。

(5) 全方位移动车

前面的排布方式，除了单球轮移动机构，都是二自由度的。由于机器人的平面运动具有三个状态量（位置和方向），因此这些轮式移动机构都属于非完整约束系统，它们只能在与轮子轴垂直的方向前进或者后退，在不打滑的情况下不具有侧向移动的能力，无法简单地达到车体任意的方向和位置。

自由度不小于机器人平面运动状态量，能够使机器人在保持机体姿态不变的前提下沿平面上任意方向移动的移动机构称为全方位移动车。由于这种机构的灵活操纵性能，特别适合于窄小空间或通道中的移动作业。

全方位移动机构的实现与轮子的完整性约束密切相关，因此在全方位移动机构中通常使用具有完整性运动约束的 Swedish 轮。图 3-16a 是一个采用四个麦克纳姆轮的搬运机器人，图 3-16b 是采用四个 90° Swedish 轮构成的小型足球机器人，图 3-16c 是采用三个双排 90° Swedish 轮构成的移动机器人。这里每个 Swedish 轮都是主驱动轮，没有随动轮，并且对称分布。

a) 采用四个麦克纳姆轮的搬运机器人　b) 采用四个90°Swedish轮构成的小型足球机器人　c) 采用三个双排90°Swedish轮构成的移动机器人

图 3-16　全方位移动车

3.2.2　轮式移动运动学建模方法

机器人运动学模型推导是一个自下而上的过程。在移动机器人中，每个独立的轮子对机器人的运动都有一定的作用，同时也对机器人的运动施加了约束。通过支撑机构，各个轮子被结合到一起，其作用构成对机器人整个运动的作用，其约束构成对机器人整个运动的约束，所有轮子的作用和约束结合在一起就构成了整个机器人的运动。因此轮式移动运动学建模有两种方法：基于作用合成的建模方法和基于运动约束的建模方法。

下面首先定义参考坐标系，将各个轮子的力和约束统一到一个参考坐标系中表示，其次给出基于作用合成的建模方法、基于每个轮子的运动学约束推导整个移动机器人的运动学模型的方法。

1. 坐标系定义与运动映射

在整个分析过程中，将机器人看作是一个建立在轮子上的刚体，其在水平面上运动。机器人底盘在平面上的总维数是 3，其中两个是平面位置，一个是绕垂直轴的旋转方向，垂直轴和平面正交。轮子轴、轮子转向关节和轮子车辘关节存在额外的自由度，但通过机器人底盘，可将机器人看作刚体，从而可以忽略机器人内部和轮子的关节和自由度。

如图 3-17 所示，通常定义两种坐标系，一种是平面全局坐标系，一种是机器人局部坐标系。全局坐标系以平面上的一个固定点为原点，坐标轴分别为 X_I 和 Y_I，下标 I 表示对应量定义在全局坐标系中。选择机器人底盘上的一点 P 为机器人的位置参考点，定义该点在全局坐标系中为位置 $(x_I, y_I)^{\mathrm{T}}$，即为机器人在全局坐标系中的位置，记机器人的正方向与坐标轴 X_I

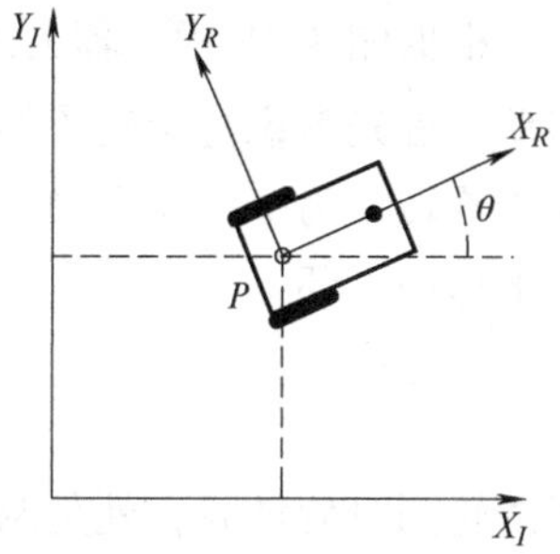

图 3-17　坐标系定义

的夹角为 θ，则机器人在全局坐标系中的姿态可描述为 $\boldsymbol{x}_I=(x_I,y_I,\theta_I)^{\mathrm{T}}$。以 P 点为原点、以 θ 方向为 x 坐标轴方向所建立的坐标系称为机器人局部坐标系，其坐标轴分别用 X_R 和 Y_R 表示。

机器人在全局坐标系下的运动速度 $\dot{\boldsymbol{x}}_I=(\dot{x}_I,\dot{y}_I,\dot{\theta}_I)^{\mathrm{T}}$ 和在局部坐标系下的运动速度 $\dot{\boldsymbol{x}}_R=(\dot{x}_R,\dot{y}_R,\dot{\theta}_R)^{\mathrm{T}}$ 存在以下映射关系：

$$\dot{\boldsymbol{x}}_R=\boldsymbol{R}(\theta)\dot{\boldsymbol{x}}_I$$

$$\begin{pmatrix}\dot{x}_R\\ \dot{y}_R\\ \dot{\theta}_R\end{pmatrix}=\boldsymbol{R}(\theta)\begin{pmatrix}\dot{x}_I\\ \dot{y}_I\\ \dot{\theta}_I\end{pmatrix} \tag{3-3}$$

$$\boldsymbol{R}(\theta)=\begin{pmatrix}\cos\theta & \sin\theta & 0\\ -\sin\theta & \cos\theta & 0\\ 0 & 0 & 1\end{pmatrix}$$

$\boldsymbol{R}(\theta)$ 为正交旋转矩阵。因此，当已知机器人在全局坐标系中的速度时，可以通过式（3-3）计算得到机器人在局部坐标系中的速度。同样，当已知机器人在局部坐标系中的速度时，也可以计算得到机器人在全局坐标系中的速度。

2. 前向运动模型

本节构建如图 3-18 所示的一般差分驱动移动机器人的前向运动模型。差分驱动移动机器人有两个独立驱动的主动轮，0 ~ 2 个采用脚轮或者球轮的无驱动随动轮。记主动轮直径为 r，轮子到两轮之间中点 P 的距离为 l，l、r 已知。

记左右两个主动轮的旋转速度分别为 $\dot{\varphi}_1(t)$、$\dot{\varphi}_2(t)$，运动学建模就是要构建得到全局坐标系下机器人运动速度 $\dot{\boldsymbol{x}}_I=(\dot{x}_I,\dot{y}_I,\dot{\theta}_I)^{\mathrm{T}}$ 和这两个主动轮旋转速度 $\dot{\varphi}_1(t)$、$\dot{\varphi}_2(t)$ 之间的关系，表示为

$$\dot{\boldsymbol{x}}_I=(\dot{x}_I,\dot{y}_I,\dot{\theta}_I)^{\mathrm{T}}=f(\dot{\varphi}_1(t),\dot{\varphi}_2(t)) \tag{3-4}$$

根据式（3-1），可以得到运动学建模实际要构建的是局部坐标系下的机器人运动速度 $\dot{\boldsymbol{x}}_R$ 和主动轮旋转速度 $\dot{\varphi}_1(t)$、$\dot{\varphi}_2(t)$ 之间的关系，即

$$\dot{\boldsymbol{x}}_R=g(\dot{\varphi}_1(t),\dot{\varphi}_2(t))$$

$$\dot{\boldsymbol{x}}_I=\boldsymbol{R}^{-1}(\theta)\dot{\boldsymbol{x}}_R=\boldsymbol{R}^{-1}(\theta)g(\dot{\varphi}_1(t),\dot{\varphi}_2(t)) \tag{3-5}$$

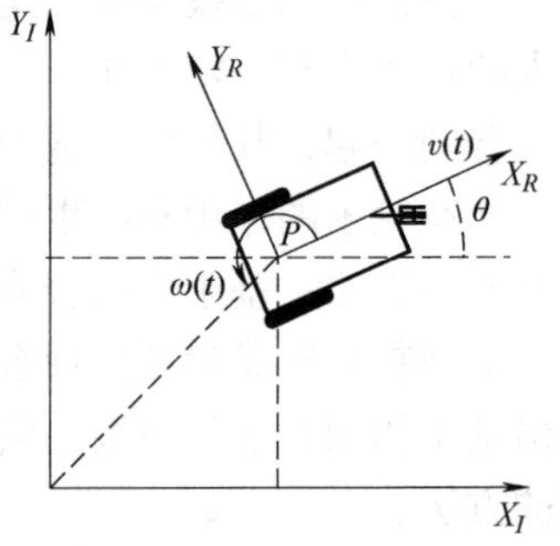

图 3-18　差分驱动移动机器人

前向运动学建模就是在局部坐标系下计算每个轮子对机器人运动 $\dot{\boldsymbol{x}}_R$ 的作用并合成。

根据图 3-18 中机器人的运动方向建立机器人局部坐标系，则机器人沿着 $+X_R$ 方向向前移动。首先考虑每个轮子的旋转速度对 P 点在 X_R 方向平移速度 $\dot{x}_R$ 的作用合成。如果一个轮子旋转，另一个轮子静止，由于 P 点处在两个轮子的中点，则旋转轮使机器人以速度的一半移动，即

$$\dot{x}_R=\frac{1}{2}r\dot{\varphi}_1 \quad 或 \quad \dot{x}_R=\frac{1}{2}r\dot{\varphi}_2 \tag{3-6}$$

当两轮同时旋转时，就是两个轮子作用的叠加，即

$$\dot{x}_R=\frac{1}{2}r\dot{\varphi}_1+\frac{1}{2}r\dot{\varphi}_2 \tag{3-7}$$

可以看到，如果两个轮子以相同速度旋转但方向相反，则得到的是一个原地旋转的机器人，此时 $\dot{x}_R=0$。$\dot{y}_R$ 的计算更为简单，由于两个轮子都不会引起机器人在局部坐标系中的侧移运动，因此 $\dot{y}_R$ 总是0。最后，同样通过单独计算每个轮子的作用并叠加来计算 $\dot{\boldsymbol{x}}_R$ 中的旋转分量 $\dot{\theta}_R$。假设机器人右轮单独向前旋转，则 P 点将以左轮为中心逆时针旋转，旋转速度为

$$\dot{\theta}_R=\frac{r\dot{\varphi}_2(t)}{2l} \tag{3-8}$$

当机器人左轮单独向前旋转时，则 P 点以右轮为中心顺时针旋转，旋转速度为

$$\dot{\theta}_R=-\frac{r\dot{\varphi}_1(t)}{2l} \tag{3-9}$$

当两轮同时旋转时，机器人的旋转速度为

$$\dot{\theta}_R=\frac{r\dot{\varphi}_2(t)}{2l}+\frac{-r\dot{\varphi}_1(t)}{2l} \tag{3-10}$$

根据上述计算，就得到了差分驱动机器人的运动学模型：

$$\dot{\boldsymbol{x}}_I=\boldsymbol{R}^{-1}(\theta)\dot{\boldsymbol{x}}_R=\boldsymbol{R}^{-1}(\theta)\begin{pmatrix}\frac{1}{2}r\dot{\varphi}_1+\frac{1}{2}r\dot{\varphi}_2\\ 0\\ \frac{-r\dot{\varphi}_1(t)}{2l}+\frac{r\dot{\varphi}_2(t)}{2l}\end{pmatrix} \tag{3-11}$$

可以看到，前向运动学建模是分析计算每个轮子对机器人参考点运动产生的作用并通过合成得到轮子速度与机器人参考点速度之间的关系，其分析计算及合成与轮子的排布方式密切相关。

3. 轮子的运动学约束

另一种轮式移动机器人的运动学建模方法是基于每个轮子对机器人运动产生的约束合成。下面介绍轮子的运动学约束。

为了简化约束的表达，做以下两点假设：首先，假设轮子的平面始终保持竖直，以及在所有情况下，轮子和地面都只有一个接触点；其次，假设轮子与地面在接触点上没有打滑，即轮子仅仅在纯转动下运动，并通过接触点绕竖直轴旋转。

基于这些假设，标准轮存在两个约束。第一个是滚动约束，即轮子在相应方向发生运动时必须转动，也就是沿着轮平面的所有运动必须通过适当的旋转转量实现，数学上可以描述为

$$v_{\parallel}=r\dot{\varphi} \tag{3-12}$$

式中，r 为轮子半径，$\dot{\varphi}$ 为轮子转速，$v_{\parallel}$ 为轮子在轮平面上的运动速度。

第二个是无侧滑约束，即轮子不能在垂直于轮子平面的方向发生滑动，数学上可以描述为

$$v_{\perp}=0 \tag{3-13}$$

表示轮子在垂直于轮平面上的运动分量必须为零。

第2章2.2节中介绍了四种轮子，它们与地面接触部分都是一个标准轮，该标准轮总是存在上述转动约束和无侧滑约束，但由于结构形态的差异，使得整个轮子并不一定存在转动约束和无侧滑约束。下面将分别讨论每种轮子存在的约束及数学表达。

（1）固定标准轮

固定标准轮一旦安装，其相对移动底盘的角度就固定了。假设在机器人局部坐标系中，固定标准轮在移动底盘上的安装如图3-19所示，点 A 为固定标准轮与底盘连接的位置，也

是固定标准轮垂直旋转轴的投影位置以及与地面接触点的位置，其位姿可用极坐标（l,α）表示，l 为局部坐标系原点 P 到点 A 的距离，α 为原点 P 到点 A 连线的方向。此外，为进一步描述轮子与移动底盘之间的相对角度，记轮子所在平面法线与 PA 线间的角度为 β。由于标准轮固定后方向不变，因此 β 是一个固定值。

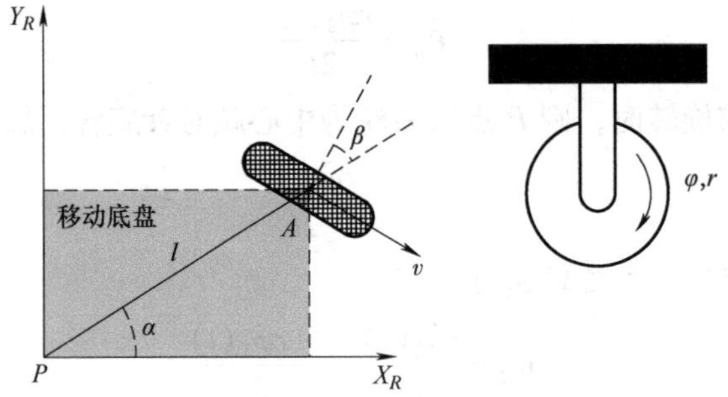

图 3-19　固定标准轮运动学表示

固定标准轮作为标准轮，存在滚动约束和无侧滑约束。对于滚动约束 $v_{\parallel}=r\dot{\varphi}$，根据机器人在 P 点的运动速度 $\dot{\boldsymbol{x}}_R$ 可以得到如下约束方程：

$$\dot{x}_R\sin(\alpha+\beta)-\dot{y}_R\cos(\alpha+\beta)-l\dot{\theta}_R\cos\beta=r\dot{\varphi} \tag{3-14}$$

这是由于轮子与移动底盘之间是刚性连接，因此 A 点运动速度包括 X_R 方向速度 $\dot{x}_R$、Y_R 方向速度 $\dot{y}_R$ 以及垂直于 PA 连线的速度 $l\dot{\theta}_R$，该速度方向根据 P 点存在的旋转速度 $\dot{\theta}_R$ 由右手法则确定。根据式（3-14），可以得到如下约束方程：

$$(\sin(\alpha+\beta)\quad -\cos(\alpha+\beta)\quad -l\cos\beta)\boldsymbol{R}(\theta)\dot{\boldsymbol{x}}_I-r\dot{\varphi}=0 \tag{3-15}$$

该式描述了轮子转速 $\dot{\varphi}$ 与机器人参考点在全局坐标系中的速度 $\dot{\boldsymbol{x}}_I$ 之间的约束关系。

同样，根据无侧滑约束 $v_{\perp}=0$，可以得到如下约束方程：

$$(\cos(\alpha+\beta)\quad \sin(\alpha+\beta)\quad l\sin\beta)\boldsymbol{R}(\theta)\dot{\boldsymbol{x}}_I=0 \tag{3-16}$$

可以看到，当固定标准轮作为主动驱动轮时，只有一个控制量即轮子的旋转速度 $\dot{\varphi}$，$\dot{\varphi}$ 的取值需根据式（3-15）计算得到，才能满足移动底盘运动速度的要求。当固定标准轮作为被动轮时，$\dot{\varphi}$ 为自由量，此时约束方程（3-15）总能被满足。但是不管是作为主动驱动轮还是被动轮，固定标准轮总是存在无侧滑约束。

（2）转向标准轮

图 3-20 给出了转向标准轮的运动学表示，与图 3-19 的固定标准轮相同，但转向标准轮比固定标准轮多一个自由度，即轮子可绕着穿过轮子中心和地面接触点的垂直轴旋转。此时，轮子所在平面的法线与 PA 连线间的夹角 β 不再是一个固定值，而是一个随着时间变化的函数 $\beta(t)$。

根据标准轮所存在的滚动约束和无侧滑约束，可以得到如下约束方程：

$$(\sin(\alpha+\beta)\quad -\cos(\alpha+\beta)\quad -l\cos\beta)\boldsymbol{R}(\theta)\dot{\boldsymbol{x}}_I-r\dot{\varphi}=0 \tag{3-17}$$

$$(\cos(\alpha+\beta)\quad \sin(\alpha+\beta)\quad l\sin\beta)\boldsymbol{R}(\theta)\dot{\boldsymbol{x}}_I=0 \tag{3-18}$$

可以看到转向标准轮的约束方程和固定标准轮的相同，轮子的旋转速度 $\dot{\varphi}$ 影响机器人的可移动性，而轮平面方向变化速度 $\dot{\beta}$ 对机器人当前的运动约束没有直接影响。即不管是作为主动驱动轮还是被动轮，转向标准轮也总是存在无侧滑约束。和固定标准轮的区别在于，约束方程中的 β 不再是固定值，而是一个时变量，取所计算时刻轮子相对底盘的角度值。

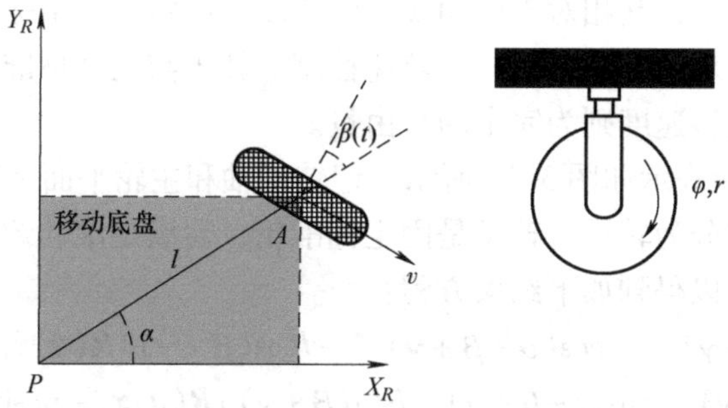

图 3-20 转向标准轮运动学表示

(3) 脚轮

脚轮与转向标准轮一样，可以绕着垂直轴转向，不同的是，脚轮的垂直旋转轴并不通过地面接触点。如图 3-21 所示，点 A 为脚轮与底盘连接的位置，也是脚轮的垂直旋转轴的投影位置，点 B 为脚轮与地面接触的位置，记点 B 到脚轮旋转垂直轴的距离为 d。脚轮运动时轮平面始终与 AB 对齐。与转向标准轮一样，脚轮的轮子旋转 $\varphi(t)$ 和转向角度 $\beta(t)$ 均为随着时间变化的函数。

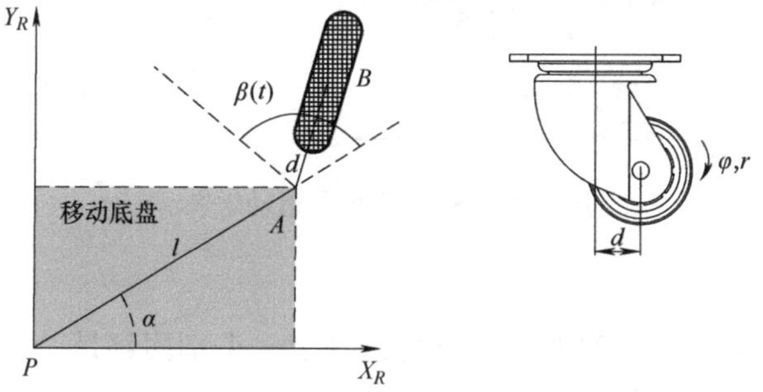

图 3-21 脚轮的运动学表示

脚轮与地面接触部分是标准轮，需满足滚动约束和无侧滑约束，由此可以得以下两个方程：

$$(\sin(\alpha+\beta) \quad -\cos(\alpha+\beta) \quad -l\cos\beta)\boldsymbol{R}(\theta)\dot{\boldsymbol{x}}_I - r\dot{\varphi}=0 \tag{3-19}$$

$$(\cos(\alpha+\beta) \quad \sin(\alpha+\beta) \quad l\sin\beta)\boldsymbol{R}(\theta)\dot{\boldsymbol{x}}_I + \mathrm{d}\dot{\beta}=0 \tag{3-20}$$

可以看到脚轮垂直旋转轴的偏移对平行于轮平面的运动不起作用，因此脚轮存在滚动约束，其约束方程（3-19）和转向标准轮的相同。但是脚轮的结构形态对无侧滑约束产生了重要影响。由于脚轮绕点 A 旋转，其旋转速度为 $\dot{\beta}$，因此在着地标准轮的法线方向形成一个运动速度 $\mathrm{d}\dot{\beta}$，其与 $\dot{\boldsymbol{x}}_I$ 在着地标准轮的法线方向所形成速度的叠加值必须为零，才能满足标准轮无侧滑约束，即为式（3-20）。

如果对脚轮的旋转速度和轮平面方向进行主动控制，那么需要根据上述两个约束方程找到合适的轮子旋转速度 $\dot{\varphi}$ 和轮平面旋转速度 $\dot{\beta}$。合适的 $\dot{\beta}$ 使得着地标准轮的无侧滑约束能够被满足，也使得整个机器人的任意侧向运动变得可行。如果脚轮作为随动轮，此时轮子旋转速度 $\dot{\varphi}$ 和轮平面旋转速度 $\dot{\beta}$ 均为自由量，总是能够使得上述两个方程被满足，因此不会对移动底盘的运动产生任何约束。

(4) Swedish 轮

Swedish 轮由主轮标准轮和附在主轮周围一圈的转子组成。在应用时通常按照固定标准轮方式安装，即一旦安装，其相对于移动底盘的角度就固定了，不会发生绕着垂直旋转轴的旋转。当主动驱动时，对主轮标准轮进行转速控制。转子与主动标准轮之间的角度固定，绕转子轴的旋转方向和旋转速度则为完全的自由量。

Swedish 轮的运动学表示如图 3-22 所示，记转子轴和主轮平面之间的夹角为 γ。Swedish 轮运动时与地面接触部分为转子，转子是固定标准轮，需满足滚动约束和无侧滑约束。因此由转子的运动约束，可以得到如下约束方程：

$$(\sin(\alpha+\beta+\gamma) \quad -\cos(\alpha+\beta+\gamma) \quad -l\cos(\beta+\gamma))\boldsymbol{R}(\theta)\dot{\boldsymbol{x}}_I - r\dot{\varphi}\cos\gamma = 0 \tag{3-21}$$

$$(\cos(\alpha+\beta+\gamma) \quad \sin(\alpha+\beta+\gamma) \quad l\sin(\beta+\gamma))\boldsymbol{R}(\theta)\dot{\boldsymbol{x}}_I - r\dot{\varphi}\sin\gamma - r_{sw}\dot{\varphi}_{sw} = 0 \tag{3-22}$$

式中，r_{sw}为转子的轮半径；$\dot{\varphi}_{sw}$为转子的旋转速度。由于转子的旋转方向和旋转速度是随动的，$\dot{\varphi}_{sw}$为自由量，因此式（3-22）总是能够被满足。即 Swedish 轮不存在无侧滑约束，采用 Swedish 轮的移动底盘可以实现任意侧向运动。

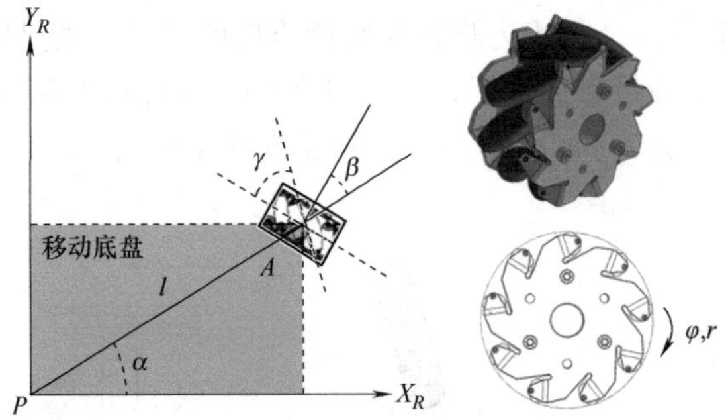

图 3-22　Swedish 轮的运动学表示

（5）球轮

球轮的运动学表示如图 3-23 所示。球轮的任意一个剖面都是一个标准轮，其运动学约束的描述和固定标准轮的完全相同，即为

$$\begin{cases}(\sin(\alpha+\beta) \quad -\cos(\alpha+\beta) \quad -l\cos\beta)\boldsymbol{R}(\theta)\dot{\boldsymbol{x}}_I - r\dot{\varphi} = 0 \\ (\cos(\alpha+\beta) \quad \sin(\alpha+\beta) \quad l\sin\beta)\boldsymbol{R}(\theta)\dot{\boldsymbol{x}}_I = 0\end{cases} \tag{3-23}$$

从约束方程可以看到，当球轮作为随动轮时，β 和 $\dot{\varphi}$ 是自由变量，其滚动约束方程和无侧滑约束方程总能够被满足。如果对球轮进行驱动控制，则需要根据方向要求选择剖面，即确定 β 的值，从而根据滚动约束方程计算转速 $\dot{\varphi}$。此时，在剖面方向存在无侧滑约束。但在运动过程中，其方向容易受到扰动而变化，即 β 会存在自由变化，使得球轮本质上不存在无侧滑约束，是一个全方向系统。

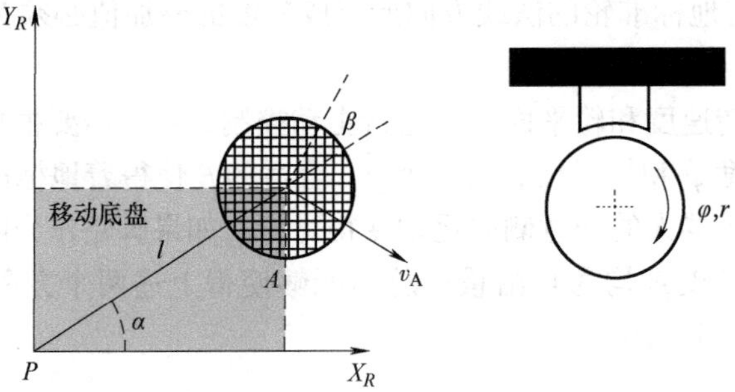

图 3-23　球轮的运动学表示

4. 基于约束的运动学建模

从上面的轮子运动学约束可以知道，当脚轮、Swedish 轮和球轮作为随动轮时，总是能够满足滚动约束和无侧滑约束，$\dot{\boldsymbol{x}}_I$ 可以自由取值，即作为随动轮时这三类轮子对移动底盘不施加任何运动学约束。当脚轮、Swedish 轮和球轮作为主动轮进行旋转速度控制时，其控制速度满足滚动约束即可，无侧滑约束总是能够被满足。只有固定标准轮和转向标准轮对机器人底盘运动学始终存在运动学约束，当作为主动轮时存在滚动约束和无侧滑约束，当作为随动轮时仍存在无侧滑约束。

假设移动机器人共有 N 个标准轮，由 N_f 个固定标准轮和 N_s 个转向标准轮组成。用 $\boldsymbol{\beta}_f$ 表示 N_f 个固定标准轮的角度向量，$\boldsymbol{\beta}_s(t)$ 表示 N_s 个转向标准轮的转向角度向量，$\dot{\boldsymbol{\varphi}}_f(t)$ 和 $\dot{\boldsymbol{\varphi}}_s(t)$ 分别表示固定标准轮和转向标准轮的旋转速度向量，$\dot{\boldsymbol{\varphi}}(t)$ 为两者合集，即

$$\dot{\boldsymbol{\varphi}}(t)=\begin{pmatrix}\dot{\boldsymbol{\varphi}}_f(t)\\ \dot{\boldsymbol{\varphi}}_s(t)\end{pmatrix} \tag{3-24}$$

由此，所有轮子的滚动约束可以合并为一个表达式，即

$$\boldsymbol{J}_1(\boldsymbol{\beta}_s)\boldsymbol{R}(\theta)\dot{\boldsymbol{x}}_I-\boldsymbol{J}_2\dot{\boldsymbol{\varphi}}=0 \tag{3-25}$$

式中，$\boldsymbol{J}_2$ 为 $N\times N$ 的常对角矩阵，对角线元素的值为所有标准轮的半径；$\boldsymbol{J}_1(\boldsymbol{\beta}_s)$ 是所有轮子沿着各自轮平面运动的投影矩阵，即

$$\boldsymbol{J}_1(\boldsymbol{\beta}_s)=\begin{pmatrix}\boldsymbol{J}_{1f}\\ \boldsymbol{J}_{1s}(\boldsymbol{\beta}_s)\end{pmatrix} \tag{3-26}$$

$\boldsymbol{J}_{1f}$是所有固定标准轮的投影矩阵，它是一个 $N_f\times 3$ 的常矩阵，每一行对应于一个固定标准轮，取其滚动约束方程（3-15）中左边第一项矩阵中的值。$\boldsymbol{J}_{1s}(\boldsymbol{\beta}_s)$ 是一个 $N_s\times 3$ 的矩阵，每一行对应于一个转向标准轮，取其滚动约束方程（3-16）中左边第一项矩阵中的值。

同样，可以将所有轮子的无侧滑约束合并为如下表达式：

$$\boldsymbol{C}_1(\boldsymbol{\beta}_s)\boldsymbol{R}(\theta)\dot{\boldsymbol{x}}_I=0 \tag{3-27}$$

式中，$\boldsymbol{C}_1(\boldsymbol{\beta}_s)=\begin{pmatrix}\boldsymbol{C}_{1f}\\ \boldsymbol{C}_{1s}(\boldsymbol{\beta}_s)\end{pmatrix}$；$\boldsymbol{C}_{1f}$和 $\boldsymbol{C}_{1s}(\boldsymbol{\beta}_s)$ 分别是 $N_f\times 3$ 和 $N_s\times 3$ 的矩阵，行分别取值于式（3-16）和式（3-18）左边的矩阵。

进一步，可以将滚动约束方程（3-25）和无侧滑约束方程（3-27）合并为一个表达式，得

$$\begin{pmatrix}\boldsymbol{J}_1(\boldsymbol{\beta}_s)\\ \boldsymbol{C}_1(\boldsymbol{\beta}_s)\end{pmatrix}\boldsymbol{R}(\theta)\dot{\boldsymbol{x}}_I=\begin{pmatrix}\boldsymbol{J}_2\dot{\varphi}\\ 0\end{pmatrix} \tag{3-28}$$

5. 基于约束的运动学建模实例

下面以差分驱动机器人和三轮全方位移动机器人为例，进一步说明如何基于轮子的运动学约束构建机器人运动学模型，即根据每个轮子的滚动约束和无侧滑约束构建式（3-28）中的 $\boldsymbol{J}_1(\boldsymbol{\beta}_s)$ 和 $\boldsymbol{C}_1(\boldsymbol{\beta}_s)$。

对于差分驱动机器人，前面给出了合成每个轮子对机器人运动的作用的前向建模方法，本节给出合成每个轮子对机器人运动的约束的建模方法。图 3-18 的差分驱动机器人中：两个固定标准轮是主驱动轮，存在滚动约束和无侧滑约束；脚轮是无动力的随动轮，不存在滚动约束和无侧滑约束。按图 3-18 建立局部坐标系，则右轮的 $\alpha=-\pi/2$，$\beta=\pi$；左轮的 $\alpha=\pi/2$，$\beta=0$。注意，右轮 β 的值必须确保轮子的正转将使机器人沿着 $+X_R$ 的方向移动。利

用式（3-14）和式（3-15）中的矩阵项计算 $\boldsymbol{J}_{1f}$ 和 $\boldsymbol{C}_{1f}$，得

$$\begin{pmatrix}1 & 0 & -l\\ 1 & 0 & l\\ 0 & 1 & 0\end{pmatrix}\boldsymbol{R}(\theta)\dot{\boldsymbol{x}}_I=\begin{pmatrix}r\dot{\varphi}_1\\ r\dot{\varphi}_2\\ 0\end{pmatrix} \tag{3-29}$$

则

$$\dot{\boldsymbol{x}}_I=\boldsymbol{R}(\theta)^{-1}\begin{pmatrix}1 & 0 & -l\\ 1 & 0 & l\\ 0 & 1 & 0\end{pmatrix}^{-1}\begin{pmatrix}r\dot{\varphi}_1\\ r\dot{\varphi}_2\\ 0\end{pmatrix}=\boldsymbol{R}(\theta)^{-1}\begin{pmatrix}\dfrac{1}{2} & \dfrac{1}{2} & 0\\ 0 & 0 & 1\\ -\dfrac{1}{2l} & \dfrac{1}{2l} & 0\end{pmatrix}\begin{pmatrix}r\dot{\varphi}_1\\ r\dot{\varphi}_2\\ 0\end{pmatrix} \tag{3-30}$$

可以看到，利用轮子运动学约束得到的机器人运动学模型与前面利用轮子作用合成计算得到的结果相同。

下面给出如图 3-24 所示的三轮全方位移动机器人基于约束的运动学建模。

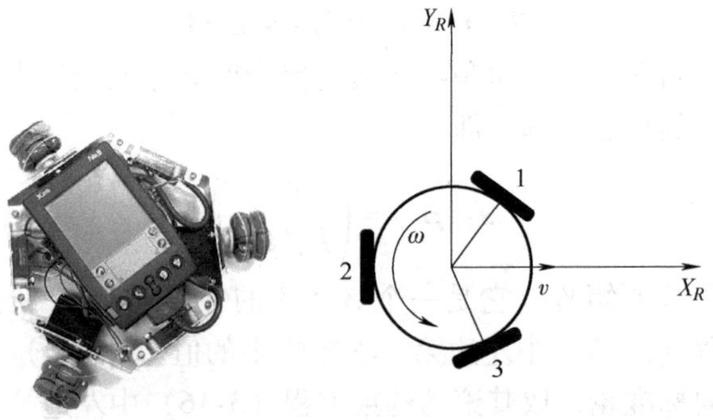

a) 实物机器人　　b) 局部坐标系定义

图 3-24　三轮全方位移动机器人及其局部坐标系定义

该机器人有三个沿圆周均匀排布并主动驱动的 90° Swedish 轮，每个轮子和中心点之间的距离为 l，三个轮子的半径均为 r。以机器人中心点为参考点 P、以轮 2 轴向与 X_R 轴重合构建局部坐标系。由于 Swedish 轮只存在滚动约束，不存在无侧滑约束，因此运动学模型为

$$\dot{\boldsymbol{x}}_I=\boldsymbol{R}(\theta)^{-1}\boldsymbol{J}_{1f}^{-1}\boldsymbol{J}_2\dot{\boldsymbol{\varphi}} \tag{3-31}$$

其中

$$\boldsymbol{J}_{1f}=\begin{pmatrix}\sin(\alpha_1+\beta_1+\gamma_1) & -\cos(\alpha_1+\beta_1+\gamma_1) & -l\cos(\beta_1+\gamma_1)\\ \sin(\alpha_2+\beta_2+\gamma_2) & -\cos(\alpha_2+\beta_2+\gamma_2) & -l\cos(\beta_2+\gamma_2)\\ \sin(\alpha_3+\beta_3+\gamma_3) & -\cos(\alpha_3+\beta_3+\gamma_3) & -l\cos(\beta_3+\gamma_3)\end{pmatrix} \tag{3-32}$$

$$\boldsymbol{J}_2\dot{\boldsymbol{\varphi}}=\begin{pmatrix}r\dot{\varphi}_1\\ r\dot{\varphi}_2\\ r\dot{\varphi}_3\end{pmatrix} \tag{3-33}$$

对于 90° Swedish 轮，$\gamma=0$，因此 $\gamma_1=\gamma_2=\gamma_3=0$。根据局部坐标系定义，可得 $\alpha_1=\pi/3$，$\alpha_2=\pi$，$\alpha_3=-\pi/3$。由于轮子与机器人底盘相切，因此所有轮子的 $\beta=0$。由此可得三轮全方位移动机器人的运动学模型为

$$\dot{x}_I = R(\theta)^{-1}\begin{pmatrix} \frac{\sqrt{3}}{2} & -\frac{1}{2} & -l \\ 0 & -1 & -l \\ -\frac{\sqrt{3}}{2} & \frac{1}{2} & -l \end{pmatrix}^{-1}\begin{pmatrix} r\dot{\varphi}_1 \\ r\dot{\varphi}_2 \\ r\dot{\varphi}_3 \end{pmatrix} \tag{3-34}$$

3.2.3 移动机器人机动度

机械臂的运动灵活性采用自由度描述，自由度越大其运动灵活性越大。而移动机器人的运动灵活性则采用机动性描述，这里机动性包括可移动性和可操纵性两方面。可移动性是指通过控制轮子的转速可以实现的移动能力，而可操纵性是指通过控制轮子的转向可以实现的移动能力。机动度是机动性的量化描述，等于可移动度加可操纵度。

1. 可移动度

根据可移动性的定义，可移动度是控制移动底盘轮子转速可以达到的空间移动自由度。例如，对于两轮差分驱动机器人，当控制两个主驱动轮的转速时，既可以实现机器人的前后运动，又可以改变机器人的方向，因此具有两个移动自由度，分别为机器人坐标系下的 x 方向移动自由度和绕着 z 轴的旋转自由度，可移动度为 2。而对于采用固定标准轮作为后轮、转向标准轮作为前轮的自行车底盘来讲，当控制后轮转速时，只能实现自行车方向的前后速度控制，因此可移动度为 1。对自行车前轮只能做转向控制，也称为操纵控制，通过操纵控制可以实现自行车方向变化，但其属于可操纵度，不属于可移动度。

可移动度与可以控制转速的轮子数目无关，主要是受移动底盘轮子的无侧滑约束限制。这个可以利用零运动直线和转动瞬时中心（Instantaneous Center of Rotation，ICR）进行分析。

对于一个标准轮来讲，零运动直线是指几何上经过轮子的水平轴并垂直于轮平面的线，当受无侧滑约束时，轮子在该直线上不能存在运动，如图 3-25 所示。在任何给定时刻，沿着零运动直线的轮子运动必为零。此时轮子必定沿着半径为 r 的某个圆瞬时地运动，这个圆的中心称为 ICR，它可以位于零运动直线的任意位置。当 r 为无限大时，轮子按直线运动。

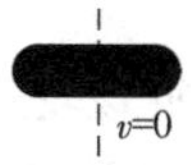

图 3-25 标准轮存在零运动直线

移动机器人可以有多个轮子，每个存在无侧滑约束的轮子有一条零运动直线，但整个机器人有且只有一个转动瞬时中心（ICR）。因此各个轮子的零运动直线需要相交于同一点，该交点即为 ICR，此时机器人运动有解。当各个零运动直线相互平行时，ICR 位于无限远处。零运动直线构成 ICR 的几何结构表明，机器人的移动性是机器人运动上独立约束数目的函数，而不是轮子数目的函数。

如图 3-26a 所示的自行车，它由一个固定标准轮和一个转向标准轮构成，每个轮子都有一条零运动直线，两条零运动直线相交点是 ICR 唯一解。这两个零运动直线相互独立，因此两个约束是独立的，车子具有的独立约束数目是 2。而如图 3-26b 所示的差分驱动机器人，由两个固定标准轮和一个脚轮组成，每个标准轮有一条零运动直线，但因两个固定标准轮平行放置，ICR 被限制在同一条直线上，因此这两个零运动直线不是相互独立，独立约束数目只有 1 个。因此尽管差分驱动机器人与自行车有着同样的标准轮数量，但存在的独立约束数目并不相同。而对于如图 3-26c 所示的 Ackman 移动底盘，它由两个固定标准轮和两个转向标准轮构成，两个固定标准轮存在 1 个独立约束数目，两个可操纵转向标准轮中只需给定其中一个轮子的瞬时位置，结合固定标准轮，即可以获得 ICR 的唯一解。此时另一个可操纵转向标准轮的位置绝对地受 ICR 限制，因此它对机器人的运动不提供独立的约束。

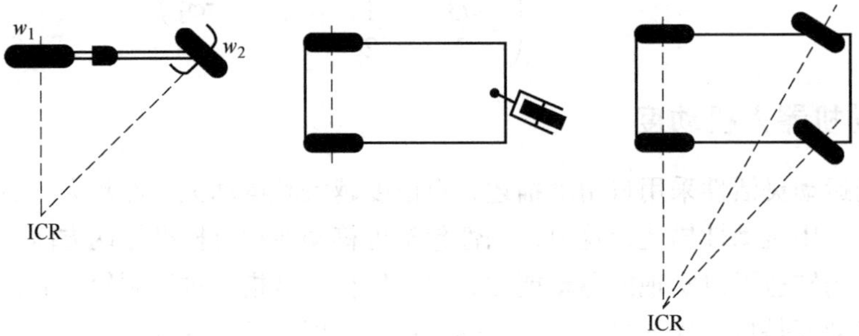

图 3-26　不同移动机器人的 ICR

根据以上分析，可以根据独立存在的轮子无侧滑约束数目来确定移动机器人的可移动度。前面的式（3-27）是所有轮子无侧滑约束的合并表达式，是约束集合的函数。但有些无侧滑约束是重合的，需要计算独立存在的无侧滑约束数目。在数学上，“独立”可描述为矩阵的秩，因为矩阵的秩是独立的行或列的最少数目，因此式（3-27）中矩阵 $\boldsymbol{C}_1(\boldsymbol{\beta}_s)$ 的秩就是独立约束的数目。独立约束的数目越多，$\boldsymbol{C}_1(\boldsymbol{\beta}_s)$ 的秩就越大，机器人的移动性就越受约束。可移动度就是工作空间维度减去 $\boldsymbol{C}_1(\boldsymbol{\beta}_s)$ 的秩，公式表示如下：

$$\delta_m = \dim N(\boldsymbol{C}_1(\boldsymbol{\beta}_s)) = 3 - \operatorname{rank}(\boldsymbol{C}_1(\boldsymbol{\beta}_s)) \tag{3-35}$$

例如，某个轮式移动机器人具有一个固定标准轮，该机器人可以是单轮机器人，也可以是多轮机器人，其中一个轮子是固定标准轮，其他轮子是脚轮、球轮或者 Swedish 轮，如图 3-27 所示。轮子在移动底盘上的位置由相对于机器人局部坐标系原点的参数 α、β、l 定义。根据前面所述，可以得到该移动机器人的无侧滑约束矩阵 $\boldsymbol{C}_1(\boldsymbol{\beta}_s)$，该矩阵包括固定标准轮的无侧滑约束矩阵 $\boldsymbol{C}_{1f}$和转向标准轮的无侧滑约束矩阵 $\boldsymbol{C}_{1s}(\boldsymbol{\beta}_s)$。由于该机器人只有一个固定标准轮，因此 $\boldsymbol{C}_{1s}(\boldsymbol{\beta}_s)$ 为空，即

$$\boldsymbol{C}_1(\boldsymbol{\beta}_s) = \boldsymbol{C}_{1f} = (\cos(\alpha+\beta) \quad \sin(\alpha+\beta) \quad l\sin\beta) \tag{3-36}$$

其秩为 1，因此该轮式移动机器人的可移动度是 2。

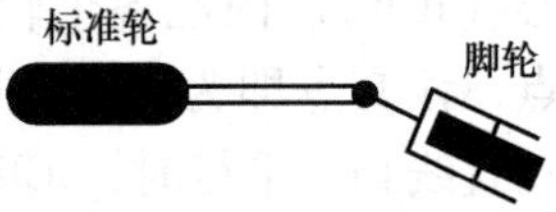

图 3-27　具有一个固定标准轮的轮式移动机器人

对上述轮式移动机器人增加一个固定标准轮，与前述固定标准轮轴对齐，构成差分驱动机器人，如图 3-26b 所示。以两轮中心连线中点为参考点 P，机器人坐标系以 P 点为原点，以两轮中心连线垂直方向为 x_R 轴，轮 1 安装位置参数定位为 α_1、β_1、l_1，轮 2 安装位置参数定位为 α_2、β_2、l_2。几何上两组参数关系为 $l_1 = l_2$，$\beta_1 = \beta_2 = 0$，$\alpha_1 + \pi = \alpha_2$。此时，$\boldsymbol{C}_1(\boldsymbol{\beta}_s)$ 有两个约束，但秩为 1，可得到

$$\boldsymbol{C}_1(\boldsymbol{\beta}_s) = \boldsymbol{C}_{1f} = \begin{pmatrix} \cos(\alpha_1) & \sin(\alpha_1) & 0 \\ \cos(\alpha_2) & \sin(\alpha_2) & 0 \end{pmatrix} \tag{3-37}$$

因此该轮式移动机器人的可移动度也是 2。

如果所增加的固定标准轮是放在第一个固定标准轮的轮平面方向上，且轮平面方向一致，构成的是前轮方向锁定与后轮方向一致的自行车。仍然以两轮中心连线中点为参考点

P，在此建立机器人坐标系，以 P 点为原点，以两轮中心连线方向定义 x_R 轴，此时几何上两组参数关系为 $l_1=l_2$，$\beta_1=\beta_2=\frac{\pi}{2}$，$\alpha_1=0$，$\alpha_2=\pi$。此时，$\boldsymbol{C}_1(\boldsymbol{\beta}_s)$ 有两个约束，秩为 2，可得到

$$\boldsymbol{C}_1(\boldsymbol{\beta}_s)=\boldsymbol{C}_{1f}=\begin{pmatrix}\cos(\pi/2) & \sin(\pi/2) & l_1\sin(\pi/2)\\ \cos(3\pi/2) & \sin(3\pi/2) & l_1\sin(\pi/2)\end{pmatrix}=\begin{pmatrix}0 & 1 & l_1\\ 0 & -1 & l_1\end{pmatrix} \tag{3-38}$$

因此该轮式移动机器人的可移动度是 1。

一般而言，如果 $\boldsymbol{C}_1(\boldsymbol{\beta}_s)$ 的秩大于 1，则在最好的情况下，车辆只能沿着一个圆或者一条直线行走，这种结构被称为移动性退化。最极端的情况是 $\mathrm{rank}(\boldsymbol{C}_1(\boldsymbol{\beta}_s))=3$，这是最大可能的秩，因为只有 3 个运动自由度，不会存在 3 个以上的独立约束。此时，机器人在三个方向都是完全受约束的，完全无法在平面中运动。

当机器人不采用标准轮，而仅仅采用 Swedish 轮或者脚轮或者球轮构成任何形式的移动底盘时，由于不存在无侧滑约束，因此独立约束数目为 0，机器人可移动度为 3，通过轮速度控制可以直接控制所有的 3 个自由度的运动。

2. 可操纵度

可移动度描述的是轮子速度的变化可控制的移动自由度。通过操纵转向标准轮的角度，也可以影响移动机器人的姿态，尽管这种影响是间接的。可以按可移动度的定义，定义可操纵度 δ_s 为独立地可控的操纵参数的数目

$$\delta_s=\mathrm{rank}(\boldsymbol{C}_{1s}(\boldsymbol{\beta}_s)) \tag{3-39}$$

对于可移动性来讲，增加 $\boldsymbol{C}_1(\boldsymbol{\beta}_s)$ 的秩，意味着更多的约束，从而使系统具有更少的可移动度。对于可操纵性来讲，增加 $\boldsymbol{C}_1(\boldsymbol{\beta}_s)$ 的秩，意味着有更多的操纵自由度，从而有更大的总的机动性。因为 $\boldsymbol{C}_1(\boldsymbol{\beta}_s)$ 包含 $\boldsymbol{C}_{1s}(\boldsymbol{\beta}_s)$，这意味着增加可操纵的标准轮可以既减少可移动性又增加可操纵性。即在任意时刻，它的特殊方位增加了一个运动约束，但是它的可操纵性又使得它具备改变这个方位的能力，可以增加机器人的运动能力，形成附加的轨迹。

可以指定 δ_s 的范围为 $0\leqslant\delta_s\leqslant2$。$\delta_s=0$ 表示移动底盘上没有可操纵方向的转向标准轮，$N_s=0$。一般机器人配置的可操纵方向的转向标准轮不超过两个。

对于汽车类型的 Ackman 底盘来讲，其可控制速度的固定标准轮是两个，可操纵方向的转向标准轮是两个，$N_f=2$，$N_s=2$。但是两个固定标准轮共轴，其零运动直线共享，因此 $\mathrm{rank}(\boldsymbol{C}_{1f})=1$。而正如前文所述，固定轮和任何一个可操纵轮即可定义机器人的 ICR，因此另一个可操纵轮不能再增加任何独立的运动学约束，因此 $\mathrm{rank}(\boldsymbol{C}_1)=2$，$\mathrm{rank}(\boldsymbol{C}_{1s})=1$，即 $\delta_m=1$，$\delta_s=1$。

$\delta_s=2$ 的情况只有在机器人无固定标准轮时出现，即 $N_f=0$ 时才有可能。例如，制作一个类似自行车的移动底盘，每个轮子都是一个可操纵的转向标准轮。通过一个轮子的方向操纵，可以定义 ICR 所在的第一条零运动直线，通过另一个轮子的方向操纵，可以确定 ICR 所在位置，显然由于方向可操纵，可以控制 ICR 在第一条零运动直线的任意位置，这也意味着可以把 ICR 放在平面上的任何地方。

3. 机器人机动度

移动机器人可以实现的总的自由度，称为机动程度 δ_M。它包括通过轮子的速度控制可以直接控制的移动自由度，以及通过轮子的方向操纵可以间接控制的移动自由度，因此

$$\delta_M=\delta_m+\delta_s \tag{3-40}$$

不同的移动结构可以具有相同的机动程度。例如，由三个 Swedish 轮构成的全向移动机器人、由两个随动轮和一个可进行方向与速度控制的标准轮构成的三轮机器人以及采用一个随动轮和两个可进行方向与速度控制的标准轮构成的三轮机器人机动度都可以达到 3，但具有不同的可移动度和可操纵度。

当 $\delta_M = 3$ 时，机器人的 ICR 可以被设置在平面的任意点，而当 $\delta_M = 2$ 时，其 ICR 总是限制在一条直线上。

3.2.4 移动机器人的工作空间与完整性

1. 工作空间

移动机器人的工作空间是指移动机器人在环境中可以到达的可能姿态的范围。工作空间维度即为移动机器人在环境中的自由度。需要注意的是，移动机器人在环境中的自由度与机器人底盘的可移动度是两个不同的概念。

可移动度是指通过改变轮速度可以控制的机器人底盘的自由度。以差分驱动移动机器人为例，通过改变轮速度既可以控制它的方向变化率，也可以控制前后移动速度。因此，它的移动度为 2。再来看自行车底盘，它由一个固定标准轮和一个转向标准轮构成，但是改变轮速度只能改变前后速度，只有通过改变转向标准轮的方向，才可以控制方向的变化，因此自行车的移动度为 1。而对于任何仅由全方向轮（如 Swedish 轮或者球轮）构成的机器人，通过改变轮速度可以直接控制 x、y、θ 三个自由度，因此移动度为 3。

而对于工作空间来讲，不同的移动机器人在环境中的自由度可能是相同的。全方位移动机器人通过直接控制轮速度可以到达任意位姿。而对于差分驱动机器人来讲，它也能够通过一系列控制到达任意位姿，只是与全方位机器人相比，它需要更多的时间和能量。例如，要求差分驱动机器人姿态侧移 1m，则最简单的控制和汽车的平行停车类似，通过一系列的旋转和前后运动来实现。

从上面的例子也可以看出，工作空间的自由度表示了机器人能够达到各种位姿的能力，而机器人的可移动度表示了机器人实现各种路径的能力。

2. 完整性

对于移动机器人来讲，完整性特指机器人底盘的运动学约束。完整的机器人是指没有任何非完整运动学约束的机器人，相应地，非完整机器人是指具有一个或者多个非完整运动学约束的机器人。完整运动学约束可以明确地表示为仅包含位置变量的函数。非完整运动学约束则需要微分关系如位置变量的导数，并且无法通过积分得到一个只包含位置变量的约束。因此，非完整系统也通常被称为不可积分系统。

以式（3-15）所示的固定标准轮的无侧滑约束为例。由于机器人垂直于轮平面的运动必须为零，因此该约束中只能使用机器人的运动变量 $\dot{\boldsymbol{x}}_I$，而不能使用位姿变量 $\boldsymbol{x}_I$，因此该约束是非完整约束。

可以推断，差分驱动移动机器人是一个非完整系统，因为它必须满足固定轮的滑动约束。而全方位移动机器人则是完整系统，因为它不存在任何非完整约束。

另外，也可以基于机器人可移动度和工作空间自由度之间的关系来描述完整机器人：一个机器人是完整的，当且仅当机器人的可移动度等于工作空间自由度。显然，只有通过非完整约束，机器人所能达到的工作空间自由度才可能大于它的可移动度。移动机器人底盘的工作空间一般是三维，因此一般定义可移动度为 3 的机器人是全方向机器人。

3.3　躯干式移动机器人

躯干式移动也是机器人获得移动能力的一类重要形式。传统的轮式移动机器人由数量不等的轮子和固定的底盘构成，轮子支撑着机器人的本体并通过与地面相互作用提供驱动力。这是一种基于人工技术创造的实用化移动装置，其特点是结构紧凑、移动效率较高，其中固定的底盘起到连接轮式机构、承载机器人机械结构的作用，底盘本身不参与驱动力的生成。躯干式移动机器人是借鉴动物的身体结构和移动方式、基于仿生原理设计的机器人系统，这类机器人利用仿生肢体（包括腿足、翅膀、鳍、蹼等）与环境相互作用获得驱动力，躯干不仅起到连接仿生肢体的作用，还可能部分甚至全部参与到驱动力的生成过程中。

选取水下、陆地、空中的典型动物作为仿生对象，根据动物身体不同部位参与运动的程度，典型的躯干式移动机器人包含仿生游动机器人、扑翼式飞行机器人以及腿足式步行机器人等。其中，以鱼类为代表的游动过程中，动物的躯干和鱼鳍、蹼等“肢体”高度协调配合，共同与环境发生相互作用来推动鱼在水中游动，需要对身体和鱼鳍的运动进行整体建模；以鸟类为代表的飞行运动是一种较为单一的运动形态，躯干也可以被简化为相对静态的刚体，只需要对扑翼式往复运动进行建模即可控制鸟类两翼的运动。

由于动物运动具有多种多样的形态，其生理结构和物理原理各不相同，因此还没有一种统一的标准方法指导躯干式移动机器人的设计，其运动学建模依赖于具体的移动方式以及实现仿生运动的机构，需要针对不同的系统分别研究。

3.3.1　仿生游动机器人

传统水下机器人包括水下无人潜水器（Unmanned Underwater Vehicle，UUV）和载人潜水器（Human Occupied Vehicle，HOV）两大类，如图3-28a和3-28b所示。水下无人潜水器还包括遥操作水下机器人（Remotely Operated Vehicle，ROV）和自主水下机器人（Autonomous Underwater Vehicle，AUV）两类，如图3-28c和图3-28d所示。大多数水下机器人都是由形态固定的密封舱和暴露在水中的螺旋桨推进器组成，舱体作为储藏空间把水和各类电子设备隔离，机器人基于推进器与水相互作用产生的推力进行水下移动。

仿生游动机器人是自主水下机器人的一个特例，如图3-28e和图3-28f所示。与AUV不同，作为一种躯干型机器人，此类机器人的躯干在移动过程中会发生形态变化，与仿生鱼鳍等机构共同产生移动所需的推力，如图3-28e所示的仿生机器鱼，其整个躯干和鱼尾共同构成了机器人的推进装置。因此，仿生游动机器人的运动学需要结合具体的仿生游动机构进行分析。

1. 仿鱼游动机构

在机器人领域，普遍采用Breder提出的方法对鱼类的游动方式进行分类，其分类依据是：①鱼类躯干参与游动的部分占比；②摆动和波动两种运动形态的占比。根据第一个原则，鱼类的游动可以分为身体-尾鳍（Body and/or Caudal Fin，BCF）推进类型（图3-29a）和对称鳍（Median and/or Paired Fin，MPF）推进类型（图3-29b）；根据第二个原则，鱼类的运动可以分为摆动推进模式和波动推进模式两种。尽管上述分类方式在动物学领域中还存在争议，但它对结构和形态的简化更有利于指导仿生设计，因此在机器人领域得到了普遍应用。

a) Bluefin无人潜水器　b)"蛟龙号"深海载人潜水器

c)"海马号"遥操作深海作业ROV　d) Girona 500作业型AUV

e) BCF仿生梭鱼（RoboPike）　f) MPF仿生蝠鲼机器鱼（RoMan-Ⅱ）

图 3-28　典型水下机器人系统

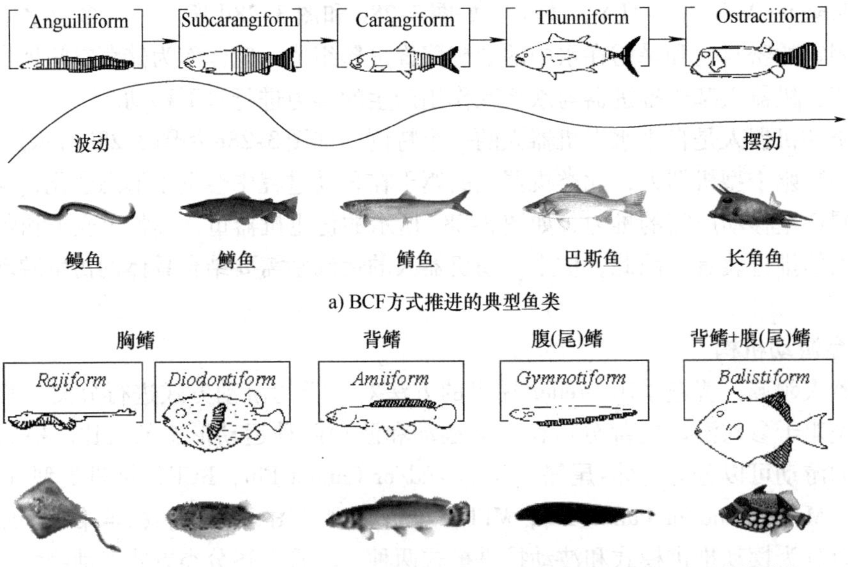

a) BCF方式推进的典型鱼类

b) MPF方式推进的典型鱼类

图 3-29　鱼类的游动方式分类

BCF 方式可以获得较高的推进力。仿生机器鱼的设计中采用简化的刚性或弹性连杆来模拟鱼类骨骼结构，通过旋转关节和连杆构成的串联开链结构模拟 BCF 鱼类的脊椎和尾鳍，通过每个旋转关节有序摆动来模拟鱼类的运动形态。如图 3-30 所示，可采用 n 个连杆对波形进行近似拟合，连杆的数目越多则对躯干波形的拟合精度越高，但也会带来机构臃肿而降低推进效率的弊端，需要根据具体情况取舍。

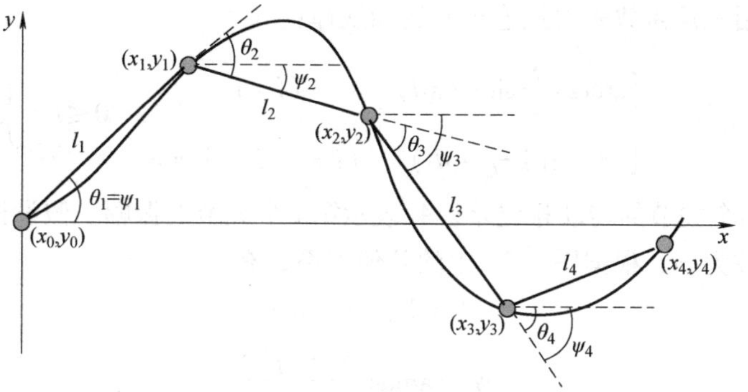

图 3-30 BCF 类型仿生鱼连杆结构及坐标系

注：图中（x_i, y_i）为第 i 个旋转关节的平面位置坐标，$\psi_i(x,t)$ 为第 i 个关节相对于 x 轴的绝对角度，$\theta_i(x,t)$ 为第 i 个连杆相对于第 $i-1$ 个连杆的夹角，l_i 为第 i 个连杆的长度（$i=1,2,3,\cdots,n$）。

采用 MPF 类型驱动可以获得更好的动态操纵能力。其特征是采用对称侧鳍、背鳍、腹鳍或尾鳍的波动运动产生推进力，鱼的躯干可以简化为形状固定的刚体，不参与推进力的生成。MPF 类型仿生鱼通常由绕着固定躯干节律性摆动的连杆构成，每个连杆可以独立摆动，连杆上附着一层具有延展弹性的材料作为仿生鳍。多个连杆协调配合摆动时，仿生鱼鳍生成行波来产生推力，其结构如图 3-31 所示。

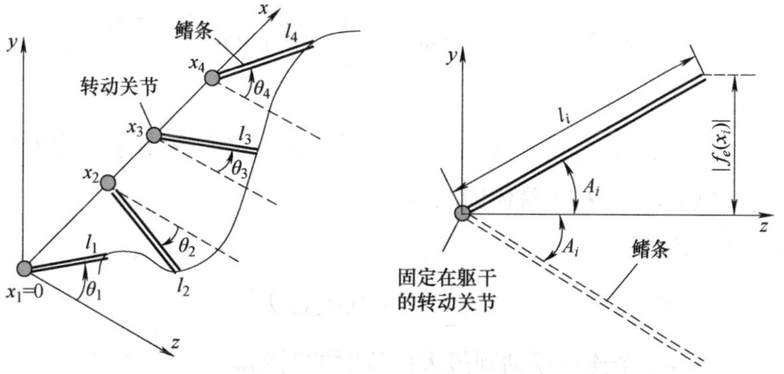

a) 并联的鳍条(fin ray)绕着躯干摆动　　b) 单根鳍条摆动

图 3-31 MPF 类型仿生鱼连杆结构及坐标系

注：图中 x_i 为鳍条位置，θ_i 为摆动角度，l_i 为鳍条长度，A_i 为鳍条角度幅值，$|f_e(x_i)|$ 为鳍条末端摆动幅值。

2. 基于三角函数的游动建模

鱼类游动时身体从头到尾不断产生行波与水流发生交互作用，水的反作用力推动鱼向前游动。根据 Lighthill 的细长体理论，这种行波可以用经典的平面波动函数来进行描述（图 3-30）。即通过波动方程可获得仿生游动的正运动学解：

$$y=F(x,t)=f_e(x)\sin\left(2\pi ft+\frac{2\pi}{\lambda}x\right) \tag{3-41}$$

式中，$F(x,t)$ 是平面波动函数；$f_e(x)$ 为包络线函数；x、y 为平面坐标；f 为波动频率；λ 为波长参数。$F(x,t)$ 描述了仿生鱼体在 t 时刻的波形，根据不同鱼类的游动特征，包络线函数可以用直线、抛物线或椭圆进行近似。

为了在游动过程中形成式（3-41）给定的波形，构成仿生鱼的连杆需要依次节律性摆动，求解摆动角的过程即为仿 BCF 游动的逆运动学求解过程。由于各个连杆依次周期性摆动，因此可以采用三角函数来模拟连杆的运动规律：

$$\theta_i(t)=\begin{cases}\arctan\dfrac{y_i}{x_i}\sin(2\pi ft) & (i=1)\\ A_i\sin(2\pi ft+d_i) & (i=2,3,\cdots,n)\end{cases},\quad 0\leqslant t<\frac{1}{f} \tag{3-42}$$

式中，d_i是相邻两个关节的转动相位差；A_i 表示第 i 个关节的振幅。假设机器鱼的总长为 L，游动中形成的波数为 m，根据图 3-30 中的几何关系，有

$$L=\sum_{i=1}^{n}l_i\approx m\lambda \tag{3-43}$$

$$\psi_i=\arctan\frac{y_i-y_{i-1}}{x_i-x_{i-1}} \tag{3-44}$$

则第 i 个关节的关节角可以表示为

$$\theta_i=\psi_i-\psi_{i-1}=\arctan\frac{y_i-y_{i-1}}{x_i-x_{i-1}}-\arctan\frac{y_{i-1}-y_{i-2}}{x_{i-1}-x_{i-2}}\quad(i=1,2,3,\cdots,n) \tag{3-45}$$

当 $i=1$ 时：

$$\theta_1=\psi_1=\arctan\frac{y_1}{x_1} \tag{3-46}$$

由于第 i 个连杆始终绕着第 $i-1$ 个连杆转动，因此式（3-42）中的振幅可通过求解如下优化问题得到：

$$A_i=\max(\theta_i)=\max\left(\arctan\frac{y_i-y_{i-1}}{x_i-x_{i-1}}-\arctan\frac{y_{i-1}-y_{i-2}}{x_{i-1}-x_{i-2}}\right) \tag{3-47}$$

s. t.

$$(y_i-y_{i-1})^2+(x_i-x_{i-1})-l_i^2=0\quad（连杆相对运动约束）$$

$$y_i-F(x_i,t)=0\quad（身体曲线约束）$$

相位差可以通过下式获得：

$$d_i=\frac{\pi}{2}-2\pi ft(\theta_{i,\max}) \tag{3-48}$$

式中，$t(\theta_{i,\max})$ 表示第 i 个连杆摆动到最大位置时的时刻。

为了使得 MPF 仿生鳍产生行波，每一个连杆有序交替摆动，其运动规律依然可以采用式（3-42）中的简写振动函数来描述。由图 3-31 中几何关系可知，此时振动的振幅可以定义如下：

$$A_i=\arcsin\frac{|f_e(x_i)|}{l_i} \tag{3-49}$$

相邻两个连杆的振动相位差与波动的波数、波长、连杆间距以及连杆总数相关，为不失一般性，相位差可以表示为

$$d_i=d_1-\frac{2\pi}{\lambda}x_i\quad(i=1,2,\cdots,n) \tag{3-50}$$

3. 基于人工中枢模式发生器的游动建模

动物的关节不能像电机一样具有持续单向的转动能力，因此周期性的节律运动成为生物进化过程中运动的必然选择。生理学研究发现，动物的节律运动模式未必是从高级神经单元（如大脑）直接产生，而是由位于分布在身体局部部位（如脊椎动物的脊椎内）的特殊神经网络产生，形成一种分布式的控制策略，构成这一网络的神经元被称为中枢模式发生器（Central Pattern Generator，CPG）。CPG 可以产生节律运动控制信号，多个 CPG 构成的网络可以使得多肢体运动协调起来。借助这一思想构造人工 CPG，可以用来控制多关节机器人的运动。

目前还没有标准的方法对人工中枢模式发生器进行建模。由于 CPG 可以生成高维度协调的节律信号，因此一种直观的方法是采用多个耦合非线性振荡器（Coupled Nonlinear Oscillators，CNLOs）一起构成网络来模拟 CPG 的特征。用于构造人工 CPG 的非线性振荡器有多种形式，一种有效的方法是利用 Hopf 振荡器作为基本的 CPG 单元，方程如下：

$$\dot{u} = k(A^2 - u^2 - v^2)u - 2\pi f v \tag{3-51}$$

$$\dot{v} = k(A^2 - u^2 - v^2)v + 2\pi f u \tag{3-52}$$

式中，u 和 v 是振荡器的两个系统状态变量，分别是时间 $t(t \geqslant 0)$ 的函数；参数 $A(A \geqslant 0)$ 确定了振荡器输出的幅值；f 是振荡频率；参数 $k(k>0)$ 用于调节振荡器收敛的速度。给定状态初值时可以求解上述微分方程，可以得到系统状态变量的输出，如图 3-32 所示。从图中可以看出，Hopf 振荡器的输出可以近似为简谐振动信号，因此可以选择 u 或者 v 中任意一个状态变量作为仿生鱼关节的控制变量。此外，由于该振荡器存在封闭的极限环，如图 3-33 所示，当系统受到干扰或从未知状态起振后，最终都会输出稳定的节律信号，因此相比于周期性函数，采用 CPG 来控制机器鱼游动具有更好的鲁棒性。

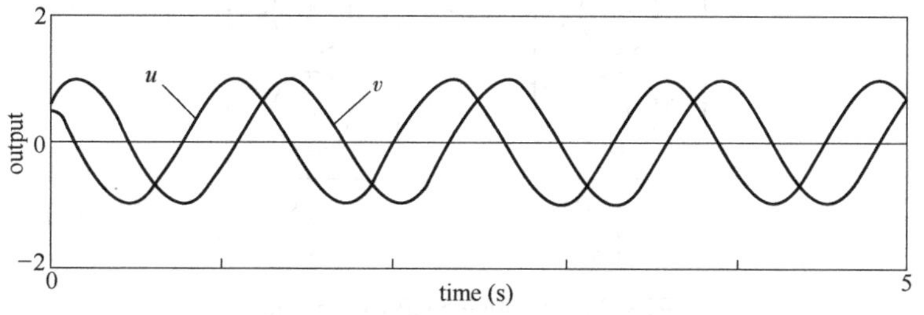

图 3-32　系统状态初值为（0.5，0.5）时 Hopf 振荡器的输出（$A=1$，$k=1$）

当机器鱼多个关节协调运动时，每个关节需要一组振荡器产生节律运动控制信号，多个关节的协调可以通过振荡器之间的耦合来实现。耦合后的系统方程可以表示为

$$\dot{X}_i = \begin{pmatrix} k(1-{u_i}^2-{v_i}^2)u_i - 2\pi f v_i \\ k(1-{u_i}^2-{v_i}^2)v_i + 2\pi f u_i \end{pmatrix} + \begin{pmatrix} p_{u,i} \\ p_{v,i} \end{pmatrix} = G(\boldsymbol{X}_i) + \boldsymbol{P}_i \tag{3-53}$$

式中，$G(\boldsymbol{X}_i)$ 定义了由 Hopf 振荡器构成的非线性振荡器网络，$\boldsymbol{X}_i = (u_i, v_i)^{\mathrm{T}}$ 是第 i 个 CPG 的系统变量；$\boldsymbol{P}_i = (p_{u,i}, p_{v,i})^{\mathrm{T}}$ 是一个耦合项干扰向量。耦合项由振荡器的输出构成，适当的耦合项设计可以使得两个振荡器的输出之间保持期望的相位关系，即形成锁相。具体设计思想如下：振荡器两个系统状态变量 u 和 v 具有固定的相位差，如果利用 u 生成关节控制信号，则可以通过调节 v 的相位变化来间接调节 u 的相位，在不改变 u 的幅值的前提下改变 u 的相位；利用第 i 个振荡器的输出构造干扰项，直接调节第 $i-1$ 个振荡器的状态 v_i（图 3-34），

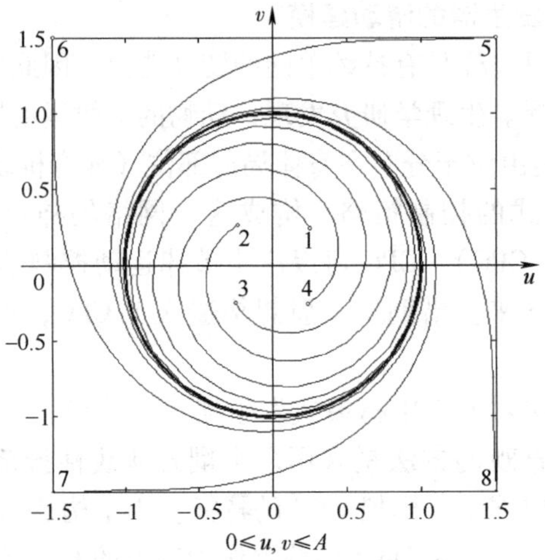

图 3-33　Hopf 振荡器的极限环

注：当系统从 8 个不同的初值起振后，系统状态变量最终都收敛到一个固定的极限环上。

经过瞬态调整后间接使得 u_i 与 u_{i-1}之间保持固定相位差，达到耦合的目的。式（3-54）给出了一种耦合项的解析表达：

$$\boldsymbol{P}_i = \begin{pmatrix} 0 \\ \varepsilon(u_{i-1}\sin\varphi_{d,i} + v_{i-1}\cos\varphi_{d,i}) \end{pmatrix} \tag{3-54}$$

式（3-54）中 $\varepsilon(\varepsilon>0)$ 是一个调节耦合强度的经验参数。

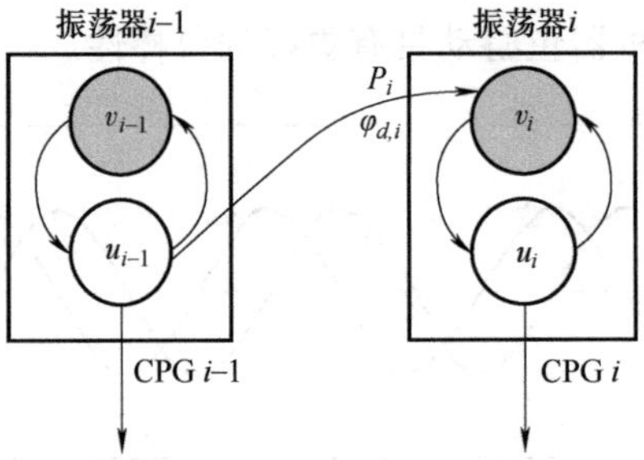

图 3-34　相邻两个 CPG 耦合连接

多个振荡器连接起来可以控制仿生鱼的多个关节节律运动，连接方式可以根据关节的位置配置和相位关系确定。假设 MPF 仿生鱼鳍由 8 根并联的连杆驱动，则需要 8 个振荡器串联构成人工 CPG 模型，如图 3-35 所示。

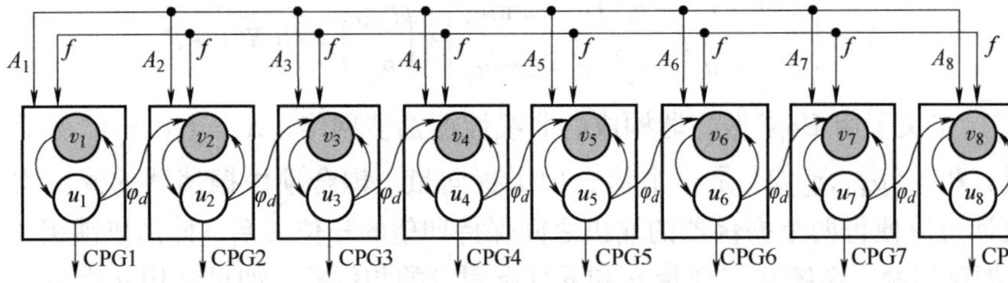

图 3-35　用于控制 8 关节 MPF 仿生鱼游动的 CPG 结构（$n=8$）

此时，控制 MPF 仿生鱼游动的运动学模型可以归纳为

$$\theta_i(t)=A_i u_i \tag{3-55}$$

其中，

$$A_i=\arcsin\frac{f_e(x_i)}{l_i}$$

$$\varphi_{d,i}=-\frac{2\pi m}{n}$$

$$\varepsilon=\begin{cases}0 & (i=1)\\ \text{positive const} & (i=1,2,\cdots,n)\end{cases}$$

联立方程（3-53）~（3-55），求解后可以得到控制 MPF 仿生游动的关节角，在机器人运行中更改控制参数，可以调整游动性能。图 3-36 分别给出了调节波数、波动频率以及关节间相位差后，CPG 的输出结果。

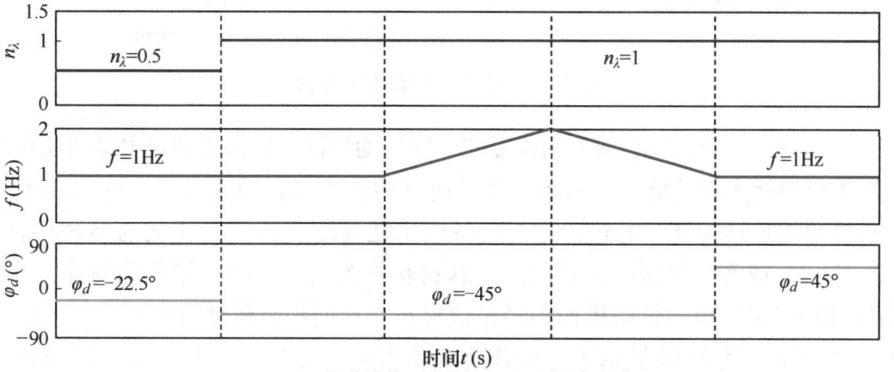

a) 调节波数、波动频率以及关节间相位

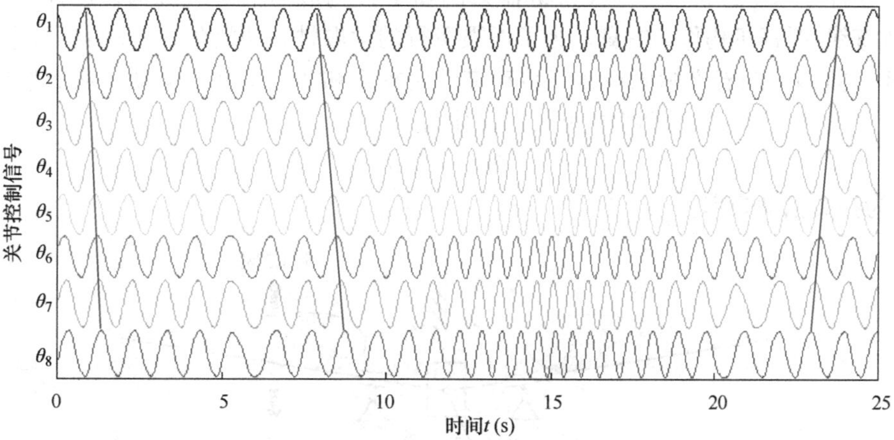

b) CPG输出的8个关节角随时间的变化 (n=8, ε=1, k=10)

图 3-36　控制参数在线调节后 CPG 的输出

3.3.2　仿生飞行机器人

飞行机器人包括固定翼无人机、双螺旋桨直升机、多旋翼飞行器、躯干式仿生飞行机器人等不同类型。用于设计仿生飞行机器人的生物对象包括昆虫、鸟类以及蝙蝠等动物，但由于生物结构、运动形态和空气动力学特性非常复杂，还没有统一的设计方法可以指导飞行机

器人的设计和运动控制。仿生飞行机器人采用扑翼结构作为动力发生机构，通过扑翼与空气之间复杂的相互作用来维持稳定的飞行升力和姿态。飞行需要消耗大量的能量，飞行动物的体积、重量相比于陆地及海洋动物要小很多，人造的仿生飞行装置效率还远不能和飞行动物相媲美，必须采取更加轻巧和高效的机构设计来减少能量消耗。因此，仿生飞行机器人普遍为轻量化微型机器人，如图 3-37 所示。

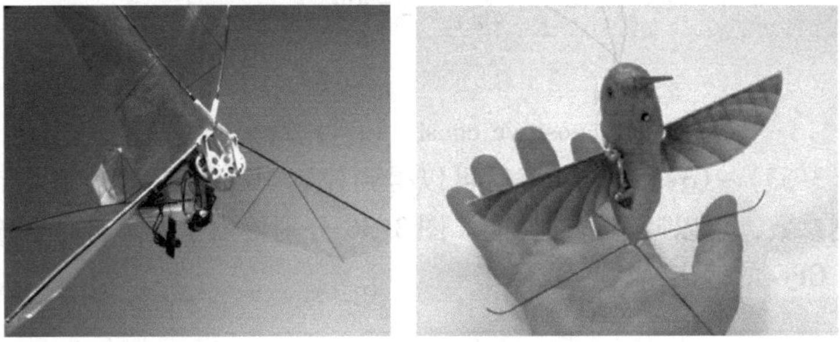

a) DelFly　　b) 纳米蜂鸟(Nano hummingbird)

图 3-37　仿生飞行机器人举例

扑翼飞行动物的两翼也具有典型的往复式节律运动特征，但如果通过电动机正反转带动两翼运动，则需要消耗大量的能量。因此，几乎所有的仿生飞行装置在设计时都要遵循如下原则：①电动机单向连续旋转，通过特殊的机械结构把连续旋转运动转化为节律性往复运动，如图 3-37a 所示，或者采用型变量较大的特殊材料作为人工肌肉直接驱动两翼，如图 3-37b 所示；②尽可能采用简单的传动机构和轻量化材料，从而提高传动效率并降低重量。

根据上述原则，图 3-38 展示了一种扑翼运动机构。这是一个由 7 根连杆构成的平面闭链结构，连杆 1、2、3 和基座（飞行机器人的躯干）构成曲柄滑块机构，连杆 3、5、7 和基座构成直线-摇杆机构作为右翼。为了增强飞行的柔顺性，两翼的连杆和翼膜可采用弹性材料构建。曲柄 1 绕着坐标原点连续转动带动两翼 6 和 7 上下往复运动，从而形成扑翼飞行。因此，飞行机器人的运动学模型可以简化为

$$\dot{\theta}(t) = 2\pi f \tag{3-56}$$

式中，f 为扑翼拍动频率。

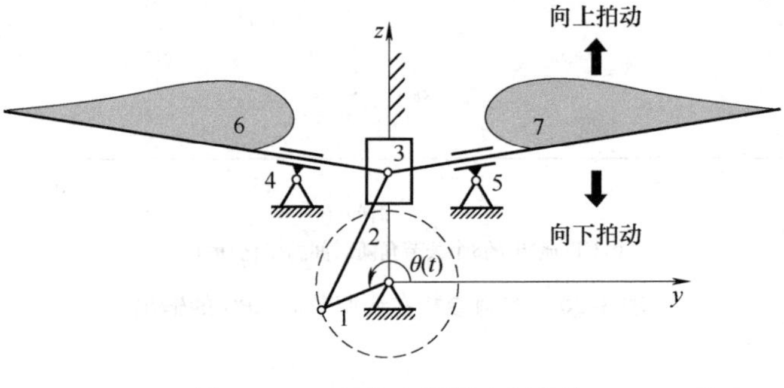

图 3-38　一种仿生扑翼飞行机构

1—曲柄　2—连杆　3—滑块　4、5—摇杆　6—左翼　7—右翼

扑翼飞行动物两翼向下拍动（Down- stroke）速度大于向上拍动（Up- stroke）速度，图 3-38 的连杆机构从结构上保障了当曲柄匀速转动时可以产生类似的效果。大多数仿生飞

行机器人都采用了与图 3-38 类似的机构，这些机器人的运动学模型均可以用式（3-56）简化描述。飞行的速度取决于扑翼拍动的频率 f，飞行的姿态和方向需要由其他附翼或者尾舵之类的机构辅助进行调节。

为了进一步降低驱动机构的重量，微型仿生飞行机器人采用记忆合金、压电陶瓷或可在交变磁场/电场中形变的聚合物等特殊材料作为驱动器产生往复运动（图 3-39），也取得了较好的效果。此时，仿生飞行的运动学建模需要结合不同的材料特性进行具体分析。

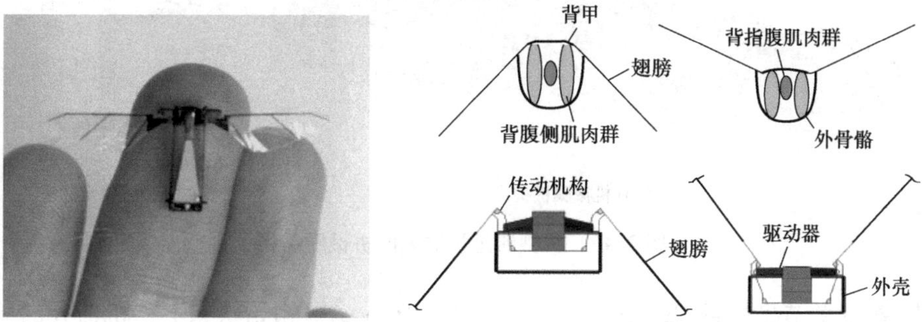

图 3-39 基于材料共振驱动的微型扑翼飞行器

3.4 腿足式移动机器人

现有腿足式移动机器人主要仿照腿足式运动动物设计，常见的有双足仿人机器人、四足仿生机器人以及多足机器人。

腿足式移动机器人仿生结构主要由躯干和机械腿构成，机械腿固定在躯干上交替摆动，通过足底与地面之间的相互作用产生驱动力。在运动学建模过程中躯干可以被简化为相对不动的刚体，此时需要对多自由度的腿足进行运动建模。腿足式机器人的运动学模型与具体的机械结构密切相关，根据移动方式的不同，机械腿的自由度和配置方式各不相同，运动学模型也有所区别。

3.4.1 四足机器人

1. 四足机器人腿足机械结构

四足机器人行走时需要控制每条腿到达期望的落脚点。考虑到系统的复杂度以及自重等因素，通常每条机械腿设置 3 个自由度即可满足行走需求。一种常见的设计方案是借鉴工业机械臂，采用旋转关节串联刚性杆构成机械腿，如图 3-40a 所示。机器人的躯干相当于机械臂的固定基座，用于连接四条机械腿的髋关节；机械腿髋部通常包含两个正交旋转关节，膝部包含一个旋转关节，整台四足机器人需要至少 12 个自由度。由于 3 自由度机械腿只能控制足端的空间位置，无法控制其姿态，因此理论上足与地面之间的接触方式应为点接触，通过步态时序的配合，利用地面的摩擦反作用力作为移动的驱动力实现前进、后退和转向。

2. 四足机器人腿部正运动学

四足机器人腿部正运动学建模指的是把机器人的躯干作为固定基座，求解机器人足端空间位置的过程。首先，建立描述机器人和腿部关节运动的坐标系，包括：地面上的全局坐标系 $Oxyz$，描述机器人躯干位姿 $\boldsymbol{R}_0$ 的坐标系 $Ox_0y_0z_0$，位于机械腿三个关节即描述关节相对

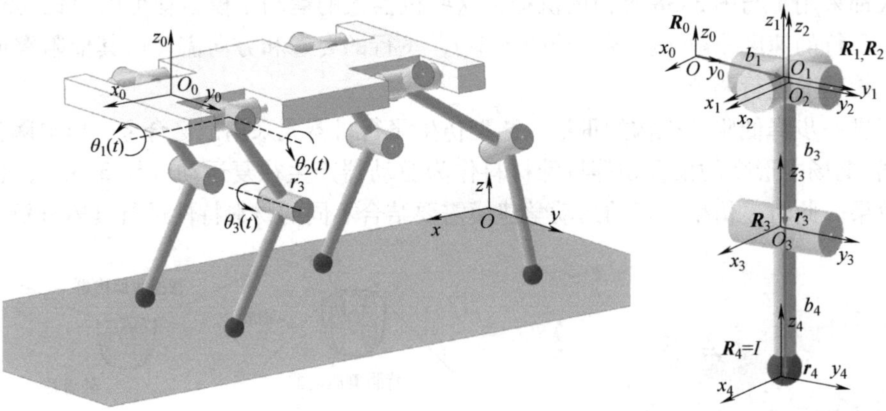

a) 机械腿机构　　　　b) 机械腿坐标系

图 3-40　典型四足机器人的机械腿结构

转动姿态 $\boldsymbol{R}_i^j$ 的关节坐标系 $Ox_1y_1z_1$、$Ox_2y_2z_2$ 以及 $Ox_3y_3z_3$。初始状态下，机器人的关节坐标系各坐标轴均与机器人躯干坐标系分别对应平行，旋转轴矢量作为关节轴矢量 $\boldsymbol{a}_i$；各关节的位置可以用坐标系之间的相对位置矢量 $\boldsymbol{r}_i$ 确定，如图 3-40a 所示。关节运动的正运动学可以用如下的齐次变换矩阵建模：

$$\boldsymbol{T}_i^j=\begin{pmatrix}\boldsymbol{R}_i^j & \boldsymbol{r}_i\\ \boldsymbol{0} & 1\end{pmatrix}$$

根据图 3-40a 可知，三个关节轴矢量分别为：$\boldsymbol{a}_1=\begin{pmatrix}1\\0\\0\end{pmatrix}$，$\boldsymbol{a}_2=\begin{pmatrix}0\\1\\0\end{pmatrix}$，$\boldsymbol{a}_3=\begin{pmatrix}0\\1\\0\end{pmatrix}$，三个相对位置矢量分别为：$\boldsymbol{r}_1=\begin{pmatrix}0\\b_1\\0\end{pmatrix}$，$\boldsymbol{r}_2=\boldsymbol{0}$，$\boldsymbol{r}_3=\begin{pmatrix}0\\0\\-b_3\end{pmatrix}$。为了简化表述，记 $\cos\theta_i\rightarrow c_i$，$\sin\theta_i\rightarrow s_i$，$\cos(\theta_i+\theta_j)\rightarrow c_{ij}$，$\sin(\theta_i+\theta_j)\rightarrow s_{ij}$，根据链式法则，机器人足端的空间位姿可由如下方程获得：

$$\begin{aligned}\boldsymbol{T}_4^0&=\boldsymbol{T}_1^0\boldsymbol{T}_2^1\boldsymbol{T}_3^2\boldsymbol{T}_4^3\\&=\begin{pmatrix}\boldsymbol{R}_1^0 & \boldsymbol{r}_1\\ \boldsymbol{0} & 1\end{pmatrix}\begin{pmatrix}\boldsymbol{R}_2^1 & \boldsymbol{r}_2\\ \boldsymbol{0} & 1\end{pmatrix}\begin{pmatrix}\boldsymbol{R}_3^2 & \boldsymbol{r}_3\\ \boldsymbol{0} & 1\end{pmatrix}\begin{pmatrix}\boldsymbol{I} & \boldsymbol{r}_4\\ \boldsymbol{0} & 1\end{pmatrix}\\&=\begin{pmatrix}1&0&0&0\\0&c_1&-s_1&b_1\\0&s_1&c_1&0\\0&0&0&1\end{pmatrix}\begin{pmatrix}c_2&0&s_2&0\\0&1&0&0\\-s_2&0&c_2&0\\0&0&0&1\end{pmatrix}\begin{pmatrix}c_3&0&s_3&0\\0&1&0&0\\-s_3&0&c_3&-b_3\\0&0&0&1\end{pmatrix}\begin{pmatrix}1&0&0&0\\0&1&0&0\\0&0&1&-b_4\\0&0&0&1\end{pmatrix}\\&=\begin{pmatrix}c_{23}&0&s_{23}&-s_{23}b_4-s_2b_3\\s_1s_{23}&c_1&-s_1c_{23}&s_1c_{23}b_4+s_1c_2b_3+b_1\\-c_1s_{23}&-s_1&c_1c_{23}&-c_1c_{23}b_4-c_1c_2b_3\\0&0&0&1\end{pmatrix}\end{aligned}\tag{3-57}$$

由上式可知，四足机器人的 3 自由度单腿足端空间位置的正运动学解为

$$\begin{pmatrix} p_x \\ p_y \\ p_z \end{pmatrix} = \begin{pmatrix} -s_{23}b_4 - s_2b_3 \\ s_1c_{23}b_4 + s_1c_2b_3 + b_1 \\ -c_1c_{23}b_4 - c_1c_2b_3 \end{pmatrix}$$

3. 四足机器人腿部逆运动学

根据对四足机器人足端运动规划的结果，可以获得足端绝对位姿，即

$$\boldsymbol{T}_4^0 = \begin{pmatrix} n_x & o_x & a_x & p_x \\ n_y & o_y & a_y & p_y \\ n_z & o_z & a_z & p_z \\ 0 & 0 & 0 & 1 \end{pmatrix}$$

将上式与式（3-57）的结果比对，利用矩阵元素（2，2）和（3，2）项对应相等，即

$$c_1 = o_y$$

$$s_1 = o_z$$

利用双变量反正切函数，可以求得

$$\theta_1 = \text{atan2}(o_z, o_y) \tag{3-58}$$

同理，利用如下对应相等关系

$$c_{23} = n_x$$

$$s_{23} = a_x$$

$$p_x = -s_{23}b_4 - s_2b_3 = -a_xb_4 - s_2b_3$$

$$p_y = s_1c_{23}b_4 + s_1c_2b_3 + b_1 = o_zn_xb_4 + o_zc_2b_3 + b_1$$

可知

$$\theta_2 = \text{atan2}\left(-\frac{a_xb_4 + p_x}{b_3}, \frac{p_y - o_zn_xb_4 - b_1}{o_zb_3}\right) \tag{3-59}$$

$$\theta_3 = \text{atan2}(a_x, n_x) - \theta_2 \tag{3-60}$$

3.4.2 双足机器人

1. 双足机器人腿足机械结构

与四足机器人相比，双足机器人行走控制中的自平衡一直是个难题。为了实现灵活的平衡控制，不仅需要控制足端落脚点的位置，还要控制足端姿态。因此，双足机器人的机械腿通常采用 6 个自由度，从而保障足端或者质心能够到达任意期望位置。双足机器人主体结构包含躯干和两条机械腿，躯干用于连接两条机械腿，在腿足运动学建模时可被视为固定不动的基座。典型双足机械的自由度配置如图 3-41 所示，其中髋关节含有 3 个正交转动自由度、膝关节 1 个转动自由度、踝关节 2 个转动自由度，两条机械腿一共包含 12 个自由度。

2. 双足机器人腿部正运动学

双足机器人腿部正运动学建模指的是已知腿部关节角，求解足端空间位置和姿态的过程。以左腿为例描述机械腿运动：把机器人的躯干作为固定基座，在基座上建立坐标系 $\boldsymbol{R}_0$ 用于描述机器人本体的绝对空间位姿，如图 3-41a 所示；在每一个旋转关节上建立连体坐标系 $\boldsymbol{R}_1, \boldsymbol{R}_2, \cdots, \boldsymbol{R}_6$，用于描述关节相对空间位姿，如图 3-41b 所示。设双足机器人的半胯宽为 b_1，大腿长为 b_4，小腿长为 b_5，则 6 个关节轴矢量分别为

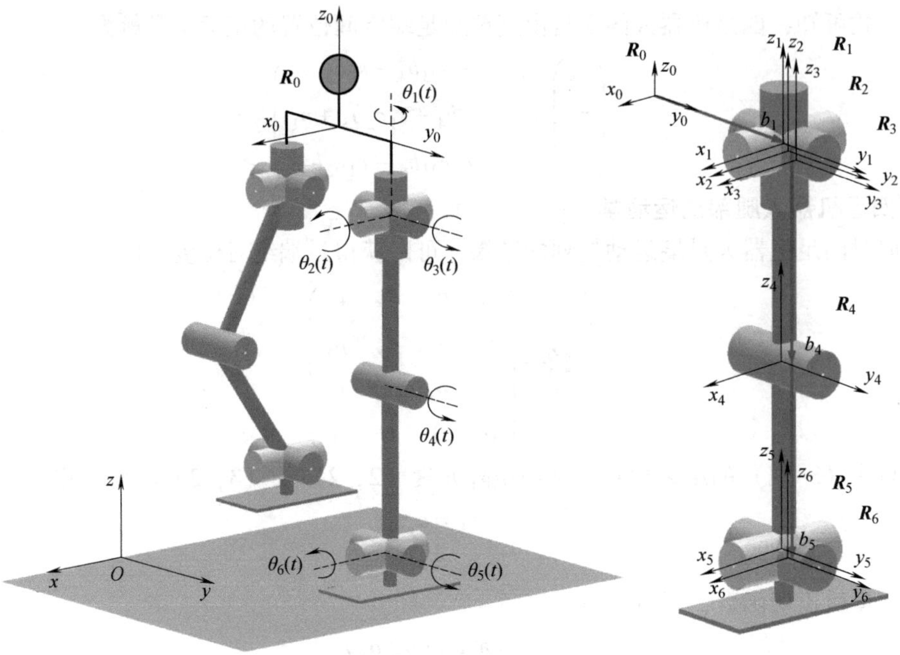

a) 机械腿机构　　b) 机械腿坐标系

图 3-41　典型双足机器人的机械腿结构

$$\boldsymbol{a}_1=\begin{pmatrix}0\\0\\1\end{pmatrix},\quad \boldsymbol{a}_2=\begin{pmatrix}1\\0\\0\end{pmatrix},\quad \boldsymbol{a}_3=\begin{pmatrix}0\\1\\0\end{pmatrix},\quad \boldsymbol{a}_4=\begin{pmatrix}0\\1\\0\end{pmatrix},\quad \boldsymbol{a}_5=\begin{pmatrix}0\\1\\0\end{pmatrix},\quad \boldsymbol{a}_6=\begin{pmatrix}1\\0\\0\end{pmatrix}$$

对应 6 个相对位置矢量分别为

$$\boldsymbol{r}_1=\begin{pmatrix}0\\b_1\\0\end{pmatrix},\quad \boldsymbol{r}_2=\boldsymbol{r}_3=\boldsymbol{0},\quad \boldsymbol{r}_4=\begin{pmatrix}0\\0\\-b_4\end{pmatrix},\quad \boldsymbol{r}_5=\begin{pmatrix}0\\0\\-b_5\end{pmatrix},\quad \boldsymbol{r}_6=\boldsymbol{0}$$

根据链式法则，机械腿足端位姿可以用如下的齐次变换矩阵表示：

$$\begin{aligned}\boldsymbol{T}_6^0&=\boldsymbol{T}_1^0\boldsymbol{T}_2^1\boldsymbol{T}_3^2\boldsymbol{T}_4^3\boldsymbol{T}_5^4\boldsymbol{T}_6^5\\
&=\begin{pmatrix}c_1&-s_1&0&0\\s_1&c_1&0&b_1\\0&0&1&0\\0&0&0&1\end{pmatrix}\begin{pmatrix}1&0&0&0\\0&c_2&-s_2&0\\0&s_2&c_2&0\\0&0&0&1\end{pmatrix}\begin{pmatrix}c_3&0&s_3&0\\0&1&0&0\\-s_3&0&c_3&0\\0&0&0&1\end{pmatrix}\\
&\quad\begin{pmatrix}c_4&0&s_4&0\\0&1&0&0\\-s_4&0&c_4&-b_4\\0&0&0&1\end{pmatrix}\begin{pmatrix}c_5&0&s_5&0\\0&1&0&0\\-s_5&0&c_5&-b_5\\0&0&0&1\end{pmatrix}\begin{pmatrix}1&0&0&0\\0&c_6&-s_6&0\\0&s_6&c_6&0\\0&0&0&1\end{pmatrix}\\
&=\begin{pmatrix}n_x&o_x&a_x&p_x\\n_y&o_y&a_y&p_y\\n_z&o_z&a_z&p_z\\0&0&0&1\end{pmatrix}\end{aligned}\tag{3-61}$$

其中：

$$n_x = c_1c_{345} - s_1s_2s_{345}$$
$$n_y = s_1c_{345} - c_1s_2s_{345}$$
$$n_z = c_2s_{345}$$
$$o_x = s_6(c_1s_{345} + s_1s_2c_{345}) - s_1c_2c_6$$
$$o_y = s_6(s_1s_{345} - c_1s_2c_{345}) + c_1c_2c_6$$
$$o_z = s_2c_6 + c_2c_{345}s_6$$
$$a_x = s_1c_2s_6 + c_6(c_1s_{345} + s_1s_2c_{345})$$
$$a_y = -c_1c_2s_6 + c_6(s_1s_{345} - c_1s_2c_{345})$$
$$a_z = -s_2s_6 + c_2c_{345}c_6$$
$$p_x = -b_4(c_1s_3 + s_1s_2c_3) - b_5(c_1s_{34} + s_1s_2c_{34})$$
$$p_y = b_1 - b_4(s_1s_3 - c_1s_2c_3) - b_5(s_1s_{34} - c_1s_2c_{34})$$
$$p_z = -b_4c_2c_3 - b_5c_2c_{34}$$

3. 双足机器人腿部逆运动学

双足机器人髋关节、膝关节、踝关节存在三轴平行的特点，如图 3-41 所示，关节 3、4、5 的关节轴均为 y 轴，可利用这一特点，采用几何方法快速求得机械腿的逆运动学解。腿部逆运动学求解时已知足底的空间位姿，即

$$\boldsymbol{T}_6^0 = \begin{pmatrix} n_x & o_x & a_x & p_x \\ n_y & o_y & a_y & p_y \\ n_z & o_z & a_z & p_z \\ 0 & 0 & 0 & 1 \end{pmatrix} = \begin{pmatrix} \boldsymbol{R}_6 & \boldsymbol{p}_6 \\ \boldsymbol{0} & 1 \end{pmatrix} \tag{3-62}$$

已知机器人大腿和小腿的长度，如图 3-42 所示，A、B、C 分别为大腿与小腿所在平面三角形的三个顶点，则根据平面三角形关系可以获得膝关节角 θ_4，即

$$\theta_4 = \pi - \arccos\frac{b_4^2 + b_5^2 - |\boldsymbol{r}_1^6|^2}{2b_4b_5}$$

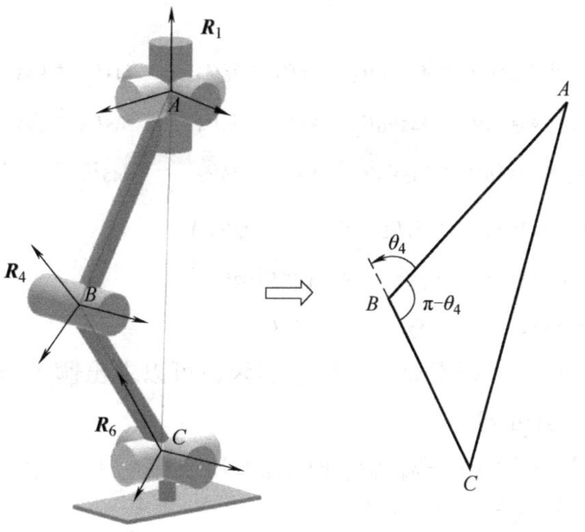

图 3-42　膝关节旋转角求解示意

其中

$$\boldsymbol{r}_1^6=\boldsymbol{R}_6^{\mathrm{T}}(\boldsymbol{p}_1-\boldsymbol{p}_6)=\boldsymbol{R}_6^{\mathrm{T}}\begin{pmatrix}p_x\\ b_1-p_y\\ p_z\end{pmatrix}=\begin{pmatrix}r_x\\ r_y\\ r_z\end{pmatrix}$$

$\triangle ABC$ 所在的平面整体绕着踝关节的关节轴矢量 $\boldsymbol{a}_6$ 旋转后腿部到达图 3-43a 所示的位姿，从图中可以直接获得 θ_6 的大小为

$$\theta_6=\operatorname{atan2}(r_y,r_z)$$

由图 3-43b 中的几何关系可知踝关节俯仰角 θ_5 可表示为

$$\theta_5=-\operatorname{atan2}\left[r_x,\operatorname{sign}(r_z)\sqrt{r_y^2+r_z^2}\right]-\alpha$$

其中辅助角 α 为

$$\alpha=\arcsin\left[\frac{b_4\sin(\pi-\theta_4)}{b_5}\right]$$

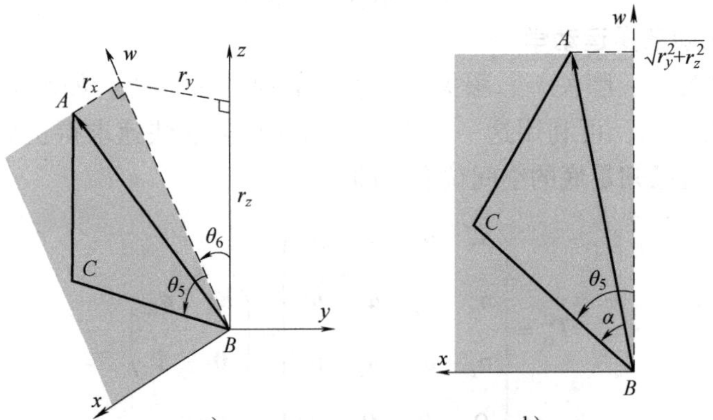

图 3-43　绕踝关节的关节轴矢量 $\boldsymbol{a}_6$ 旋转后腿部位姿

通过上述几何方法可以获得机械腿膝关节和踝关节三个转动角度的逆运动学解。髋关节的三个角度可以采用链式法则进行求解，对式（3-61）两边做变量分离处理得到

$$\boldsymbol{R}_6^0\,\boldsymbol{R}_6^{5\,\mathrm{T}}\,\boldsymbol{R}_5^{4\,\mathrm{T}}\,\boldsymbol{R}_4^{3\,\mathrm{T}}=\boldsymbol{R}_1^0\boldsymbol{R}_2^1\boldsymbol{R}_3^2 \tag{3-63}$$

即

$$\begin{pmatrix}c_{45}n_x+s_{45}s_6o_x+s_{45}c_6a_x & c_6o_x-s_6a_x & -s_{45}n_x+c_{45}s_6o_x+c_{45}c_6a_x\\ c_{45}n_y+s_{45}s_6o_y+s_{45}c_6a_y & c_6o_y-s_6a_y & -s_{45}n_y+c_{45}s_6o_y+c_{45}c_6a_y\\ c_{45}n_z+s_{45}s_6o_z+s_{45}c_6a_z & c_6o_z-s_6a_z & -s_{45}n_z+c_{45}s_6o_z+c_{45}c_6a_z\end{pmatrix}$$

$$=\begin{pmatrix}c_1c_3-s_1s_2s_3 & -s_1c_2 & c_1s_3+s_1s_2c_3\\ s_1c_3+c_1s_2s_3 & c_1c_2 & s_1s_3-c_1s_2c_3\\ -c_2s_3 & s_2 & c_2c_3\end{pmatrix}$$

对比等式两边对应元素，利用双变量反正切函数可以求出髋关节三个角度。由矩阵中元素（3，1）和（3，3）项可知：

$$\theta_3=\operatorname{atan2}\left[-(c_{45}n_z+s_{45}s_6o_z+s_{45}c_6a_z),-s_{45}n_z+c_{45}s_6o_z+c_{45}c_6a_z\right]$$

由矩阵元素中（3，2）和（3，3）项可知：

$$\theta_2=\operatorname{atan2}\left[c_6o_z-s_6a_z,(-s_{45}n_z+c_{45}s_6o_z+c_{45}c_6a_z)/c_3\right]$$

由矩阵中元素（1，2）和（2，2）项可知：

$$\theta_1 = \mathrm{atan2}[-(c_6 o_x - s_6 a_x), c_6 o_y - s_6 a_y]$$

3.5　小结

运动学模型是控制机器人按导航规划结果实现运动的基础和关键，对机器人系统设计也起到重要的支撑作用。它的核心是建立机器人上某一参考点运动控制与各个驱动运动控制之间的数学模型，因此与机器人的机械结构密切相关。本章详细介绍了最为常见的轮式移动机器人运动学建模，在运动学建模要素分析的基础上，介绍了四种类型轮子的特性、不同轮子排布可以构建的移动机器人，以及前向运动学建模方法和基于轮子运动学约束合成的建模方法，并给出了轮式移动机器人机动度和完整性的概念及计算分析方法。机动度中的可移动度直接影响机器人的完整性，也使得移动机器人导航规划通常将问题分解为路径规划和轨迹跟踪。此外，本章也介绍了仿生游动和仿生飞行两种躯干式移动机器人运动学建模的基本思路，以及四足和两足两种腿足式移动机器人的运动学建模方法。可以看到，建模时都是将机器人抽象为连杆，通过建立连杆之间的坐标转换建立系统模型。腿足式移动机器人的运动学建模方法与机械臂建模方法类似，以躯干为基座，建立摆动腿末端到基座的齐次变换。

习　　题

3-1　名词解释：运动学、运动控制、正运动学、逆运动学。

3-2　列出轮子的主要类型，说明每种轮子的自由度数量，列举每种轮子的两个应用案例。

3-3　列出标准轮独轮车、球轮独轮车、两轮自行车、两轮平衡车、差分驱动三轮车、阿克曼四轮车的静态稳定性和动态稳定性。

3-4　图3-44为采用90° Swedish轮的四轮移动机器人。机器人轮子直径8cm，轮1与x_R之间的夹角为60°，轮1中心点到机器人中心点的距离为9cm，现要求机器人质心线速度0.5m/s，角速度0.1rad/s，请①计算上述运动速度要求下该移动机器人各个轮的速度值；②写出该机器人移动底盘的可移动度、可操纵度、机动度和完整性。

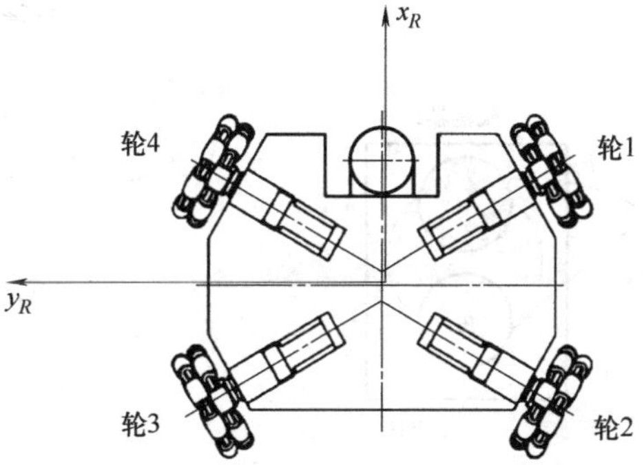

图3-44　采用90° Swedish轮的四轮移动机器人

3-5　分析图3-45中移动机器人的可移动度、可操纵度和机动度，并判断它们是否是完整系统。

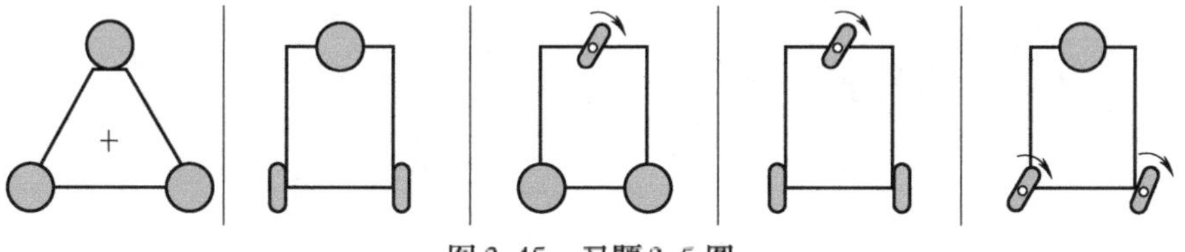

图3-45　习题3-5图

其中第一个移动底盘采用 3 个主动驱动的 90° Swedish 轮构成；第二个移动底盘前轮为无驱动的球轮、后两轮为电动机驱动的固定标准轮；第三个移动底盘前轮为转向标准轮，进行速度和转向的驱动控制，后两轮为无驱动的球轮；第四个移动底盘前轮为转向标准轮，进行速度和转向的驱动控制，后两轮为无驱动的固定标准轮；第五个移动底盘前轮为无驱动的球轮，后两轮为转向标准轮，进行速度和转向的驱动控制。

3-6 应用任何类型的轮子，设计两种可实现全向运动的两轮移动机器人。

3-7 典型 BCF 仿生机器鱼的结构通常至少包含由 2 个旋转关节连接的 3 个刚性连杆，如图 3-46 所示。假设该机器鱼游动时尾部拍动频率为 1Hz，头部 A 点摆动幅度为 0，尾鳍转轴处摆动幅度为 1，身体的包络函数为二次抛物线。请根据鱼的结构和上述假设，写出两个关节的控制量 $\theta_1(t)$ 和 $\theta_2(t)$。

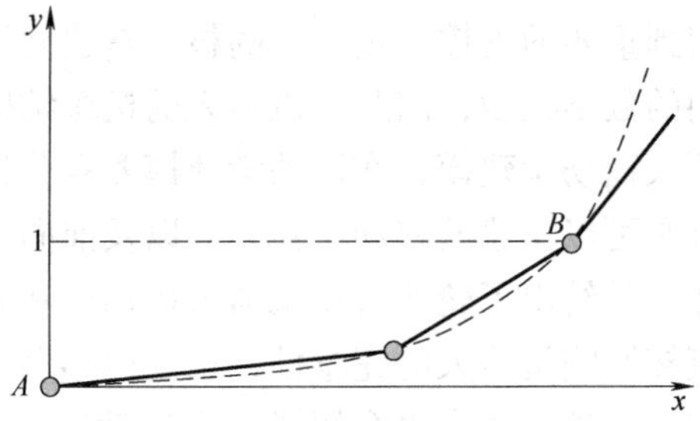

图 3-46 习题 3-7 图

3-8 由非线性振荡器构成中枢模式发生器时，振荡器之间的耦合连接可以是双向的，如图 3-47 所示，第 i 个振荡器的输出也可以作用于第 $i-1$ 个振荡器的状态变量，从而增加两个振荡器的耦合连接强度。假设两个振荡器之间的正向耦合项为

$$P_i = \begin{pmatrix} 0 \\ \varepsilon(u_{i-1}\sin\varphi_{d,i} + v_{i-1}\cos\varphi_{d,i}) \end{pmatrix}$$

耦合相位差为 $\varphi_{d,i}$，请写出反向耦合的耦合项表达式。

3-9 为了提升四足机器人的腿部灵活性，设计时单腿可采用 4 自由度的方案：髋关节具有 3 个自由度，膝关节具有 1 个自由度，髋关节结构与标准双足机器人髋关节类似。设机器人半髋长度为 b_1，大腿长为 b_4，小腿长为 b_5，$\theta_i(i=1,2,3,4)$ 为机械腿的四个关节角，坐标系和旋转矩阵定义如图 3-48 所示。请分别写出 4 关节机械腿的正运动学解和逆运动学解。

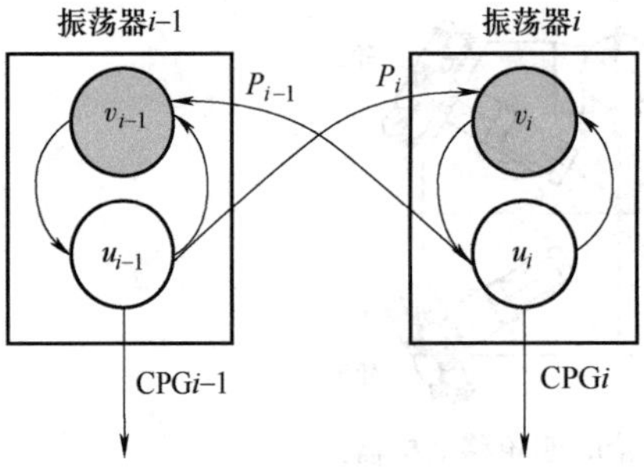

图 3-47 习题 3-8 图

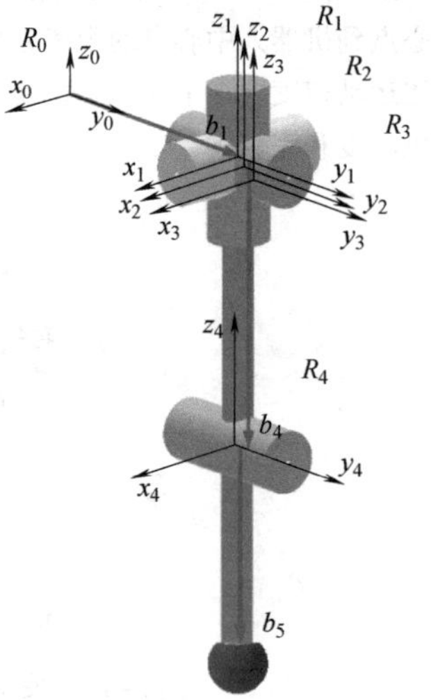

图 3-48 习题 3-9 图

第4章 导航规划

4.1 概述

导航规划面向机器人自主移动三个问题中“怎么去”的问题，是在给定环境的全局或局部知识以及一个或者一系列目标位置的条件下，使机器人能够根据环境知识和传感器感知信息高效可靠地到达目标位置。

现有移动机器人自主导航可以分为三种方式：①有标识导引的固定路径导航；②有标识导引的无固定路径导航；③无标识导引的无固定路径导航。后两种无固定路径导航通常被称为无轨导航，而最后一种无导引标识下的无轨导航近年来被称为自然导航或者智能导航。

1. 有标识导引的固定路径导航

有标识导引的固定路径导航是指在机器人移动路径上部署了导航标识，机器人在行走过程中通过传感器来感应这些导航标识，进行路径跟随控制。由于导航标识部署在移动路径上，一旦部署完毕机器人作业路径就确定了，因此这种方式是一种固定路径导航。该类技术在20世纪70年代就已经成熟，形成在工业中广泛使用的搬运车，称为自动导引车（Automatic Guided Vehicle，AGV）。早期常用的导引标识有磁条、磁钉、磁感应线等。2012年亚马逊收购的KIVA采用二维码导引来完成仓库内货架的搬运，如图4-1所示，极大地推动了电商物流的自动化、无人化发展。这类导航方式的优点是涉及技术简单，可确保机器人稳定可靠移动，并且磁条、磁钉、二维码等导航标识及感应传感器成本都很低。存在的问题是在应用前需要施工部署，并且需要长期维护，因为一旦导航标识破损将直接导致机器人自主移动失败。此外，路径的固定实际上限制了机器人的移动自由度，降低了机器人自主适应环境的能力，机器人无法根据任务需求或者环境变化灵活调整运行路线，更无法到达无导引标识的位置。

图4-1　采用二维码标识的AGV电商仓库应用

2. 有标识导引的无固定路径导航

针对前一类型路径无法根据作业需要随意调整变化的问题，有标识导引的无轨导航方式是在环境中布置若干激光反射板，通过机器人顶部安装的激光传感器对已知位置的多个激光反射板的检测定位来确定自己在环境中的位置，如图 4-2 所示。这种模式虽然仍然是在环境中部署了导引标识，但不是部署在移动路径上，而是部署在环境中帮助机器人定位，因此机器人可以根据自身定位、目标位置及环境信息来自主规划行进路径，也称为无轨导航。这一模式的技术目前也已经成熟，被很多 AGV 厂家应用于自动叉车等设备。但由于需要安装激光传感器，总体成本比较昂贵，而且在应用前仍然需要施工安装激光反射板，其标定工作量较大；应用中一方面需要维护，另一方面激光反射板如果被遮挡将导致机器人无法定位导航。

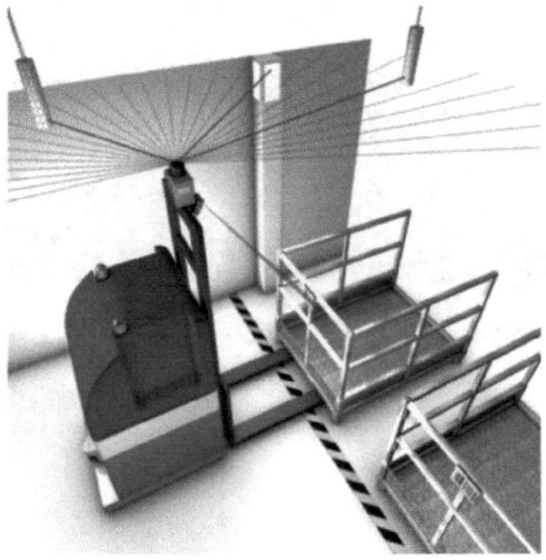

图 4-2 采用激光反射板的无轨导航

3. 无标识导引的无固定路径导航

第三种方式是指环境中没有部署导引标识，完全由机器人利用自身所带的传感器（如激光或者视觉）进行地图构建，然后根据已经构建的地图和当前传感器得到的信息来进行定位和导航。这种方式的优点是无须进行导引标识的施工部署和日常维护，机器人可以自主实现精确定位，并根据目标任务要求调整路径，但需要解决自定位问题。

上述三种导航方式中，第一种固定路径导航直接通过导航标识定义了机器人路径，导航规划比较简单，主要做路径选择和路径跟随控制。第二种和第三种虽然存在有标识导引和无标识导引的差别，但都属于无轨导航规划，即在确定机器人位置和环境地图的情况下，规划机器人从当前位置到目标位置的路径和控制。通常把该问题分解为三个子问题：路径规划、避障规划和轨迹规划。

路径规划是根据所给定的地图和目标位置，规划一条使机器人从起始点到达目标位置的路径；避障规划是根据所得到的实时传感器的测量信息，调整路径/轨迹以避免发生碰撞；轨迹规划也称轨迹生成或路径跟随控制，是根据机器人的运动学模型和约束，寻找适当的控制命令，将可行路径转化为可行轨迹。三者形成互补关系。首先，路径规划只考虑工作空间的几何约束，不考虑机器人的运动学模型和约束，需要通过轨迹规划来融合机器人的运动学模型和约束，形成机器人可执行的指令。从结果来看，路径不包含时间，而轨迹是关于时间的函数。其次，路径规划是根据环境地图生成从起始点到目标点的路径，是一个全局规划；而避障是解决当前碰到障碍物的情况，是一个局部规划。通过全局规划可以得到整个最优路径，通过局部规划可以解决由于存在动态障碍物或者动态变化等导致实际环境与环境地图存在不一致的情况，确保机器人运行的安全可靠。

4.2 路径规划

4.2.1 位形空间和完备性

路径规划中有两个重要概念：位形空间（Configuration Space，C- Space）和完备性

(Completeness)。

位形空间是对工作空间的一个简化。图4-3给出了工作空间和位形空间的概念图示。工作空间是指物理空间内机器人上的参考点能到达的空间集合。移动机器人参考点在工作空间中采用位姿描述，包括位置和姿态。在工作空间中进行路径规划需要结合机器人的体积和形状进行碰撞检测，这是一个耗时的工作。为此，路径规划一般采用位形空间。在位形空间中，移动机器人被简化为一个可移动点，仅用位置描述，不考虑姿态和体积，从而避免在规划过程中反复进行碰撞检测验证。通过将环境中的障碍物按机器人半径进行膨胀，就可以将工作空间转换为位形空间，机器人则压缩成为空间中的一个点。另外，路径规划不考虑非完整约束等机器人执行方面的限制，假设机器人是完整的，因此在位形空间中机器人的描述可以忽略机器人姿态，仅做位置的描述和规划。

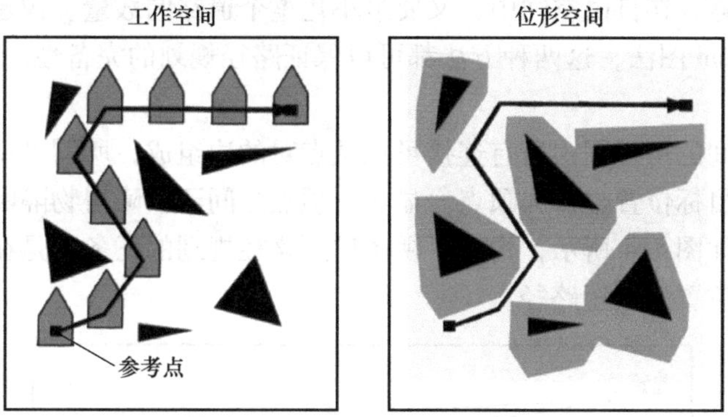

图4-3 工作空间和位形空间

考虑障碍物的存在，可将位形空间划分为障碍物空间和自由空间两部分：障碍物空间是不可行的位置集合，在该空间中，机器人会与障碍物发生碰撞；自由空间是可行的位置集合，在该空间中，机器人将无碰撞地安全移动。路径规划的目标是在自由空间中为机器人寻找一条路径，使其能够从初始位置到达目标位置。

路径规划方法需要具备完备性。对于机器人运动规划来讲，完备性是指对于问题的所有可能情况，当解存在时能够确保在有限时间内找到一个解，反之，当解不存在时能够确保在有限时间内返回失败。通过完备性可以确保算法能够适应各种情况，对于路径规划来讲就是任意的环境、任意的起始点和终止点，从而可以确保算法可靠应用于系统中。由于位形空间是连续的，在连续空间中求解路径只能采用实代数几何法，而现有的代数计算软件性能和算法的计算复杂性使得这些算法无法满足实际应用中机器人路径规划的实时性要求，难以达到真正的完备性。为了确保完备性，一般对连续的位形空间做离散化，达到近似完备性。

根据离散化方式的不同有两类路径规划方法：一类称为分辨率完备，通过解析方法对位形空间进行离散化，确保获得可行解；另一类称为概率完备，基于概率在位形空间中进行随机采样离散化，使获得解的概率趋近于1。下面对这两类方法进行具体介绍。

4.2.2 分辨率完备的路径规划方法

目前，分辨率完备的路径规划方法主要有基于障碍物几何形状分解位形空间的行车图法、将空间分解为空闲单元和被占单元的单元分解法、根据障碍物和目标对空间各点施加虚拟力的势场法。

1. 行车图法

行车图（Road Map）法也称为骨架（Skeleton）法，是一种被广泛使用的自由空间拓扑结构构建方法。它的基本思想是将自由空间的连通性用一维曲线的网格表示，在加入起始点和目标点后，在该一维无向连通图中寻找一条无碰路径。

对于行车图法路径规划，首先要构建行车图。可以用无向图 $R=(N,E)$ 表示，N 为节点集合，每个节点表示在自由空间中的一个路径点；E 为边集合，边 (a,b) 表示节点 a 和节点 b 之间存在一条可行路径。两个节点之间的路径需要通过局部路径规划来实现，但行车图中并不保存这个局部路径，仅用边表示节点之间是否可行。构建完成后，再采用路径搜索算法寻找从起始点到目标点的整体路径。

分辨率完备下的行车图法是基于障碍物几何形状分解位形空间，其主要难点在于所构建的道路既要确保机器人在自由空间中，又要最小化整个道路的数量。构建行车图的典型方法有可视图法和 Voronoi 图法，这两种方法都可以保证路径规划的完备性。

（1）可视图法

多边形姿态空间的可视图由所有连接可见顶点对的边组成，所谓可见是指顶点之间无障碍物。初始位置和目标位置也作为顶点。显然，顶点之间不被障碍物隔断的直线是连接顶点的距离最短的边。如图 4-4 所示，构建可视图后，路径规划的任务就是在可视图中寻找一条从初始位置到目标位置的最短路径。

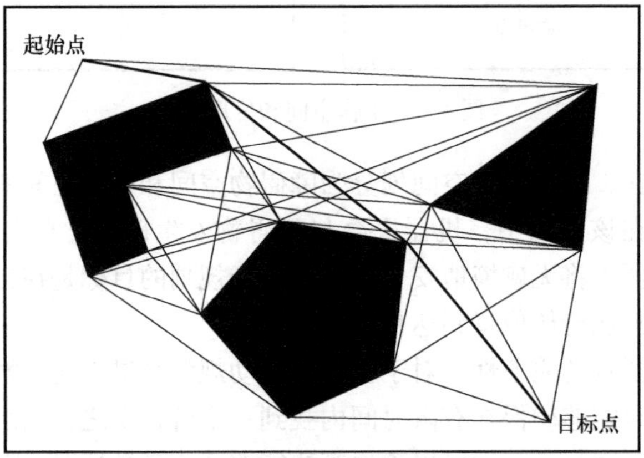

图 4-4　可视图法

可视图法非常简单，特别是当环境表示采用多边形描述物体时。而且，可视图路径规划得到的解在路径长度上具有最优性。但这种最优性也使所得路径过于靠近障碍物，显得不够安全。常用的解决方法是牺牲这种路径最优性，以远远大于机器人半径的尺寸扩大障碍物，或者在路径规划后修改所得路径，使其与障碍物保持一定的距离。

（2）Voronoi 图法

与可视图法相反，Voronoi 图取障碍物之间的中间点，是最大化机器人和障碍物之间的距离，如图 4-5 所示。其构建思想是：对于自由空间中的每一点，计算它到最近障碍物的距离；类似于画直方图，在垂直于二维空间平面的轴上用高度表示该点到障碍物的距离；当某个点到两个或多个障碍物距离相等时，其距离点处出现尖峰，Voronoi 图就由连接这些尖峰点的边组成。

在 Voronoi 图中搜索路径的算法与在可视图中搜索路径的算法完全相同，因为自由空间路径的存在性表明在 Voronoi 图中存在着一条路径。当然，Voronoi 图中得到的路径长度会远

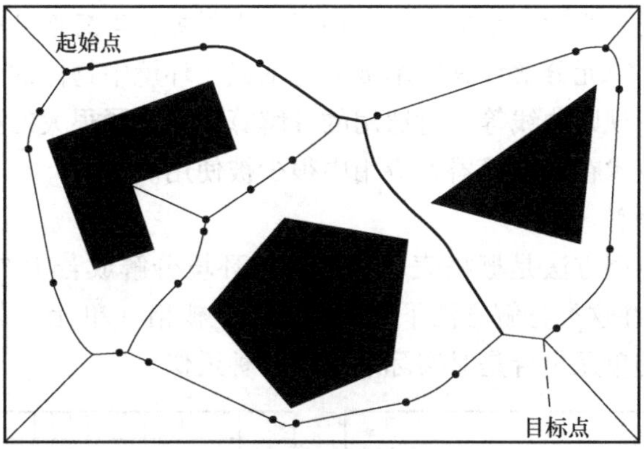

图 4-5 Voronoi 图法

远大于可视图中得到的路径。

Voronoi 图的主要缺陷是不适用于短距离定位传感器。由于这种算法最大化了机器人与环境物体之间的距离，因此短距离测距传感器可能无法完全感知周围环境，无法满足定位的要求。

2. 单元分解法

单元分解路径规划法的基本思路是：首先，将位形空间中的自由空间分解为若干个小区域，每一个区域作为一个单元，以单元为顶点、以单元之间的相邻关系为边构成一张连通图；其次，在连通图中寻找包含初始位置和目标位置的单元，搜索连接初始单元和目标单元的路径；最后，根据所得路径的单元序列生成单元内部的路径，如穿过单元边界的中点或沿着单元边行走等。

具体单元分解方法可以是精确的，也可以是近似的。

（1）精确单元分解法

图 4-6 为一种精确单元分解法，单元边界严格基于环境几何形状，所得单元要么是完全空闲的，要么是完全被占的，因此这里的路径规划不需要考虑机器人在每个空闲单元中的具体位置，而只需要考虑从一个单元移动到相邻的哪一个空闲单元。

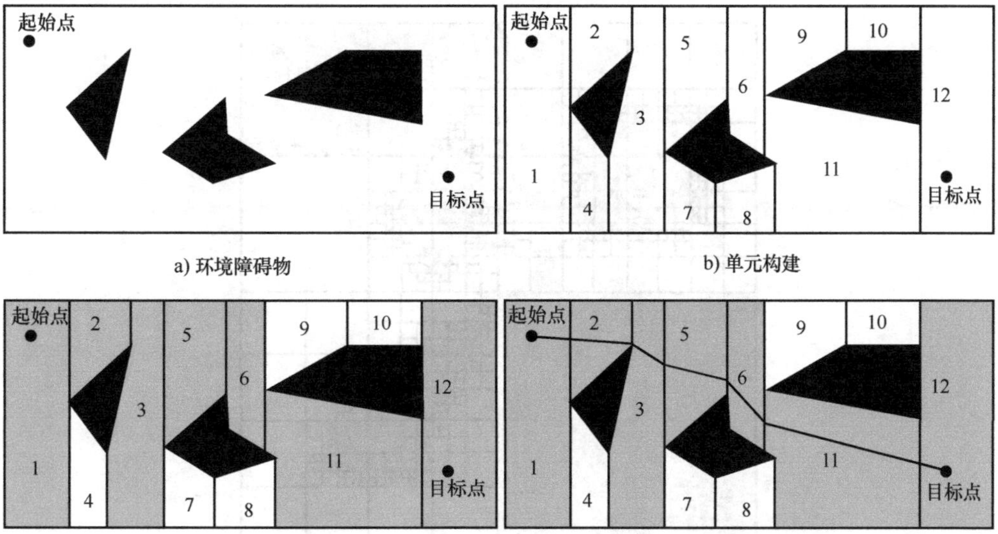

a) 环境障碍物　b) 单元构建

c) 搜索最优单元路径序列　d) 生成机器人路径

图 4-6 精确单元分解法

精确单元分解法的主要优点是单元数与环境大小无关，当海量环境稀疏时，只涉及少量的单元数。主要缺点是单元分解计算效率极大地依赖于环境中物体的复杂度。物体形状各式各样，甚至有圆形、不规则曲线等，对通用的分解算法提出了很大的挑战。由于精确分解方法实现的复杂性，该技术在移动机器人应用中很少被使用。

（2）近似单元分解法

近似单元分解的典型方法是栅格表示法，即将环境分解成若干个大小相同的栅格（单元），如图 4-7 所示。在这类分解方法下，并不是每个栅格（单元）都是完全被占或者完全空闲的，因此分解后的单元集合是对实际地图的一种近似。

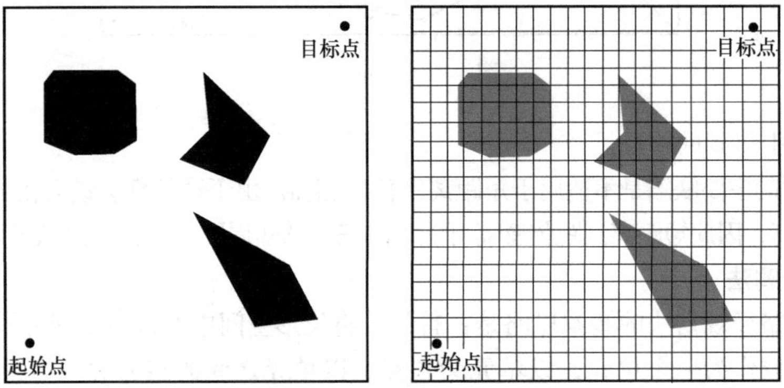

图 4-7 近似单元分解法

近似单元分解法不具备完备性，但非常简单，与环境的疏密和环境中物体形状的复杂度无关。其主要缺点是对存储空间有要求。由于单元格大小固定，使得单元数随着环境的增大而增大，即使环境非常稀疏。

为此有研究人员提出了可变大小的近似单元分解法，如图 4-8 所示，即迭代地将包含自由空间的栅格单元分解为四个同样大小的新栅格。如果分解得到的栅格单元完全空闲或者完全被占，或者达到预定义最小栅格尺寸，则不再分解。只有完全空闲的栅格单元才被用于构建连通图。在这种分解方式下，可以采用分层方式进行路径规划，首先得到粗略的解，然后

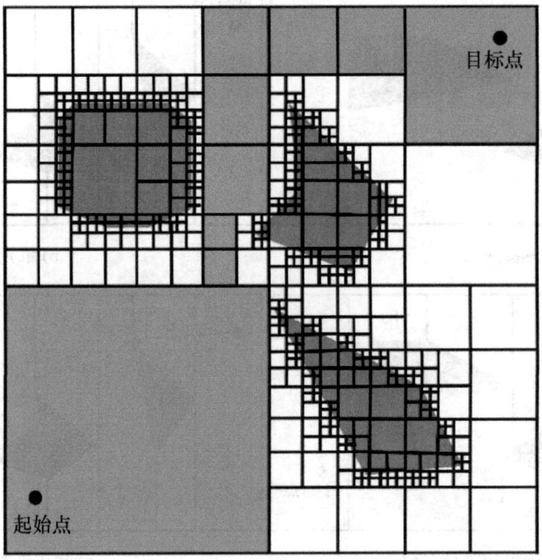

图 4-8 可变大小的近似单元分解法

逐渐地细化，直到找到一条路径，或者达到一定的分辨率限制。在数据结构上可以采用四叉树方式表示。

3. 势场法

势场法的基本思想如图 4-9 所示，目标点对机器人产生吸引力，障碍物对机器人产生推斥力，力的合成构成机器人的控制律。为实现全场路径规划，势场法需要在自由空间上构建一个人工势场，将机器人看作是受人工势场影响的一个点，沿着势场方向就可以从起始点避开障碍物到达目标点。

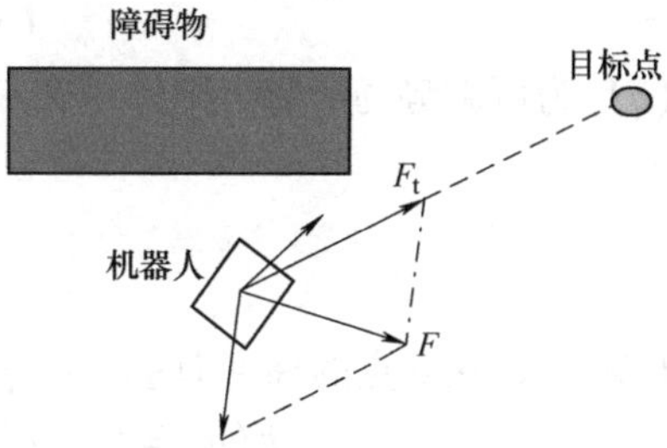

图 4-9 势场法的基本思想

具体实现时，首先根据目标点构建空间的吸引势场、根据障碍物构建空间的推斥势场，然后将吸引势场与推斥势场叠加形成人工势场，描述自由空间中每个点的势。通过对势场求偏导数，可以得到自由空间中每个点受到的力，即为目标点吸引力和所有障碍物推斥力的叠加，这个力就定义了机器人的控制律。只要机器人能够确定它在地图和势场中的位置，那么它总能基于势场来确定下一个动作。

从数学上描述，吸引势可以定义为

$$U_{att}(q)=\frac{1}{2}k_{att}\cdot\rho_{goal}^{2}(q) \tag{4-1}$$

其中 k_{att}是比例因子，取正值；$\rho_{goal}(q)=\|q-q_{goal}\|$，为点与目标点之间的欧几里得距离。该吸引势函数可微，得到吸引力 $F_{att}(q)$，即

$$\begin{aligned}F_{att}(q)&=-\nabla U_{att}(q)\\&=-k_{att}\cdot\rho_{goal}(q)\nabla\rho_{goal}(q)\\&=-k_{att}\cdot(q-q_{goal})\end{aligned} \tag{4-2}$$

当机器人到达目标点时，吸引力线性收敛于零。

但是，当自由空间中的点与目标点之间距离很大时，上述采用距离二次方的吸引势计算方法会导致吸引势过大，当大于障碍物推斥合力时就会导致机器人为靠近目标点而与障碍物相撞。为此，一种更好的吸引势定义方式为

$$U_{att}(q)=\begin{cases}K_{att}\|q-q_{goal}\|^{2}, & \|q-q_{goal}\|\leqslant d_a\\K_{att}(2d_a\|q-q_{goal}\|-d_a^{2}), & \|q-q_{goal}\|>d_a\end{cases} \tag{4-3}$$

式（4-3）通过分段函数的方式进行定义。当距离超过一定阈值时采用线性函数，当小于一定距离时才使用平方函数，并且两者在距离阈值处相等。这样可以有效避免距离远时吸引势过大导致淹没推斥势场。

斥力场的思想是生成来自所有障碍物的推斥势场。当机器人靠近障碍物时，斥力场必须足够大，以避免机器人与障碍物相碰，而当机器人离障碍物远时，斥力场必须不影响机器人的运动。一种定义方法是

$$U_{rep}(q)=\begin{cases}\frac{1}{2}K_{rep}\left(\frac{1}{\rho(q)}-\frac{1}{\rho_0}\right)^{2}, & \rho(q)\leqslant\rho_0\\0, & \rho(q)>\rho_0\end{cases} \tag{4-4}$$

其中 K_{rep}是斥力比例因子，$\rho(q)$ 是从点 q 到障碍物的最小距离，ρ_0 是障碍物的影响距离。

随着 q 接近于障碍物，$U_{rep}(q)$ 由零变为正数，并逐渐趋向于无穷。

如果物体边界是凸的，且分段可微，则 $U_{rep}(q)$ 在自由姿态空间中的任意一点都可微。从而可以得到推斥力 $F_{rep}(q)$ 为

$$F_{rep}(q)=\begin{cases}K_{rep}\left(\dfrac{1}{\rho(q)}-\dfrac{1}{\rho_0}\right)\dfrac{1}{\rho^2(q)}\dfrac{q-q_{obstacle}}{\rho(q)}, & \rho(q)\leqslant\rho_0\\ 0, & \rho(q)>\rho_0\end{cases} \tag{4-5}$$

作用在机器人上的势场是所有目标吸引势和障碍物排斥势的总和，即

$$U(q)=U_{att}(q)+U_{rep}(q) \tag{4-6}$$

$U(q)$ 为可微势场函数。则作用在点 $q=(x,y)$ 上的相应虚拟力为 $F(q)$

$$F(q)=-\nabla U(q)$$
$$\nabla U(q)=\left(\frac{\partial U}{\partial x}\quad\frac{\partial U}{\partial y}\right)^{\mathrm{T}} \tag{4-7}$$

∇U 表示 U 在 q 点的梯度向量。$F(q)$ 也可以表示为吸引力与推斥力之差，即

$$F(q)=F_{att}(q)-F_{rep}(q)=-\nabla U_{att}(q)+\nabla U_{rep}(q) \tag{4-8}$$

作用在机器人上的合力使得机器人避开障碍物，移向目标点。

图 4-10 为基于上述方法生成的势场，右侧蓝色小圆点为目标点，蓝色多线椭圆和圆是障碍物，自由空间中每个点的线段方向表示了该点上的力方向，即势场变化方向。给定机器人在环境中的起始点，即可根据力方向确定下一步移动位置，形成从起始点到目标点的移动路径。

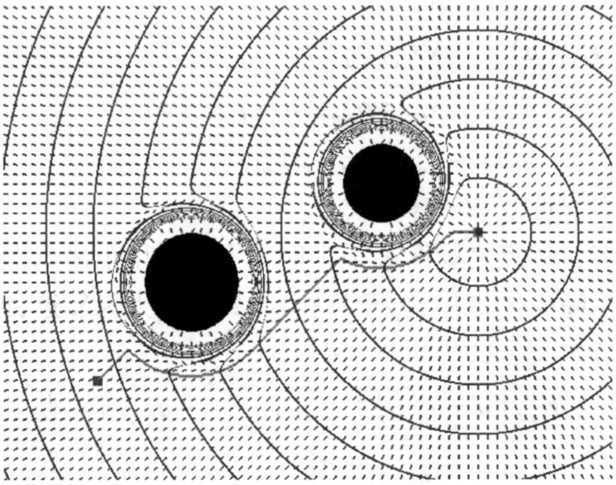

图 4-10 彩图

图 4-10　基于势场法的路径规划

势场法不仅仅是一种路径规划方法，所构建的势场也构成了机器人的控制律。当目标变化或者障碍物运动时，势场也随之变化，因此势场法也可以经常被归类为实时避障算法，能够较好地适应目标的变化和环境中的动态障碍物。

势场法的最大缺点是存在局部最小，容易产生死锁。另外，当物体边界是凹的时候，会出现局部最小的情况，导致机器人出现振荡行为，如图 4-11 所示。

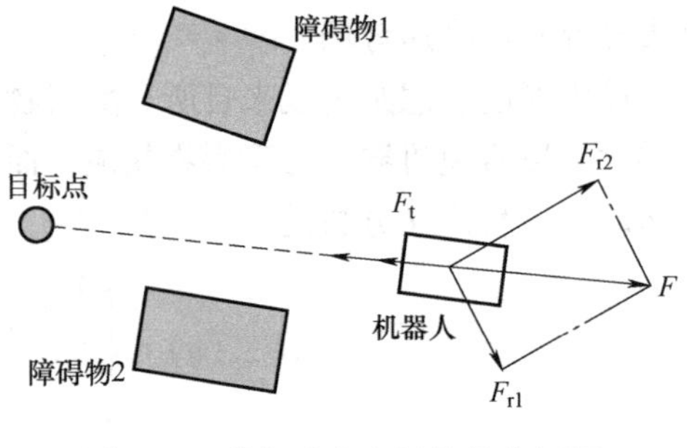

图 4-11　势场法存在局部最小问题

4.2.3　概率完备的路径规划方法

概率完备的路径规划方法主要有基于随机采样构建行车图的概率行车图法（Probabilistic Road-Maps，PRM）和从起始位置开始采用随机采样思想构建快速搜索树的快速扩展随机树法（Rapid-Exploring Random Tree，RRT）。

1. PRM

分辨率完备的路径规划方法中的行车图法是根据环境中的障碍物解析计算自由空间连通图，是对自由空间连通性的完整表达。但这种方法适合于低维情况和简单障碍物。为了简化计算以及适应高维位形空间，斯坦福大学机器人实验室于1996年提出了基于概率采样的行车图构建方法，称为PRM。

PRM在生成行车图时分为两步：构建步骤和扩张步骤。构建步骤的目标是获得一张合理的连通图，具有足够的节点来较为均匀地覆盖整个自由空间，并确保最难区域包含有少量的节点。扩张步骤的目标是进一步提升图的连接性，根据一定的启发式评估准则，在连通图 R 中寻找位于位形空间困难区域中的节点，在其邻域内进一步生成节点，实现图的扩张。

（1）构建步骤

构建步骤如图4-12所示。首先将连通无向图 $R=(N,E)$ 初始化为空，N 为图节点集合，E 为图中边集合。其次，随机生成位形空间中的一个位置点，对该点进行碰撞检测，如果位于自由空间中，则该位置点构成 N 中的一个节点。反复执行该过程，生成一组自由空间中的节点，构成集合 N。然后，对每个图节点，将其与最近邻的若干个节点连接，通过局部路径规划器判断两个节点之间是否存在一条可行路径，如果存在，则将连接这两节点的边保留到集合 E 中。最后加入起始点和终止点，同样进行相邻节点连接和碰撞检测。在所形成的行车图中应用最短路径搜索算法可以搜索得到从起始点到终止点的路径。

上述步骤中需要考虑几个重要问题：

1）随机位形的生成：为确保搜索得到合理有效的可行路径，连通图节点应由自由空间中均匀分布的随机样本构成。通过在空间相应自由度的取值范围内采用均匀概率分布生成位形候选。所生成位形需进行碰撞检测，只有无碰时才可以加入到连通图节点集合 N 中。

2）局部路径规划器：局部路径规划器是寻找一个节点到另一个节点之间的可行路径。为确保连通图构建的高效性，局部路径规划算法必须是快速而且确定的。如果算法存在不确定性，考虑机器人将按搜索得到的路径运行，那么在行车图中必须存储局部路径，增加了行车图的存储需求。另一方面，算法必须快速，这个不仅影响行车图构建的效率，也影响运行时路径规划的实时性。局部路径规划也会影响行车图构建后的路径搜索，当给定任意起始点和目标点时需要快速建立起始点及目标点与连通图的连接关系。这也要求连通图要足够密，这样能快速找到连通图中的若干（至少一个）节点与起始位形及目标位形连接。根据以上考虑，局部路径规划器的快速性非常重要。通常采用的方法是直线连接给定的两个位形，然后进行碰撞检测。对于路径的碰撞检测可以通过二分法或者小步长增量法进行离散取点。当所有点都不在障碍空间时，则路径可行。

3）邻近节点：当自由空间规模大、连通图节点数多时，对每两个节点都进行局部路径规划的计算负荷较大，因此实现时仅对每个图节点与最近邻的少数几个节点进行连接判断。可以采用穷举法选择一定距离范围内的点，更高效的方法是采用KD树。

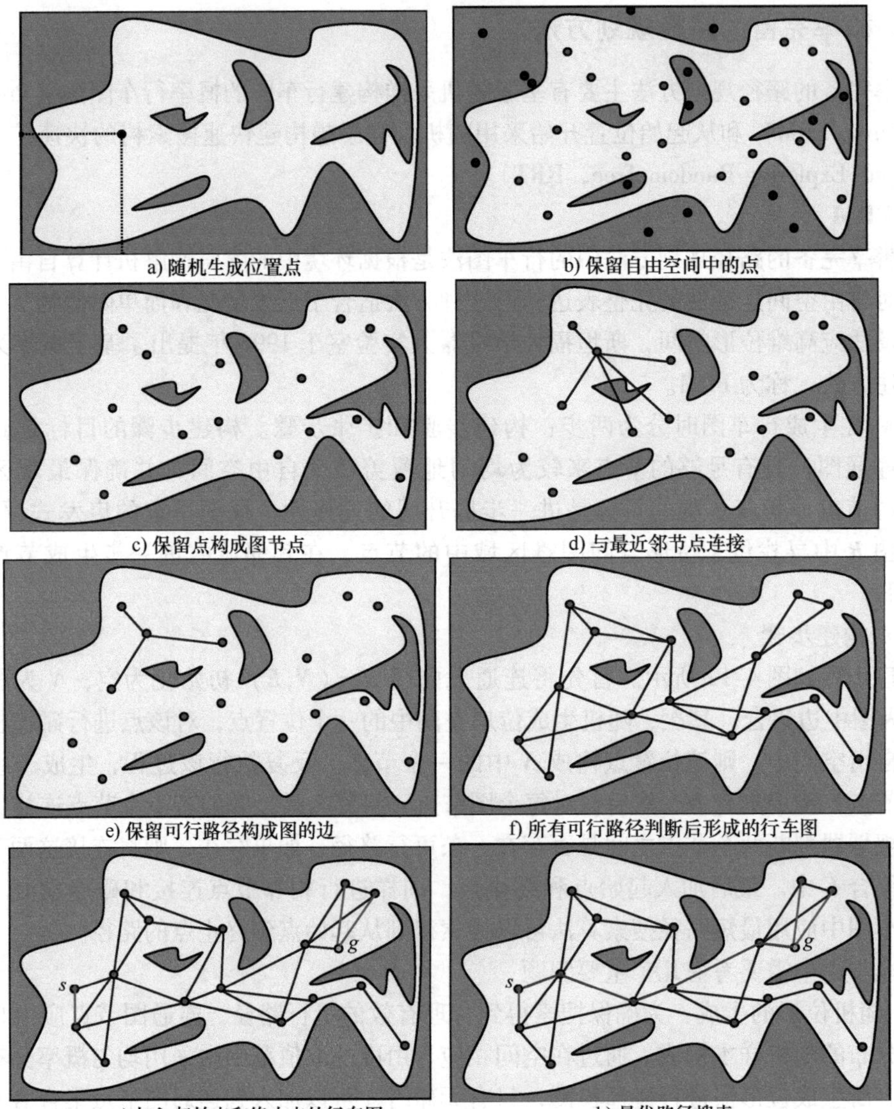

a) 随机生成位置点　b) 保留自由空间中的点

c) 保留点构成图节点　d) 与最近邻节点连接

e) 保留可行路径构成图的边　f) 所有可行路径判断后形成的行车图

g) 加入起始点和终止点的行车图　h) 最优路径搜索

图 4-12　PRM 构建步骤

（2）扩张步骤

如果构建步骤生成的节点数足够多，那么节点集合 N 可以较好地均匀覆盖整个自由空间。在简单场景中能够得到很好的连通行车图，但当环境复杂时，得到的图 R 往往是由若干个大的连通单元和若干个小的连通单元组成，不足以体现自由空间的连通性，如图 4-13 所示。对于在自由空间的某个区域内如狭窄通道这类困难区域，图是不连通的，那么需要考虑执行扩张步骤。

图 4-12 彩图

扩张步骤的基本思想就是从 N 中选出位于这类不连通区域内的节点，然后在被选节点邻域内生成新的节点，如果节点无碰则加入到 N 中，并按扩张步骤建立与其他节点的连接。经过扩张步骤后得到的行车图对自由空间的覆盖不是均匀的，依赖于位形空间的局部复杂性。

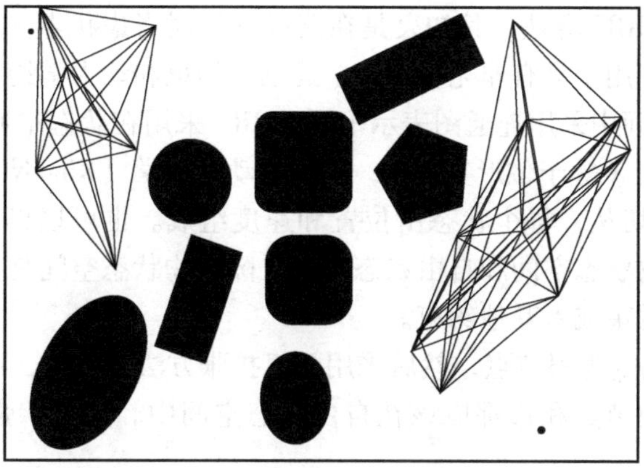

图4-13 复杂环境中可能的PRM

在扩张步骤中选择节点时，可以采用概率方式选择节点。对 N 中的每个节点关联一个权重 $w(c)$，c 表示具体节点。该权重表示节点 c 周围区域的困难度，值越大表示困难度越大。具体计算方法可以取 N 中与节点 c 在一定距离范围内的节点数的倒数。因为如果节点数少，说明节点 c 的邻域内障碍物比较多。或者通过计算节点 c 到不包含节点 c 的最近连通单元的距离，权重等于距离的倒数。因为如果距离短，则节点 c 所在区域是两个单元未能连接的区域。也可以通过局部路径规划器来定义 $w(c)$，如果局部路径规划器建立节点 c 到其他节点可行道路的失败率高，也意味着节点 c 在一个困难区域。具体计算方式为在构建步骤结束时，统计每个节点的失败率，即

$$r_f(c) = \frac{f(c)}{n(c)+1} \tag{4-9}$$

式中，$n(c)$ 是局部路径规划器试图建立节点 c 与其他节点的次数；$f(c)$ 是失败的次数。节点 c 的困难权重就是该节点的失败率除以所有节点失败率之和，即

$$w(c) = \frac{r_f(c)}{\sum_{a \in N} r_f(a)} \tag{4-10}$$

该权重是节点 c 被选择的概率。$w(c)$ 一旦建立后，在扩张阶段就不再改变。

选择节点 c 后生成新节点时，可以采用短距离随机行走方式。即从节点 c 开始随机选择一个运动方向，在该方向直线移动直到碰到障碍物，然后再随机选择一个新的方向，依此递进。最后到达的位置记为 n，作为新节点加入到 N 中，边 (c,n) 加入到 E 中，c 到 n 的路径也保留。然后尝试建立 n 与连通图中其他连通单元的连接。

总的来讲，PRM 简化了对环境的解析分解计算，可以更加快速地构建得到行车图，也适用于机械臂末端在高自由度位形空间中进行路径规划的问题。但是它仅适用于静态环境，且所生成的行车图对自由空间连通性表达的完整性依赖于采样次数。如果时间充足，进行充分采样则可以实现近似完整表达。但通常来讲，难以评估需要多少时间来进行充分采样。当时间给定时，PRM 总能在给定时间内生成行车图，但不能确保内含可行路径。

2. RRT

在 PRM 算法中机器人是作为一个完整机器人进行规划的，而实际应用中很多机器人存在非完整约束。因此 PRM 采用的高效局部路径规划仅适用于完整机器人，非完整机器人在实现运动时需要设计非线性控制器，如果在路径规划阶段考虑非完整机器人的运动控制，可以有效提升所规划路径的可执行性。基于该思想，1998 年美国爱荷华州立大学的 Steven

M. Lavalle 教授提出了 RRT 算法，其初衷是在路径规划时考虑机器人的运动学模型和控制，从而可以方便地扩展应用于具有非完整约束、运动学约束和动力学约束的机器人上。

与 PRM 在位形空间中采用连通图表示不同，RRT 采用在状态空间中构造树的方法。对于标准问题，状态空间 X 等于位形空间 C；对于运动动力学（Kinodynamic）规划问题，$X=T(C)$，是位形空间的切丛，每个状态由位置和速度组成。也可以设计其他的状态表示法。状态空间可分为障碍物状态空间和自由状态空间。障碍物状态空间是在障碍物位形空间的基础上进一步增加速度约束或者其他约束。

RRT 以初始状态 q_{init} 为根节点，然后采用随机扩张方法构建树，直到树的叶节点到达目标状态 q_{goal}，树中所有节点和边都应该在自由状态空间中。具体扩张方法如图 4-14 所示，循环以下步骤：

1）在状态空间中随机采样一个状态，用于引导搜索树的扩张，称为 q_{rand}。

2）在现有已经构建的搜索树上查找与 q_{rand} 距离最近的节点，称为 q_{near}。

3）根据 q_{near} 和 q_{rand} 构建可行的机器人控制指令 u，以 q_{near} 作为当前状态，根据控制指令 u 和系统转移方程来计算得到下一个状态 q_{new}。

4）对 q_{new} 进行碰撞检测，包括 q_{new} 是否在障碍物状态空间中，以及 q_{near} 到 q_{new} 的边是否在障碍物状态空间中。如果不存在碰撞冲突，就把 q_{new} 放入搜索树中，作为节点 q_{near} 的扩张节点，即 q_{new} 的父节点为 q_{near}，实现扩张。

5）判断 q_{new} 是否满足扩张终止条件，如果 q_{new} 是运动规划的目标状态 q_{goal}，则终止扩张，返回 Success；如果搜索树规模已经足够大，循环次数达到上限，那么可以判断没有可行路径，也终止扩张，返回 Fail。

循环扩张结束后，如果返回的是 Success，则可以从 q_{goal} 回溯父节点直到根节点，形成了规划的路径，否则就是规划失败。

在步骤 3）中利用状态转移方程来考虑机器人非完整、运动学、动力学等约束。状态转移方程形式为 $\dot{q}=f(q,u)$：u 为输入控制指令，从集合 U 中选择；$\dot{q}$ 是状态 q 关于时间的微分。具体方程根据运动学和动力学模型构建。在 Δt 时间内对 f 进行积分可以得到下一个状态 q_{new}，可以利用欧拉积分计算，即 $q_{new}\approx q+f(q,u)\Delta t$，也可以采用更高阶的积分计算。对于完整机器人规划，可以定义 $f(q,u)=u(\|u\|\leqslant 1)$，表示能够达到任意约束的速度。对于非完整机器人，下一个状态受状态转移函数 f 的约束。

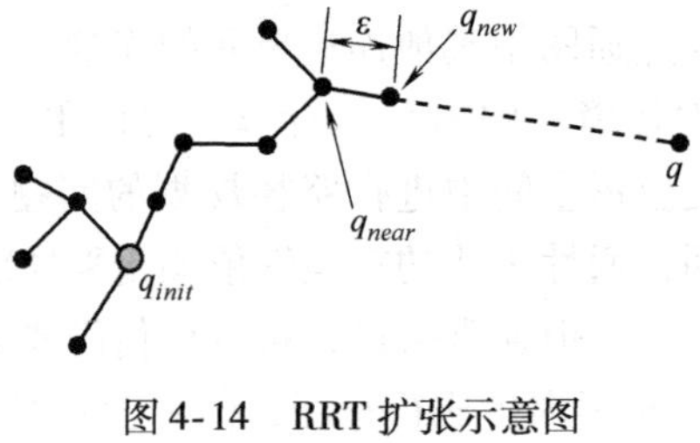

图 4-14　RRT 扩张示意图

基本 RRT 算法伪代码如算法 4-1 所示。这里将扩展单独为一个模块，输入是树和随机采样状态 q_{rand}。在扩张模块中，如果因为碰撞检测没有找到可行新状态，返回 Trapped；如果找到新状态 q_{new}，q_{new} 等于 q_{rand}，返回 Reached，否则返回 Advanced，即是根据机器人执行约束生成了新状态。图 4-15 给出了 RRT 规划结果。

算法4-1 RRT

Algorithm 1: BUILD RRT

  Input: q_{init}

  Output: T

1 $T.init(q_{init})$;

2 for $j = 1$ *to* K **do**

3 $q_{rand} \leftarrow$ RANDOM_CONFIG() ;

4   EXTEND (T, q_{rand}) ;

5 end

6 Return T ;

Algorithm 2: EXTEND

  Input: T, q

  Output: *Search Result*

1 $q_{near} \leftarrow$ NEAREST_NEIGHBOR(q, T);

2 if *NEW_CONFIG*(q, q_{near}, q_{new}) **then**

3 $T.add\_vertex(q_{new})$;

4 $T.add\_edge(q_{near}, q_{new})$;

5   **if** $q_{new} = q$ **then**

6   **Return** *Reached*

7   **end**

8   **else**

9   **Return** *Advanced*

10   **end**

11 end

12 Return *Trapped*;

图 4-15 彩图

图 4-15   RRT 规划结果

    RRT 算法具有概率完备特性，其扩张会偏向于状态空间未探测部分，且算法简单，既能够快速有效地搜索高维度空间，又能避免路径规划与机器人的可执行性脱离导致规划路径无效的问题，因此在移动机器人和机械臂路径规划中被广泛采用。

    在 RRT 算法中有三个步骤会影响规划收敛速度：①随机状态的采样。尽管 RRT 的扩张会偏向于状态空间未探测部分，但并不是偏向目标点。当初识状态位于中心时，它会几乎对称地向四周扩展。为了加快扩张到目标点的速度，可以在每次扩张过程中，根据

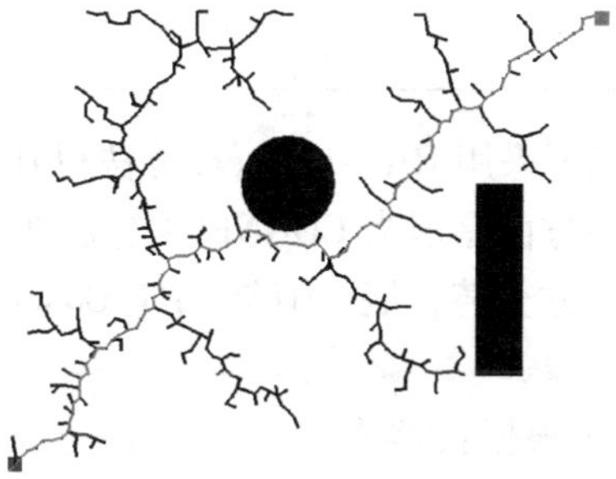

随机概率来决定 q_{rand} 是目标点还是随机点。②在搜索树中查找与随机状态距离最近的节点。为了提高效率，可以采用 KD 树、Hash 表等方法。③新生成扩张节点 q_{new} 的碰撞检测。不仅需要进行位置的碰撞检测，也需要检测 q_{near} 到 q_{new} 的无碰性。检测方法同 PRM 中的无碰检测方法。

由于 RRT 算法中随机状态的采样并不是偏向目标点，导致实际应用中当位形空间中存在大量障碍物或者狭窄通道约束时，算法效率会大幅下降。为此，James J. Kuffner 于 1999 年提出了 RRT-Connect 算法，也称为双向 RRT（Bi-RRT）。其思想是分别以初始状态点和目标状态点作为根节点建立两棵树，同步进行两棵树的扩张，并随时搜索两棵树之间是否存在可连接的点，一旦发现就把两个树相连，从而得到完整路径。这个连接是采用贪婪启发式搜索法。与 RRT 中只是扩展一小步不同，RRT-Connect 在建立连接时迭代执行 EXTEND 模块扩展连接，直到成功建立连接，返回路径（PATH），或者到达一个节点或者碰到障碍物，返回失败（Failure）。算法 4-2 给出了 CONNECT 模块伪代码和 RRT-Connect 算法伪代码。T_a、T_b 是两棵树，每一次迭代，对一棵树进行扩展，然后尝试建立新状态节点与另一棵树中最近状态节点的连接。最后双方角色互换。

算法 4-2　RRT-Connect

```
CONNECT(T, q)
repeat
    S ← EXTEND(T, q);
until not (S = Advanced)
Return S;
```

```
RRT_CONNECT_PLANNER(q_init, q_goal)
T_a.init(q_init); T_b.init(q_goal);
for k = 1 to K do
    q_rand ← RANDOM_CONFIG();
    if not (EXTEND(T_a, q_rand) = Trapped) then
        if (CONNECT(T_b, q_new) = Reached) then
            Return PATH(T_a, T_b);
    SWAP(T_a, T_b);
Return Failure
```


图 4-16 所示为与图 4-15 同样环境下采用 RRT-Connect 算法得到的结果。可以看到，通过双向连接可以大大加快搜索效率。一方面是因为 CONNECT 算法在扩展步长上更长，树的生长更快；另一方面是两棵树不断向对方交替扩展。但是 RRT-Connect 算法只能面向无微分约束的路径规划。

RRT 算法的另一个缺点是由于每次根据机器人的运动学约束走一小步进行扩展，而这一小步受随机生成的 q_{rand} 影响，因此生成的路径非常曲折，影响机器人执行的效率和平滑性。为此，2011 年麻省理工学院的 S. Karaman 提出了 RRT* 方法，从两方面进行树的优化：

1）在 q_{new} 邻域内搜索树上其他节点与 q_{new} 之间的距离，如果存在到 q_{new} 距离更短的节点，则取具有最短距离的节点为 q_{new} 的父节点。

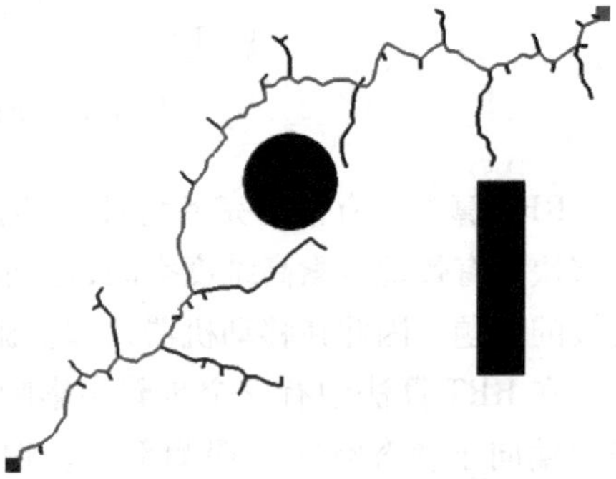

图 4-16　RRT-Connect 算法规划结果

2）在 q_{new} 邻域内搜索树上其他节点，建立 q_{new} 与这些节点的路径，如果通过 q_{new} 到达该节点的路径比现有树上到达该路径的距离更短，则加入 q_{new} 到该节点的路径，删除该节点与其原父节点的连接，将该节点的父节点设为 q_{new}。

RRT* 伪代码如算法 4-3 所示。第 7 ~ 13 行对应于第一种情况，在 q_{new} 邻域内搜索存在可行路径且距离最近的节点 q_{min}，将 q_{min} 到 q_{new} 的边加到边集合中。$Near()$ 表示搜索得到 RRT 树集合 G 中在 q_{new} 邻域范围内的所有节点，构成集合 X_{near}；$card(V)$ 是计算集合 V 中节点个数；$Cost(V)$ 计算从根节点到节点 v 的成本，$Line(x_1, x_2)$ 建立从节点 x_1 到 x_2 的直线连接，$c(Line)$ 计算直线 $Line$ 的长度。第 17 ~ 22 行对应于第二种情况，对 X_{near} 中的每个节点进行判断，如果从根节点到 q_{new} 的路径加上 q_{new} 到该节点的路径总长度小于现有树中到该节点的路径长度，则删除掉该节点父节点到该节点的边，增加 q_{new} 到该节点的边，即 q_{new} 变为该节点的父节点。

算法 4-3 RRT*

Algorithm 1: RRT*

```
   Input: T, q
   Output: S
1  V ← x_init; E ← φ;
2  for i = 1,...,n do
3      x_rand ← SampleFree_i;
4      x_nearest ← Nearest(G = (V, E), x_rand);
5      x_new ← Steer(x_nearest, x_rand);
6      if ObstacleFree(x_nearest, x_new) then
7          X_near ← Near(G = (V, E), x_new, min{γ_RRT*(log(card(V))/card(V))^(1/d), η});
8          V ← V ∪ {x_new};
9          x_min ← x_nearest; c_min ← Cost(x_nearest) + c(Line(x_nearest, x_new));
10         foreach x_near ∈ X_near do
11             if CollisionFree(x_near, x_new) ∧ Cost(x_near) + c(Line(x_near, x_new)) < c_min then
12                 x_min ← x_near;
13                 c_min ← Cost(x_near) + c(Line(x_near, x_new))
14             end
15         end
16         E ← E ∪ {(x_min, x_new)};
17         foreach x_near ∈ X_near do
18             if CollisionFree(x_near, x_new) ∧ Cost(x_near) + c(Line(x_near, x_new)) < Cost(x_near)
                then
19                 x_parent ← Parent(x_near);
20             end
21             E ← (E\{(x_parent, x_near)}) ∪ {(x_new, x_near)}
22         end
23     end
24 end
25 Return G = (V, E) ;
```

图 4-17 给出了在一个空旷无障碍物环境下 RRT 和 RRT* 的结果比较，可以看到 RRT* 将路径基本优化成了直线。图 4-18 给出了有障碍物环境下 RRT 和 RRT* 的结果比较。图 4-19a ~ 图 4-19d 是 RRT 的扩张过程，图 4-19e ~ 图 4-19h 对应的是 RRT* 的扩张过程。总的来讲，RRT* 的路径成本要大大优于 RRT。

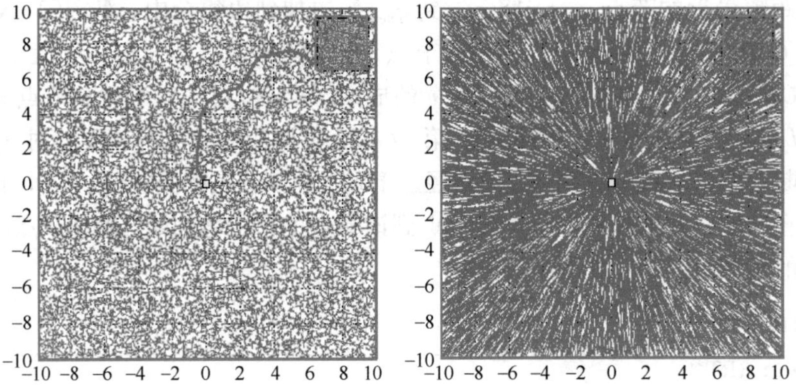

图 4-17　无障碍物环境下 RRT 和 RRT* 的结果比较

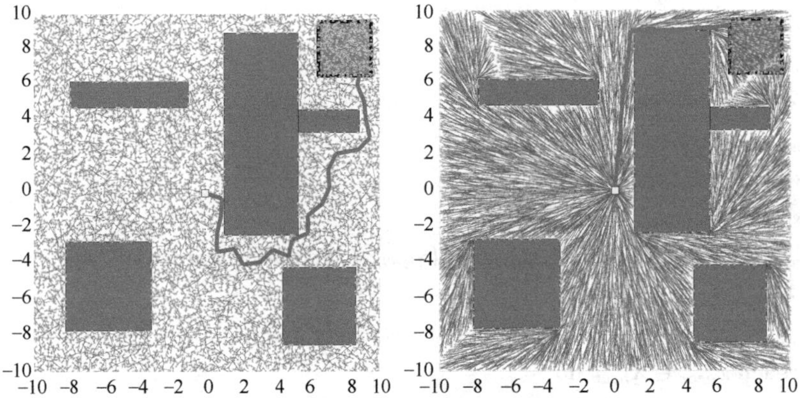

图 4-18　有障碍物环境下 RRT 和 RRT* 的结果比较

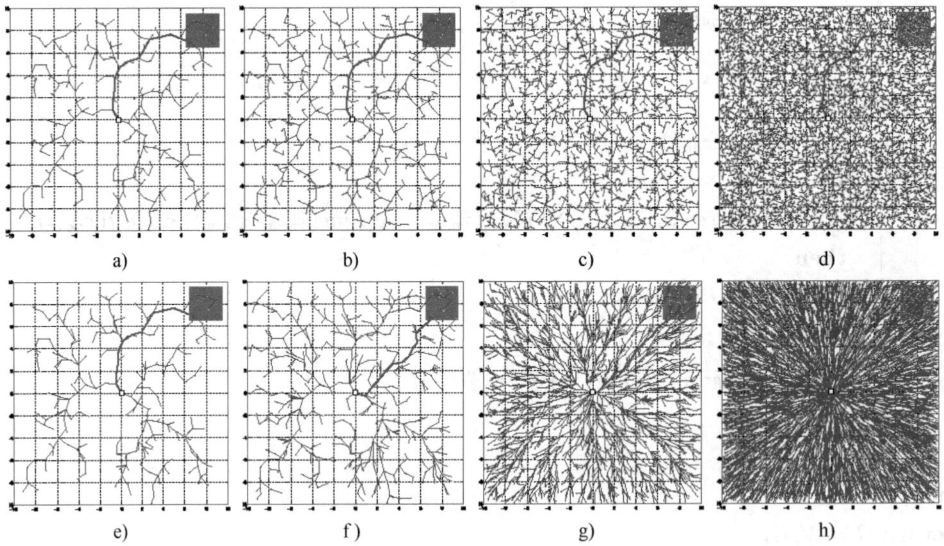

图 4-19　无障碍物环境下 RRT 和 RRT* 的过程比较

4.2.4 最优路径搜索方法

前述行车图法、单元分解法和 PRM 方法都构建了连通图，还需要在连通图中进一步搜索路径。连通图中的路径搜索问题也经常被称为旅行家问题，这是一个最优组合问题，通常被认为是一个 NP-Hard 问题。

1. 精确最优路径搜索

一旦连通图已经生成，就可以采用深度优先法（Depth First Search，DFS）或者广度优先法（Breadth First Search，BFS）进行节点的遍历，生成精确的最优路径。

（1）深度优先法

对于所构建得到的连通图，深度优先法从起始节点开始按深度方式依次探索未被访问过的相邻节点，在一个相邻节点被访问后，优先访问该节点的下一个未被访问的相邻节点，直到扩展到图的最深层（即没有可访问的后继相邻节点）或者到达目标节点，然后返回上一层节点，探索该节点的其他未被访问相邻节点，仍按上述深度方式探索。

图 4-20 给出了深度优先法搜索示例。图中节点和边为通过前述方法得到的连通图，边上的数字为两个节点之间的路径长度。

1）从起始节点 A 开始探索，其相邻节点有 B 和 E，根据存储顺序，先访问 B，然后访问 B 的相邻节点 C；C 的相邻节点有 D 和 F，根据存储顺序，先访问 D，然后访问 D 的相邻节点 G，G 为目标点。由此找到一条从起始节点 A 到目标节点 G 的路径，为 $ABCDG$，路径长度为 11。

2）然后由 G 返回节点 D，D 没有其他未被访问的相邻节点，因此再返回节点 C；访问 C 的另一个未被访问的相邻节点 F，F 的相邻节点有 E 和 G；访问节点 E，E 的另一个相邻

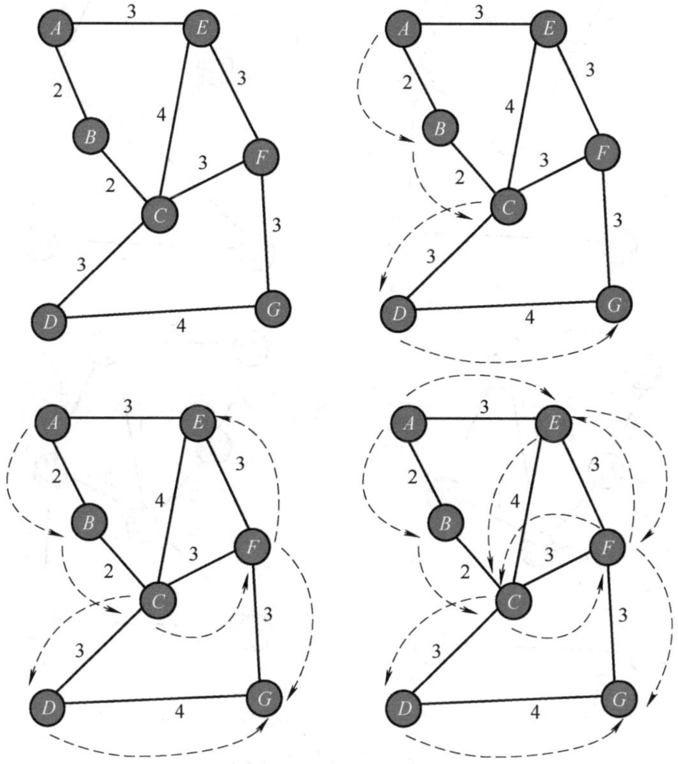

图 4-20 深度优先法示例

节点是起始点 A，并没有其他未被访问的相邻节点，因此返回 F，访问节点 G。由此得到第二条路径 ABCFG，路径长度为 10。

3）然后根据访问规则依次返回 F，返回 C，返回 B，返回 A，访问 A 的另一个未从 A 出发访问的相邻节点 E，从 E 出发未被访问的相邻节点为 C 和 F。根据存储顺序访问 C，由于 C 的所有相邻节点已经都被访问，可以得到 C 到 G 的最短路径，由此得到第三条路径 AECDG，路径长度为 14。返回 E，访问 F，F 的相邻节点是 C 和 G，F 到 C 未被访问，因此访问 C，得到第四条路径 AEFCDG，路径长度为 16。返回 F，F 到 G 已经被访问，得到第五条路径 AEFG，路径长度为 9。

4）比较五条路径，选择最短路径为 AEFG。

深度优先法的问题是它可能会重新访问已经访问过的节点，或者进入冗余路径。

（2）广度优先法

广度优先法则是从起始节点开始访问该节点所有未曾被访问的相邻节点，然后分别从这些相邻节点出发依次访问它们的相邻节点，访问优先级为先被访问的节点的相邻节点优先于后被访问的节点的相邻节点，直到所有被访问节点的相邻节点都被访问到。

仍以图 4-20 中的连通图为例，广度优先法搜索如图 4-21 所示。首先访问 A，然后依次访问 B 和 E，再访问 B 的相邻节点 C，再访问 E 的相邻节点 F（因为 C 已经被访问），然后访问 C 的相邻节点 D，再访问 F 的相邻节点 G，得到第一条路径 AEFG，然后访问 D 的相邻节点，得到第二条路径 ABCDG。根据路径长度，选择最短路径为 AEFG。

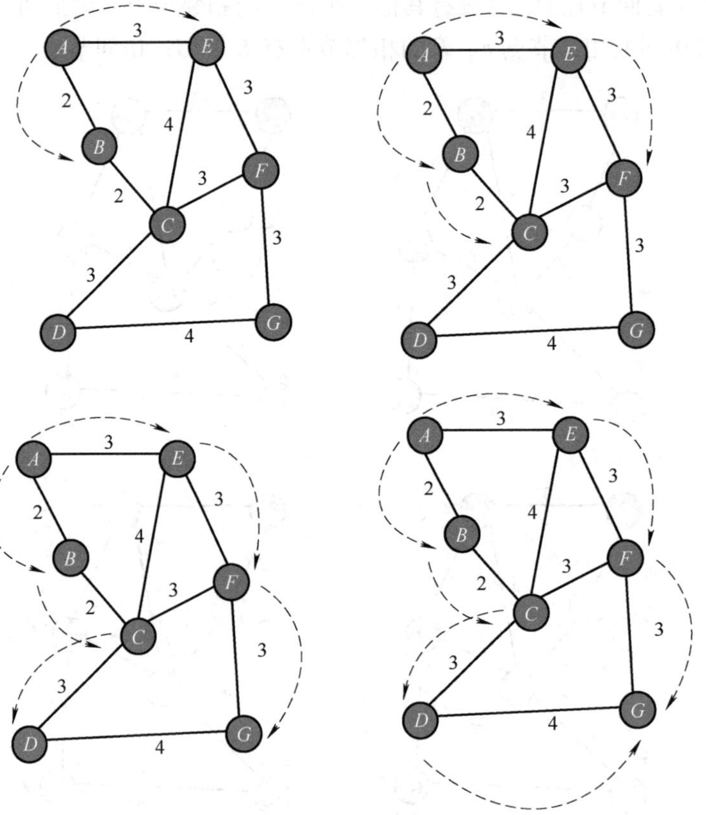

图 4-21　广度优先法示例

可以看到，由于广度优先法定义路径访问优先级，因此不会遍历所有路径，但可能会导致搜索不到最短路径。

基于广度优先搜索方式，荷兰计算机学家 E. D. Dijstra 于 1959 年提出了以他名字命名的 Dijstra 最短路径规划算法，即在有向图中以起始点为中心按路径长度递增方式层层向外扩展，直到扩展到终止点。算法实现的基本思路是：记所有顶点集合为 V，设置两个集合 S 和 T；S 存放已经找到最短路径的顶点，初始时只包含起始节点 s；$T=V-S$，是尚未确定路径的顶点集合，同时也描述了起始点 s 经过集合 S 中顶点到该点的最短路径及长度。每次更新时，从 T 中找出路径最短的点 n 加入到集合 S，T 中顶点最短路径及长度则根据加入 n 作为中间点后 s 到该点的距离是否减小来决定是否更新。

以图 4-20 中的连通图为例。起始节点为 A，则

1）初始化 $S=\{A\to A=0\}$，$T=\{A\to B=2, A\to C=\infty, A\to D=\infty, A\to E=3, A\to F=\infty, A\to G=\infty\}$。

2）找出 T 中具有最短路径长度的节点 E 加入到 S 中，并根据加入节点 E 更新 T，则 $S=\{A\to A=0, A\to E=3\}$，$T=\{A\to B=2, A\to C=7$(路径为 AEC)$, A\to D=\infty, A\to F=6$(路径为 AEF)$, A\to G=\infty\}$。

3）找出 T 中具有最短路径长度的节点 B 加入到 S 中，并根据加入节点 B 更新 T，则 $S=\{A\to A=0, A\to E=3, A\to B=2\}$，$T=\{A\to C=4$(路径为 ABC)$, A\to D=\infty, A\to F=6$(路径为 AEF)$, A\to G=\infty\}$。

4）找出 T 中具有最短路径长度的节点 C 加入到 S 中，并根据加入节点 C 更新 T，则 $S=\{A\to A=0, A\to E=3, A\to B=2, A\to C=4$(路径为 ABC)$\}$，$T=\{A\to D=7$(路径为 $ABCD$)$, A\to F=6$(路径为 AEF)$, A\to G=\infty\}$。

5）找出 T 中具有最短路径长度的节点 F 加入到 S 中，并根据加入节点 F 更新 T，则 $S=\{A\to A=0, A\to E=3, A\to B=2, A\to C=4$(路径为 ABC)$, A\to F=6$(路径为 AEF)$\}$，$T=\{A\to D=7$(路径为 $ABCD$)$, A\to G=9$(路径为 $AEFG$)$\}$。

6）找出 T 中具有最短路径长度的节点 D 加入到 S 中，并根据加入节点 D 更新 T，则 $S=\{A\to A=0, A\to E=3, A\to B=2, A\to C=4$(路径为 ABC)$, A\to D=7$(路径为 $ABCD$)$, A\to F=6$(路径为 AEF)$\}$，$T=\{A\to G=9$(路径为 $AEFG$)$\}$。

7）找出 T 中具有最短路径长度的节点 G 加入到 S 中，并根据加入节点 G 更新 T，则 $S=\{A\to A=0, A\to E=3, A\to B=2, A\to C=4$(路径为 ABC)$, A\to D=7$(路径为 $ABCD$)$, A\to F=6$(路径为 AEF)$, A\to G=9$(路径为 $AEFG$)$\}$，$T=\{\ \}$结束。

可以看到，Dijstra 算法可以找到起始节点到所有相关节点的最短路径。

2. 近似最优路径搜索算法

精确路径搜索是遍历整个连通图，确保所得到的解是最优解。当连通图规模很大时，这种方式会导致搜索时间不可控制，难以满足机器人实时运行要求。为此，研究人员提出了 A* 算法、进化算法等近似最优路径搜索算法。

（1）A* 算法

A* 算法是一种启发式搜索算法。它与 Dijstra 算法相似，但定义了一个启发式函数 $f(n)$ 来评估从起始节点通过这个节点到达目标节点的路径代价，当选择下一个探索节点时，根据这个启发式函数值来选择路径代价最低的节点。评估函数定义为

$$f(n)=g(n)+h(n) \tag{4-11}$$

式中，n 表示节点；$g(n)$ 表示从起始点到节点 n 的路径代价；$h(n)$ 表示从节点 n 到目标点的路径代价。由于已经搜索到节点 n，因此从起始节点到节点 n 的路径是已经确定的，其路径代价 $g(n)$ 是实际代价。但从节点 n 到目标点的路径是尚未探索的，因此 $h(n)$ 是一个估计代价。

仍然以图 4-20 中的连通图为例，A* 搜索过程如图 4-22 所示。首先对每个节点增加了一个从该节点到目标节点的估计成本，这个估计成本可以通过该节点到目标节点的欧氏距离进行计算。然后从起始节点 A 开始，按以下步骤进行搜索：

1）搜索其相邻节点 B 和 E，计算它们的路径代价，$f(B)=2+5=7$，$f(E)=3+5=8$，形成待选节点集合 $\{B(7),E(8)\}$。

2）在待选节点集合中选择路径代价最小的节点 B，搜索其相邻节点 C，路径代价为 $f(C)=2+2+3=7$，此时待选节点集合为 $\{E(8),C(7)\}$。

3）在待选节点集合中选择路径代价最小的节点 C，搜索其相邻节点 D 和 F，计算它们的路径代价，构成待选节点集合为$\{E(8),D(11),F(10)\}$。

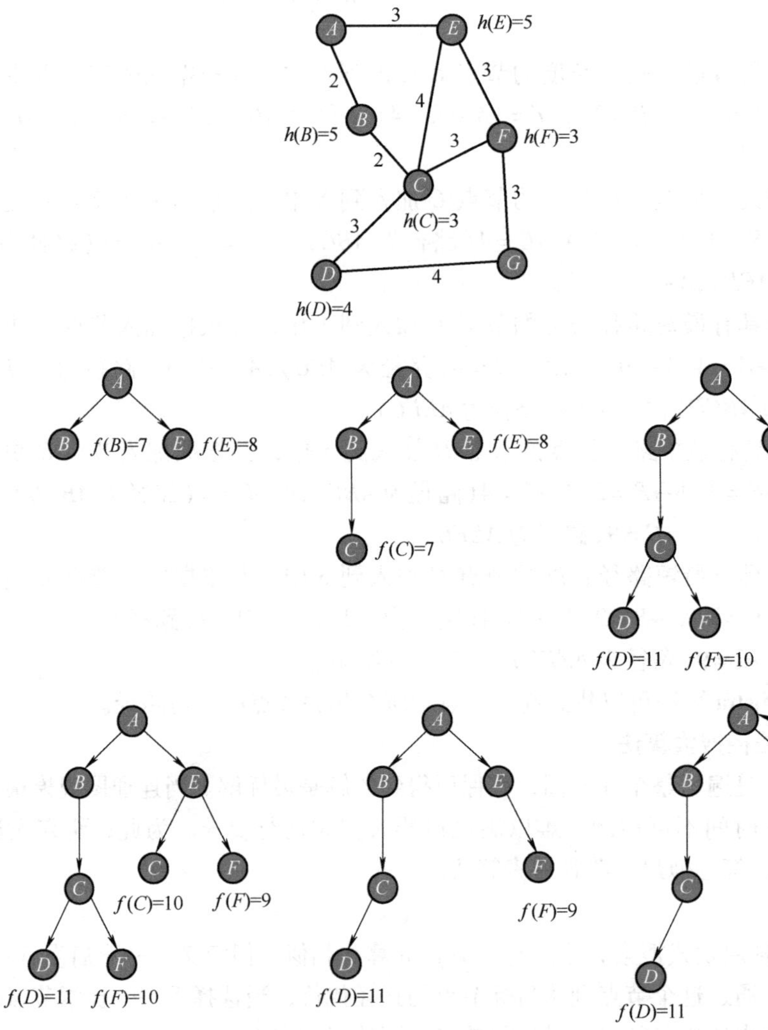

图 4-22　A* 搜索示例

4）此时待选节点集合中路径代价最小节点为 E，选择该节点进一步搜索其相邻节点 C 和 F。由于 C 之前已经被访问过，而此时经过 E 到 C 构成的路径代价 $f(C)=10$，大于原来的路径代价，因此 C 不被考虑。F 之前也被访问过，但经过 E 到 F 构成的路径代价 $f(F)=9$，小于原来的路径代价，因此待选节点集合更新为 $\{D(11),F(9)\}$。

5）选择路径代价最小的节点 F，搜索其相邻节点 CG，C 的路径代价高于原来搜索的路径代价，因此不考虑，G 为目标节点，则终止。

6）根据 G 的父节点为 F，F 的父节点为 E，E 的父节点为 A，得到路径 $AEFG$。

可以看到，这里并没有遍历整个路径，但也得到了最优路径。当然并不是每次都这么幸运，由于每步都是按当前最优的贪婪搜索方法，因此根据局部最优选择有可能最后搜索得到的并不是全局最优路径，而是近似最优。

A*算法在实现时维护两个列表，即 OpenList 和 CloseList。OpenList 即为待选节点集合，初始时只有起始节点。CloseList 包含的是已经被选择过的节点，在此记录该节点之前被评估的路径代价，如果后续因为其他节点再次被访问到，根据新评估代价和 CloseList 里记录的代价相比较，如果新代价更低，则从 CloseList 中删除该节点，重新放入 OpenList。图 4-23 所示为 A*算法流程。

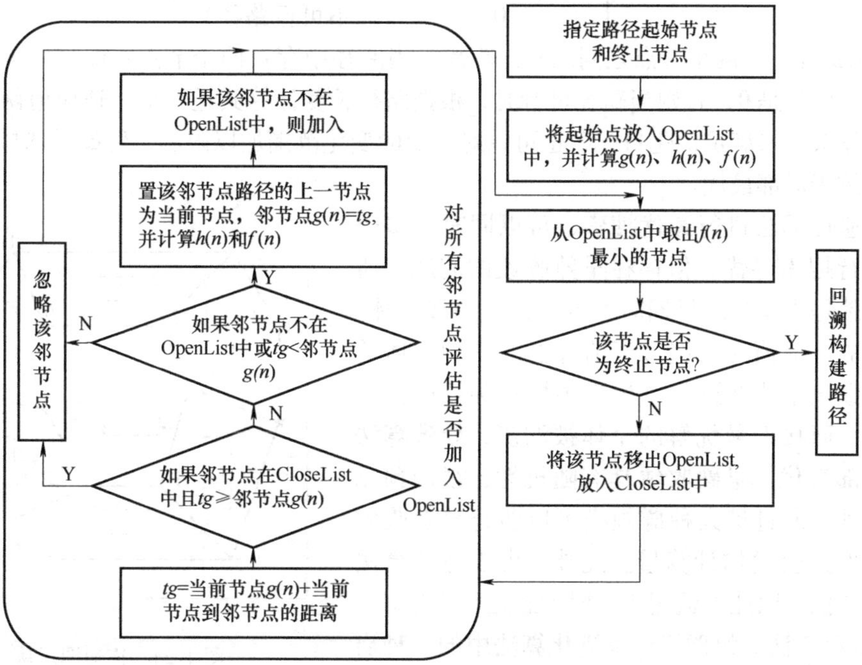

图 4-23　A*算法流程

（2）进化算法

最优路径搜索是一个规划问题，因此可以采用进化算法求解。进化算法是人工智能中解决最优化问题的一种准启发式搜索算法。它是将优化问题的解表示为一个编码串，各种可能的解构成种群集合，然后借鉴进化生物学中的一些现象，如遗传、突变、自然选择以及杂交等，对种群中的个体进行模拟进化操作，以获得一些适应值更高的个体，这些个体解码后即为优化问题的较优解。

进化算法主要代表有遗传算法、蚁群算法、粒子群算法等。不论是哪种算法，首先需要定义如何进行编码，即把解表示为编码串，并定义对编码串优劣评估的函数，称为适应值函数。然后按以下流程进行搜索：①随机生成一组初始个体，构成初始种群，也可以人为干预，以提高初始种群的质量；②应用适应值函数评估种群中每个个体的适应性；③根据模拟机制更新个体，生成下一代种群；④判断种群是否满足收敛准则，或者迭代达到一定次数。如果满足则停止并输出结果，否则返回②。

1）遗传算法。由美国密歇根大学的 J. Holland 教授于 1975 年率先提出的遗传算法（Genetic Algorithm，GA）是模拟生物进化基本过程。用染色体表示解的编码串，即为个体，编码串中的每一位被称为基因，个体更新机制主要是模拟达尔文生物进化论的自然选择和遗传学机理，自然选择的原则是淘汰适应值函数值小的个体，遗传学机理则是对个体做交叉和变异操作。

对于图 4-24 给出的连通图，可以对每一个节点用二进制编码，一组节点序列就是一条路径，对应为一组二进制编码序列。当编码序列用起始点编码开始、用目标点编码结束，则该个体描述了从起始点到目标点的一条路径。由于序列初始是随机生成的，更新又是通过交叉和变异机制来实现的，因此编码序列所描述的路径可能是可行的，也可能是不可行的，对于可行路径来讲也存在路径代价的不同。为了进行评估选择，可以定义适应值函数为

$$F=\begin{cases}\dfrac{1}{\sum_{i=1}^{m+1}D(p_i,p_{i+1})} & (\text{可行路径})\\ 0 & (\text{不可行路径})\end{cases} \tag{4-12}$$

其中 $D(p_i,p_{i+1})$ 为两个节点之间的欧氏距离。当路径中存在两个节点不能直接连通时，该个体的适应值就是 0，否则当路径可行时，根据路径长度计算其适应值。适应值函数可以定义得非常复杂，来满足优化目标，也可以对变量的变化范围加以限制，但如果选择不当可能使算法收敛于局部最优。

采用遗传算法进行最优搜索，可以同时对多个可行解进行搜索寻优，但存在早熟收敛的问题。所谓早熟收敛是指在算法早期时种群中出现超级个体，这个个体的适应值大大超过当前种群的平均个体适应值，导致该个体在进化过程中很快在种群中占有绝对比例，而接近最优解的个体被淘汰，导致算法收敛于局部最优。早熟收敛具有随机性，很难预见是否会出现。通过扩大种群规模可以防止早熟收敛的发生，但是会增加计算量。此外，由于遗传算法计算效率较低，因此不适用于实时动态路径规划。

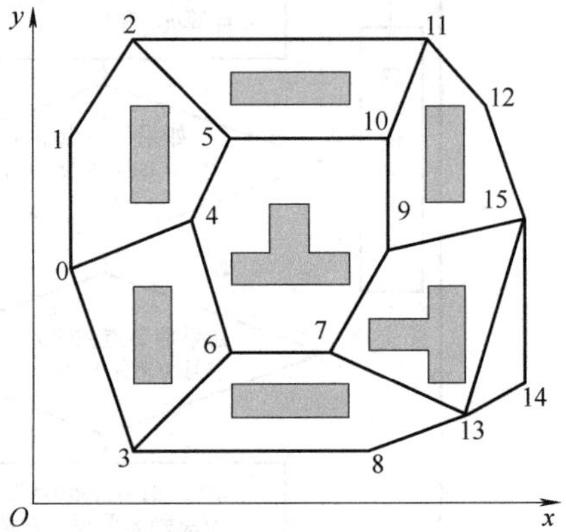

图 4-24　连通图示例

2）蚁群算法。蚁群算法是进化算法中的一种启发式全局优化算法，由意大利科学家 M. Dorigo 于 1992 年提出。其基本思想是用蚂蚁的行走路径表示待优化问题的可行解，用整个蚂蚁群体的所有路径作为待优化问题的解空间，用蚂蚁群体收敛选择的路径作为问题的优化解。

该方法的思想来源于模拟蚂蚁觅食过程中寻找路径的行为。昆虫学家发现，虽然单个蚂蚁的感知能力有限、行为简单，但是蚂蚁群体却可以在不同的环境中快速找到到达食物源的最短路径，并能在环境发生变化（如原有路径上有了障碍物）的情况下，自适应搜索新的最佳路径，体现出较好的群体智能。这种智能行为来源于蚂蚁在它经过的路径上会释放一种特殊的分泌物，称为信息激素，使得一定范围内的其他蚂蚁能够感知到并由此影响它们的行为，以信息素浓度为概率进行路径的选择。每个蚂蚁都会在路上留下信息素，从而形成一种

不断叠加的正反馈机制，经过一段时间后，整个蚁群就会沿着最短路径到达食物源。

图4-25给出了蚁群觅食行为图示，一开始不同的蚂蚁会选择不同的路径，经历路程远的蚂蚁在路径上留下的信息素少，路程短的信息素多，每个蚂蚁根据感知到的信息素进行路径选择，这样路程短的路径信息素会不断增强，最后所有蚂蚁都会选择该路径。

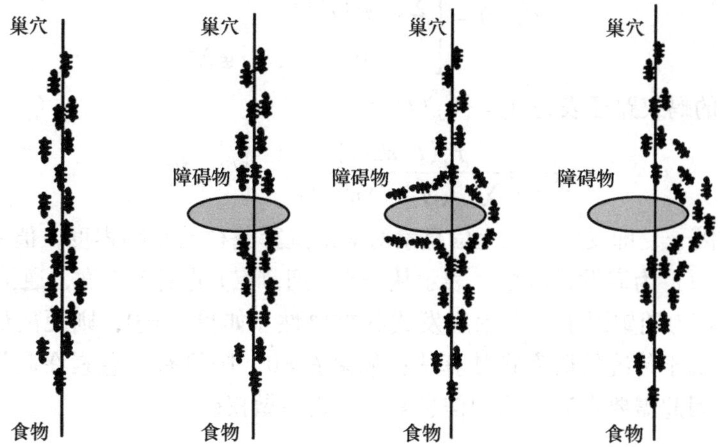

图4-25　蚁群觅食行为

具体实现时，对于给定的连通图 $G=(N,E)$，图中每个边关联一个人工信息素 τ_{ij}，i、j 为连通图中边所连接的节点。每个蚂蚁在行走过程中逐步根据后续可选边的人工信息素大小来概率地决策下一个节点，即

$$p_{ij}^{k}=\begin{cases}\tau_{ij}, & (j\in N_i)\\ 0, & (j\notin N_i)\end{cases} \tag{4-13}$$

N_i 为节点 i 后续可以一步移动到的相邻节点的集合，对于集合中的节点，其被选概率由人工信息素确定；对于非集合中的节点，其被选概率为0。

连通图中边的信息素受两方面因素的影响。一方面是蚂蚁选择该边来构成路径时在该边上留下的信息素，即

$$\tau_{ij}(t)\leftarrow\tau_{ij}(t)+\Delta\tau \tag{4-14}$$

这种信息素的累加将在未来使其他蚂蚁有更大的概率选择该边，称为正反馈。$\Delta\tau$ 可以是某个蚂蚁经过该路径时留下的即时信息素，称为逐步信息素更新（step-by-step pheromone update）；也可以是某个蚂蚁完成一次路径搜索，即从起始点到达目标点后，根据整个路径长度在搜索到的路径上留下信息素，称为在线滞后信息素更新（online delayed pheromone update）。信息素与路径长度成反比，路径越长信息素越少。实验表明，在线滞后信息素更新方式效果更好。另一方面，为了避免所有蚂蚁快速收敛到某个次优路径，对信息素增加挥发机制，即边的信息素会随着时间变淡，在每个时间步上

$$\tau\leftarrow(1-\rho)\tau,\rho\in(0,1] \tag{4-15}$$

通过这一机制，信息素会自动变淡，使系统具备多样性能力，即会在整个搜索过程中探索不同的边。总的表达式为

$$\tau_{ij}(t+n)=(1-\rho)^{n}\tau_{ij}(t)+\Delta\tau_{ij}(t) \tag{4-16}$$

$$\Delta\tau_{ij}(t)=\sum_{k=1}^{m}\Delta\tau_{ij}^{k}(t) \tag{4-17}$$

式中，m 为蚂蚁总数。

算法 4-4 给出了路径规划问题中蚂蚁根据信息素选择下一节点以及更新信息素的算法伪代码。其中 k 表示蚂蚁编号，i 为起始节点，s^k 为路径节点集合，N_i^k 为第 k 个蚂蚁在节点 i 的相邻节点集合。相邻节点被选择的概率为

$$p_{ij}^k(t)=\begin{cases}\dfrac{a_{ij}(t)}{\sum_{k\in N_i^k}a_{il}(t)}, & j\in N_i^k\\ 0\quad, & j\notin N_i^k\end{cases} \tag{4-18}$$

这里定义节点 i 的蚂蚁路径表为 $A_i=[a_{ij}(t)]$

$$\alpha_{ij}=\frac{\tau_{ij}^{\alpha}(t)\eta_{ij}^{\beta}(t)}{\sum_{l\in N_i^k}\tau_{il}^{\alpha}(t)\eta_{il}^{\beta}(t)},\quad \forall j\in N_i^k \tag{4-19}$$

α 为信息启发式因子，即反应路径上信息素对蚂蚁选择路径的影响程度，值越大蚂蚁之间的协作性越强。$\eta_{ij}(t)$ 为启发式函数，表示从节点 i 到节点 j 的期望程度，通常取 i 和 j 之间路径长度的反比；β 为期望因子，表示启发式的重要性。如果 $\alpha=0$，则距离最近节点的节点被选择概率大，属于传统的概率贪婪算法；如果 $\beta=0$，则只有信息素在起作用，会导致收敛到某个解上。因此需要在启发式和信息素两者之间做权衡。

算法 4-4　蚁群优化算法

Algorithm 1:

```
Procedure new_active_ant(ant identifier):
    k = ant_identifier; i = get_start_city(); s^k = i;
    M^k = i;
    while | s^k | ≠ number_of_cities do
        foreach j ∈ N_i^k do
            read (a_ij)
        end
        foreach j ∈ N_i^k do
            [P]_ij = p_ij = a_ij / Σ_{l∈N_i^k} a_il;
        end
        next_node = apply_probabilistic_rule(P, N_i^k);
        i = next node; s^k = ⟨s^k, i⟩;
        -
        -
        add_to_ant_memory(M^k,i);
    end
    foreach l_ij ∈ Ψ^k(t) do
            τ_ij ← τ_ij + 1/J_Ψ^k;
            a_ij ← [τ_ij]^α [η_ij]^β / Σ_{l∈N_i^k} [τ_il]^α [η_il]^β;
    end
    free_all_allocated_resources();
end
```

算法 4-4 仅仅是蚂蚁根据信息素选择下一节点以及更新信息素的算法模块，总的蚁群算法如算法 4-5 所示，需要进一步考虑信息素挥发，也可以考虑是否进行局部优化。

算法4-5 整体蚁群优化算法

Algorithm 1: ACO
1 **Procedure** *ACO_meta-heuristic*():
2   **while** *termination_criterion_not_satisfied* **do**
3   **schedule_activities**
4   *ants_generation_and_activity*();
5   *pheromone_evaporation*();
6   *daemon_actions*(); {*optional*}
7   **end schedule_activities**
8   **end**
9 **end**
10 **Procedure** *ants_generation_and_activity*():
11   **while** (*available_resources*) **do**
12   *schedule_the_creation_of_a_new_ant*();
13   *new_active_ant*();
14   **end**
15 **end**

在蚁群算法中，信息素累计的正反馈机制构成群体的学习强化能力，可以使好的信息保存下来，使解向最优化发展。信息素挥发则促使系统具有多样性，构成创新能力，可以防止优化问题求解时出现早熟情况。两者之间需要一定的平衡，如果多样性过多，会导致随机运动多，解陷入混沌状态；如果多样性不够，正反馈过强，会导致早熟，当环境变化时蚁群不能相应调整。

和其他最优搜索方法相比，蚁群算法通过局部探测加记忆机制来搜索可行解，由于问题的图表示随着最优化过程同步变化，因此可以适应问题的动态性，并且具有天然的稀疏分布计算架构，可实现并行计算。

蚁群算法的缺点主要是计算量大，求解需要时间长，而且参数需要依靠经验反复调试，不同环境需要适配不同参数，如果参数设置不当，会导致求解速度很慢且解的质量特别差。

3）粒子群算法。粒子群算法（Particle Swarm Optimization，PSO）是由 J. Kennedy 和 R. C. Eberhart 于1995年提出的一种进化规划算法，其基本思想是模拟鸟群的觅食行为。在鸟群捕食时，当有一只鸟发现不远处的食物后，它飞向食物地点，这将导致它周围的其他鸟也沿着这个方向寻找食物地点，直到整个鸟群全部降落在此找到食物。这是一种自然状态下的信息共享机制，在认知和搜寻过程中，个体会记住自身的飞行经验；同时，也向其他优秀个体学习，当它发现其他的某个个体飞行更好的时候，就会向它学习并对自身做出适当的调整，使得自己能朝着更好的方向飞行。

受上述行为启发，PSO 用粒子群模拟鸟群，每个鸟就是一个粒子，是问题的一个可行解。首先，初始化得到一群随机粒子，即随机的问题解；然后进行迭代求解，粒子之间有一定的信息共享从而实现相互影响；最后迭代收敛到一致，即为问题的最优解。

每一个粒子由该粒子的位置和速度描述，记为 (p_i, v_i)，下标 i 为粒子编号。初始生成的随机粒子的位置和速度取可行范围内的随机值。每一次迭代中，每个粒子通过跟踪两个"极值"来更新自己：一个极值就是粒子本身所找到的最优解，这个解称为个体极值，记为 p_{ibest}；另一个极值是整个种群目前找到的最优解，这个极值称为全局极值，记为 g_{best}。每个粒子根据这两个极值以及自己的当前状态来做更新，即

$$v_i = wv_i + c_1 rand(\ )(p_{ibest} - p_i) + c_2 rand(\ )(g_{best} - p_i) \qquad (4\text{-}20)$$

$$p_i = p_i + v_i \qquad (4\text{-}21)$$

可以看到粒子速度的更新由三个部分组成：第一项表示粒子有维持自己先前速度的趋势，描述了粒子的运动习惯，可以称为自身惯性或动量部分；第二项表示粒子应向自身历史最佳位置逼近，描述了粒子对自身历史经验的记忆，称为自我认知部分；第三项表示粒子应向群体或邻域历史最佳位置逼近，实现粒子间协同合作与知识共享，也称为社会经验部分。第三项中的全局极值可以不是整个种群的历史最优解，而是按一定规则选择一部分作为粒子的邻居，以所有邻居中的极值作为局部极值逼近。

算法 4-6 为基本 PSO 算法伪代码，在应用于路径规划时需要设计相应的策略来生成初始粒子群，并定义适应值函数。例如，在机器人当前位置周围按机器人感知范围生成初始粒子群，以粒子到路标的距离和路径平滑性为最优化目标定义适应值函数；或者以起始点与目标点连线构建笛卡儿坐标系，在两者之间生成中间路径点，不同的中间路径点构成不同的粒子，粒子群优化就是根据适应值评估更新中间路径点位置，来达到目标的最优。

与蚁群算法类似，粒子群算法也是一种群体智能优化算法，并可以实现多目标优化和并行寻优。粒子群算法的优势在于收敛速度快、需要设置的参数少，从而在现代优化方法中被广泛采用，主要应用领域包括人工神经网络、任务分配、无线传感网络、离散优化等。但粒子群算法作为一种进化算法，同样存在容易早熟收敛的问题，而且它求解得到的结果是一个概率可行解，并不是精确唯一解，由此也导致在路径规划应用的局限性。

算法 4-6　基本 PSO 算法

Algorithm 1: Basic PSO

---

1 **Procedure** *Basic PSO*():

2　　**while** *maximum iterations or minimum error criteria is not attained* **do**

3　　　　**foreach** *particle* **do**

4　　　　　　Initialize particle

5　　　　**end**

6　　　　**foreach** *particle* **do**

7　　　　　　Calculate fitness value

8　　　　　　**if** *the fitness value is better than the best fitness value in history*(p_{best}) **then**

9　　　　　　　　Set current value as the new p_{best}

10　　　　　　**end**

11　　　　**end**

12　　　　**foreach** *particle* **do**

13　　　　　　Find in the particle neighborhood the particle with the best fitness(g_{best})

14　　　　　　Calculate particle velocity $prtvel^i_j$ according to the velocity equation(2)

15　　　　　　Apply the velocity constriction

16　　　　　　Update the particle position $prtpos^i_j$ according to the position equation(1)

17　　　　　　Apply the position constriction

18　　　　**end**

19　　**end**

20 **end**

总的来讲，由于进化算法容易早熟、缺少对各种复杂环境的适应性、计算效率相对较低，导致虽然研究人员提出了一些采用各种进化算法进行路径规划的方法，但并未形成通用的实际应用方法。

4.3 避障规划

上一节所介绍的路径规划是在提供环境全局地图条件下规划机器人从起始点到目标点的无碰路径，是全局路径规划。避障规划则是根据机器人当前传感器的感知信息规划机器人靠近目标点的无碰路径，所得路径仅在当前感知范围内。也有一些避障规划方法得到的不是路径，而是机器人当下的移动控制指令。路径规划中的势场法也是一种常用的避障方法，但在反应式避障时不需要构建全局势场，只需要根据机器人当前位置所受吸引力和推斥力来计算机器人的当前控制指令。同路径规划一样，避障规划也是将机器人缩小为一个点。

避障规划是机器人导航的经典问题，研究人员提出了各种方法，下面介绍常用的 Bug 算法、向量势直方图法和动态窗口法。

4.3.1 Bug 算法

Bug 算法是最简单的避障方法，其基本思想是让机器人朝着目标前进，当行进路径上出现障碍物时，机器人绕着障碍物的轮廓移动绕开它，继续驶向目标。Bug 算法包括 Bug1 算法和 Bug2 算法。

1. Bug1 算法

Bug1 算法如图 4-26 所示，机器人从起始点 q_{start} 出发向目标点 q_{goal} 移动，在碰到障碍物后绕着障碍物轮廓绕行一周，找出障碍物上最靠近目标点的点，称为离开点（leave point），然后再次绕行到该点，从该点绕离障碍物，沿直线向目标点移动。图中 q_1^H 和 q_2^H 分别为碰到障碍物 1、2 时开始绕行点，q_1^L 和 q_2^L 为离开点。如果离开点到目标的直线与当前障碍物相交，则不存在到达目标的路径，如图 4-27 所示。Bug1 算法伪代码如算法 4-7 所示。

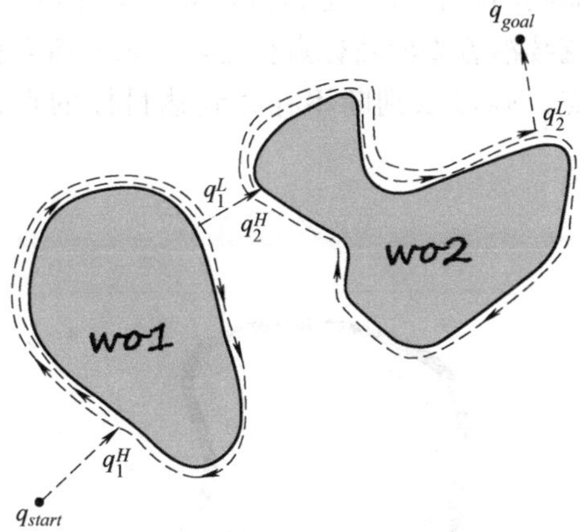

图 4-26 Bug1 算法示意图

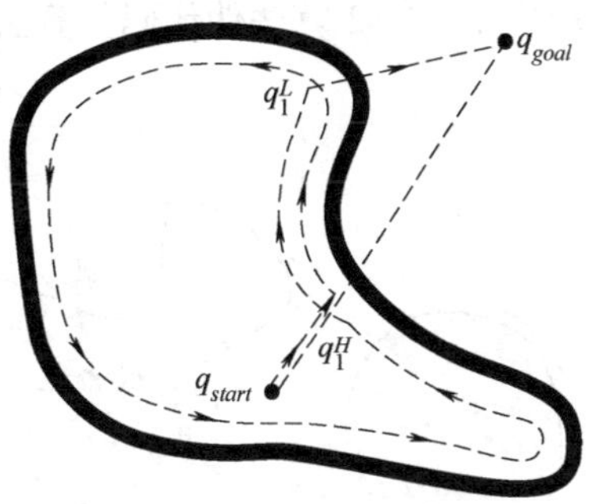

图 4-27 Bug1 算法目标不可达情况

Bug1 算法的优点是非常简单，可以确保机器人到达任何可达目标；缺点是为了找到障碍物上最靠近目标点的点，需要先绕着障碍物移动一周，效率很低。最差情况下绕行距离为

$$L \leqslant d + \frac{3}{2}\sum_{i=1}^{N} p_i \tag{4-22}$$

式中，d 为起始点到目标点的欧氏距离；p_i 是第 i 个障碍物的轮廓周长；N 为障碍物个数。

算法 4-7　Bug1 算法

```
Algorithm 1: Bug1 Algorithm
Input: A point robot with a tactile sensor
Output: A path to q_goal or a conclusion no such path exists
while Forever do
    repeat
        From q_{i-1}^L, move toward q_goal
    until q_goal is reached or an obstacle is encountered at q_i^H;
    if Goal is reached then
        Exit
    end
    repeat
        Follow the obstacle boundary
    until q_goal is reached or q_i^H is re-encountered;
    Determine the point q_i^L on the perimeter that has the shortest distance to the goal
    Go to q_i^L
    if the robot were to move toward the goal then
        Conclude q_goal is not reachable and exit
    end
end
```

2. Bug2 算法

Bug2 算法的基本思想是当出现障碍物时，机器人绕着障碍物轮廓移动，一旦能够直接移向目标时就脱离障碍物。如图 4-28 所示，Bug2 算法中根据起始点 q_{start} 和终止点 q_{goal} 确定直线路径 L，机器人沿着路径 L 行走，当遇到障碍物时，机器人进入障碍物轮廓跟踪模式，当绕障行走到达 L 上一个接近目标点的位置后，继续沿着 L 向目标点行走。如果机器人在跟踪模式下再次到达进入障碍物轮廓跟踪模式的点，则可以判断不存在到达目标的点，如图 4-29 所示。Bug2 算法伪代码如算法 4-8 所示。

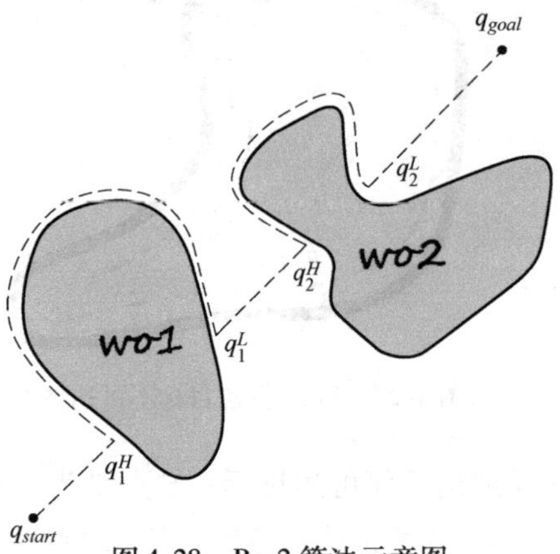

图 4-28　Bug2 算法示意图

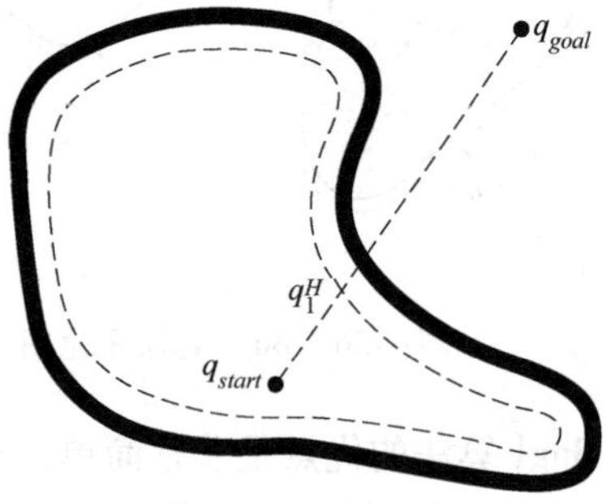

图 4-29　Bug2 算法不可达情况

算法 4-8 Bug2 算法

Algorithm 2: Bug2 Algorithm

Input: A point robot with a tactile sensor

Output: A path to q_{goal} or a conclusion no such path exists

while *True* **do**
  repeat
    From q_{i-1}^{L}, move toward q_{goal} along m-line
  until q_{goal} *is reached or an obstacle is encountered at hit point* q_i^H;
  Turn left (or right)
  repeat
    Follow boundary
  until
   q_{goal} *is reached* ***or***
   q_i^H *is re-encountered* ***or***
   m-line is re-encountered at a point m such that
   $m \neq q_i^H$ *(robot did not reach the hit point),*
   $d(m, q_{goal}) < d(q_{goal}, q_i^H)$ *(robot is closer), and*
   If robot moves toward goal, it would not hit the obstacle;
  Let $q_i^L = m$
  Increment i
end

一般情况下，Bug2 算法具有较短的移动路径，但某些情况下这种绕离策略也会导致移动的低效。例如，对如图 4-30 所示的螺旋形障碍物，其边界与 L 多次相交，根据 Bug2 算法伪代码，其运动路径依次为

1）机器人从 q_{start} 向 q_{goal} 移动，在 q_1^H 处遇到障碍物，然后开始环绕障碍物移动，直到到达 m 点（图中 q_1^L 处）与 L 相交。此时，由于没有到达目标点，也没有到达碰撞点 q_1^H，并且相比碰撞点 q_1^H，点 m 到目标点的距离更近，因此离开点 $q_1^L = m$。

2）机器人从 q_1^L 沿着 L 继续朝目标 q_{goal} 前进，在 q_2^H 处再次遇到障碍物，再次开始环绕障碍物移动，直到到达与 L 相交的 m 点（图中 q_1^H 处）。此时，没有到达目标点，也没有到达碰撞点 q_2^H，但是向目标点移动会碰到障碍物。由于不满足离开点条件，因此继续环绕。

3）机器人继续环绕直到到达与 L 相交的 m 点（图中 q_1^L 处），此时，没有到达目标点，没有到达碰撞点 q_2^H，向目标点移动不会碰到障碍物，但是 m 点到目标点距离相比 q_2^H 更远，不满足离开点条件，因此继续环绕。

4）机器人继续环绕直到到达与 L 相交的 m 点（图中 q_2^L 处），此时，没有到达目标点，没有到达碰撞点 q_2^H，向目标点移动不会碰到障碍物，而且 m 点到目标点距离相比 q_2^H 更近，满足离开点条件，因此离开点 $q_2^L = m$。

5）机器人从 q_2^L 沿着 L 继续朝目标前进，到达目标位置。

Bug2 最差情况下绕行距离为

$$L \leqslant d + \frac{3}{2} \sum_{i=1}^{N} n_i p_i \tag{4-23}$$

其中 n_i 是第 i 个障碍物与起始点到目标点连线相交的个数。

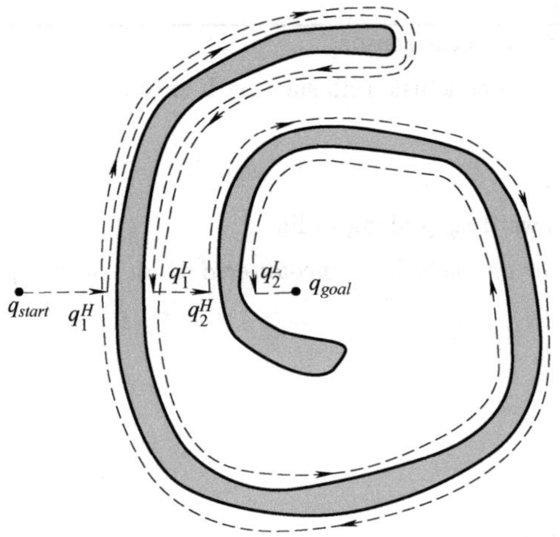

图 4-30　Bug2 算法在螺旋形障碍物下的执行效果

与 Bug1 算法采用穷举搜索法相比，Bug2 算法采用的是贪婪搜索策略，选择找到的第一个最优离开点。通常情况下 Bug2 算法优于 Bug1 算法，可以有效缩短路径，但由于 Bug1 算法具有更好的总体评估择优特性，因此当障碍物非常复杂时，Bug1 算法更有优势。例如，对于图 4-31a 中的障碍物，Bug2 算法有优势；而对于图 4-31b 中的障碍物，则 Bug1 算法有优势。

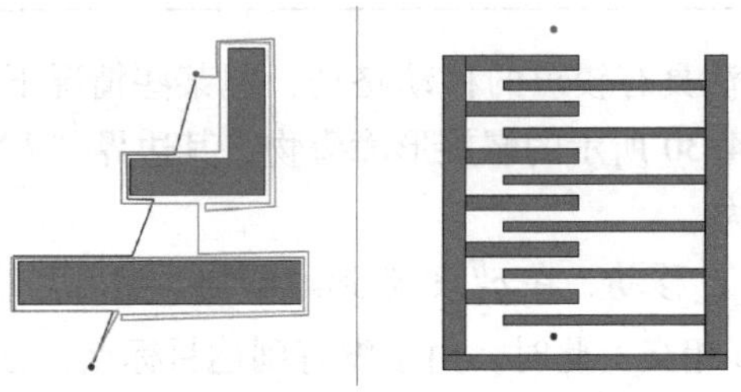

图 4-31　Bug1 算法和 Bug2 算法的优势场景

4.3.2　向量势直方图法

针对势场法容易陷入局部最优导致存在振荡、难以通过窄通道等问题，美国密歇根大学的 Johann Borenstein 和 Yoram Koren 于 1991 年提出了向量势直方图法（Vector Field Histogram，VFH）。

1. 基本算法

考虑到势场法仅用推斥势来表示障碍物，从而丢失了局部障碍物分布的详细信息，VFH 采用了三层数据表示方法：①最高层包含了对环境的详细描述，采用二维笛卡儿坐标系直方栅格地图表示，每个栅格中的数值表示在该位置存在障碍物的可信度。该地图根据车载距离传感器采集得到的障碍物距离数据进行实时更新。②中间层围绕机器人的瞬时位置建立一维极坐标系直方图。横坐标为 0° ~360°，表示相对于机器人当前方向的偏移角度；纵坐标为该方向上障碍物密度，可以理解为在该角度下行进的代价。直方图的值越高，表示这个方向上行进的代价越高。③最底层是 VFH 算法的输出，为机器人速度和转向控制参考值。

下面介绍每一层数据的地图构建方法：

（1）最高层直方栅格地图构建

为了简化计算，VFH 方法在构建最高层栅格地图表示时，并不采用概率地图构建方法，而是直接根据距离传感器检测数据将相关栅格被占值加 1，如图 4-32 所示。

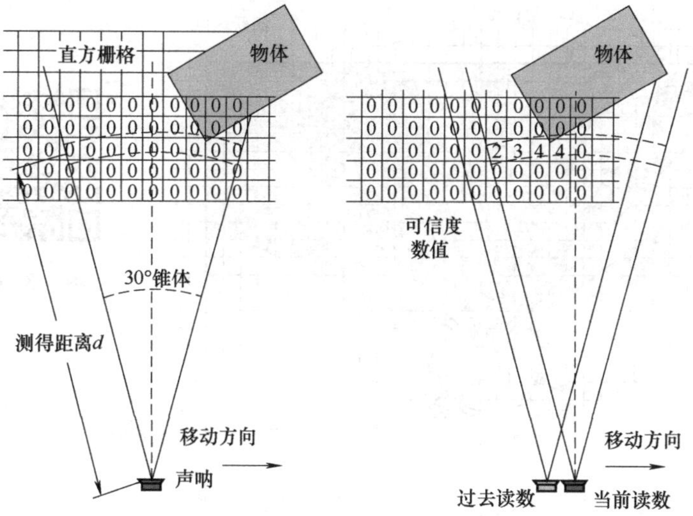

图 4-32　VFH 最高层直方栅格地图构建

图 4-32 彩图

（2）中间层极坐标系直方图构建

基于直方栅格地图表示构建一维极坐标系直方图的方法如图 4-33 所示。首先，在直方栅格地图中以机器人当前位置为中心取一定区域，该区域称为活跃区域，其中的单元称为活跃单元。为每一个活跃单元构建障碍物向量，向量方向为单元到机器人位置的方向：

$$\beta_{i,j} = \arctan \frac{y_i - y_0}{x_i - x_0} \tag{4-24}$$

式中，(x_0, y_0) 为机器人当前坐标；(x_i, y_i) 为活跃单元 (i,j) 的坐标。单元 (i,j) 的障碍物向量大小为

$$m_{i,j} = (c_{i,j}^*)^2 (a - bd_{i,j}) \tag{4-25}$$

式中，a 和 b 是正常数；$c_{i,j}^*$是活跃单元 (i,j) 的栅格值；$d_{i,j}$是单元 (i,j) 与机器人之间的距离。这里 $c_{i,j}^*$取平方是为了强调障碍物的可信度，因为该值越大表示重复距离读数越多，即为障碍物可信度越高，平方运算可以进一步强化。此外，$m_{i,j}$与 $d_{i,j}$成反比例，这样靠近机器人的障碍物将会形成大的向量值，a 和 b 的取值可以根据 $a - bd_{max} = 0$ 来确定，d_{max}是最远活跃单元与机器人之间的距离。这样，对于最远的活跃单元来讲，$m_{i,j} = 0$，随着距离靠近该值线性增加。然后按角度方向构建直方图 H，按分辨率 α 将 0°～360°分为 n 个扇区，$n = \dfrac{360}{\alpha}$。单元 (i,j) 所属扇区为

$$k = int\left(\frac{\beta_{i,j}}{\alpha}\right) \tag{4-26}$$

扇区 k 所对应的离散角度为 $\rho = k\alpha$，其极障碍密度为

$$h_k = \sum\nolimits_{i,j} m_{i,j} \tag{4-27}$$

由于直方栅格地图的离散特性，所得一维极坐标系直方图可能参差不齐，导致后续转向方向选择错误，为此有必要对 H 做如下的平滑操作：

$$h_k' = \frac{h_{k-l} + 2h_{k-l+1} + \cdots + lh_k + \cdots + 2h_{k+l-1} + h_{k+l}}{2l+1} \tag{4-28}$$

式中，h_k'为平滑的极障碍密度；l 为平滑窗口尺寸。

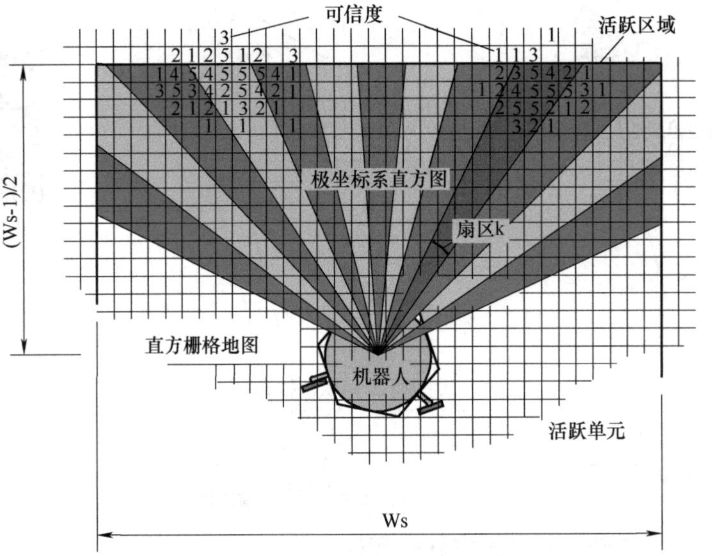

图 4-33　VFH 中间层极坐标系直方图构建

图 4-33 彩图

图 4-34 和图 4-35 给出了相关示例。图 4-34a 所示为机器人所在环境，机器人方向与 x 轴方向一致，图 4-34b 给出了根据机器人当前位置获得的活跃窗口的栅格地图表示。图 4-35a 是根据图 4-34 计算得到并平滑后的极坐标系直方图，其方向值按从机器人方向 x 轴开始逆时针定义，尖峰 ABC 分别对应于直方栅格地图中的障碍物 ABC。图 4-35b 给出了极坐标系直方图的二维表示，与图 4-34b 的直方栅格地图相重合。

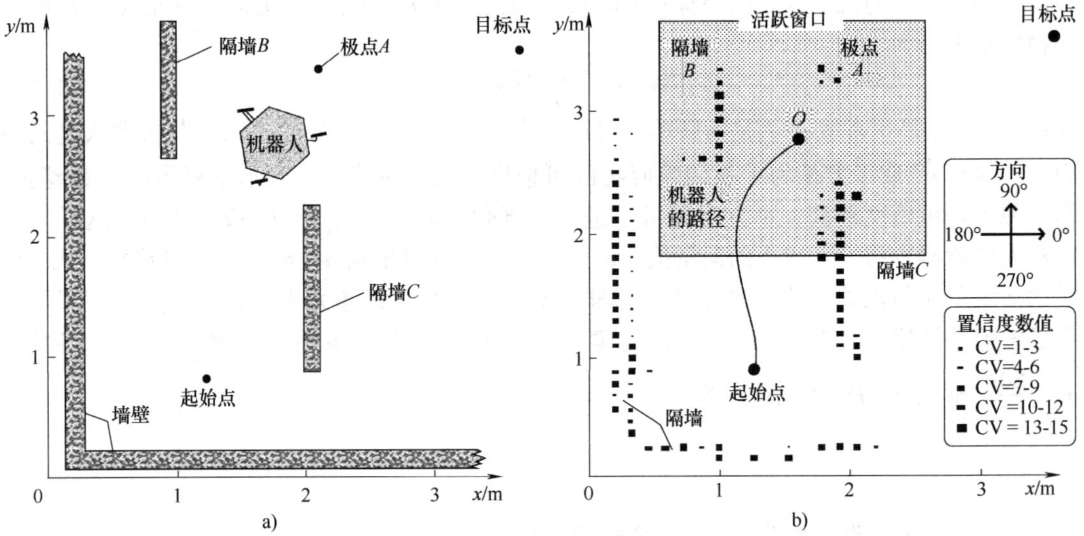

图 4-34　机器人环境及活跃窗口示例

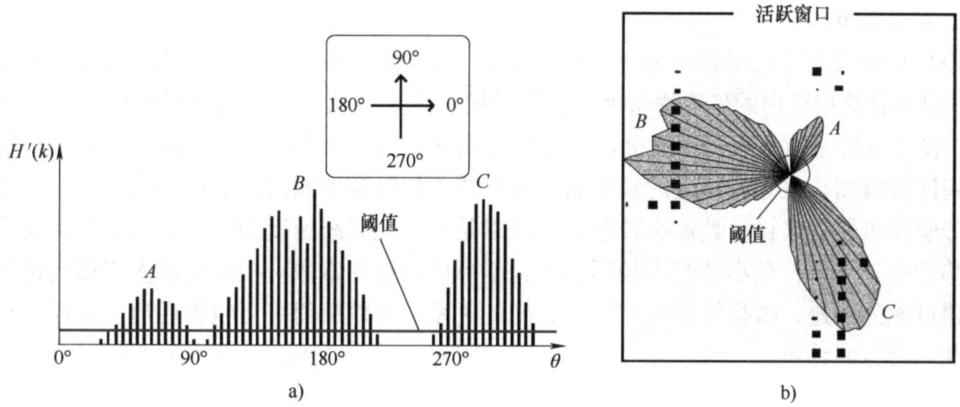

图 4-35　计算得到的极坐标系直方图

（3）最底层运动方向计算

从上面的示例中可以看到，极坐标系直方图存在波峰和波谷，波峰对应于极障碍密度值高的扇区，波谷对应于极障碍密度值低的扇区。当扇区的极障碍密度值低于一定阈值时就构成一个候选通道。当存在多个候选通道时，选择最靠近目标方向的通道。然后基于所选择的通道计算确定机器人行驶方向。

对于机器人行驶方向的确定，可以根据通道所包含的扇区数确定通道的宽窄，把通道分为宽通道和窄通道两种。定义区分阈值为 s_{max}，通道扇区数小于该值时为窄通道，否则为宽通道。对于窄通道，可以按照如图 4-36 所示的方式计算，找到通道内的第一个空闲扇区 k_n 和最后一个空闲扇区 k_f，取两者的中间值

$$\theta_{steer} = \frac{k_n + k_f}{2}$$

对于宽通道，则以通道内最靠近目标方向的第一个空闲扇区为 k_n，然后取 $k_f = k_n + s_{max}$，机器人行驶方向同样为 $\theta_{steer} = (k_n + k_f)/2$。该方向控制方法可以确保当机器人沿着障碍物走时获得一条稳定路径。当机器人过于靠近障碍物时，θ_{steer} 会让机器人离开障碍物；而当机器人距离障碍物较远时，θ_{steer} 会让机器人靠近障碍物；当机器人与障碍物距离适当时，θ_{steer} 平行于障碍物。这个适当距离主要由 s_{max} 决定，s_{max} 越大，机器人在稳定状态条件下会距离障碍物越远。

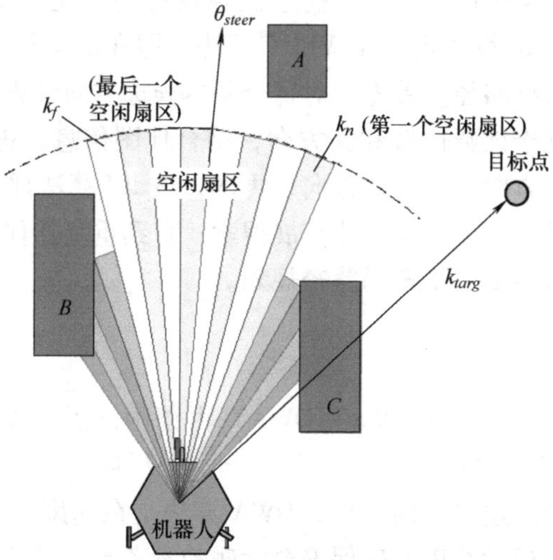

图 4-36　窄通道的导航方向计算

图 4-36 彩图

2. 算法优化

VFH 中并没有考虑机器人的运动学约束，为此 VFH + 提出根据机器人执行轨迹来生成扇区，进而计算扇区内的障碍物密度。它假设机器人执行轨迹由直线和圆弧组成。如图 4-37 所示，图 4-37a 是直接根据角度分辨率来构建扇区，而图 4-37b 则是根据机器人执行轨迹生成的扇区分解图。机器人轨迹的圆弧曲率和机器人执行速度相关，速度越大，曲率越小。对于差分驱动机器人来讲，其最小转弯半径可以是零，此时线速度为零。但对于阿克曼或者三轮车移动底盘来讲，最小转弯半径不为零，但可以近似为常数。根据机器人当前的速度，可以构建可能的轨迹，根据轨迹与障碍物之间的关系，可以获得可行轨迹通道，进而进行通道选择和运行方向计算。

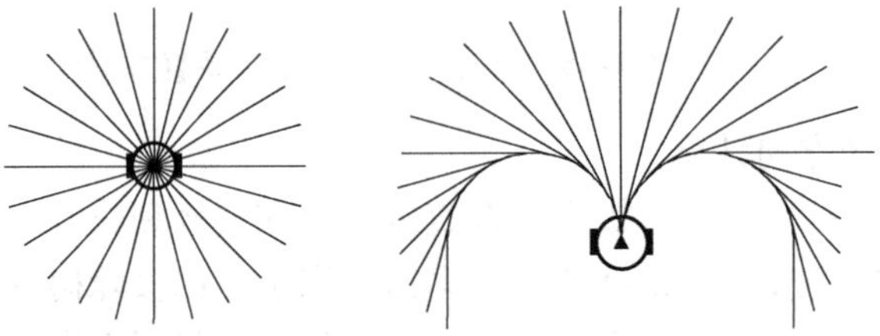

a) 不考虑动力学约束　　b) 考虑动力学约束

图 4-37　轨迹近似

此外，当存在多个通道时，针对 VFH 只选择最靠近目标方向的通道导致机器人执行振荡的问题，VFH + 提出通道成本评估公式，即

$$G = a \cdot target\_direction + b \cdot wheel\_orientation + c \cdot previous\_direction$$

这里考虑了三方面的选择因素：*target_direction* 表示通道方向与目标方向之间的对齐量，所选通道方向应尽量靠近目标方向；*wheel_orientation* 表示通道方向和当前机器人方向的差异量，所选通道方向应靠近机器人当前方向，这样可以减少机器人行走过程中方向的调整；*previous_direction* 表示通道方向与原来选择方向的差异量，以避免机器人不断变换选择。参数 a、b、c 进行三者之间的权重调节。由于这三个量都是角度量，因此不需要做归一化，选择评估值最小的通道作为机器人运动方向。

2000 年，为了解决 VFH 本质上只选择当前最优导致有些情况下全局较差的情况，Johann Borenstein 等进一步结合 A* 算法提出了 VFH* 算法，即在决策机器人运动方向前，对每一个基本候选方向评估其后续路径。首先，对每个基本候选方向计算运行一定距离后到达的新位置和新方向；其次，基于该新位置和新方向，结合地图信息，进一步按照 VFH 构建新的极坐标直方图，利用该直方图分析候选方向；再次，按 A* 算法评估节点的成本，选择成本最小的节点跳转其上，进一步按上述方法扩展搜索；直到重复迭代多次，或者到达目标点。这一优化实际是把局部避障变为了全局路径规划。

4.3.3　动态窗口法

动态窗口法（Dynamic Window Algorithm，DWA）由德国波恩大学的 Dieter Fox、Wolfram Burgard 和美国卡耐基梅隆大学的 Sebastian Thrun 于 1997 年提出。与 Bug 算法和 VFH 方法在几何空间中规划避障路径或避障方向不同，DWA 算法是在速度空间中进行机器人运动控制的规划，生成满足机器人运动约束并确保安全无碰的参考点运动速度。算法主要分为两个步骤：第一步是确定速度搜索空间；第二步是在速度搜索空间中搜索最优控制速度。

速度搜索空间由（v,w）定义，为确保机器人运动安全无碰，需要由可行的几何空间生成可行的速度搜索空间。例如，对于如图4-38所示的环境几何空间，需要生成的机器人速度搜索空间要确保不与环境中左壁、右壁Ⅰ、右壁Ⅱ相碰，并满足机器人的运动学约束。

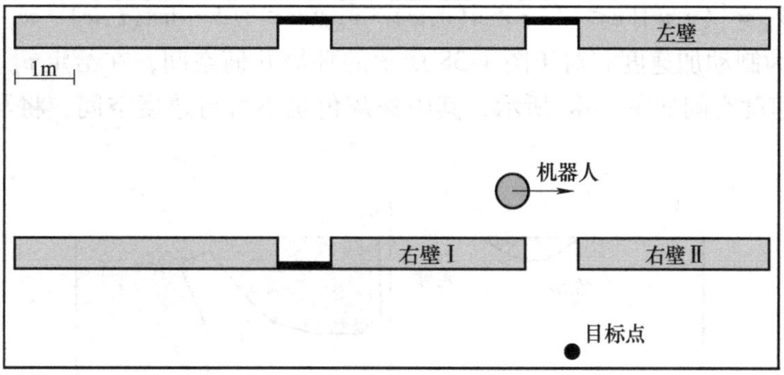

图4-38　环境几何空间示例

首先来看安全无碰约束。为了降低计算复杂度，DWA算法假设机器人轨迹可以分解为很多个小时间片 Δt，在每个小时间片内，机器人轨迹近似为由平移速度 v_i 和旋转速度 w_i 所确定的圆弧，圆弧半径为 $r_i=\dfrac{v_i}{w_i}$，此时机器人的运动模型如下：

$$\begin{pmatrix} x(t+\Delta t) \\ y(t+\Delta t) \\ \theta(t+\Delta t) \end{pmatrix} = \begin{pmatrix} x(t)-\dfrac{v}{w}\sin\theta+\dfrac{v}{w}\sin(\theta+w\Delta t) \\ y(t)+\dfrac{v}{w}\cos\theta-\dfrac{v}{w}\cos(\theta+w\Delta t) \\ \theta+w\Delta t \end{pmatrix} \tag{4-29}$$

根据该运动模型，对于某个速度控制指令（v,w），可以计算得到运行该指令后机器人所在位置。如图4-39所示，不同的速度控制指令可使机器人形成不同轨迹，到达不同位置，有些轨迹是安全的，有些轨迹会导致与环境障碍物碰撞，因此可以根据速度控制指令是否会导致机器人与障碍物碰撞来判断该速度是否为可行速度。

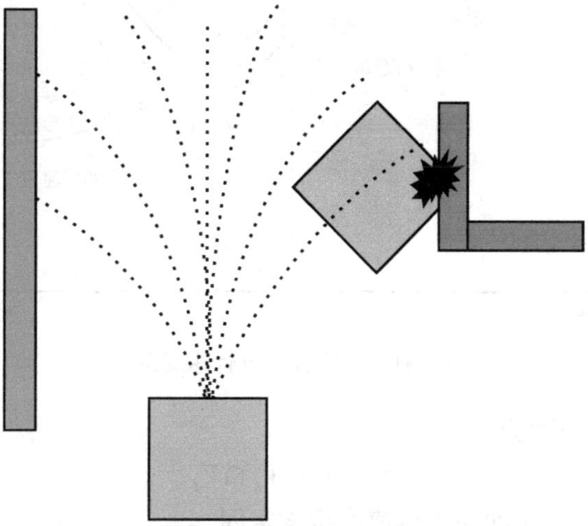

图4-39　不同速度控制形成不同轨迹

定义 dist(v,w) 表示速度控制指令 (v,w) 所对应圆弧上距离最近障碍物的距离，记 r 为机器人运动圆弧半径，碰撞点与圆弧圆心连线到机器人位置与圆弧圆心连线夹角为 γ，有 dist$(v,w)=\gamma \cdot r$。对于速度控制指令 (v,w)，如果机器人可以在碰到这个障碍物前停下来，那么这个速度控制指令是可行的。由此，可行速度空间可以定义为

$$V_a=\{(v,w)\mid v\leqslant \sqrt{2\cdot \mathrm{dist}(v,w)\cdot \dot{v}_b}\wedge w\leqslant \sqrt{2\cdot \mathrm{dist}(v,w)\cdot \dot{w}_b}\} \tag{4-30}$$

式中，$\dot{v}_b$、$\dot{w}_b$ 为制动加速度。对于图 4-38 所示的环境几何空间，在给定 $\dot{v}_b$、$\dot{w}_b$ 的条件下，所生成的可行速度空间如图 4-40 所示，其中深灰色是不可行速度空间，将与环境中的障碍物发生碰撞。

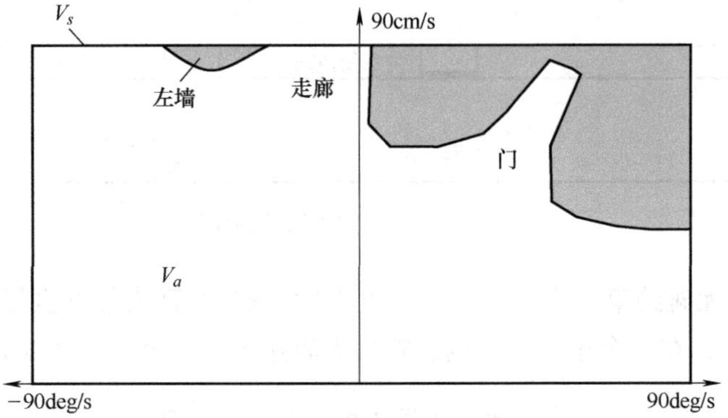

图 4-40　示例所生成的可行速度空间

其次，考虑机器人的运动学约束，包括其最大加/减速度和最大速度限制。根据最大加/减速度约束，可以定义一个动态移动可行速度窗口，该窗口以当前速度为中心，以最大加/减速度乘以时间为窗口半径，图 4-41 中的黑框，其数学描述为

$$V_d=\{(v,w)\mid v\in[v_a-\dot{v}\cdot t,v_a+\dot{v}\cdot t]\wedge w\in[w_a-\dot{w}\cdot t,w_a+\dot{w}\cdot t]\} \tag{4-31}$$

式中，(v_a,w_a) 为当前速度；$(\dot{v},\dot{w})$ 为最大加/减速度。根据最大速度限制，可以得到 (v,w) 的取值空间，定义为 V_s。

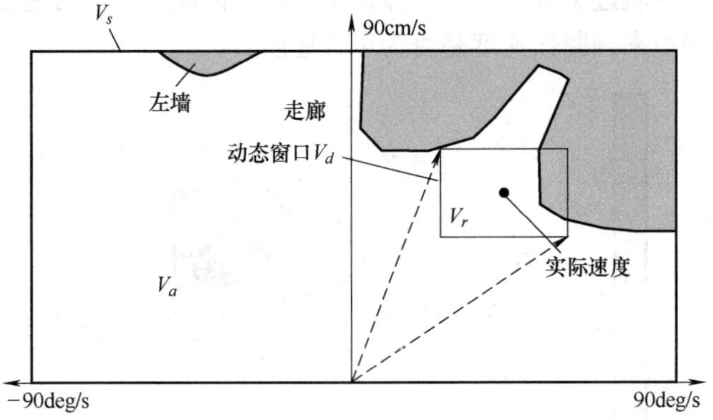

图 4-41　动态移动可行速度窗口

由此得到速度搜索空间为

$$V_r=V_s\cap V_a\cap V_d \tag{4-32}$$

图 4-41 中黑框内的白色区域即为所得速度搜索空间。

在获得速度搜索空间后，需要在该空间内搜索最优控制速度，即定义最优速度评估公式，然后对速度搜索空间 V_r 进行离散化，对每个离散化点进行评估计算，选择具有最优评估值的速度控制（v,w）。可以考虑采取如下速度评估公式：

$$G(v,w)=\sigma(\alpha\cdot \mathrm{heading}(v,w)+\beta\cdot \mathrm{dist}(v,w)+\gamma\cdot \mathrm{velocity}(v,w)) \tag{4-33}$$

其中

1）heading(v,w) 衡量机器人与目标方向的一致性。如图4-42所示，θ 表示机器人与目标点连线方向与机器人方向之间的夹角，heading(v,w) $=180°-\theta$。该方向随着速度方向的改变而变化，因此根据机器人的预测位置来计算。

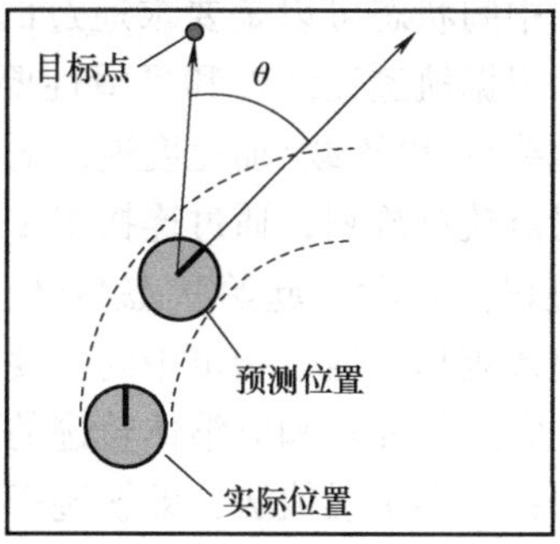

图4-42 DWA中方向一致性评估

2）dist(v,w) 表示机器人到与运动圆弧相交的最近障碍物的距离。距离越大表示机器人越安全。如果在运动圆弧上没有障碍物，设置该值为一个很大的常数。

3）velocity(v,w) 用于评估机器人的运动性能，速度越高意味着时间越短。

以上三项具有不同量纲，因此均需要归一化到［0,1］之间。α、β、γ 为调节权重。通过三者融合，机器人在快速移向目标和避障之间进行折中。

DWA方法在实际系统中有较多应用，卡耐基梅隆大学的 James Robert Bruce 将 DWA 方法应用于多机器人动态运动下的安全规划，形成了 Dynamics Safety Search（DSS）方法，在小型足球机器人系统中得到应用。但是 DWA 算法在评估选择速度时不考虑速度和路径平滑，容易导致机器人运动存在振动以及轨迹扭曲情况，而且应用中权重参数不易调节，难以适应各种情况。

4.4 轨迹规划

4.4.1 基本概念

路径规划和避障规划得到的通常是几何空间中的安全无碰路径，需要转化为机器人可以执行的速度或者加速度控制指令。轨迹规划就是把几何路径转化为与时间相关的路径，即建立空间与时间的关系，从而可以利用差分运算计算得到机器人参考点的控制速度或者加速度。因此，轨迹通常表示为时间的参数函数，给出每个瞬间的期望位置。轨迹规划方法就是采用一定的函数形式表示控制量的控制律，根据约束或（和）最优目标，求取函数参数。

对于移动机器人来讲，所规划轨迹应尽量与路径规划或者避障规划所得到的路径保持空间几何的一致性，同时考虑机器人执行时存在的运动学和动力学约束。此外，轨迹规划需要考虑边界约束、无碰约束以及连续性、平滑性要求。

轨迹平滑通常指速度连续，即一阶平滑。平滑轨迹可以减少因为突然的方向变化而花费的启停时间，对于移动机器人来讲也可以减少因方向突变而导致的底盘打滑问题。轨迹二阶平滑可以实现加速度连续、速度平滑，从而提高机器人运行的平稳性。

边界约束主要是初始状态、终点状态和中间状态对位置/速度/加速度的要求。规划时，初始状态的位置/速度/加速度通常根据机器人当前状态确定，而终点状态的位置/速度/加速度通常根据任务要求设定。大多数情况下，机器人的初始速度和加速度以及终点速度和加速度都定义为零，但像机器人踢足球等高动态运动任务中，往往需要机器人在终点时刻具有一定的速度，以实现带速度到点。中间状态可以是要求通过的中间点位置，也可以定义加/减速位置和匀速起点位置，还可以根据轨迹连续性和平滑性要求，来定义加/减速位置处或者匀速起点位置处需要满足路径连续/速度连续/加速度连续的要求。

如果没有中间点，仅是点对点轨迹规划，通过连接多个点对点轨迹会形成一个通过多点的复杂运动，但每个点对点轨迹仅需要考虑起始状态和终止状态的边界要求进行最优化计算。如果有中间点，称为多点轨迹规划，通过指定中间点要求，形成一个多约束的全局最优化问题，其求解取决于对每个中间点的要求和对整体轨迹的要求。在此，对通过中间点的不同要求可以形成两种类型的方法：一类是插值法，即轨迹必须在某些时间值上穿过给定的中间点位置，如图 4-43a 所示；另一类是近似法，即轨迹不完全通过各个中间点，存在一定误差，可以通过规定公差来指定，如图 4-43b 所示。后一种方法在很多情况下有用，特别是在多维轨迹中，当降低沿曲线的速度/加速度值不可行时，可以考虑牺牲一定的精度。

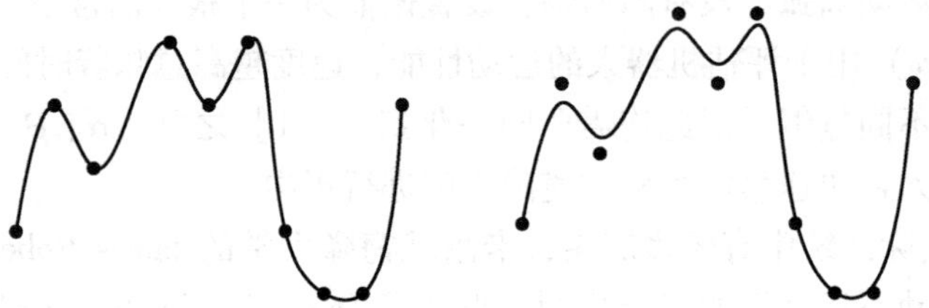

a) 准确通过　　b) 近似通过

图 4-43　轨迹插值方法

轨迹可以分为一维轨迹和多维轨迹：一维轨迹是为一个自由度定义位置的时间函数；多维轨迹是同时为多个自由度定义位置的时间函数。从数学表达上看，前者用标量函数表示，$q=q(t)$；后者用向量函数表示，$\boldsymbol{p}=\boldsymbol{p}(t)$。多维轨迹规划可以分解为单维轨迹规划问题，但需要一定的机制进行各个维度的协调和同步。

下面首先介绍一维轨迹规划，然后介绍平面移动机器人轨迹规划方法，所介绍方法可以进一步拓展到三维空间移动机器人上，包括空中机器人、水下机器人等，也可拓展应用于机械臂末端运动的轨迹规划。

4.4.2　一维轨迹规划

一维轨迹通常采用多项式函数、三角函数或者指数函数形式表示。这里只介绍最常用的多项式函数方式。

多项式的基本形式为

$$q(t)=a_0+a_1t+a_2t^2+\cdots+a_nt^n \tag{4-34}$$

式中 $a_0,a_1,\cdots,a_n$ 是待确定系数，共 $n+1$ 个。可以根据问题的条件和对轨迹平滑性要求来确定阶次 n。除了初始条件和终止条件，还可以指定在某个时刻的速度、加速度或者加加速度（jerk）值，这些分别通过对多项式求时间的一阶导数、二阶导数或者三阶导数来得到。

例如，存在以下条件：

$$t_0=0,t_1=10,q_0=q(t_0)=10,q_1=q(t_1)=20 \tag{4-35}$$

$$v_0=v(t_0)=0,v_1=v(t_1)=0,v(t=2)=2,a(t=8)=0 \tag{4-36}$$

上述条件依次定义了起始时间、终止时间、起始位置、终止位置、起始速度、终止速度以及 $t=2$ 时刻的速度和 $t=8$ 时刻的加速度要求。这里对位置、速度和加速度一共有六个要求，因此需要定义多项式阶次 $n=5$，才能确保所有要求被满足，即将轨迹定义为

$$q(t)=a_0+a_1t+a_2t^2+\cdots+a_5t^5 \tag{4-37}$$

如果 $n<5$ 则无法满足所有要求，如果 $n>5$ 则可以有多解。阶次定义后，分别求多项式的一阶微分函数和二阶微分函数，即速度函数和加速度函数。然后将六个约束和时间代入位置、速度和加速度函数中，可以得到如下六个方程：

$$\begin{cases}q(t_0)=a_0=10\\ \dot{q}(t_0)=a_1=0\\ q(t_1)=a_0+10a_1+100a_2+\cdots+a_5 10^5=20\\ \dot{q}(t_1)=a_1+20a_2+\cdots+5a_5 10^4=0\\ \dot{q}(t=2)=a_1+4a_2+\cdots+5a_5 2^4=2\\ \ddot{q}(t=8)=2a_2+48a_3\cdots+20a_5 8^3=0\end{cases} \tag{4-38}$$

联立求解可以得到系数

$$a_0=10,a_1=0,a_2=1.1462,a_3=-0.2806,a_4=0.0267,a_5=-0.0009 \tag{4-39}$$

由于边界条件的个数通常是偶数，所以多项式函数的阶次 n 通常采用奇数，如 3、5、7 等。下面介绍一些常用轨迹。

1. 线性轨迹（速度恒定）

当只有起始位置 q_0 和终止位置 q_1 要求时，可以采用一阶多项式，即

$$q(t)=a_0+a_1t \tag{4-40}$$

这也是最简单的轨迹。

一旦初始时间 t_0、终止时间 t_1、初始位置 q_0 和终止位置 q_1 给定，就可以计算得到参数 a_0、a_1，即

$$\begin{cases}a_0=q_0\\ a_1=\dfrac{q_1-q_0}{t_1-t_0}=\dfrac{h}{T}\end{cases} \tag{4-41}$$

其中 $h=q_1-q_0$，$T=t_1-t_0$。对多项式求一阶导数，得到速度函数，即

$$\dot{q}(t)=\frac{h}{T} \tag{4-42}$$

可以看到，一阶多项式是速度恒定的线性轨迹，一开始有一个速度脉冲，整个轨迹过程中的加速度为 0。

图 4-44 给出了 $t_0=0$，$t_1=8$，$q_0=0$，$q_1=10$ 条件下的轨迹曲线。

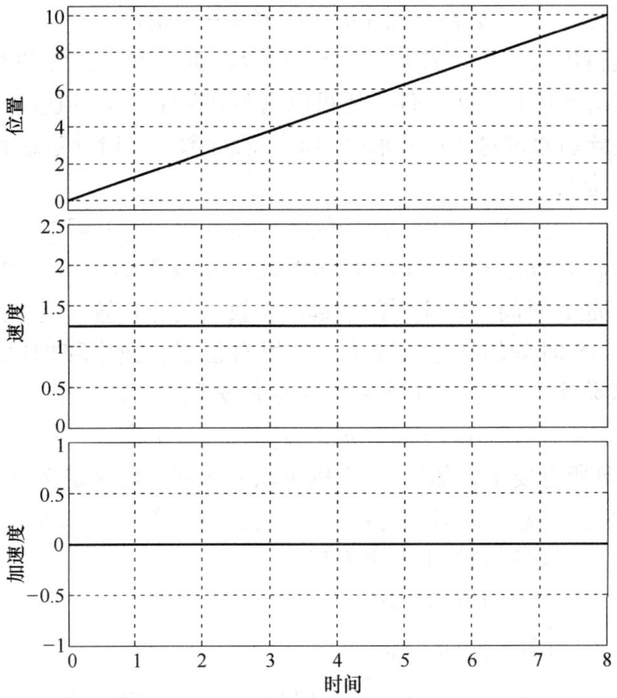

图 4-44　线性轨迹

2. 抛物线轨迹（加速度恒定）

抛物线轨迹也被称为重力轨迹或具有恒定加速度的轨迹，在加速和减速期间其加速度具有恒定的绝对值和相反的符号。从数学上描述，该轨迹由两个二阶多项式组成。轨迹如图 4-45 所示，第一个为加速阶段，即从 t_0 到 t_f（弯曲点），定义为

$$q_a(t)=a_0+a_1(t-t_0)+a_2(t-t_0)^2 \tag{4-43}$$

第二个为减速阶段，即从 t_f 到 t_1，定义为

$$q_b(t)=a_3+a_4(t-t_f)+a_5(t-t_f)^2 \tag{4-44}$$

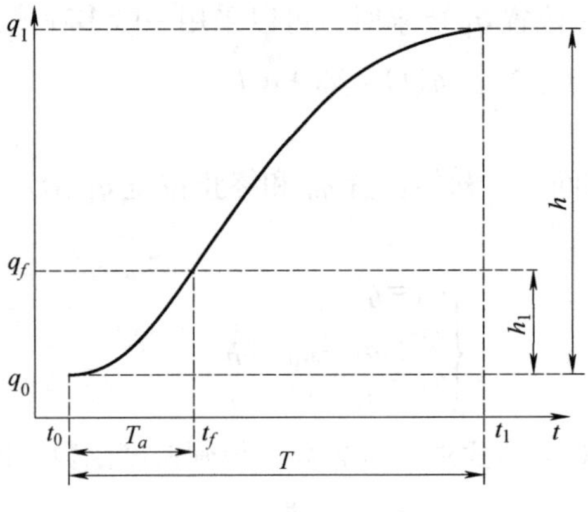

图 4-45　恒定加速度下的抛物线轨迹

如果要求轨迹对称，即中间状态的时间和位置都处于中间点，则

$$t_f=\frac{t_0+t_1}{2},q_{t_f}=q_f=\frac{q_0+q_1}{2} \tag{4-45}$$

那么根据条件 q_0、q_f 和对初始速度 v_0 的要求，利用第一阶段多项式，可列出以下方程：

$$\begin{cases} q_a(t_0) = q_0 = a_0 \\ q_a(t_f) = q_f = a_0 + a_1(t_f - t_0) + a_2(t_f - t_0)^2 \\ \dot{q}_a(t_0) = v_0 = a_1 \end{cases} \tag{4-46}$$

从而可以计算得到第一阶段多项式参数

$$a_0 = q_0, a_1 = v_0, a_2 = \frac{2}{T^2}(h - v_0 T) \tag{4-47}$$

其中 $T = t_1 - t_0$，$h = q_1 - q_0$。在弯曲点达到最大速度，为

$$v_{max} = \dot{q}_a(t_f) = 2\frac{h}{T} - v_0 \tag{4-48}$$

请注意：如果 $v_0 = 0$，那么得到的最大速度相当于是常数速度轨迹的两倍，而且在轨迹中加加速度（jerk）除了在弯曲点处均为零，在弯曲点处加速度改变其符号，加加速度（jerk）为无穷大值。同样可以根据条件 q_f、q_1 和对末端速度 v_1 的要求，计算得到从弯曲点到终止点的多项式参数，为

$$a_3 = q_f = \frac{q_0 + q_1}{2}, a_4 = 2\frac{h}{T} - v_1, a_5 = \frac{2}{T^2}(v_1 T - h) \tag{4-49}$$

从而得到第二阶段轨迹表示。这里需要注意的是：在这种情况下，如果 $v_0 \neq v_1$，那么在 $t = t_f$ 处，轨迹的速度曲线是不连续的。如图 4-46 所示，图中示例条件为 $t_0 = 0$，$t_1 = 8$，$q_0 = 0$，$q_1 = 10$，$v_0 = v_1 = 0$。

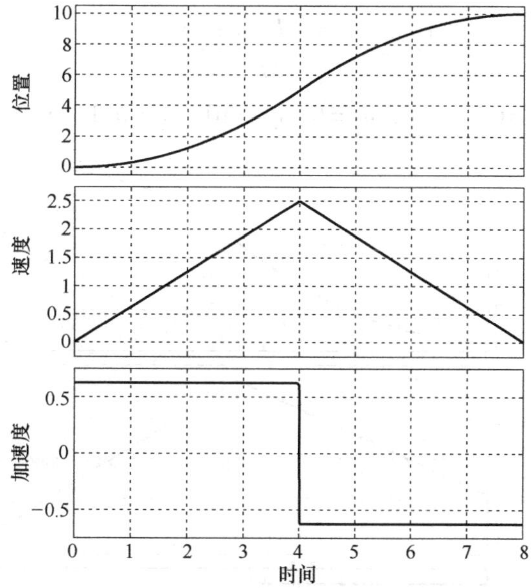

图 4-46 对称的抛物线轨迹

如果仅仅要求中间状态的时间 $t_f = \frac{t_0 + t_1}{2}$，而不对位置做要求（即不要求 $q_{t_f} = q_f = \frac{q_0 + q_1}{2}$），那么可以要求两段轨迹速度连续，即 $\dot{q}_a(t_f) = \dot{q}_b(t_f)$。由此得到以下六个方程：

$$\begin{cases} q_a(t_0)=a_0=q_0 \\ \dot{q}_a(t_0)=a_1=v_0 \\ q_b(t_1)=a_3+a_4\dfrac{T}{2}+a_5\left(\dfrac{T}{2}\right)^2=q_1 \\ \dot{q}_b(t_1)=a_4+2a_5\dfrac{T}{2}=v_1 \\ q_a(t_f)=a_0+a_1\dfrac{T}{2}+a_2\left(\dfrac{T}{2}\right)^2=a_3=q_b(t_f) \\ \dot{q}_a(t_f)=a_1+2a_2\dfrac{T}{2}=a_4=\dot{q}_b(t_f) \end{cases} \tag{4-50}$$

其中$\dfrac{T}{2}=t_f-t_0=t_1-t_f$，从而可得轨迹参数为

$$\begin{cases} a_0=q_0 \\ a_1=v_0 \\ a_2=\dfrac{4h-T(3v_0+v_1)}{2T^2} \\ a_3=\dfrac{4(q_0+q_1)+T(v_0-v_1)}{8} \\ a_4=\dfrac{4h-T(v_0+v_1)}{2T} \\ a_5=\dfrac{-4h+T(v_0+3v_1)}{2T^2} \end{cases} \tag{4-51}$$

图4-47给出的是$t_0=0$，$t_1=8$，$q_0=0$，$q_1=10$，$v_0=0.1$，$v_1=-1$条件下的轨迹示例。

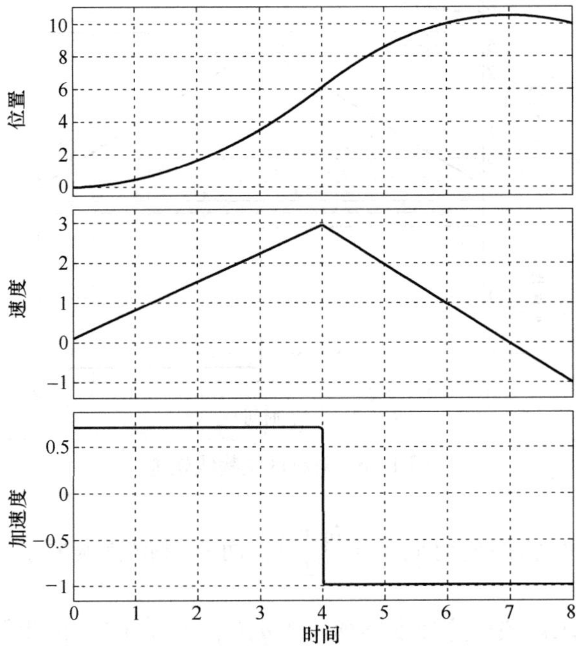

图4-47　速度连续的抛物线轨迹

如果进一步取消中间时间约束，即弯曲点时间 t_f 可以是 t_0 和 t_1 之间的任意时间点，$t_0 < t_f < t_1$，那么约束方程变为

$$\begin{cases} q_a(t_0) = a_0 = q_0 \\ \dot{q}_a(t_0) = a_1 = v_0 \\ q_b(t_1) = a_3 + a_4(t_1 - t_f) + a_5\,(t_1 - t_f)^2 = q_1 \\ \dot{q}_b(t_1) = a_4 + 2a_5(t_1 - t_f) = v_1 \\ q_a(t_f) = a_0 + a_1(t_1 - t_f) + a_2\,(t_1 - t_f)^2 = a_3 = q_b(t_f) \\ \dot{q}_a(t_f) = a_1 + 2a_2(t_1 - t_f) = a_4 = \dot{q}_b(t_f) \end{cases} \tag{4-52}$$

此时最后参数和 t_f 取值有关。可以设计机器人以最大加速度加速到最大速度，然后再缓慢减速，如图 4-48 所示，或者优化执行时间 t_1。

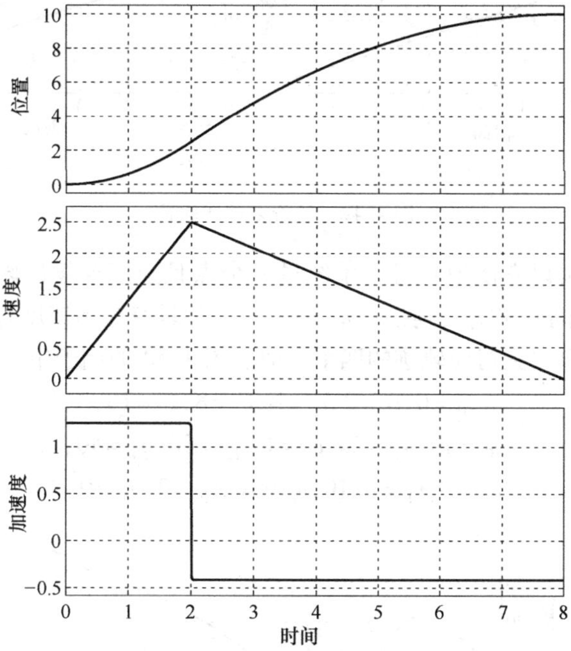

图 4-48　无时间位置约束的抛物线轨迹

3. 立方轨迹

如果在起始时刻 t_0 和终止时刻 t_1 处对起始位置 q_0、终止位置 q_1、起始速度 v_0 和终止速度 v_1 均有要求，那么需要采用三阶多项式

$$q(t) = a_0 + a_1(t - t_0) + a_2\,(t - t_0)^2 + a_3\,(t - t_0)^3 \tag{4-53}$$

根据给定条件，可以得到参数

$$\begin{cases} a_0 = q_0 \\ a_1 = v_0 \\ a_2 = \dfrac{3h - (2v_0 + v_1)T}{T^2} \\ a_3 = \dfrac{-2h + (v_0 + v_1)T}{T^3} \end{cases} \tag{4-54}$$

图 4-49 为 $t_0=0$，$t_1=8$，$q_0=0$，$q_1=10$ 条件下的三阶多项式轨迹，图 4-49a 中初始速度和终止速度为零，即 $v_0=v_1=0$，图 4-49b 中 $v_0=-5$，$v_1=-10$。

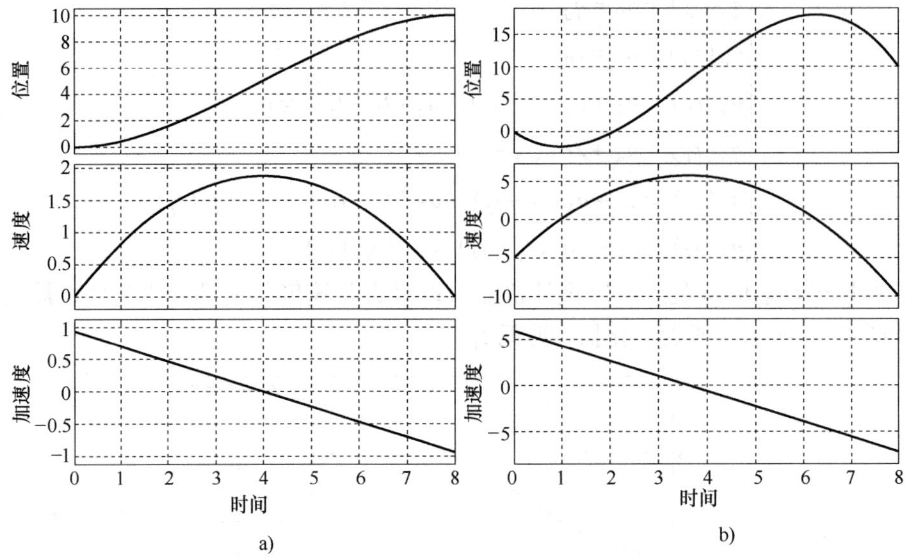

图 4-49　三阶多项式轨迹

利用这个结果，可以方便地获得一条经过 n 个点且速度连续的轨迹。整个运动被分为 $n-1$ 段，每一段在时间 t_k 和 t_{k+1} 连接点 q_k 和 q_{k+1}，并具有起始速度 v_k 和终止速度 v_{k+1}，从而对每一段都可以计算得到对应轨迹的四个参数。图 4-50 的例子中，多点条件分别为

$$
\begin{aligned}
&t_0=0, t_1=2, t_2=4, t_3=8, t_4=10,\\
&q_0=10, q_1=20, q_2=0, q_3=30, q_4=40,\\
&v_0=0, v_1=-10, v_2=10, v_3=3, v_4=0.
\end{aligned}
\tag{4-55}
$$

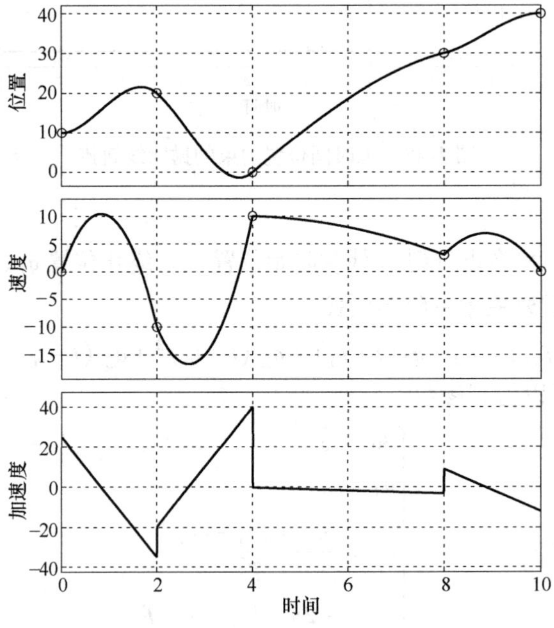

图 4-50　多段三阶多项式轨迹

在应用时，不会给每个中间点定义速度，在这种情况下，可以采用启发式规则来定义合适的中间速度，例如

$$v_k=\begin{cases}0, & \operatorname{sign}(d_k)\neq\operatorname{sign}(d_{k+1})\\ \dfrac{1}{2}(d_k+d_{k+1}), & \operatorname{sign}(d_k)=\operatorname{sign}(d_{k+1})\end{cases} \tag{4-56}$$

式中，$d_k=(q_k-q_{k-1})/(t_k-t_{k-1})$ 是 t_{k-1}和 t_k 时刻之间线段的斜率；sign(·) 是符号函数。

图 4-51 给出了和图 4-50 同样点序列下，采用上述启发式函数计算得到中间速度的轨迹形状。

基于三阶多项式构建通过 n 个点的轨迹具有位置和速度连续特性，但加速度一般是不连续的，如图 4-50 和图 4-51 所示。虽然这种轨迹一般来说“足够平滑”，但在某些应用中，加速度不连续性会对运动链和惯性载荷产生影响，尤其当需要考虑时间最小化而采用最大加速度和速度值或者驱动系统中存在相关的机械弹性时。为了获得具有连续加速度的轨迹，除了位置和速度条件外，还需要为加速度分配合适的初始值和最终值。由于有六个边界条件（位置、速度和加速度），这时需要采用五阶多项式表示。而如果希望加加速度（jerk）连续，则需要进一步采用七阶多项式表示。在此不再一一叙述，读者可以自行推导计算公式。

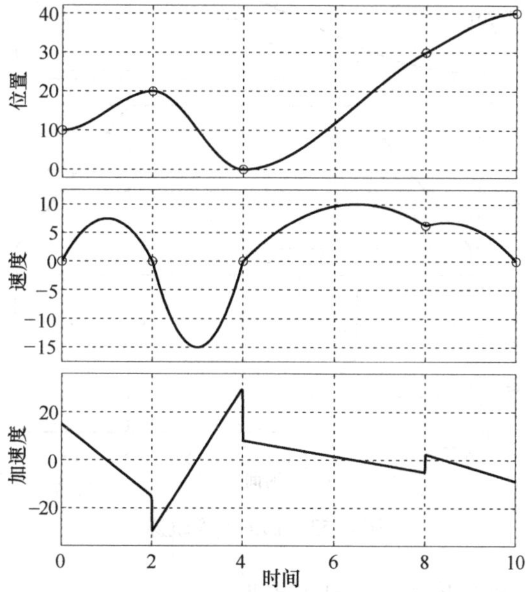

图 4-51　启发式计算中间速度的多段三阶多项式轨迹

4. 复合一维轨迹

根据给定的条件设定一定阶数的函数可以实现轨迹规划，也可以通过连续导数实现位置/速度/加速度平滑。但是在应用中，人们往往不仅仅关注平滑问题，还希望能够最大化发挥机器人的能力，如最大加速度、最大速度、时间最短等。这可以通过适当组合上述基本一维轨迹来得到，利用这种方法一方面可以降低多项式阶次；另一方面可以进行速度、加速度的约束限定，并且可以充分利用机器人最大速度或最大加速度等来实现轨迹时间的最优。工业中最常用的复合轨迹是梯形速度轨迹和双 S 速度轨迹。

（1）梯形速度轨迹

上面介绍的第一种轨迹——线性轨迹——具有速度恒定的特性，是无法在实际中应用

的，因为其速度和加速度不连续，在运动开始和结束时加速度的脉冲振幅是无穷的。为了使速度连续，一种常用方法是混合使用线性轨迹和抛物线轨迹，从而形成梯形速度剖片，这被称为梯形速度轨迹。

如图 4-52 所示，轨迹被分为三个部分 $q_a(t)$、$q_b(t)$、$q_c(t)$。假设是正位移，即 $q_1 > q_0$。第一部分采用一个二阶多项式描述，此时加速度是正的并且是恒定的，速度是时间的线性函数并且是线性递增，位置是抛物线；第二部分采用一个一阶多项式描述，此时加速度为零，速度为常数，位置为时间的线性函数；最后一部分中，再次采用一个二阶多项式描述，此时加速度为恒定的负数，速度线性下降，位置是抛物线。三个部分的位置方程为

$$q(t)=\begin{cases}a_0+a_1t+a_2t^2, & t\in[0,T_a]\\ b_0+b_1t\quad, & t\in[T_a,t_1-T_d]\\ c_0+c_1t+c_2t^2, & t\in[t_1-T_d,t_1]\end{cases} \tag{4-57}$$

式中，T_a 为加速持续时间；T_d 为减速持续时间。

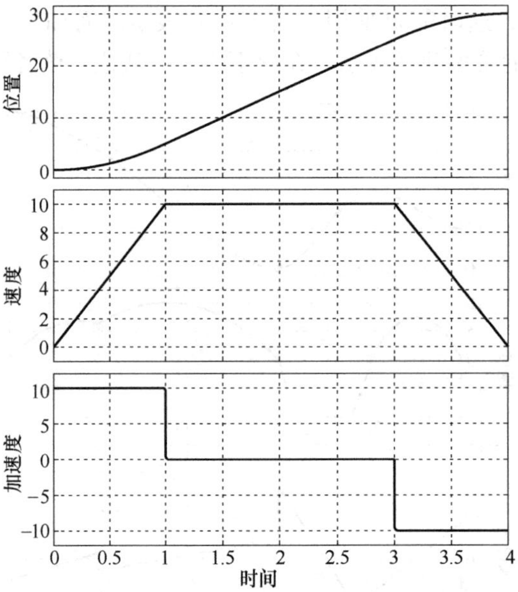

图 4-52　梯形速度轨迹

将各段位置、速度、加速度方程详细列出为

- 加速阶段：$t\in[0,T_a]$

$$\begin{cases}q(t)=a_0+a_1t+a_2t^2\\ \dot{q}(t)=a_1+2a_2t\\ \ddot{q}(t)=2a_2\end{cases} \tag{4-58}$$

- 匀速阶段：$t\in[T_a,t_1-T_d]$

$$\begin{cases}q(t)=b_0+b_1t\\ \dot{q}(t)=b_1\\ \ddot{q}(t)=0\end{cases} \tag{4-59}$$

- 减速阶段：$t\in[t_1-T_d,t_1]$

$$\begin{cases} q(t)=c_0+c_1t+c_2t^2 \\ \dot{q}(t)=c_1+2c_2t \\ \ddot{q}(t)=2c_2 \end{cases} \tag{4-60}$$

给定条件包括起始位置 q_0、终止位置 q_1、起始速度 v_0 和终止速度 v_1，记匀速运动阶段速度为 v_c，则可以计算得到各个参数，方程表示为

- 加速阶段：$t\in[0,T_a]$

$$\begin{cases} q(t)=q_0+v_0t+\dfrac{v_c-v_0}{2T_a}t^2 \\ \dot{q}(t)=v_0+\dfrac{v_c-v_0}{T_a}t \\ \ddot{q}(t)=\dfrac{v_c-v_0}{T_a}=a_a \end{cases} \tag{4-61}$$

- 匀速阶段：$t\in[T_a,t_1-T_d]$

$$\begin{cases} q(t)=q_0+v_0\dfrac{T_a}{2}+v_c\left(t-\dfrac{T_a}{2}\right) \\ \dot{q}(t)=v_c \\ \ddot{q}(t)=0 \end{cases} \tag{4-62}$$

- 减速阶段：$t\in[t_1-T_d,t_1]$

$$\begin{cases} q(t)=q_1-v_1(t_1-t)-\dfrac{v_c-v_1}{2T_d}(t_1-t)^2 \\ \dot{q}(t)=v_1+\dfrac{v_c-v_1}{T_d}(t_1-t) \\ \ddot{q}(t)=-\dfrac{v_c-v_1}{T_d}=a_d \end{cases} \tag{4-63}$$

式中，a_a 表示加速度；a_d 表示减速度。

在应用时可以让机器人以最大加速度加速到 v_c，然后以 v_c 恒定运行一段时间后，再以最大减速度减速，从而可以最小化执行时间 $T=t_1-t_0$。通常最大加速度与最大减速度绝对值相等，即 $a_a=a_{max}$，$a_d=-a_{max}$。$v_c\leqslant v_{max}$，因为当起始位置 q_0 和终止位置 q_1 距离较短时，不需要加速到最大速度。

为此，首先检查机器人加速度 $\ddot{q}(t)\leqslant a_{max}$ 时，是否存在可行轨迹。如果

$$a_{max}<\frac{|v_0^2-v_1^2|}{2h} \tag{4-64}$$

其中 $h=q_1-q_0$，则无法找到一条梯形速度轨迹满足要求的起始速度、终止速度和最大加速度。这种情况通常发生在起始位置 q_0 和终止位置 q_1 距离太近，导致位移 h 相对于 v_0 或 v_1 太小，当最大加速度 a_{max} 的值有限时，无法在小位移内实现速度的变化。解决方案是增加最大加速度值 a_{max}，或者减小 v_0 或 v_1 的值。显然，如果起始速度和终止速度均为 0，则总是能够找到一条梯形速度轨迹。

如果梯形速度轨迹存在，根据加速阶段是否能够加速到 $v_c=v_{max}$，存在两种情况。如果可以，即 $v_c=v_{max}$，那么加、减速时间分别为

$$T_a = \frac{v_{max} - v_0}{a_{max}}, T_d = \frac{v_{max} - v_1}{a_{max}} \tag{4-65}$$

总执行时间为

$$T = \frac{h}{v_{max}} + \frac{v_{max}}{2a_{max}}\left(1 - \frac{v_0}{v_{max}}\right)^2 + \frac{v_{max}}{2a_{max}}\left(1 - \frac{v_1}{v_{max}}\right)^2 \tag{4-66}$$

如果不可以，那么不存在第二阶段的匀速运动，只有加速和减速阶段。能够达到的最大速度为

$$v_c = v_{lim} = \sqrt{ha_{max} + \frac{v_0^2 + v_1^2}{2}} < v_{max} \tag{4-67}$$

此时加、减速时间分别为

$$T_a = \frac{v_{lim} - v_0}{a_{max}}, T_d = \frac{v_{lim} - v_1}{a_{max}} \tag{4-68}$$

总执行时间 $T = T_a + T_d$。

采用上述方法，可以进一步规划通过一系列点的轨迹，每两个点之间是一个梯形速度轨迹。显然，需要为中间点设计合适的速度，以确保找到合适的轨迹。如果每一段都能够达到最大速度 v_{max}，那么中间点速度可以如下计算：

$$v_k = \begin{cases} 0, & \text{sign}(h_k) \neq \text{sign}(h_{k+1}) \\ \text{sign}(h_k) v_{max}, & \text{sign}(h_k) = \text{sign}(h_{k+1}) \end{cases} \tag{4-69}$$

式中 $h_k = q_k - q_{k-1}$（$k = 1, \cdots, n-1$）。

（2）双 S 速度轨迹

梯形速度轨迹中，速度连续，但加速度不连续，在起始、终止、加速结束进入匀速、匀速结束进入减速时都存在阶跃，其 jerk 脉冲幅值为无穷大。该轨迹会对机械系统产生作用力和应力，从而可能产生有害或不期望的振动效应。如果需要加速度连续，形成更平滑的运动，则需要采用双 S 速度轨迹。

双 S 速度轨迹中，轨迹被分为七个部分，依次采用三阶多项式、二阶多项式、三阶多项式、一阶多项式、三阶多项式、二阶多项式、三阶多项式。前面三个多项式构成加速度连续的加速过程，中间的一阶多项式为匀速运动过程，最后三个多项式构成加速度连续的减速过程，如图 4-53 所示，也被称为钟形轨迹或七段轨迹。在七段轨迹中，jerk 值均为恒定值，相互之间为阶跃，因此和梯形速度轨迹相比，作用在运动链和运动载荷上的应力和振动都减小了。

双 S 速度轨迹的计算要比梯形速度轨迹的计算复杂很多。因此假设

$$j_{min} = -j_{max}, a_{min} = -a_{max}, v_{min} = -v_{max} \tag{4-70}$$

式中，j_{min}、j_{max} 分别为 jerk 的最小值和最大值。在这些条件下，采用 jerk、加速度和速度的最大/最小值，总运行时间 T 可以最小化。

同样，这里仅讨论 $q_1 > q_0$ 的正位移情况，位移 $h = q_1 - q_0$。为简化问题，设定 $t_0 = 0$，初始加速度 a_0 和终止加速度 a_1 均为 0，初始速度 v_0 和终止速度 v_1 给定。仍用 T_a 表示加速持续时间，T_d 为减速持续时间，T_v 为匀速运动时间，总时间 $T = T_a + T_v + T_d$。

首先，需要验证是否能够得到一条可以执行的轨迹。有些情况下，根据给定约束是无法计算得到可行轨迹的。例如，相对于初始速度 v_0 和终止速度 v_1 的差值，位移 h 非常小，当 jerk 和加速度最大值有限时，无法在小位移内实现速度的变化。极端情况下只有一个加速阶

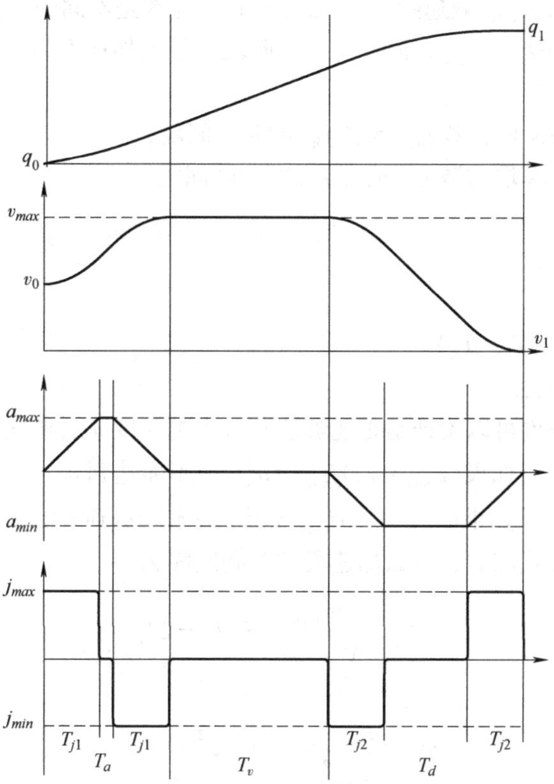

图 4-53 双 S 速度轨迹

段（$v_0 < v_1$），或者一个减速阶段（$v_0 > v_1$），因此需要检查是否可以通过 jerk 一正一负两个脉冲来实现。定义

$$T_j^* = min\left\{\sqrt{\frac{|v_1 - v_0|}{j_{max}}}, \frac{a_{max}}{j_{max}}\right\} \tag{4-71}$$

如果 $T_j^* = a_{max}/j_{max}$，那么加速度达到最大值，存在一段 jerk 为 0 的轨迹。那么当满足以下不等式条件时，可以计算得到轨迹：

$$q_1 - q_0 > \begin{cases} T_j^*(v_0 + v_1) \quad , & T_j^* < \dfrac{a_{max}}{j_{max}} \\ \dfrac{1}{2}(v_0 + v_1)\left[T_j^* + \dfrac{|v_1 - v_0|}{a_{max}}\right], & T_j^* = \dfrac{a_{max}}{j_{max}} \end{cases} \tag{4-72}$$

在可以得到轨迹的条件下，定义运动过程中速度的最大值为 $v_{lim} = \max(\dot{q}(t))$，那么需要考虑两种可能性：

① $v_{lim} = v_{max}$；

② $v_{lim} < v_{max}$。

在后一种情况下，只有在计算得到轨迹参数后才能验证，此时因为没有达到最大速度，所以只有加速阶段和减速阶段，没有匀速运动阶段。

不论是哪种情况，都有可能未达到最大加速度（正加速度或负加速度）。当位移很小而最大加速度 a_{max} 很大时，或者初始/最终速度非常接近最大速度，就可能发生这种情况。在这种情况下，不存在恒加速度段。特别值得注意的是：当初始速度 v_0 和最终速度 v_1 不同值时，从 v_0 加速到 v_{lim} 和从 v_{lim} 减速到 v_1 所需的时间量通常是不同的，并且有可能发生仅在其中一个阶段达到最大加速度 a_{max}，而在另一个阶段，最大加速度为 $a_{lim} < a_{max}$。

下面分情况讨论。定义

T_{j1}：加速阶段，jerk 取常数 j_{max} 或者 j_{min} 的时间间隔；

T_{j2}：减速阶段，jerk 取常数 j_{max} 或者 j_{min} 的时间间隔；

T_a：加速时间；

T_v：匀速运动时间；

T_d：减速时间；

T：总时间（$=T_a+T_v+T_d$）。

1）情况 1：$v_{lim}=v_{max}$

此时，通过以下条件可以验证是否能够达到最大加速度 a_{max} 或 $a_{min}=-a_{max}$：

$$\text{如果}(v_{max}-v_0)j_{max}<a_{max}^2\Rightarrow\text{不能达到 }a_{max}$$

$$\text{如果}(v_{max}-v_1)j_{max}<a_{max}^2\Rightarrow\text{不能达到 }a_{min}$$

如果上面第一个公式成立，那么加速段的时间间隔为

$$T_{j1}=\sqrt{\frac{v_{max}-v_0}{j_{max}}},T_a=2T_{j1} \tag{4-73}$$

否则

$$T_{j1}=\frac{a_{max}}{j_{max}},T_a=T_{j1}+\frac{v_{max}-v_0}{a_{max}} \tag{4-74}$$

同样地，如果上面第二个公式成立，那么减速段的时间间隔为

$$T_{j2}=\sqrt{\frac{v_{max}-v_1}{j_{max}}},T_a=2T_{j2} \tag{4-75}$$

否则

$$T_{j2}=\frac{a_{max}}{j_{max}},T_a=T_{j2}+\frac{v_{max}-v_1}{a_{max}} \tag{4-76}$$

最后，可以将匀速运动段的持续时间确定为

$$T_v=\frac{q_1-q_0}{v_{max}}-\frac{T_a}{2}\left(1+\frac{v_0}{v_{max}}\right)-\frac{T_d}{2}\left(1+\frac{v_1}{v_{max}}\right) \tag{4-77}$$

如果 $T_v>0$，则可以达到最大速度，可利用上述公式计算得到的 T_{j1}、T_{j2}、T_v 的值计算轨迹。如果 $T_v<0$，则意味着最大速度 $v_{lim}<v_{max}$，则为情况 2。

2）情况 2：$v_{lim}<v_{max}$

在这种情况下，不存在匀速运动阶段（$T_v=0$），并且如果在加速段和减速段都能达到最大/最小加速度，那么可以轻松地计算得到加速段和减速段的持续时间，为

$$T_{j1}=T_{j2}=T_j=\frac{a_{max}}{j_{max}} \tag{4-78}$$

且

$$T_a=\frac{\frac{a_{max}^2}{j_{max}}-2v_0+\sqrt{\Delta}}{2a_{max}},T_d=\frac{\frac{a_{max}^2}{j_{max}}-2v_1+\sqrt{\Delta}}{2a_{max}} \tag{4-79}$$

其中

$$\Delta = \frac{a_{max}^2}{j_{max}^4} + 2(v_0^2 + v_1^2) + a_{max}\left[4(q_1 - q_0) - 2\frac{a_{max}}{j_{max}}(v_0 + v_1)\right] \tag{4-80}$$

如果 $T_a < 2T_j$ 或 $T_d < 2T_j$，则加速段和减速段中只有一个不能达到最大（最小）加速度，因此不能采用上面的计算公式。这种情况下很难确定参数，从计算的角度来讲，更好的解决方案是找一个近似解而不是最优解。一种可行的方法是逐步减小 a_{max} 的值（例如，假设 $a_{max} = \gamma a_{max}$，$0 < \gamma < 1$），然后通过上述计算公式计算分段时间，直到 $T_a > 2T_j$ 和 $T_d > 2T_j$ 均为真。

在这个递归计算过程中，可能会发生 T_a 或 T_d 变为负数的情况。这种情况下，根据初始速度和最终速度的值，只需要加速或减速阶段中的一个。如果 $T_a < 0$（注意在这种情况下必须 $v_0 > v_1$），则不存在加速阶段。然后，将 T_a 设为 0，根据下式计算得到减速段的持续时间：

$$T_d = 2\frac{q_1 - q_0}{v_1 + v_0} \tag{4-81}$$

$$T_{j2} = \frac{j_{max}(q_1 - q_0) - \sqrt{j_{max}(j_{max}(q_1 - q_0)^2 + (v_1 + v_0)^2(v_1 - v_0))}}{j_{max}(v_1 + v_0)} \tag{4-82}$$

对于对偶情况，即 $T_d < 0$（当 $v_1 > v_0$ 时可能出现这种情况），则不存在减速阶段，$T_d = 0$，然后根据下式计算得到加速段的持续时间：

$$T_a = 2\frac{q_1 - q_0}{v_1 + v_0} \tag{4-83}$$

$$T_{j1} = \frac{j_{max}(q_1 - q_0) - \sqrt{j_{max}(j_{max}(q_1 - q_0)^2 - (v_1 + v_0)^2(v_1 - v_0))}}{j_{max}(v_1 + v_0)} \tag{4-84}$$

在定义了每段轨迹的持续时间后，可以计算得到最大加速度 a_{lim_a}、最小加速度 a_{lim_d} 以及最大速度 v_{lim}：

$$a_{lim_a} = j_{max}T_{j1}, a_{lim_d} = -j_{max}T_{j2} \tag{4-85}$$

$$v_{lim} = v_0 + (T_a - T_{j1})a_{lim_a} = v_1 - (T_d - T_{j2})a_{lim_d} \tag{4-86}$$

一旦得到了时间长度和上述参数，就可以通过以下方程计算双 S 速度轨迹。

- 加速阶段

a）$t \in [0, T_{j1}]$

$$\begin{cases} q(t) = q_0 + v_0 t + j_{max}\dfrac{t^3}{6} \\ \dot{q}(t) = v_0 + j_{max}\dfrac{t^2}{2} \\ \ddot{q}(t) = j_{max}t \\ q^{(3)}(t) = j_{max} \end{cases} \tag{4-87}$$

b）$t \in [T_{j1}, T_a - T_{j1}]$

$$\begin{cases} q(t) = q_0 + v_0 t + \dfrac{a_{lim_a}}{6}(3t^2 - 3T_{j1}t + T_{j1}^2) \\ \dot{q}(t) = v_0 + a_{lim_a}\left(t - \dfrac{T_{j1}}{2}\right) \\ \ddot{q}(t) = j_{max}T_{j1} = a_{lim_a} \\ q^{(3)}(t) = 0 \end{cases} \tag{4-88}$$

c） $t \in [T_a - T_{j1}, T_a]$

$$\begin{cases} q(t) = q_0 + (v_{lim} + v_0)\dfrac{T_a}{2} - v_{lim}(T_a - t) - j_{min}\dfrac{(T_a - t)^3}{6} \\ \dot{q}(t) = v_{lim} - j_{min}\dfrac{(T_a - t)^2}{2} \\ \ddot{q}(t) = -j_{min}(T_a - t) \\ q^{(3)}(t) = j_{min} = -j_{max} \end{cases} \tag{4-89}$$

- 匀速阶段

$t \in [T_a, T_a + T_v]$

$$\begin{cases} q(t) = q_0 + (v_{lim} + v_0)\dfrac{T_a}{2} + v_{lim}(t - T_a) \\ \dot{q}(t) = v_{lim} \\ \ddot{q}(t) = 0 \\ q^{(3)}(t) = 0 \end{cases} \tag{4-90}$$

- 减速阶段

a） $t \in [T - T_d, T - T_d + T_{j2}]$

$$\begin{cases} q(t) = q_1 - (v_{lim} + v_1)\dfrac{T_d}{2} + v_{lim}(t - T + T_d) - j_{max}\dfrac{(t - T + T_d)^3}{6} \\ \dot{q}(t) = v_{lim} - j_{max}\dfrac{(t - T + T_d)^2}{2} \\ \ddot{q}(t) = -j_{max}(t - T + T_d) \\ q^{(3)}(t) = j_{min} = -j_{max} \end{cases} \tag{4-91}$$

b） $t \in [T - T_d + T_{j2}, T - T_{j2}]$

$$\begin{cases} q(t) = q_1 - (v_{lim} + v_1)\dfrac{T_d}{2} + v_{lim}(t - T + T_d) + \\ \qquad \dfrac{a_{lim_d}}{6}(3(t - T + T_d)^2 - 3T_{j2}(t - T + T_d) + T_{j2}^2) \\ \dot{q}(t) = v_{lim} + a_{lim_d}\left(t - T + T_d - \dfrac{T_{j2}}{2}\right) \\ \ddot{q}(t) = -j_{max}T_{j2} = a_{lim_d} \\ q^{(3)}(t) = 0 \end{cases} \tag{4-92}$$

c） $t \in [T - T_{j2}, T]$

$$\begin{cases} q(t) = q_1 - v_1(T - t) - j_{max}\dfrac{(T - t)^3}{6} \\ \dot{q}(t) = v_1 - j_{max}\dfrac{(T - t)^2}{2} \\ \ddot{q}(t) = -j_{max}(T - t) \\ q^{(3)}(t) = j_{max} \end{cases} \tag{4-93}$$

4.4.3 平面移动轨迹规划

平面移动机器人有三个状态量 (x,y,θ)，理论上需要做三维轨迹规划，得到 $x(t)$、$y(t)$、$\theta(t)$ 三组控制指令。但实际上，对于平面移动机器人只需要做二维轨迹规划，用 x、y 这两个维度进行空间位置轨迹规划，或者规划参考点的平移速度 v 和旋转速度 w。因为前者可以根据 $x(t)$ 和 $y(t)$ 的变化来计算得到 $\theta(t)$，即

$$\theta(t)=\arctan\frac{\dot{y}(t)}{\dot{x}(t)}=\arctan\frac{y(t+1)-y(t)}{x(t+1)-x(t)} \tag{4-94}$$

后者与 $x(t)$、$y(t)$、$\theta(t)$ 存在以下关系：

$$\begin{cases}\dot{\theta}(t)=w(t)\\ \dot{x}(t)=v(t)\cos\theta(t)\\ \dot{y}(t)=v(t)\sin\theta(t)\end{cases} \tag{4-95}$$

通常，把 $(x(t),y(t),\theta(t))$ 称为完整轨迹，$(x(t),y(t))$ 或者 $(v(t),w(t))$ 称为基本轨迹规划。所谓完整轨迹是指在系统状态张成的完整空间内的轨迹，而基本轨迹是在完整空间的仿射空间（也称为基本空间）内的轨迹。当确定基本轨迹后，可以通过模型计算得到完整轨迹中非基本量的控制律。因此，尽管移动机器人平面运动状态空间是三维的，但只需做二维轨迹规划。

早期，移动机器人轨迹规划主要在几何空间中展开，即规划 $(x(t),y(t))$。对于全方位移动机器人这类完整系统，$x(t)$、$y(t)$ 可以分别独立规划，进行时间同步即可。对于差分驱动这类存在非完整运动学约束的机器人来讲，$x(t)$、$y(t)$ 规划存在耦合，同时需确保轨迹平滑，为此研究人员设计了各种满足运动学约束的曲线，通过搜索合适的曲线参数完成轨迹规划，这类方法也称为图形搜索法。近年来，研究人员提出直接在速度空间中展开移动机器人轨迹规划方法，即规划 $v(t)$、$w(t)$，由此提出了速度轨迹参数优化法和反馈控制法。下面分别予以介绍。

1. 图形搜索法

图形搜索法是根据路径搜索经过或者近似经过路径点且满足运动学约束的图形曲线，常见曲线有 Dubins 曲线、Reeds-Shepp 曲线、回旋曲线、多项式曲线、贝塞尔曲线、样条曲线等，其中贝塞尔曲线和样条曲线都是近似经过路径点。本书主要介绍面向汽车型 Ackman 底盘的 Dubins 曲线和 Reeds-Shepp 曲线，以及面向差分驱动机器人的 Balkcom-Mason 曲线。

（1）Dubins 曲线

Dubins 曲线面向简化的汽车模型。汽车模型如图 4-54 所示，以后面两轮轴心连线的中点为参考点，其位形表示为 (x,y,θ)，以该参考点为原点、以机器人方向为 x 轴建立机器人坐标系，后轮和前轮之间的距离为 L，前轮转向方向为 ϕ。当转向角度为 ϕ 时，受非完整运动学约束限制，机器人沿着某个圆弧运动，圆弧中心点由前后轮的零运动直线相交而成，半径为 ρ。

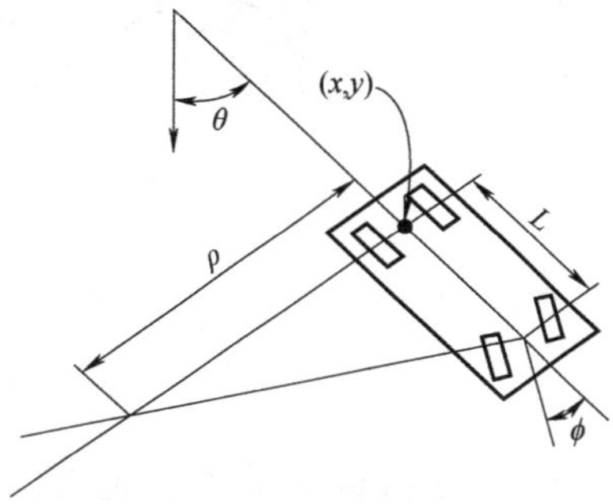

图 4-54 汽车模型

汽车的控制为车速和转向角，表示为 $u=(v,\phi)$，位形转移方程表示为

$$\begin{cases}\dot{x}=v\cos\theta\\ \dot{y}=v\sin\theta\\ \dot{\theta}=\dfrac{v}{L}\tan\phi\end{cases}\tag{4-96}$$

其中车速 v 可以取 0 到最大速度之间的任意值，而转向角 ϕ 则不能超过最大转向角 ϕ_{max} 限制，$|\phi|\leqslant\phi_{max}<\frac{\pi}{2}$。车辆转向行为与车速有关。如果要实现较大的转向，车速不能高。简化的车辆模型就是假设车辆以安全速度运行，不影响其位形的可达性，由此将 v 约束为 $|v|\leqslant1$。而 Dubins 模型则将 v 约束取值为 $\{0,1\}$，即只能零速或者前向常速运动。此时系统简化为

$$\begin{cases}\dot{x}=\cos\theta\\ \dot{y}=\sin\theta\\ \dot{\theta}=u_{\phi}\end{cases}\tag{4-97}$$

其中 $u_{\phi}\in[-\tan\phi_{max},\tan\phi_{max}]$。

由于车辆存在最大转向角的限制，导致车辆存在最小转弯半径，记为 ρ_{min}，$\rho_{min}=L/\tan(\phi_{max})$。1957 年，Lester Eli Dubins 证明具有最小转弯半径 ρ_{min} 的前向运动车辆在两个路径点之间的最短路径可以完全由不超过三个的运动基元组成，运动基元是半径为 ρ_{min} 向左或者向右转弯的圆弧或者为直线，分别用 L、R、S 表示。这三种运动基元的不同序列对应不同的执行顺序，每个序列称为一个单词。词中连续基元类型不同，因为如果相同的话它们可以合并为一个基元。因此，一共可能有 10 个长度为 3 的单词。Dubins 指出其中 6 个为最佳单词，分别为

$$\{LRL,RLR,LSL,LSR,RSL,RSR\}$$

任何两个路径点之间的最短路径都可以用其中一个词来表示，这些被称为 Dubins 曲线。

为更精确地表示，采用下标表示每个运动基元的持续时间。对于 L 和 R 就是总的旋转量，对于 S 就是总的行驶距离。在下标表示下，Dubins 曲线表示为

$$\{L_{\alpha}R_{\beta}L_{\gamma},R_{\alpha}L_{\beta}R_{\gamma},L_{\alpha}S_{d}L_{\gamma},L_{\alpha}S_{d}R_{\gamma},R_{\alpha}S_{d}L_{\gamma},R_{\alpha}S_{d}R_{\gamma}\}$$

其中 α、$\gamma\in[0,2\pi)$，$\beta\in(\pi,2\pi)$，$d\geqslant0$。图 4-55 给出了两个 Dubins 曲线示例。注意 β 必须大于 π，否则其他单词可以变成最优。

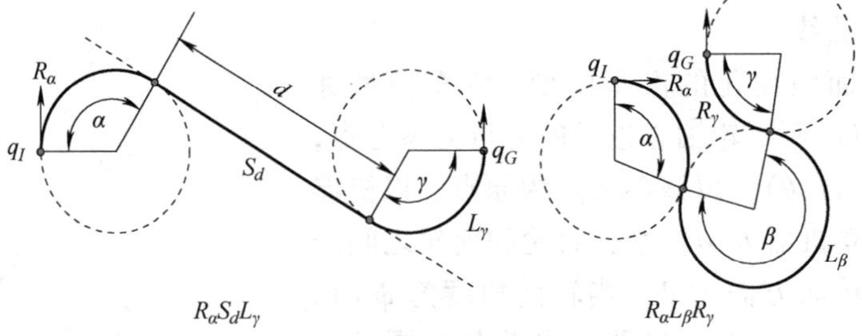

图 4-55　Dubins 曲线示例

基于上述 Dubins 曲线的定义，当给定路径点时，需要解决的问题有两个：①应该选择 6 个单词中的哪个来生成路径点 q_I 和 q_G 之间的最短路径？②对于每个单词，其下标 α、β、γ、d 应该取什么值？一个简单的方法是尝试所有 6 个单词，选择距离最短的，基于圆弧半

径最小来确定每个运动基元参数。另一种方法是利用对于某个区域某个特定单词最佳的特性。假设目标点 q_G 固定在（0,0,0），根据起始点 q_I 可能的位置，位形空间可以分解为若干个区域，每个区域有一个单词是最佳的。图 4-56 给出了 $\theta=\pi$ 时的单元分解情况。

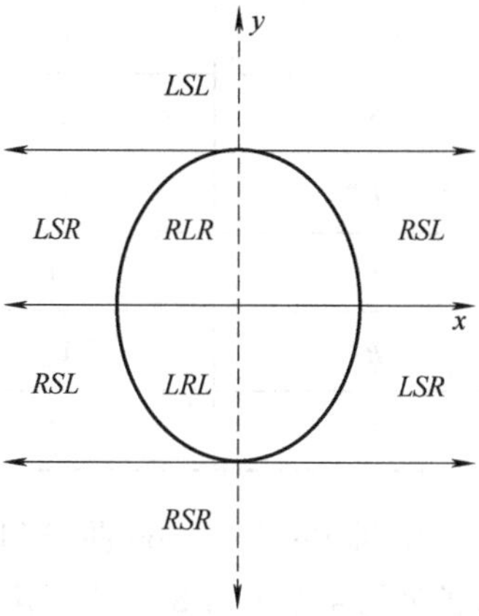

图 4-56　$\theta=\pi$ 时区域最佳单词

（2）Reeds-Shepp 曲线

Dubins 曲线中有一个假设，车辆只能向前运动，不能向后运动。Reeds-Shepp 曲线则放松条件，既允许车辆向前运动，又允许向后运动。此时车辆系统可以表示为

$$\begin{cases}\dot{x}=u_1\cos\theta\\ \dot{y}=u_1\sin\theta\\ \dot{\theta}=u_1u_2\end{cases} \tag{4-98}$$

其中 $u_1\in\{-1,1\}$，$u_2\in[-\tan\phi_{max},\tan\phi_{max}]$。控制变量 u_1 选择排挡，$u_1=1$ 表示向前，$u_1=-1$ 表示向后；控制变量 u_2 为方向控制。

在 Reeds-Shepp 模型下，需要引入一个新的符号“|”来表示排挡运动，从向前运动切换到向后运动或者从向后运动切换到向前运动。由此，可以有 48 个不同的单词来描述最短路径，每个单词由 5 个运动基元组成，运动基元可以是 L、R、S、|。为了简化表示，这里用符号 C 表示曲线，替代符号 L 和 R，则 48 种 Reeds-Shepp 曲线可以简化表示为以下基本单词之一

$$\{C|C|C, CC|C, C|CC, CSC, CC_\beta|C_\beta C, C|C_\beta C_\beta|C, C|C_{\pi/2}SC, CSC_{\pi/2}|C, C|C_{\pi/2}SC_{\pi/2}|C\}$$

这里下标 $\pi/2$ 表示曲线必须精确地为 $\pi/2$ 的圆弧，下标 β 表示该运动基元参数必须和另一个运动基元参数匹配。

Reeds-Shepp 曲线可以同 Dubins 曲线一样，用下标表示每个运动基元的具体取值。不同单词的相关取值范围见表 4-1。图 4-57 给出了 Reeds-Shepp 曲线具体实例，其中上标 +/- 的含义见表 4-2。可以看到，采用 Reeds-Shepp 曲线得到的轨迹长度小于 Dubins 曲线。

表 4-1　Reeds-Shepp 曲线运动基元取值范围

运动基元	α	β	γ	d
$C_\alpha\|C_\beta\|C_\gamma$	$[0,\pi]$	$[0,\pi]$	$[0,\pi]$	—
$C_\alpha\|C_\beta C_\gamma$	$[0,\beta]$	$[0,\pi/2]$	$[0,\beta]$	—
$C_\alpha C_\beta\|C_\gamma$	$[0,\beta]$	$[0,\pi/2]$	$[0,\beta]$	—
$C_\alpha S_d C_\gamma$	$[0,\pi/2]$	—	$[0,\pi/2]$	$(0,\infty)$
$C_\alpha C_\beta\|C_\beta C_\gamma$	$[0,\beta]$	$[0,\pi/2]$	$[0,\beta]$	—
$C_\alpha\|C_\beta C_\beta\|C_\gamma$	$[0,\beta]$	$[0,\pi/2]$	$[0,\beta]$	—
$C_\alpha\|C_{\pi/2}S_d C_{\pi/2}\|C_\gamma$	$[0,\pi/2]$	—	$[0,\pi/2]$	$(0,\infty)$
$C_\alpha\|C_{\pi/2}S_d C_\gamma$	$[0,\pi/2]$	—	$[0,\pi/2]$	$(0,\infty)$
$C_\alpha S_d C_{\pi/2}\|C_\gamma$	$[0,\pi/2]$	—	$[0,\pi/2]$	$(0,\infty)$

表 4-2　Reeds-Shepp 曲线上标含义

符号	油门：u_1	方向：u_2
S^+	1	0
S^-	−1	0
L^+	1	1
L^-	−1	1
R^+	1	−1
R^-	−1	−1

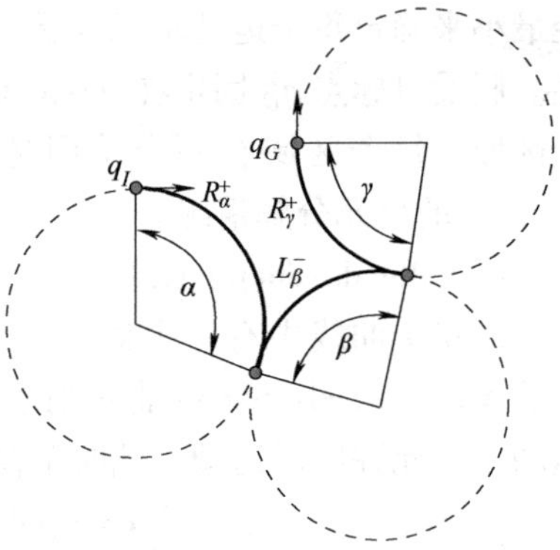

图 4-57　Reeds-Shepp 曲线示例

48 种 Reeds-Shepp 曲线和简化表示的基本单词对应关系见表 4-3。每个简化表示单词可以扩展为 4 个或者 8 个非简化表示单词。需要注意的是：从简化表示扩展为非简化表示时，Reeds-Shepp 曲线和 Dubins 曲线一样，连续基元类型应该不同。

当给定起始点和终止点时，需要选择最合适的 Reeds-Shepp 曲线单词。可以采用遍历评估的方法，但 Reeds-Shepp 曲线单词数量远远多于 Dubins 曲线单词数量，这种方式代价比较高。一种简单的方法是根据 θ 的有效区间来删除候选单词，因为对于某个 θ 值，某些压缩单词不可能作为最短路径。

表 4-3　Reeds-Shepp 曲线和基本单词对应关系

基本单词	对应的运动基元
$C\|C\|C$	$(L^+R^-L^+)(L^-R^+L^-)(R^+L^-R^+)(R^-L^+R^-)$
$CC\|C$	$(L^+R^+L^-)(L^-R^-L^+)(R^+L^+R^-)(R^-L^-R^+)$
$C\|CC$	$(L^+R^-L^-)(L^-R^+L^+)(R^+L^-R^-)(R^-L^+R^+)$
CSC	$(L^+S^+L^+)(L^-S^-L^-)(R^+S^+R^+)(R^-S^-R^-)$ $(L^+S^+R^+)(L^-S^-R^-)(R^+S^+L^+)(R^-S^-L^-)$
$CC_\beta\|C_\beta C$	$(L^+R_\beta^+L_\beta^-R^-)(L^-R_\beta^-L_\beta^+R^+)(R^+L_\beta^+R_\beta^-L^-)(R^-L_\beta^-R_\beta^+L^+)$
$C\|C_\beta C_\beta\|C$	$(L^+R_\beta^-L_\beta^-R^+)(L^-R_\beta^+L_\beta^+R^-)(R^+L_\beta^-R_\beta^-L^+)(R^-L_\beta^+R_\beta^+L^-)$
$C\|C_{\pi/2}SC$	$(L^+R_{\pi/2}^-S^-R^-)(L^-R_{\pi/2}^+S^+R^+)(R^+L_{\pi/2}^-S^-L^-)(R^-L_{\pi/2}^+S^+L^+)$ $(L^+R_{\pi/2}^-S^-L^-)(L^-R_{\pi/2}^+S^+L^+)(R^+L_{\pi/2}^-S^-R^-)(R^-L_{\pi/2}^+S^+R^+)$
$CSC_{\pi/2}\|C$	$(L^+S^+L_{\pi/2}^+R^-)(L^-S^-L_{\pi/2}^-R^+)(R^+S^+R_{\pi/2}^+L^-)(R^-S^-R_{\pi/2}^-L^+)$ $(R^+S^+L_{\pi/2}^+R^-)(R^-S^-L_{\pi/2}^-R^+)(L^+S^+R_{\pi/2}^+L^-)(L^-S^-R_{\pi/2}^-L^+)$
$C\|C_{\pi/2}SC_{\pi/2}\|C$	$(L^+R_{\pi/2}^-S^-L_{\pi/2}^-R^+)(L^-R_{\pi/2}^+S^+L_{\pi/2}^+R^-)$ $(R^+L_{\pi/2}^-S^-R_{\pi/2}^-L^+)(R^-L_{\pi/2}^+S^+R_{\pi/2}^+L^-)$

(3) Balkcom-Mason 曲线

前面两种曲线都是针对汽车底盘这类具有最小转弯半径约束的移动机器人。而差分驱动机器人不存在最小转弯半径约束，可以原地旋转，从最小化起始点到终止点距离目标来讲，其轨迹似乎应该等同于路径。但这是建立在衡量起始点到终止点距离时仅仅考虑参考点位置移动距离上，而把原地旋转作为免费运动，将旋转运动发生的时间、车轮转动发生的能耗都忽略了。如果按这种方式进行最优轨迹规划，差分驱动机器人执行时需要直线运动速度减速为零，转向后再直线运动做加速，存在既耗时、移动轨迹也不平滑的问题。

Balkcom-Mason 曲线的基本思想是限制差分驱动速度，并最小化从起始点到终止点的总时间，最优化目标为

$$\int_{0}^{t_F}\left(\sqrt{\dot{x}(t)^2+\dot{y}(t)^2}+|\dot{\theta}(t)|\right)\mathrm{d}t \tag{4-99}$$

在这个目标下，差分驱动机器人可以实现时间最优，且可以采用表 4-4 所示的 4 个运动基元来表示最优路径。每个运动基元对应于一个动作变量，该动作变量在时间间隔内固定在极限值。

表 4-4 Balkcom-Mason 曲线的运动基元

符号	左轮：u_l	右轮：u_r
⇑	1	1
⇓	-1	-1
↶	-1	1
↷	1	-1

利用这 4 个运动基元可以形成描述差分驱动机器人最佳路径的单词，单词长度不超过 5 个。一共有 9 个这样的单词：

{↷, ⇓, ⇓↷, ↷⇓↷, ⇑↶$_{\pi}$⇓, ↶⇓↷, ⇓↷↷, ↶⇓↷⇑, ⇑↶⇓↷⇑}

描述的运动如图 4-58 所示。最后两种仅仅对小运动有效，这里按五倍缩小显示，未画出机器人轮廓线。

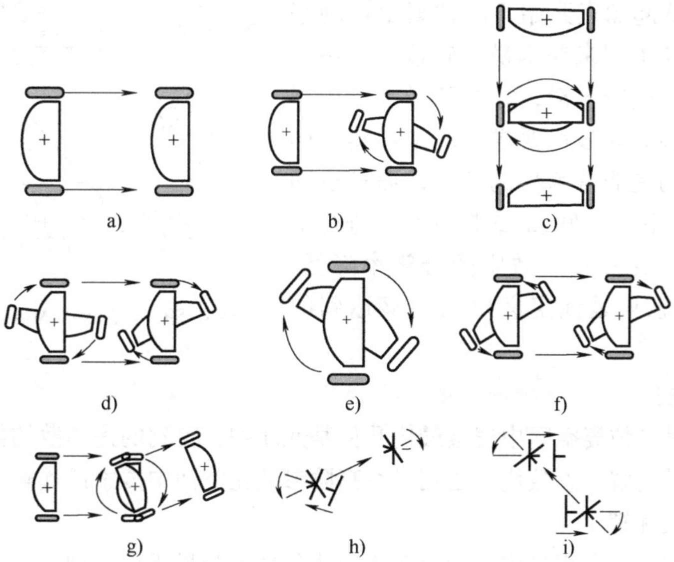

图 4-58 Balkcom-Mason 曲线基本单词运动示意

对这 9 个单词应用对称变换，可以得到 40 条不同的 Balkcom-Mason 曲线，见表 4-5，其中 T_1 是前后方向对称变换，T_2 是基元序列顺序颠倒，T_3 是旋转方向对称变化，后面四种是三种变换的组合。9 个基本单词加上 7 种对称变换，一共会得到 72 条曲线，其中 40 条是完全不同的曲线。

表 4-5 Balkcom-Mason 曲线

	基元	T_1	T_2	T_3	$T_2 \circ T_1$	$T_3 \circ T_1$	$T_3 \circ T_2$	$T_3 \circ T_2 \circ T_1$
A.	↷	↷	↷	↶	↷	↶	↶	↶
B.	⇓	⇑	⇓	⇓	⇑	⇑	⇓	⇑
C.	⇓↷	⇑↷	↷⇓	⇓↶	↷⇑	⇑↶	↶⇓	↶⇑
D.	↷⇓↷	↷⇑↷	↷⇓↷	↶⇓↶	↷⇑↷	↶⇑↶	↶⇓↶	↶⇑↶
E.	⇑↶$_\pi$⇓	⇓↶$_\pi$⇑	⇓↶$_\pi$⇑	⇑↷$_\pi$⇓	⇑↶$_\pi$⇓	⇓↷$_\pi$⇑	⇓↷$_\pi$⇑	⇑↷$_\pi$⇓
F.	↶⇓↷	↶⇑↷	↷⇓↶	↷⇓↶	↷⇑↶	↷⇑↶	↶⇓↷	↶⇑↷
G.	⇓↷⇑	⇑↷⇓	⇑↷⇓	⇓↶⇑	⇓↷⇑	⇑↶⇓	⇑↶⇓	⇓↶⇑
H.	↶⇓↷⇑	↶⇑↷⇓	⇑↷⇓↶	↷⇓↶⇑	⇓↷⇑↶	↷⇑↶⇓	⇑↶⇓↷	⇓↶⇑↷
I.	⇑↶⇓↷⇑	⇓↶⇑↷⇓	⇑↷⇓↶⇑	⇑↷⇓↶⇑	⇓↷⇑↶⇓	⇓↷⇑↶⇓	⇑↶⇓↷⇑	⇓↶⇑↷⇓

在应用时，Balkcom-Mason 曲线还是需要解决和 Dubins 曲线、Reeds-Shepp 曲线同样的问题，即根据路径点寻找最优 Balkcom-Mason 曲线。为避免从 40 个候选曲线中评估选择耗时问题，研究人员总结了哪个区域哪个曲线合适的模型。如图 4-59 所示，终止点 $q_G=(0,0,0)$，起始点方向为$\frac{\pi}{4}$，位置在不同区域时可找到不同的最优曲线候选，坐标系定义对应于差分驱动机器人系统中 $r=L=1$。

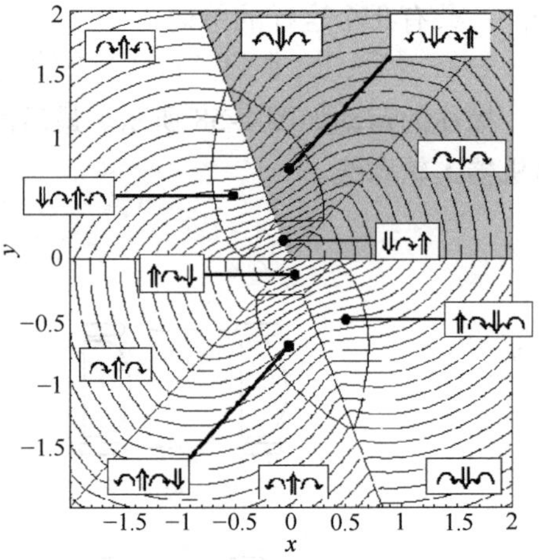

图 4-59 Balkcom-Mason 曲线合适模型

从上面介绍可以看到，图形搜索法主要通过引入运动基元、从起始点开始不断搜索由运动基元组合而成的最佳单词来获得最优轨迹。这种方式可以实现位置的连续平滑，并充分考虑了机器人的运动学约束和时间最优要求，但是构建单词和搜索最佳单词均是非常繁琐的工作，而且运动基元方式实际是对状态空间和/或控制空间进行了离散化，这种离散化直接导致空间分辨率降低，能达到的边界状态只是预定义单词能够达到的状态。

2. 参数优化法

图形搜索法是在位姿空间中搜索最优几何基元序列，得到的是离散的低阶控制，是离散化网络中的全局最优解。参数优化法则是在高阶参数化空间中搜索最优解，可以实现在连续空间中搜索局部最优解。

在连续空间中搜索局部最优解的轨迹生成优化技术与最优控制理论一样古老，并被广泛应用于各种采用自动控制技术的领域。这种方法的基本思想是，采用数值方法搜索相关参数或采样控制来满足边界条件和/或最小化成本函数。本小节将介绍参数优化法。

对于移动机器人轨迹规划，参数优化法通常是对参考点的速度控制律进行参数化表示，采用数值优化方法搜索满足约束且时间最优的控制律参数，从而得到轨迹控制律。移动机器人的各个速度控制量可以单独规划控制，但其几何空间运动轨迹是各个速度控制量的耦合。

由于不可避免地存在起始点和终止点这样的位置边界约束，因此需要利用运动学和/或动力学模型合成各个速度控制量，确保满足空间位置约束。因此，移动机器人参数优化轨迹规划方法的基本架构如图 4-60 所示。

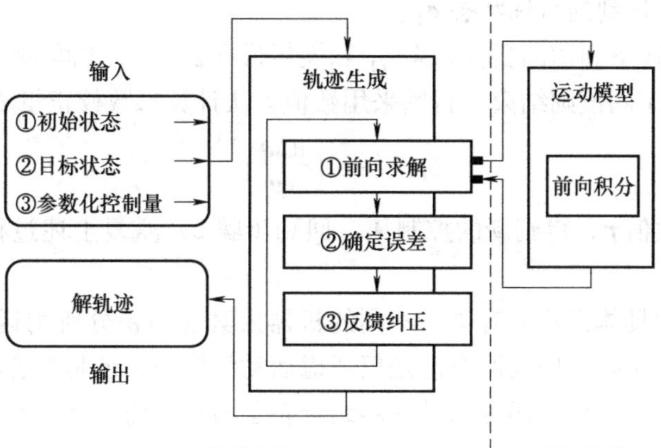

图 4-60 参数优化轨迹规划方法的基本架构

首先设计控制量的参数化表示方程。对于平面移动机器人，其速度控制量为 (v,w)，对 v、w 分别设计控制律。例如，v 采用梯形速度曲线，即

$$v(t)=\begin{cases}v_0+a_a t, & t\in[t_0,T_a]\\ v_c, & t\in[T_a,t_1-T_d]\\ v_1-a_d(t_1-t), & t\in[t_1-T_d,t_f]\end{cases} \tag{4-100}$$

式中，v_0、v_1 分别为初始速度和终止速度，是任务给定的边界条件；v_c 为匀速阶段运动速度；a_a、a_d 分别为加速度和减速度；T_a、T_d 是加速时间和减速时间；t_0、t_f 分别为起始时间和结束时间，总时间为 Δt。速度曲线如图 4-61 所示。需要确定的参数为 v_c、a_a、a_d、Δt。为简化讨论，可以假设初始状态和终止状态之间存在一条可行轨迹，且可以采用机器人的最大加速度、最大减速度和最大速度，即 $a_a=a_{max}$，$a_d=-a_{max}$，$v_c=v_{max}$，由此 T_a、T_d 可以确定。这种情况下，对于速度控制律，只有参数 t_1 需要确定。设计 w 采用三阶多项式表示，即

$$w(t)=a_0+a_1t+a_2t^2+a_3t^3 \tag{4-101}$$

角速度曲线如图 4-62 所示。根据 $w_0=w(0)$，可以计算得到 a_0，需要求解参数 a_1、a_2、a_3、Δt。两个控制量待求解参数合集为 $\boldsymbol{p}=(a_1,a_2,a_3,\Delta t)^{\mathrm{T}}$。

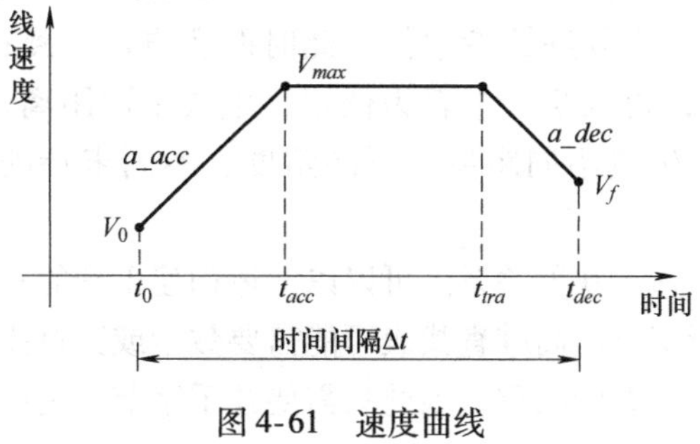

图 4-61 速度曲线

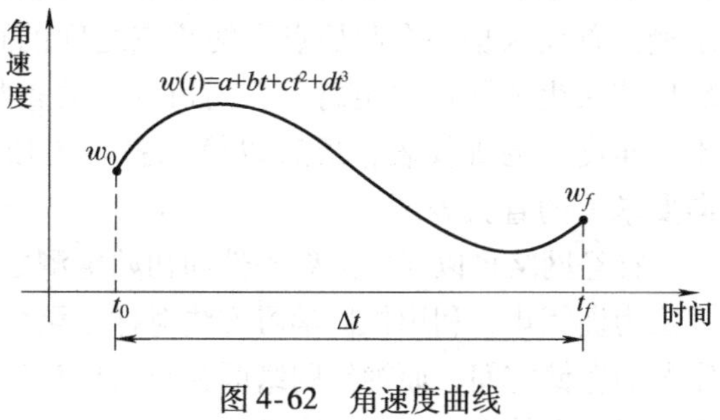

图 4-62 角速度曲线

参数求解步骤如下：

1）设定参数的初值 $\boldsymbol{p}_0$，得到对应控制律。

2）利用该控制律结合机器人运动学模型/动力学模型，可以计算得到在该控制律下机器人从初始状态运动达到的目标状态 $\overline{\boldsymbol{q}}_1$。

3）计算在控制律下到达的目标状态 $\overline{\boldsymbol{q}}_1$ 和期望目标状态 $\boldsymbol{q}_1$ 之间的误差 $\Delta\boldsymbol{q}$。

4）如果误差小于阈值则结束，否则采用数值方法计算参数校正量 $\Delta\boldsymbol{p}$，即

$$\Delta\boldsymbol{p} = -\alpha\left(\frac{\partial\Delta\boldsymbol{q}}{\partial\boldsymbol{p}}\right)^{-1} \tag{4-102}$$

利用校正量校正参数值 $\boldsymbol{p}$，得到新的控制律，回到步骤2）重复上述过程，直到误差小于一定阈值。

运动模型部分和具体机器人有关。不同的机器人其前向积分所用运动学/动力学模型各不相同，也可以根据实际应用问题决定是仅考虑运动学模型，还是综合考虑动力学模型。对于不平整地面，在运动模型中还可以进一步结合轮子与地面的交互模型来计算地面不平整对机器人运动的影响。

可以看到，参数优化法是采用数值方法迭代搜索最优解，因此得到的是连续空间中的局部最优解，而不是全局最优解，且其求解效率与控制律参数初值设置有很大关系。对控制律参数初值的良好猜测有助于提高求解效率。当参数的初始猜测接近实际解时，算法达到满足边界状态约束的迭代次数较少。此外，当存在局部极小值时，一个好的初始猜测也可以防止陷入错误的极小值。

但是对于复杂地形、任意车辆运动学/动力学模型来讲，初始猜测很难计算。在实际应用时，通常采用预先构造初始猜测查找表的方法或者构建神经网络。不论是查找表还是神经网络，其目的都是建立边界约束与控制律参数之间的映射关系，因此首先需要确定主要边界约束，如初始位置及方向、终止位置及方向。初始位置及方向和终止位置及方向通常可以简化为两者之间的姿态变化，即（$\Delta x,\Delta y,\Delta\theta$），用三个量进行描述。有些问题需要进一步考虑初始速度、终止速度以及曲率等边界条件，如果这些边界条件对初始猜测准确率有显著影响，那么需要将相关维度加入到映射中。

查找表只能形成离散映射，其分辨率受计算机存储能力限制。实际应用时根据边界约束要求找到表中最相邻的边界约束条件，以表中猜测值作为初值，然后利用上述步骤迭代计算得到最优控制律参数。根据这一思路，在生成查找表时，也可以采用已有解决方案作为相邻目标生成的种子。这样只需要对第一个轨迹生成问题由人工进行调优，所得值可以作为相邻点的初始猜测，然后利用上述算法计算相邻点的最优参数值，不断迭代扩展。显然，第一条轨迹最好位于查找表的中心位置。图4-63给出了查找表迭代生成示例。首先根据一个起始点和终止点之间的距离找到其好的参数值，此时两者方向一致；然后依次生成同样的距离下不同角度差的查找表；再以第一张表为依据，生成不同距离、不同角度下的查找表；最后以第二张表为依据，生成不同距离、不同角度、不同末端朝向要求下的查找表。

神经网络可以建立边界条件和初始猜测之间的连续映射关系。可以以上述构建得到的查找表为训练集，利用机器学习方法对样本函数进行拟合。高维查找表可能需要数十或数百兆字节的存储空间，而神经网络因为只需要存储所学函数的权重，因此只需要几千字节，更适合于对于存储空间有限的应用。

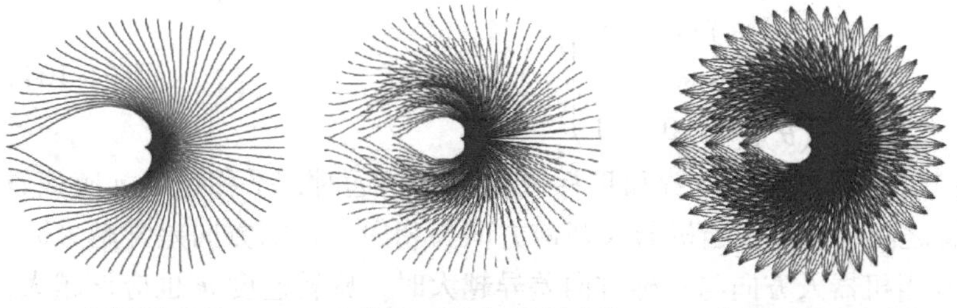

a) 位置和角度　b) 位置、角度和不同的半径　c) 位置、角度和末朝向

图4-63　查找表迭代生成示例

图4-63彩图

由于移动机器人一般采用速度控制，因此参数优化法可以直接生成控制指令，且通过控制律的设计，可以方便地实现速度的连续或平滑。通过运动模型可以考虑运动学和动力学约束，但其模型的准确性会直接影响所生成轨迹。当模型与真实机器人有较大差异时，会导致机器人执行轨迹与规划轨迹出现较大偏差。另外，因其对良好初值猜测的依赖，实际应用时需要一定的空间保存查找表或者需要时间进行神经网络训练。即便如此，在实际应用中还是会发生因初值不够好，数值计算无法收敛的问题。

3. 反馈控制法

反馈控制法的基本思想是根据当前状态与目标状态之间的差异，生成减少这种差异的控制律。对于轨迹规划来讲，当前状态即为机器人当前位姿，下一个路径点可作为当前轨迹规划的目标状态。

如图4-64所示，记机器人当前位姿为start，$\text{start}=(x(t),y(t),\theta(t))^{\mathrm{T}}$，目标状态为goal，$\text{goal}=(x_g,y_g,\theta_g)^{\mathrm{T}}$，当前状态与目标状态之间的差为$\boldsymbol{e}(t)$，$\boldsymbol{e}(t)=\text{goal}-\text{start}$，控制器设计的任务是寻找一个控制矩阵$\boldsymbol{K}$，生成机器人速度控制指令$v(t)$、$w(t)$，即

$$\begin{pmatrix} v(t) \\ w(t) \end{pmatrix}=\boldsymbol{K}\cdot\boldsymbol{e}(t) \tag{4-103}$$

使得$\lim_{t\to\propto}\boldsymbol{e}(t)=0$。

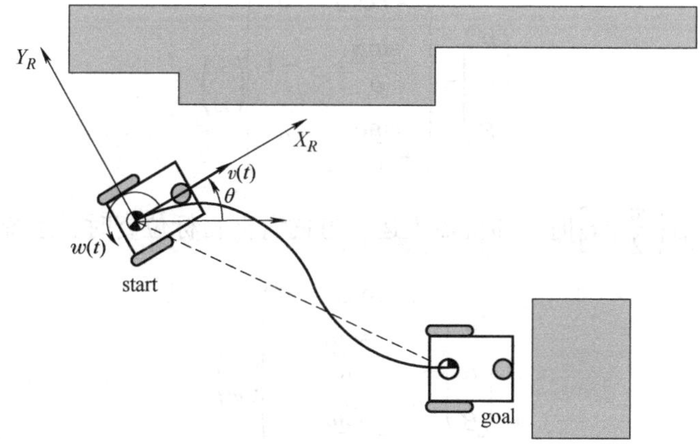

图4-64　反馈控制法

以机器人当前位姿建立机器人坐标系。为了简化计算，对于反馈控制轨迹规划，可以以目标姿态来构建全局坐标系，即以目标位置为全局坐标系原点，目标方向为全局坐标系的X轴方向。在该坐标系下，机器人系统模型可描述为

$$\begin{pmatrix}\dot{x}\\\dot{y}\\\dot{\theta}\end{pmatrix}_I=\begin{pmatrix}\cos\theta & 0\\\sin\theta & 0\\0 & 1\end{pmatrix}\begin{pmatrix}v\\w\end{pmatrix} \tag{4-104}$$

一种直观的控制律是：当机器人当前位置和目标位置距离越远时，平移速度 v 应该越大，以尽快缩短与目标位置之间的差异；当机器人当前方向与朝向目标的方向差异越大时，旋转速度 w 应该越大，以及当机器人方向与目标方向差异越大时，旋转速度 w 也应该越大，以向目标点移动并达成与目标方向的一致。

根据这样的控制律思想，显然采用极坐标方式表示能够更好地反映当前状态与目标状态之间的差异。在极坐标方式下，机器人当前状态表示为 (ρ,α,β)。如图 4-65 所示，ρ 为机器人当前位置到全局坐标系原点（即目标状态位置）的距离，α 为机器人当前方向到连接机器人当前位置与全局坐标系原点连线的夹角，β 为目标方向（即 X_I 轴方向）到连接机器人当前位置与全局坐标系原点连线的夹角。记 $\Delta x=0-x(t)$，$\Delta y=0-y(t)$，则

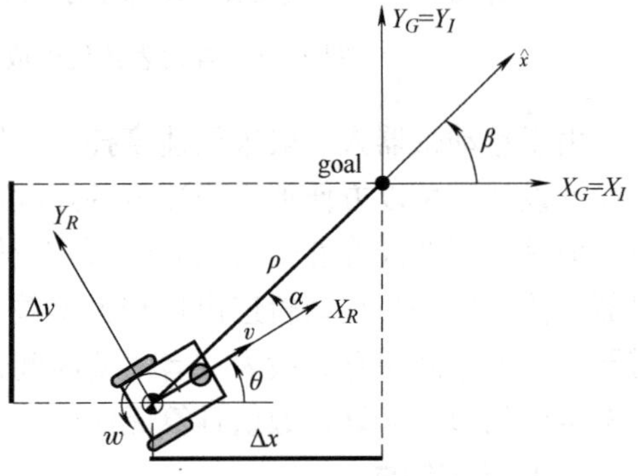

图 4-65　反馈控制法的极坐标表示

$$\rho=\sqrt{\Delta x^2+\Delta y^2} \tag{4-105}$$

$$\beta=\arctan2(\Delta y,\Delta x) \tag{4-106}$$

$$\alpha=\beta-\theta \tag{4-107}$$

这里所有符号均省略了时间参数 t。

在极坐标表示方式下，当 $\alpha\in\left(-\frac{\pi}{2},\frac{\pi}{2}\right]$时，即机器人运动方向基本朝向目标位姿时，系统方程转换为

$$\begin{pmatrix}\dot{\rho}\\\dot{\alpha}\\\dot{\beta}\end{pmatrix}=\begin{pmatrix}-\cos\alpha & 0\\\frac{\sin\alpha}{\rho} & -1\\\frac{\sin\alpha}{\rho} & 0\end{pmatrix}\begin{pmatrix}v\\w\end{pmatrix} \tag{4-108}$$

当 $\alpha\in\left(-\pi,-\frac{\pi}{2}\right]\cup\left(\frac{\pi}{2},\pi\right]$时，即机器人运动方向背向目标位姿时，系统方程为

$$\begin{pmatrix}\dot{\rho}\\\dot{\alpha}\\\dot{\beta}\end{pmatrix}=\begin{pmatrix}\cos\alpha & 0\\-\frac{\sin\alpha}{\rho} & 1\\-\frac{\sin\alpha}{\rho} & 0\end{pmatrix}\begin{pmatrix}v\\w\end{pmatrix} \tag{4-109}$$

可以看到，系统在 $\rho=0$ 处存在奇异性。

根据前述控制律设计思想，可以将控制律设计为

$$\begin{cases}v=k_\rho\rho\\w=k_\alpha\alpha+k_\beta\beta\end{cases} \tag{4-110}$$

表示平移速度和机器人当前位置与目标位置之间的距离相关，距离越大，平移速度越大；旋转速度则和机器人当前方向与向目标点移动方向之间的角度差以及朝向目标点后与目标方向之间的角度差相关。

把这个控制律代入到系统方程里，可以得如下的系统变化方程。当 $\alpha\in\left(-\frac{\pi}{2},\frac{\pi}{2}\right]$ 时，则

$$\begin{pmatrix}\dot{\rho}\\ \dot{\alpha}\\ \dot{\beta}\end{pmatrix}=\begin{pmatrix}-k_\rho\rho\cos\alpha\\ k_\rho\sin\alpha-k_\alpha\alpha-k_\beta\beta\\ k_\rho\sin\alpha\end{pmatrix}\tag{4-111}$$

当 $\alpha\in\left(-\pi,-\frac{\pi}{2}\right]\cup\left(\frac{\pi}{2},\pi\right]$ 时，则

$$\begin{pmatrix}\dot{\rho}\\ \dot{\alpha}\\ \dot{\beta}\end{pmatrix}=\begin{bmatrix}k_\rho\rho\cos\alpha\\ -k_\rho\sin\alpha+k_\alpha\alpha+k_\beta\beta\\ -k_\rho\sin\alpha\end{bmatrix}\tag{4-112}$$

这里奇异性消除了。

在控制律系数 k_ρ、k_α、k_β 确定的情况下，当给定任意当前状态和目标状态时，可以得到相应控制律以及这三个极坐标状态量的对应变化值，把变化值叠加到状态量上就能够得到新的状态。通过迭代，可以得到新的控制律和对应的运行轨迹，同时新状态与目标状态之间的差异可以逐渐趋向于零。

如图 4-66a 所示，设定中间点为轨迹规划起始点，起始方向 90°向上，周围各点为各个目标点，目标方向均为水平向右，在参数 $k_\rho=3$，$k_\alpha=8$，$k_\beta=1.5$ 下可以得到起始点到各个目标点的运行轨迹。当把起始点方向变为水平向左，其余不变时，控制律会发生变化，从起始点到各个目标点的运行轨迹也相应变化，如图 4-66b 所示。

图 4-66 彩图

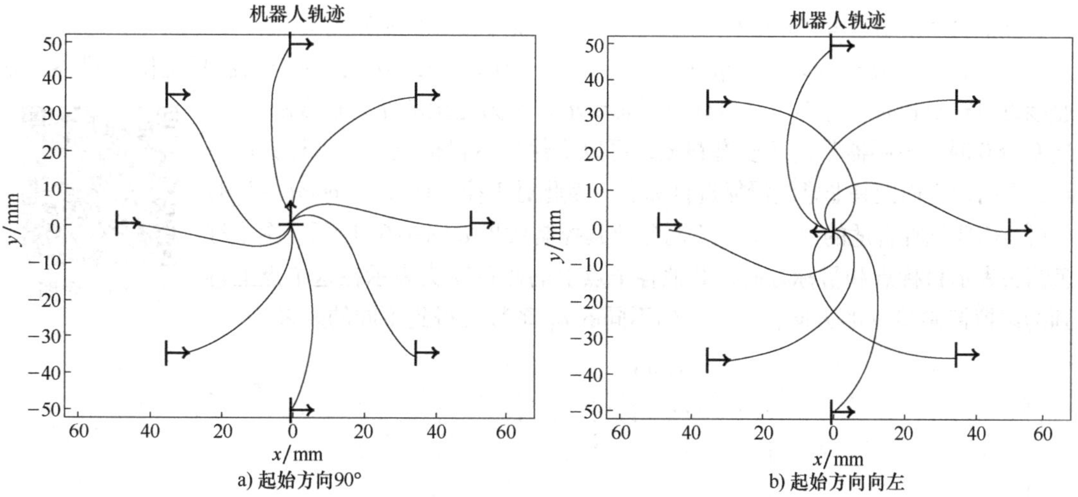

图 4-66　反馈控制轨迹规划示例

上述设计的反馈控制律简单直接，在很多应用中都有采用，但存在一个重要的问题，即所设计控制律中平移速度和转向速度的控制是相互独立的。然而，机器人运动的总能力是有限的，就像汽车在高速向前运动时很难同时实现快速转弯，而且旋转速度实际是和平移速度

存在关联的。为此，2011 年密歇根大学的 Jong Jin Park 和 Benjamin Kuipers 提出了优化方案。

分析式（4-108）所描述的系统方程，可以发现三个系统状态量中 ρ 和 β 实际上完全描述了机器人的位置，α 则是描述了机器人的方向，控制量 w 影响的是 α 的变化，并不直接影响 ρ 和 β 的变化，ρ 和 β 的变化是由控制律 v 和状态 α 决定的。因此式（4-108）所描述的系统方程可以拆分成两个子系统。子系统 1 为

$$\begin{pmatrix}\dot{\rho}\\ \dot{\beta}\end{pmatrix}=\begin{pmatrix}-v\cos\alpha\\ \dfrac{v}{\rho}\sin\alpha\end{pmatrix} \tag{4-113}$$

通过 v 和 α 来控制 ρ 和 β 的变化。子系统 2 为

$$\dot{\alpha}=\frac{v}{\rho}\sin\alpha-w \tag{4-114}$$

通过 v 和 w 来控制 α 的变化。显然，子系统 1 存在一个虚拟控制律，即 α。可以根据子系统 1 快速稳定到目标点上的控制要求来寻找虚拟控制律 α，进而根据子系统 2 快速稳定到所要求虚拟控制律 α 的要求寻找实际控制律 w。为了保证满足子系统 1 的控制要求，子系统 2 要快于子系统 1，这样才能快速达到子系统 1 所要求的虚拟控制律，进而通过这个虚拟控制律确保子系统 1 快速稳定到目标点上。

下面首先根据子系统 1 来寻找虚拟控制律 α。由于系统是要求机器人快速稳定到全局坐标系原点，因此对于李雅普诺夫方程 $V=\frac{1}{2}(\rho^2+\beta^2)$ 来讲，只要控制律确保 $\dot{V}<0$，那么系统就能够稳定，可以使机器人从任意点移动稳定到原点。例如，控制律

$$\alpha=\arctan(-k_1\beta) \tag{4-115}$$

就能够确保 $\dot{V}<0$，此时系统方程为

$$\begin{pmatrix}\dot{\rho}\\ \dot{\beta}\end{pmatrix}=\begin{pmatrix}-v\cos\arctan(-k_1\beta)\\ \dfrac{v}{\rho}\sin\arctan(-k_1\beta)\end{pmatrix} \tag{4-116}$$

式中 $\dot{\beta}$ 的计算存在 $\rho=0$ 奇异性问题，但是取 $v=k_\rho\rho$ 就可以消除奇异点，实现系统渐近稳定。

对于控制律 $\alpha=\arctan(-k_1\beta)$ 来讲，当 $k_1=0$ 时，$\alpha=0$，此时控制器只是使得机器人快速接近目标点位置，并不考虑目标点姿态要求，成为完全的路径点跟随控制。当 $k_1\gg0$ 时，控制器是进行姿态跟随，可以确保到达目标点后与目标方向一致，但路径方面则是非常缓慢靠近目标点。因此对于控制律 $\alpha=\arctan(-k_1\beta)$ 来讲，需要选择合适的参数 k_1。不同参数其控制效果如图 4-67 所示。图中红色箭头表示目标点和目标方向，其他各个点上的蓝色箭头表示在这个点上得到的虚拟控制律 α 的方向，可以看到不同的 k_1 系数会得到不同的效果。

图 4-67 彩图

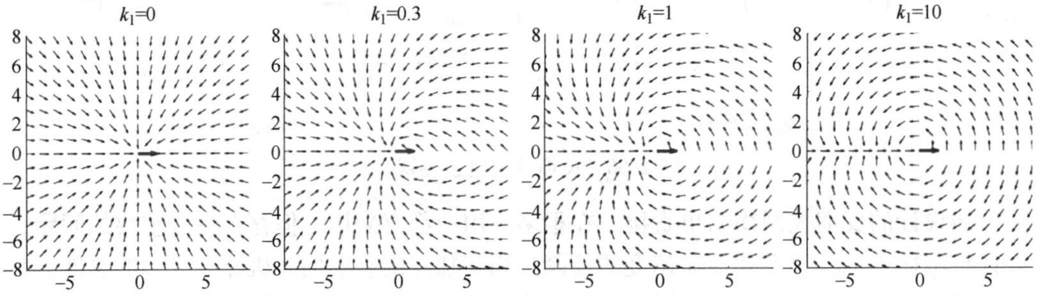

图 4-67　系统 1 不同参数控制效果

下面根据子系统 2 应快速达到子系统 1 所要求的虚拟控制律 $\alpha = \arctan(-k_1\beta)$ 这一要求来寻找合适的实际控制律 w。记实际状态 α 与期望状态 $\arctan(-k_1\beta)$ 之间的差值为 z，则

$$z \equiv \alpha - \arctan(-k_1\beta) \tag{4-117}$$

系统 2 的目标是要使得 z 快速收敛为 0，因此可以把系统设计为具有快速收敛特性的全局指数稳定系统，即

$$\varepsilon \dot{z} = -z \tag{4-118}$$

ε 越小，则 z 越快趋近于 0，并且和边界无关。

根据 z 的定义可得

$$\dot{z} = \dot{\alpha} - \frac{\mathrm{d}}{\mathrm{d}t}\arctan(-k_1\beta) \tag{4-119}$$

代入 $\dot{\alpha} = \dot{\beta} - w$，可得

$$\dot{z} = \dot{\beta} - w - \frac{\mathrm{d}}{\mathrm{d}t}\arctan(-k_1\beta) \tag{4-120}$$

进一步代入 $\dot{\beta} = \dfrac{v}{\rho}\sin\alpha$，可得

$$\dot{z} = \left(1 + \frac{k_1}{1 + (k_1\beta)^2}\right)\frac{v}{\rho}\sin\alpha - w \tag{4-121}$$

由此，如果定义实际控制律 w 为

$$w = \frac{v}{\rho}\left[k_2 z + \left(1 + \frac{k_1}{1 + (k_1\beta)^2}\right)\sin\alpha\right] \tag{4-122}$$

则 $\dot{z} = -k_2\dfrac{v}{\rho}z$，当 $k_2 \gg 1$ 时，就得到了期望的全局指数稳定系统。将式（4-117）代入上式，可以得到面向虚拟控制律 α 的实际控制律

$$w = \frac{v}{\rho}\left[k_2(\alpha - \arctan(-k_1\beta)) + \left(1 + \frac{k_1}{1 + (k_1\beta)^2}\right)\sin\alpha\right] \tag{4-123}$$

将上式表示为

$$w = v\kappa(\rho,\alpha,\beta) \tag{4-124}$$

$$\kappa(\rho,\alpha,\beta) = \frac{1}{\rho}\left[k_2(\alpha - \arctan(-k_1\beta)) + \left(1 + \frac{k_1}{1 + (k_1\beta)^2}\right)\sin\alpha\right] \tag{4-125}$$

这里 $\kappa(\rho,\alpha,\beta)$ 与平移速度 v 无关，描述的是路径曲率。可以看到，实际控制律旋转速度 w 与平移速度 v 有关。显然，当路径曲率大的时候，平移速度 v 应该小；当路径曲率小的时候，平移速度 v 可以大；当路径曲率为 0，即直线移动时，平移速度可以取最大值。由此，可以定义平移速度控制律 v 如下：

$$v = \frac{v_{max}}{1 + \mu|\kappa(\rho,\alpha,\beta)|^{\lambda}}(\mu > 0, \lambda > 1) \tag{4-126}$$

当 $\kappa(\rho,\alpha,\beta)$ 趋向于 ∞ 时，v 趋向于 0；当 $\kappa(\rho,\alpha,\beta)$ 趋向于 0 时，v 趋向于 v_{max}。

通过上述优化后得到的控制律考虑了轨迹曲率，可以得到更合理的 v 和 w，从而取得更好的控制效果。图 4-68 是在新控制律下机器人从初始位姿到不同目标位姿生成的轨迹，图 4-68a 和 b 采用了不同的 k_1、k_2 值，使得所生成轨迹曲率不同。然而新控制律虽然考虑了轨迹曲率，但仍然没有考虑机器人当前速度，容易造成速度不连续的问题，只能在轨迹生

成后进行碰撞检测，如果发生碰撞需要调节参数重新规划或者重新规划避碰路径点，再进行控制生成。

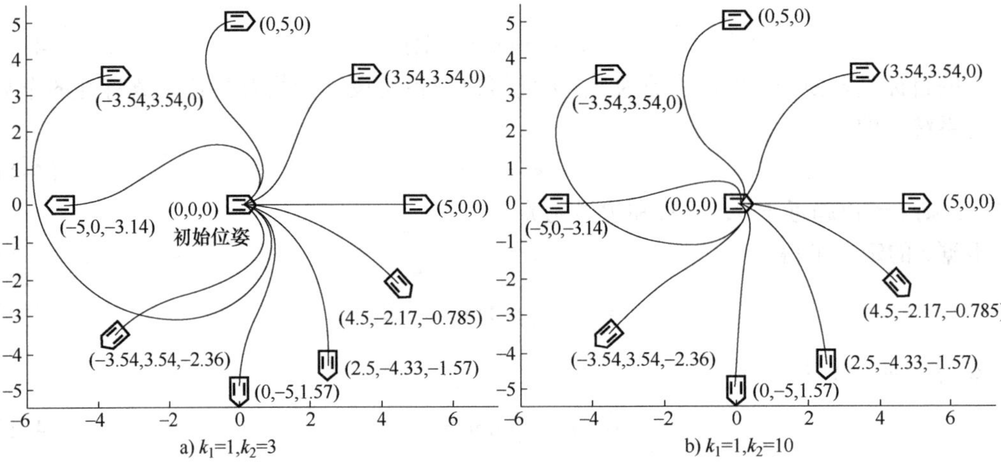

图 4-68　新控制律下反馈控制轨迹规划效果

4.4.4　轨迹学习

在前述轨迹规划方法中，不论是一维轨迹规划还是多维轨迹规划，不论是在移动机器人几何空间中还是在速度空间中进行规划，都存在两个重要问题。一个问题是，上述方法都会依赖一定的预定义模型，如多项式或者预定义运动基元或者是与当前状态相关的运动控制律。由此，如何设计轨迹方程也是在轨迹规划时需要重点考虑的一个问题。由于实际应用时部分轨迹复杂，难以用单一的方程描述，以及为了方便人对机器人运动的示教，近年来研究人员提出了采用多种轨迹学习方法，对通过人演示或者人拖动机器人演示或者其他方式获得的轨迹示教数据，采用策略学习或者回报学习的方法学习得到描述轨迹的模型，并能泛化应用。策略学习是学习构建描述状态到动作的映射函数，经典方法有动态运动基元（Dynamic Movement Primitives，DMP）等，回报学习则是利用逆强化学习方法构建评价轨迹好坏的隐含性能指标。另一个问题是，在轨迹规划或者轨迹执行时如果发生与环境中障碍物的碰撞，需要进行模型或者参数或者路径点的调整，然后重新进行轨迹规划。针对这一问题，研究人员提出了基于仿射变换的轨迹变形方法，从而可以避免轨迹重规划问题。有兴趣的读者可以查阅相关文献。

4.5　融合导航

传统导航规划通常把问题分解为工作空间几何约束下的路径规划和机器人执行约束下的控制规划，以及面向长期目标的路径规划和面向当前感知的避障规划。这种分解方法在一定程度上简化了问题的求解，但在实际应用中存在三者难以融合的问题。

一方面，由于路径规划时不考虑机器人的运动学约束，导致轨迹规划不能跟踪实现所有路径。例如，经典的 A* 算法在规划路径时仅评估路径成本并不考虑机器人当前方向，如果所规划路径要求机器人在该点转向横移，那么当机器人存在非完整约束时会无法实现。以汽车类型的阿克曼移动底盘为例，在运动学约束下既不能横向移动，也不能实现原地转向和小半径转向，当机器人处在某个姿态时，它的瞬时运动方向一般只能选择在机器人航向角的±15°左右。因此，从概率角度考虑机器人的实际执行效果，随机生成的路径规划点对中大概只有8.3%可以被正常执行。

另一方面，如果实时避障偏离路径，避障规划和轨迹控制器都是以下一个路径点为目标进行规划和控制的。由于缺少如何到达目标的全局信息，常常存在规划不合理、浪费执行时间等问题。

近年来，针对实际应用中的这些问题，研究人员提出了一系列优化方法。下面主要对在路径规划中考虑机器人运动学约束的混合A*算法、将全局路径规划和局部避障规划有效融合的弹性带（Elastic Band，EB）算法以及进一步融合轨迹生成的定时弹性带（Timed Elastic Band，TEB）算法这三个热点方法进行介绍。

4.5.1 混合A*算法

混合A*算法是Richards N等人于2004年提出的路径规划算法。它最初是针对固定翼飞行器在三维空间中存在运动学约束而对经典的A*算法进行了改进。在2005年DARPA无人驾驶挑战赛上，由于汽车类型的阿克曼移动底盘存在较强的运动学约束，斯坦福大学也应用混合A*算法实现无人车Junior在沙漠环境中的路径规划。

如图4-69a所示，经典的A*算法是在离散状态空间中进行规划，例如，在栅格地图中以四连通或者八连通的方式搜索下一个路径点，通过评估相关候选点已经发生的路径成本和未来预测发生的路径成本，选择总成本最小的候选点进一步迭代搜索。在整个过程中只考虑空间的几何约束，不考虑机器人的执行约束，因此有相当大的概率所得到的下一个路径点与当前机器人方向存在较大的角度差，甚至出现横向移动的要求。当机器人是差分驱动或者阿克曼等存在非完整运动学约束的移动底盘时，就难以实现路径点要求，所规划轨迹与路径存在较大差异。当栅格粒度较小时，存在难以规划得到可行轨迹的问题。

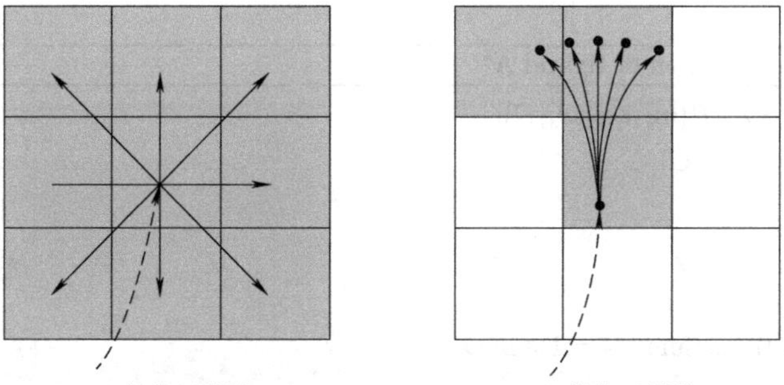

a) 经典A*算法　　b) 混合A*算法

图4-69　经典A*算法和混合A*算法比较

混合A*算法的基本思想是设置一组预先定义的运动基元来确定可达状态并构建搜索树，这样不仅考虑了机器人的运动学约束，而且把搜索空间的离散表达转化为能够表示真实世界的连续表达。

经典A*算法采用移动平面上的位置x表示机器人状态，而混合A*算法则采用机器人在移动平面上的位置和朝向(x,y,θ)来表示。如果采用栅格地图，经典A*算法采用栅格中心位置表示，是一种对空间的离散表示，而混合A*算法用(x,y,θ)表示机器人在栅格中的姿态，从而可以实现连续表示。

在这种表示方法下，混合 A* 算法从一个节点向下搜索时采用预先定义的运动基元进行搜索，并且在同一栅格中可保存多个搜索点。如图 4-69b 所示，从中心栅格进一步搜索时按照五个基元扩展，其中四个位于上栅格内、一个位于左上角栅格内。不同于经典 A* 算法，在混合 A* 算法中这五个搜索点都将被作为当前节点的子节点，参与搜索评估。

这里定义的运动基元是指机器人在一个时间片内能够实现的平移和旋转运动，是路径的最小实体，受机器人的最大加速度和最大速度的约束。运动基元需要满足以下三个条件：

1) 路径距离要足够离开当前网格，即弧长 $l > \sqrt{2}\zeta$，其中 ζ 为栅格尺寸。

2) 路径曲率受最大转向角 α_{max} 约束。

3) 朝向变化 δ 是离散转角步长的倍数。

根据单轨模型，转向角 α 是弧长 l 和朝向变化 δ 的函数，具体公式如下：

$$\alpha(l,\delta) = \arctan\left(\frac{2b}{l}\sin\frac{\delta}{2}\right) \tag{4-127}$$

式中，b 是轴距。根据所有朝向变化计算对应转向角，满足 $\alpha(l,\delta) \leq \alpha_{max}$ 的构成运动基元集合 μ。

算法 4-9 为混合 A* 的基础算法流程。和经典 A* 算法一样，混合 A* 算法采用两个集合来跟踪搜索过程中的状态。开放集合 O 包含在搜索过程中已展开的节点的相邻节点，可参与下一个展开节点的评估选择。关闭集合 C 包含所有已经被评估的节点。每个节点在数据结构上表示为

$$n = (\tilde{x}, \tilde{\theta}, x, g, f, n_p) \tag{4-128}$$

式中，$\tilde{x}$ 为节点的离散位置；x 是节点的连续位置；$\tilde{\theta}$ 为节点的角度，$\tilde{\theta} = \theta$；g 是从根节点到该节点的实际路径成本；f 为实际路径成本 g 加上该节点到目标点预测路径成本 h 后得到的总成本；n_p 为回溯指针，指向其父节点。算法输入参数 m 为地图，μ 为运动基元集合，x_s、θ_s 为起始位置和方向，G 为目标点。

算法 4-9   混合 A*

Algorithm 1: Standard version of Hybrid A*

1   **Procedure** $PLANPATH(m, \mu, x_s, \theta_s, G)$:

2     $n_s \leftarrow (\tilde{x}_s, \tilde{\theta}_s, x_s, 0, h(x_s, G), \text{-})$

3     $O \leftarrow \{n_s\}$

4     $C \leftarrow \emptyset$

5   **while** $O \neq \emptyset$ **do**

6   n $\leftarrow$ node with minimum f value in O

7       $O \leftarrow O \setminus \{n\}$

8       $C \leftarrow C \cup \{n\}$

9   **if** $n_x \in G$ **then**

10   **Return** reconstructed path starting at n

11   **end**

12   **else**

13   UPDATENEIGHBORS(m, μ, O, C, n)

14   **end**

15   **end**

16   **Return** no path found

17 **end**

```
Procedure UPDATENEIGHBORS(m, μ, O, C, n):
    foreach δ do
        n' ← succeeding state of n using μ(n_θ,δ)
        if n' ∉ C then
            if m_o(n'_x̃) = obstacle then
                C ← C ∪ {n'}
            end
            else if ∃n ∈ O : n_x̃ = n'_x̃ then
                compute new costs g'
                if g' < g value of existing node in O then
                    replace existing node in O with n'
                end
            end
            else
                O ← O ∪ {n'}
            end
        end
    end
end
```


图 4-70 给出了经典 A* 算法和混合 A* 算法规划得到的路径区别。可以看到，经典 A* 算法得到的是直线段组成的路径，而混合 A* 算法把路径规划和轨迹规划融合在了一起，所得到的路径本身已经包含了运动控制指令，因此得到的路径其实也是轨迹，确保了机器人运动的平滑性和可实现性。

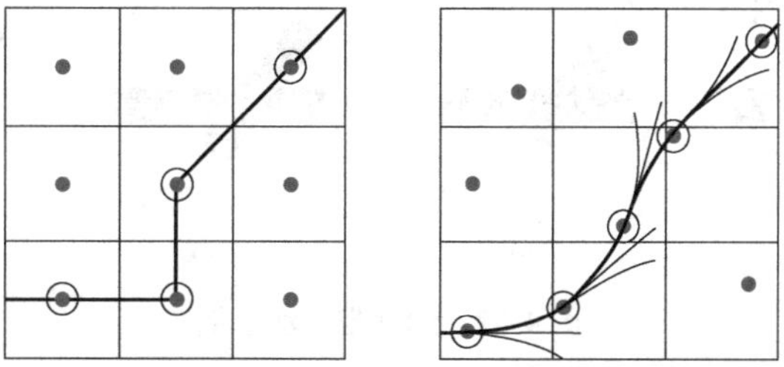

a) 传统A*算法　　b) 混合A*算法

图 4-70　传统 A* 算法和混合 A* 算法规划路径区别

4.5.2　弹性带算法

弹性带（Elastic Band，EB）算法最早由斯坦福大学机器人学家 Oussama Khatib 于 1993 年提出，出发点也是针对传统方法中路径规划仅仅查找几何可行路径而不关心机器人执行问题，导致路径存在方向突变而使得机器人执行时不得不降低速度，以及避障或者轨迹规划算法进行动态避障后会偏离原来路径，需要进行回到原路径的局部规划或者重新进行全局路径规划。

为此，Khatib 等提出在路径规划和轨迹控制之间增加一个弹性带算法，通过对路径规划算法得到的路径进行实时变形来实现感知伺服运动。一方面实现局部避障，并避免避障后偏离原路径而失去到达目标点的全局信息；另一方面实现路径平滑，解决路径存在方向突变问题，便于机器人执行。

整个系统架构如图 4-71 所示，共有三层，每层均是一个与环境交互的闭环，从上到下反应时间逐步加快。第一层路径规划是根据环境模型生成指定任务所需要的全局路径；第二层弹性带算法是根据传感器的感知信息对路径规划得到的路径进行变形，以适应环境的局部变化并进行路径平滑；第三层是通过轨迹规划生成控制指令，使机器人沿着弹性带算法获得的路径移动。通过该架构，可以避免在环境变化时重新进行全局路径规划，并能在执行局部避障时同时维护着一条完整的到达目标点的无碰路径，这也是弹性带算法与一般局部避障算法的区别和优势所在。

弹性带算法的基本思想是借鉴弹性带这类弹性体里的力的概念，对路径上的点施加两个力，分别为内部收缩力和外部排斥力，通过力的作用实现避障和平滑。其中内部收缩力用于模拟拉伸弹性带的张力，以消除路径中的松弛；外部排斥力用于模拟障碍物产生的推斥力，抵消张力并拉开机器人与障碍物之间的距离。两种力使路径变形，直至达到平衡。当环境中存在动态障碍物时，随着障碍物的移动会实时改变力的方向和大小，从而实现实时变形避障。

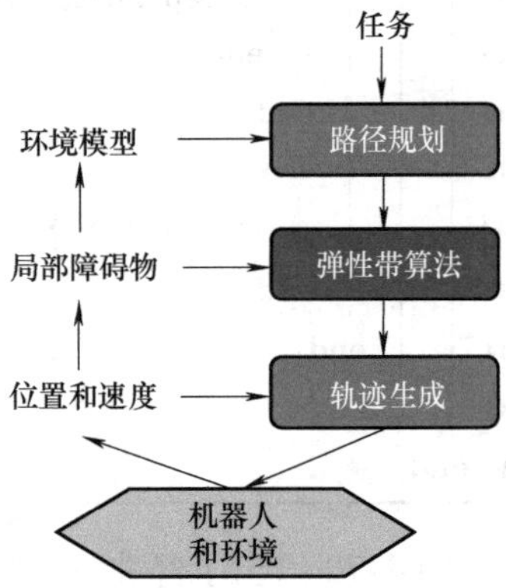

图 4-71　弹性带算法系统架构

如图 4-72 所示，图 a 是全局路径规划器规划得到的路径；图 b 是经过弹性带算法后得到的平滑路径；图 c 和 d 是在有动态障碍物下，随着障碍物的移动，弹性带算法能够实时调整路径。

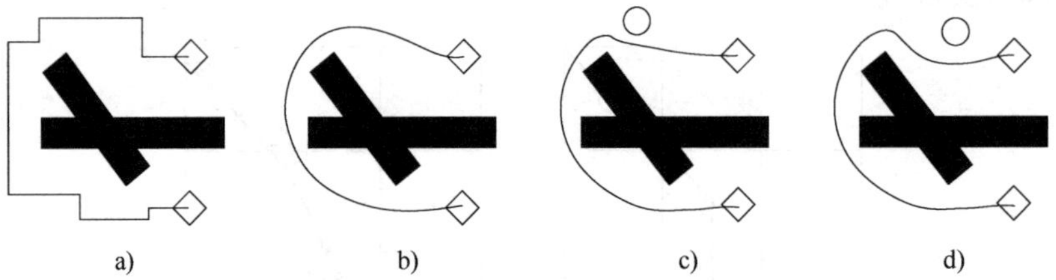

图 4-72　弹性带算法示例

弹性带算法在具体实现时需要解决以下两个问题：首先，路径规划器所得到的路径是用一系列离散点表示的，而弹性带算法必须根据这些点生成一条连续的曲线；其次，这些点的位置要能够被约束控制，以确保所生成的连续曲线是安全无碰的。然而，判断所生成曲线是否安全无碰是一件耗时的工作。曲线安全无碰检查需要在位形空间中开展，整个曲线需要位于自由位形空间内。但是自由空间的生成成本很高，难以表示。即便是多边形障碍物这样的简单情况，自由空间的边界也是一个复杂的曲面三维流形。而相比于检查直线段是否位于自由空间内，曲线的检查进一步增加了计算复杂性。

为此，弹性带算法在实现时提出了气泡（Bubble）的概念。每一个气泡是自由空间的一个子集，以路径点为中心，以该路径点与最近障碍物之间的安全距离为半径。在位形空间 b 点处的气泡可数学描述为

$$B(b)=\{q\mid \|b-q\|_2<\rho(b)\} \tag{4-129}$$

式中，$\rho(b)$ 为机器人在 b 点处与环境中障碍物之间的最小安全距离；q 为气泡中的任意一

点，q 与 b 点的距离都应小于 $\rho(b)$。

根据定义，由路径点张成的气泡是安全的，机器人在该点向任意方向移动，只要移动距离小于气泡半径，就能够确保安全无碰。因此弹性带算法生成的路径可以表示为一系列路径点和由路径点张成的气泡，只要相邻气泡有一定的相互覆盖，就能确保该路径是安全的，如图 4-73 所示。可以看到，弹性带算法采用气泡集合来近似表示规划路径附近的自由空间，而不是计算表达整个自由空间。

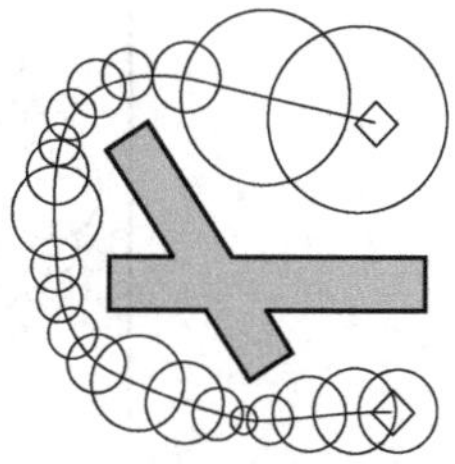

图 4-73　采用气泡表示的安全路径

下面介绍由一系列气泡组成的弹性带如何进行变形以实现避障和路径的平滑。变形的总体策略是依次来回扫描并移动各个气泡。为了确保弹性带构成的路径安全无碰，要求每个气泡与它两边的相邻气泡有重叠区域。因此，在变形过程中，可能需要增加新气泡，也可以为了提高效率删除多余气泡。

在弹性带变形中，气泡移动距离和方向根据虚拟力计算得到，即内部收缩力和外部排斥力。相邻节点之间有内部收缩力，计算方式为

$$f_c = k_c\left(\frac{b_{i-1} - b_i}{\| b_{i-1} - b_i \|_2} + \frac{b_{i+1} - b_i}{\| b_{i+1} - b_i \|_2}\right) \tag{4-130}$$

式中 k_c 为全局收缩系数。该公式是某个气泡受相邻弹性体作用的物理描述。将每个弹性体的力归一化，以反映沿弹性带的张力均匀。

外部推斥力来自于障碍物，以确保机器人的安全性。气泡的大小描述了机器人到障碍物距离的远近，推斥力的定义应能够增加这个距离，因此对于圆形气泡可以定义为

$$f_r = \begin{cases} k_r(\rho_0 - \rho)\dfrac{\partial \rho}{\partial b}, & \rho < \rho_0 \\ 0, & \rho \geqslant \rho_0 \end{cases} \tag{4-131}$$

式中，k_r 为全局推斥系数；ρ_0 是力作用距离阈值。可以采用有限差分方程来计算 $\frac{\partial \rho}{\partial b}$，即

$$\frac{\partial \rho}{\partial b} = \frac{1}{2h}\begin{pmatrix} \rho(b - hx) - \rho(b + hx) \\ \rho(b - hy) - \rho(b + hy) \end{pmatrix} \tag{4-132}$$

式中 h 为步长。

在计算气泡上的虚拟合力 $f_{total} = f_c + f_r$ 后，可以按下式更新气泡位置，即

$$b_{new} = b_{old} + \alpha f_{total} \tag{4-133}$$

即气泡沿着力的方向移动，α 为比例系数，可以取值为 $\rho(b_{old})$，表示移动距离和原气泡尺寸成比例。这是考虑到相邻气泡之间必须重叠以保证弹性带可行，因此小的气泡移动的距离应该小于大的气泡移动的距离。上述更新方程是通过下降梯度搜索方式来寻找弹性带的平衡点。这种方法收敛缓慢，也可以采用其他方法来加快收敛，如增加惯性项模拟二阶控制系统。

在确定气泡的新位置后，需要检查弹性带是否仍然有效。如果新位置的气泡没有与相邻气泡重叠，那么弹性带就会断裂。在这种情况下，需要在现有气泡之间插入一个新的气泡来重新连接弹性带。如果插入单个气泡不能重新连接弹性带，那么就宣布移动失败，并将气泡恢复到原位置。

删除多余气泡可以减少需要计算操作的气泡数量，从而减少更新弹性带所需的计算复杂度。通过扫描序列气泡，检查气泡邻接部分是否相互重叠、是否可以在不破坏弹性带的情况下将气泡移除，可以完成对冗余气泡的删除。

图4-74给出了障碍物移动情况下弹性带气泡相应移动来最小化弹性带上的力，并通过增加和删除来确保路径的无碰和计算的高效。

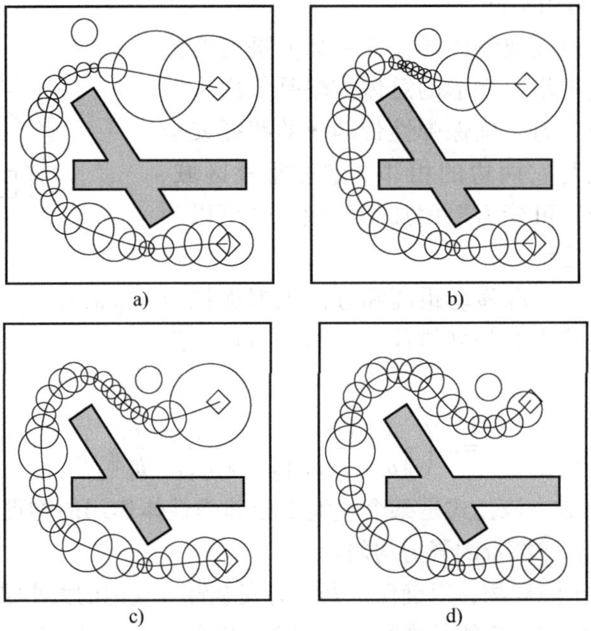

图4-74　障碍物移动下的弹性带变化

在某些情况下，新气泡的插入和多余气泡的去除会造成一定的副作用。某个气泡可能在一个点被插入，然后沿着弹性带移动，在另一个点被去除。循环发生这样的情况，会导致弹性带以不稳定的方式振荡。为解决该问题，可以考虑修改施加在弹性带上的总力，去除切向分量，通过这种修正力的方式抑制气泡沿弹性带的迁移。数学上，修正力f^*表示为

$$f^* = f - \frac{f(b_{i-1} - b_{i+1})(b_{i-1} - b_{i+1})}{\| b_{i-1} - b_{i+1} \|^2} \tag{4-134}$$

但是，如果环境中的变化很大，弹性带即使存在，也可能无法变形为无碰撞路径。例如，关闭机器人原本计划通过的门，这时尽管可能存在一条不同的路径，但往往需要通过全局搜索才能找到这样的路径。这也是局部避障方法存在的典型问题，只能通过故障检测发现并重新规划解决。

4.5.3　定时弹性带算法

尽管弹性带算法通过虚拟力方式对路径变形，实现路径的平滑和避障，特别是能够适应动态障碍物，但并没有直接考虑机器人执行时的任何运动学约束。针对这一问题，2012年德国西门子技术公司研究人员 Christoph Rösmann 等提出了定时弹性带（Timed Elastic Band，TEB）算法，通过在弹性带上明确增加时间信息来综合考虑机器人的动态约束，如机器人速度和加速度限制。该方法在变形时是直接修改轨迹，而不是路径，并通过加权多目标优化获得优化后的轨迹。

图4-75所示为TEB算法的架构。与弹性带算法相比较，定时弹性带算法将避障和轨迹规划融为一体，可以直接控制机器人的速度和加速度。

TEB算法的关键思想是在路径的两个相邻位形之间增加时间间隔。假设路径 Q 由 n 个节点组成，每个节点由该节点在位形空间中的位姿描述，包括位置和方向，即

$$Q=\{\boldsymbol{x}_i\}_{i=0,\cdots,n} \tag{4-135}$$

其中 $\boldsymbol{x}_i=(x_i,y_i,\theta_i)$。如图4-76所示，相邻节点的时间间隔用 ΔT_i 表示，表示机器人从位形 $\boldsymbol{x}_i$ 移动到 $\boldsymbol{x}_{i+1}$ 需要的时间。整个路径的时间间隔序列为

$$\tau=\{\Delta T_i\}_{i=0,\cdots,n-1} \tag{4-136}$$

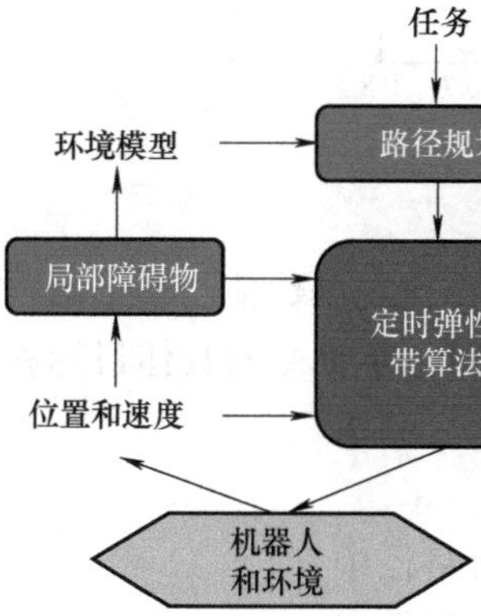

图4-75 TEB算法架构

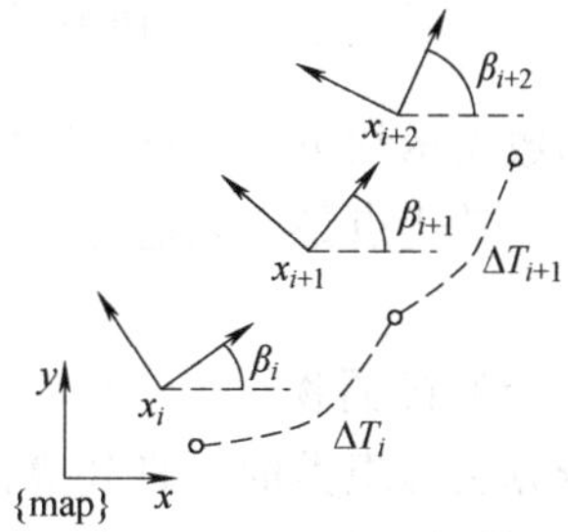

图4-76 TEB算法的关键思想

由此TEB问题可以表示为两个序列的元组

$$B=(Q,\tau) \tag{4-137}$$

通过实时加权多目标优化，可以同时对轨迹的位形姿态和时间间隔进行调整和优化。数学描述为

$$f(B)=\sum_k\gamma_k f_k(B) \tag{4-138}$$

$$B^*=\operatorname{argmin}_B f(B) \tag{4-139}$$

式中，B^* 表示TEB的最优解；$f(B)$ 为目标函数，在此表示为子目标 $f_k(B)$ 的加权（γ_k）和。由于绝大多数子目标函数仅仅和 B 的局部相关，即仅仅涉及若干连续位形及其间隔时间，而不是整个弹性带，因此TEB得到的是一个稀疏系统矩阵。对于这类矩阵，可以采用专门的快速有效的大规模数值优化方法求解，如图优化方法。

TEB的目标函数可以分为两类：一类是关于速度和加速度等的约束，用罚函数形式表示；一类是关于路径最短或时间最快的目标，以及远离障碍物的目标。

所谓罚函数表示约束，是指把约束表示为分段连续差分成本函数，对不符合约束、与约束相冲突的情况给予惩罚，如下式所示：

$$e_\Gamma(x,x_r,\epsilon,S,n)\cong\begin{cases}\left(\dfrac{x-(x_r-\epsilon)}{S}\right)^n, & x>x_r-\epsilon\\ 0, & 其他\end{cases} \tag{4-140}$$

式中，x_r 表示约束；S 表示比例缩放；n 表示多项式阶次；ϵ 表示小的近似偏移。S、n、ϵ 将影响近似精度。图4-77给出了利用该公式实现对约束 $x_r=4$ 近似的两个实例。近似1所用参数为 $n=2$，$S=0.1$，$\epsilon=0.1$；近似2所用参数为 $n=2$，$S=0.05$，$\epsilon=0.1$。可以看到

近似 2 更接近原约束。

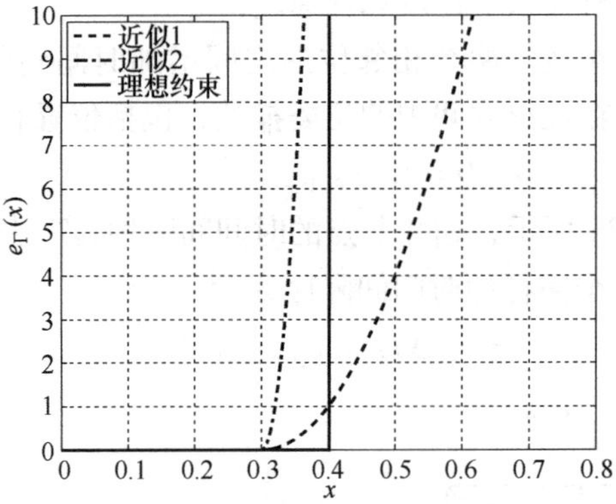

图 4-77 彩图

图 4-77　罚函数约束示例

采用罚函数表示约束可以把约束转化为目标，即最小化罚函数值。整个问题就构建为多目标优化问题，其优点是可以进行目标函数的模块化表示。下面来看具体目标和约束的数学描述。

（1）路径点和障碍物

与弹性带算法思想类似，TEB 算法同时考虑对原始路径中间路径点的实现和静态或动态障碍物的避障。对于中间路径点来讲，其目标函数是吸引弹性带，而对障碍物来讲，其目标函数是推斥弹性带。因此其目标函数可以相似，区别仅在于是吸引还是推斥。如图 4-78 所示，目标函数可以定义为最小化弹性带和路径点或者障碍物 z_j 之间的间隔 $d_{min,j}$。如果 z_j 是路径点，那么该距离有一个最大半径的约束 $r_{p_{max}}$，以限制路径点发生较大范围的移动，可用如下罚函数表示目标函数，即

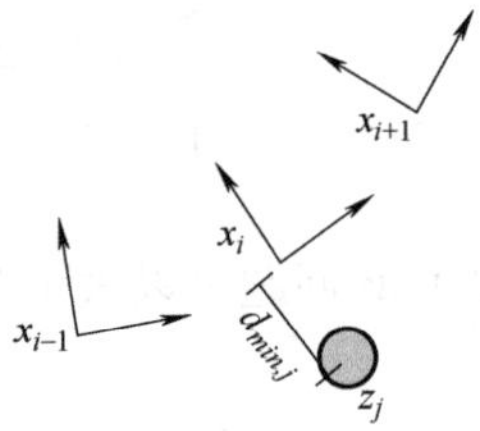

图 4-78　TEB 最小距离约束

$$f_{path}=e_\Gamma(d_{min,j},r_{p_{max}},\epsilon,S,n) \tag{4-141}$$

如果 z_j 是障碍物，则要求该距离不能小于一个最小距离 $r_{o_{min}}$，以确保安全无碰，罚函数表示为

$$f_{ob}=e_\Gamma(-d_{min,j},-r_{o_{min}},\epsilon,S,n) \tag{4-142}$$

注意：上式中 $d_{min,j}$ 和 $r_{o_{min}}$ 均带有负号，以实现不小于最小距离这个约束。

（2）速度和加速度

对于机器人速度和加速度方面的动力学约束，可以采用同几何约束类似的罚函数表示。根据图 4-76 的 TEB 结构，通过两个相邻位形 $\boldsymbol{x}_i$ 和 $\boldsymbol{x}_{i+1}$ 之间的欧氏距离和角度距离以及时间间隔 ΔT_i 可以计算得到平均平移速度和旋转速度，即

$$v_i\cong\frac{1}{\Delta T_i}\left\|\begin{pmatrix}x_{i+1}-x_i\\ y_{i+1}-y_i\end{pmatrix}\right\| \tag{4-143}$$

$$w_i\cong\frac{\beta_{i+1}-\beta_i}{\Delta T_i} \tag{4-144}$$

由于两个节点邻近，因此欧氏距离是两个连续位姿之间圆弧路径的充分近似值。

加速度则与两个相邻平均速度有关，因此计算时只考虑三个连续位形和相应的两个时间

间隔，即为

$$a_i = \frac{2(v_{i+1} - v_i)}{\Delta T_i + \Delta T_{i+1}} \tag{4-145}$$

为清楚表达，上式中用两个相关速度替代三个连续位形的描述。旋转加速度的计算类似，用旋转速度替代平移速度即可。

（3）非完整性运动学

这里仅以具有非完整运动学约束的差分驱动机器人为例进行约束建模。差分驱动机器人只有两个自由度，只能在机器人当前朝向方向执行运动，形成弧线轨迹。因此需要两个相邻位形来定位弧线，如图 4-79 所示。

$\boldsymbol{d}_{i,i+1}$是连接相邻位形 $\boldsymbol{x}_i$ 和 $\boldsymbol{x}_{i+1}$连线的向量表示，即

$$\boldsymbol{d}_{i,i+1} = \begin{pmatrix} x_{i+1} - x_i \\ y_{i+1} - y_i \\ 0 \end{pmatrix} \tag{4-146}$$

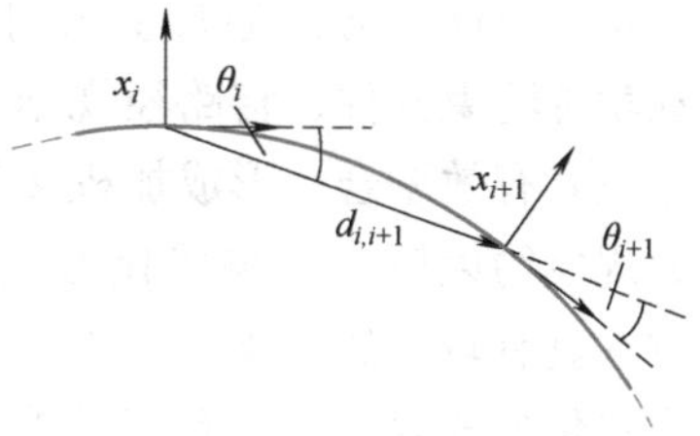

图 4-79　TEB 非完整性运动学约束

起始位形 $\boldsymbol{x}_i$ 方向和结束位形 $\boldsymbol{x}_{i+1}$方向均与圆弧相切，记两者与 $\boldsymbol{d}_{i,i+1}$形成的夹角分别为 θ_i 和 θ_{i+1}，这两个角度一定相等，即

$$\theta_i = \theta_{i+1} \tag{4-147}$$

用$\boldsymbol{\beta}_i$ 表示机器人在第 i 个位形处的绝对方向，则 $\theta_i = \theta_{i+1}$约束可等价表示为

$$\begin{pmatrix} \cos\boldsymbol{\beta}_i \\ \sin\boldsymbol{\beta}_i \\ 0 \end{pmatrix} \times \boldsymbol{d}_{i,i+1} = \boldsymbol{d}_{i,i+1} \times \begin{pmatrix} \cos\boldsymbol{\beta}_{i+1} \\ \sin\boldsymbol{\beta}_{i+1} \\ 0 \end{pmatrix} \tag{4-148}$$

由此，对应目标函数可以表示为

$$f_k(\boldsymbol{x}_i, \boldsymbol{x}_{i+1}) = \left\| \left[\begin{pmatrix} \cos\boldsymbol{\beta}_i \\ \sin\boldsymbol{\beta}_i \\ 0 \end{pmatrix} + \begin{pmatrix} \cos\boldsymbol{\beta}_{i+1} \\ \sin\boldsymbol{\beta}_{i+1} \\ 0 \end{pmatrix} \right] \times \boldsymbol{d}_{i,i+1} \right\|^2 \tag{4-149}$$

上式表示对违反此约束的二次误差进行惩罚。对于可能存在 180°的方向变化需要采用额外方式进行处理。

（4）时间最短

前面的弹性带方法通过内部虚拟力收缩弹性带来获得最短路径。在定时弹性带方法中，由于引入了时间信息，因此可以用最快路径这样的目标来替代最短路径目标。通过最小化所有时间差分和平方，就可以实现最快路径，目标函数表示为

$$f_k = \left(\sum_{i=1}^{n} \Delta T_i \right)^2 \tag{4-150}$$

在最快路径中，中间位形是按时间均匀分布而不是按空间。

TEB 实现时，首先，通过在初始路径上增加默认的关于动力学和运动学约束的时间信息，将初始路径转化为初始轨迹，如将初始路径转化为由纯旋转加平移构成分段线段的轨迹。其次，在每次迭代中，动态地增加新的位形或删除已有位形，以便修正空间和时间分辨率，能够与当前轨迹长度匹配。然后，建立 TEB 状态与路径点和障碍物的关联。随后，构建超图模型，即将最优化问题转化为一个超图。所谓超图是一个由节点和边组成的图，其中一条边所能连接的节点数量不受限制，即一条边可以连接两个以上的节点。将 TEB 问题转

化为超图，图中节点可以是位形和时间差分，它们通过表示给定目标函数或者约束函数的边连接。图 4-80 给出了一个由两个位形、一个时间差分和一个点状障碍物构成的超图示例。速度约束目标函数要求与两个位形之间的欧氏距离及所需的行驶时间相关联，因此它形成一条连接 B 中状态 x_0、x_1、ΔT_0 的边。障碍物要求建立了位形 x_1 与障碍物 o_1 之间的边。由于障碍物的位置是固定的，因此图中障碍物节点用双圆标出，其参数（即位置）不会被最优化算法改变。可以看到，TEB 是一个具有稀疏特性的大规模最优化问题，可采用“g2o 架构”来求解。在验证最优化得到的 TEB 轨迹是否可行后，可以计算得到速度控制变量 v 和 ω，驱动机器人执行。在每次新的迭代之前，重新初始化步骤是检查新的和改变的路径点，判断路径点密度是否能够确保视觉或者激光扫描传感器检测到。

定时弹性带方法通过引入时间信息和动力学、运动学等约束条件，将路径规划、避障规划和轨迹规划三者有效融合，形成加权多目标优化问题，通过大规模约束最小二乘优化方法求解。应用表明，该方法具有较好的鲁棒性，并且由于目标和约束采用模块化公式表示，具有容易扩展的特性，可以方便地引入新的目标和约束。但是当问题规模较大、目标或者约束存在一定冲突时，问题求解计算成本较高，难以满足实时性要求。

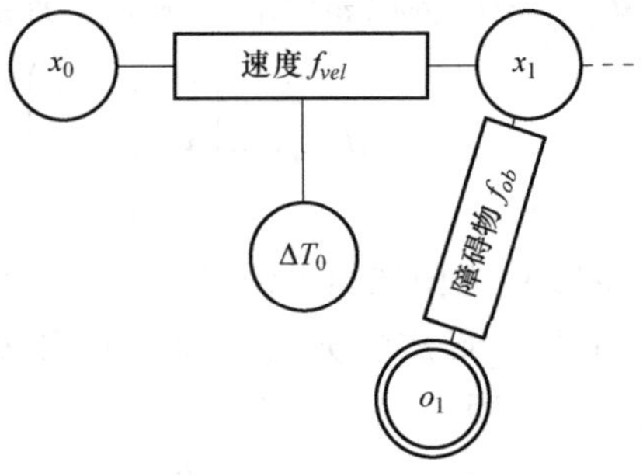

图 4-80　TEB 约束的超图表示

4.6　导航行为规划

移动机器人导航行为规划是近几年的研究热点，它的目的是使规划结果满足一定的社会行为规则，更符合人类的认知和交互特性。

已知预定义状态和转换条件，可采用有限状态机推导出机器人的行为规划。例如，DARPA Urban Challenge 比赛中曾采用该方法解决路口复杂环境中机器人的行为决策问题。此外，也有采用马尔可夫决策过程（Markov Decision Process，MDP）或者局部观测马尔可夫决策过程（Partial Observation Markov Decision Process，POMDP）在概率架构下描述状态转移的过程。

近年来，深度学习和强化学习方法也被应用于行为规划研究。不同于人为定义的状态和转换，这类方法利用机器人移动经验或人为遥控操作，通过支持向量机或逆强化学习方法学习一些社会规则，并利用这种社会性质的行为规划解决高动态环境下移动机器人的导航规划问题。

4.7　小结

本章主要介绍了机器人自主移动中解决“怎么去”这一核心问题的导航规划方法。由于移动机器人执行时存在多种约束，因此导航规划问题通常分解为路径规划、避障规划和轨迹规划。

路径规划以获得几何工作空间中的安全无碰路径为目标，在规划时通常忽略机器人所存在的运动学约束。常规思路是将几何工作空间转化为位形空间，将有体积有姿态的机器人路径规划转化为无体积无姿态的点路径规划，从而有效减少了碰撞检测计算量。其求解的核心思想是对位形空间进行离散化并构建拓扑连通图/树，在连通图中进行最优路径搜索，或者根据树的父子关系直接得到起始点到目标点的路径。根据离散化方式，可以分为分辨率完备的连通图构建方法，如行车图法、单元分解法和势场法，以及概率完备的连通图构建方法，经典方法有 PRM 和 RRT。前者确保获得可行解，后者通过随机采样使获得解的概率趋近于 1。此外，行车图法、单元分解法和 PRM 方法都需要在形成拓扑连通图后进行最优路径搜索；而势场法则是直接根据势场梯度下降最快方向构成路径，由此也存在局部最小问题；RRT 由于构建得到了达到目标点的树，从目标点这一叶节点回溯就能得到从起始点到目标点的路径，RRT 有别于其他路径规划的另一点是，在拓展生成新的叶节点时可以充分考虑机器人的运动学约束和执行能力，从而提升了所生成路径的可执行性。但受随机采样的影响，PRM 和 RRT 所生成路径都存在弯曲多的问题，需要考虑路径的优化和平滑。

相比路径规划获得整个全局路径，避障规划是一个局部规划问题，仅仅是解决当前路径上障碍物的避碰问题。传统避障规划也是从几何规划角度着手，但移动机器人底层采用速度控制，因此在速度空间中直接进行避障规划的 DWA 方法被广泛采用。轨迹规划主要是将几何空间中规划得到的路径转化为机器人可执行的轨迹。为此，本章首先介绍了一维轨迹规划方法，在此基础上针对平面移动机器人介绍了三种比较常用的平面轨迹规划方法，这些轨迹规划方法也可以进一步拓展到三维空间中应用。

通过本章的学习，读者应该掌握路径规划、避障规划和轨迹规划的基本概念和经典方法，利用这些方法，可以实现移动机器人在复杂环境中从一个点到另一个点的高效安全无碰移动。建议读者在学习的同时，在相关仿真环境中进行代码实现，加深对概念和方法的理解。当然这种把导航规划分解为三个子规划的方法，在应用时存在三者难以融合的问题，如所规划路径的不可执行性和规划不合理等问题。为此本章也介绍了目前一些新的研究成果，包括混合 A* 算法、TEB 算法等。也有一些研究人员在尝试利用学习的方法进行路径规划，由于还具有比较大的探索性，本章未展开介绍，有兴趣的读者可以查阅相关文献。

习　题

4-1 名词解释：导航规划、路径规划、避障规划、轨迹规划。

4-2 简要说明导航规划、路径规划、避障规划、轨迹规划相互之间的关系。

4-3 简要说明以下路径规划算法的完备性和最优性（即是否完备、是哪一类完备，以及路径规划是否保证最优）：
可视图法、Voronoi 图法、精确单元分解法、近似单元分解法、势场法、PRM、RRT。

4-4 简要说明广度优先法、Dijstra 算法、A* 算法在搜索扩展时的扩展规则是什么，区别在哪里？

4-5 简要说明向量势直方图避障法和势场法的主要区别。

4-6 考虑一个电商仓库 AGV 机器人，采用差分驱动方式并采用二维码实现机器人的定位，选择适当的算法组合使该机器人可以实现电商仓库内的安全高效导航，给出组合架构，说明选择理由。

4-7 考虑一个校园送货机器人，该机器人采用阿克曼移动底盘，选择适当的算法组合使机器人可以实现校园动态环境下的安全高效导航，给出组合架构，说明选择理由。

4-8 基于 MATLAB 或者利用 ROS 系统，①开发一种路径规划算法，可以使机器人从一个点移动到另一个点；②开发一种避障算法，使机器人根据路径规划结果进行移动时可以有效避让临时增加的障碍物；③开发一个轨迹规划算法，考虑机器人存在平移速度、平移加速度、旋转速度、旋转加速度的最大值限制，并要求确保速度平滑性，给出机器人从一个点移动到另一个点最后的位置轨迹、速度轨迹和加速度轨迹。

第 5 章 地图表示与构建

5.1 概述

地图是对环境的知识表达，是机器人实现自主移动的基础要素，是实现全局定位和导航规划的前提条件。定位需要通过匹配当前环境感知信息和地图信息来估计移动机器人在环境中的位置/位姿，导航则是根据地图中所记录的障碍物位置来规划机器人从当前点到目标点的可行路径和执行轨迹。

地图表示方法直接影响定位和导航规划方法的可行性、高效性和精确性。不同的地图表示方法对定位和导航的适用性通常不同，有的表示方法适合于定位，有的表示方法则适合于导航。不同的地图表示方法复杂性不同，而其复杂性直接影响地图构建、定位和导航算法的复杂性。不同的地图表示方法可以达到的地图精度也各不相同，从而会影响机器人定位精度和到达目标点的精度，因此地图表示方法的精度应与任务要求精度相匹配。

同时，地图表示方法受传感器能够获得的数据类型影响，也对由传感器数据构建相应地图的方法提出了要求和约束。目前在地图构建和定位中主要采用激光传感器和视觉传感器获得环境信息，这两种传感器获得的数据类型不同，也导致其可构建的地图表示方法不同。

在实际应用中，要综合考虑地图表示方法的适用性、精度匹配性、计算复杂性和传感器适配性。因此，本章首先介绍常用的环境感知传感器及传感器标定方法，包括传感器自身参数标定、传感器与机器人运动中心标定以及多个传感器之间的相互标定，然后介绍常用的地图表示方法，明确其对机器人自主移动定位和导航的适用性，以及在传感器坐标系下将传感器信息转化为主要地图表示的算法。

5.2 常用环境感知传感器

在机器人应用中，最常见的感知外部环境的传感器主要包括两种：测距传感器和相机。顾名思义，前者能够获得角度和距离的测量，意味着可以从测量数据中获得物体相对于传感器的相对位置。后者在日常生活中很常见，测量的值包括角度和光强，但没有办法测量距离，因此无法通过单张照片估算照片中物体的距离。因此，使用前者的优势主要在直接测量了三维信息，不存在维度缺失的问题，而后者往往需要通过多种技术手段恢复缺失的距离维度，但后者也因为能测量光强，因此含有更加丰富的物体纹理信息。可以看到，没有哪类传感器是完美无缺的。在本节中将介绍两类典型传感器的原理，从而使读者能够结合机器人的任务目标合理地选型传感器进行组合，实现性能和成本的平衡。

5.2.1　测距传感器

最常见的测距传感器基于飞行时间原理（Time of Flight，ToF）。这类传感器通常包含发射器和接收器两个环节，发射器能够主动向环境发射信号，信号在遇到环境中的障碍物后会被反射，进而被接收器接收。在这个过程中，信号从传感器到障碍物再回到传感器会产生时间差 δt，结合信号的传播速度，记为 v，可得信号在这个过程中总共飞行的距离为 $v\delta t$。这个过程如图 5-1 所示，考虑到信号总共经历了传感器到物体之间距离的两倍路程，可得传感器到物体的距离为$\frac{v\delta t}{2}$。

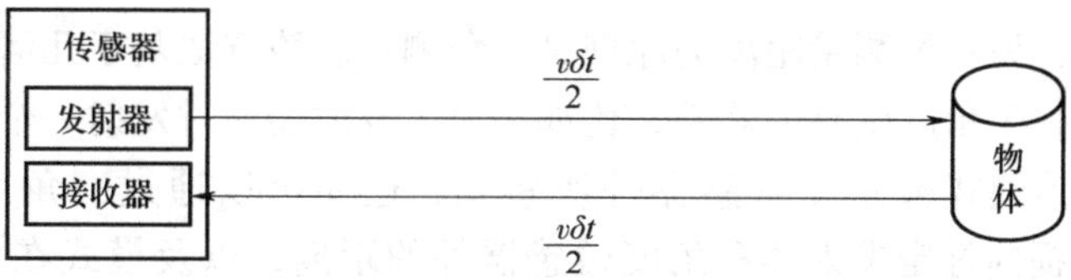

图 5-1　ToF 传感器的基本原理

有很多传感器基于 ToF 原理，比如超声传感器。此时只需要将 v 用声音在空气中的传播速度代入，即可通过声信号的飞行时间计算出距离。考虑到声信号的速度较慢，所以在机器人运动时的测量效果不佳，并且声信号的孔径角较大，测量结果的分辨率也较低，这些特点使超声传感器很难用于远距离的测量，通常只能在几十厘米到几米范围内进行测量，所以常用于障碍物避碰，比如汽车的倒车雷达。

相比于超声传感器，在机器人应用中更常见的基于 ToF 原理的测距传感器是激光传感器。类似于超声传感器，激光传感器的测距就是将 v 用光的传播速度代入，从而获得距离。考虑到光速极快，且光的孔径角远比声信号的小，所以激光传感器的测距范围能达到几十米至几百米，而且精度比超声传感器更高。因此，激光传感器除了用于机器人障碍物避碰，还用于环境重建、定位等。如图 5-2 所示，当把激光测距仪固定安装到电动机上时，电动机的转动可以带来激光测距仪对周围环境多个角度的测量，形成二维激光扫描仪，从而获得对环境一个切面的全周测距数据，大大提升机器人的感知视野。这些优点都是激光传感器当下在机器人应用中十分流行的原因。如果将多个测距仪叠加并进行转动，则能够获得多个切面的全周测距数据，形成三维激光扫描仪，生成对环境的三维扫描，进一步丰富机器人的感知视野和信息维度。常用的激光雷达如图 5-3 所示，这两类激光雷达都通过机械旋转方式对周围环境进行测距，可以完成 2D 或 3D 点云的扫描与生成。

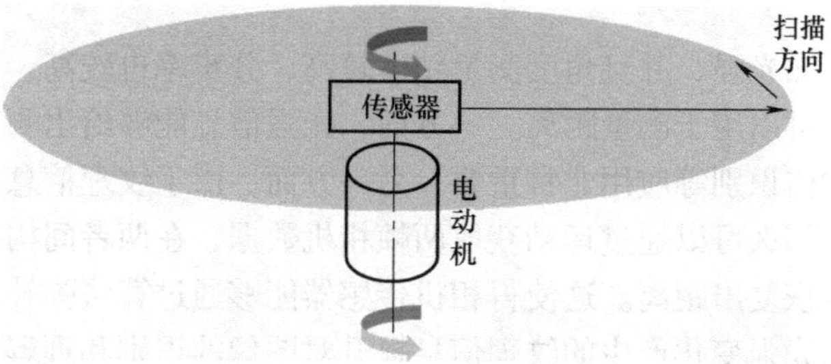

图 5-2　激光传感器的构成

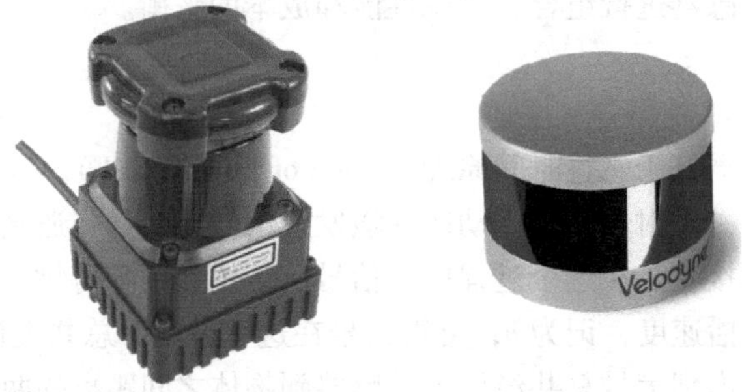

a) 二维激光雷达（1线）　　b) 三维激光雷达（16线）

图 5-3　激光雷达示例

除了 ToF 原理，另一种测量距离的原理是三角测量。该方法基于几何原理，传感器通常包含一个发射器和一个角度敏感的器件，比如相机。发射器通过发射一个已知的模式，比如点、线、纹理等，该模式被角度敏感器件所感知，进而可以通过三角函数进行计算。如图 5-4 所示，通过提前标定发射器和角度敏感器件的距离，以及模式在角度敏感器件中的角度，能够计算得到模式到发射器的距离。当把模式的范围变大时，基于三角测量的传感器可以直接测量整个模式范围内的距离数据，也就是对环境的三维扫描数据，因此频率很高。这类方法的主要问题在于测量距离比较短，因为发射器和敏感器件的间距受到实际机械参数的限制，当距离较远时误差就会迅速变大，使结果不可靠。因此，尽管这类传感器的测距范围通常能达到几米到十几米，相比超声传感器工作范围更远、精度也更高，但相比激光传感器仍有不及。考虑到其获取三维数据的效率很高，因此也被用于小范围的环境重建，比如机械臂的作业范围或是人机交互的设备。目前在机器人的应用中，基于三角测量的传感器已经几乎取代了超声传感器，并且有被挖掘更多应用的潜力。

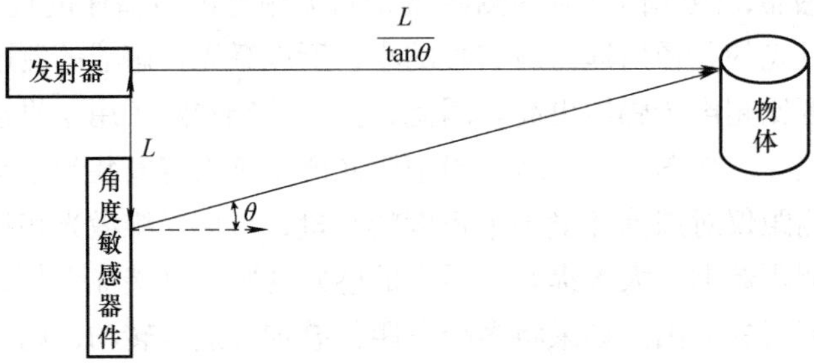

图 5-4　三角测距方法

5.2.2　相机

相机由于其能感知光强，并且角度测量精度较高，分辨率也较高，所以也是机器人应用中常见的传感器，也可以用于测量距离。一方面，光强信息能够给出测距传感器无法给出的纹理信息，这对于物体识别等应用非常重要；另一方面，由于纹理信息的存在，如果将其看作一种特定的模式，那么可以通过运动获取两帧相机数据，在两者间构成一组时间上的三角测量，结合运动信息恢复出距离。这使得相机传感器能够通过算法弥补距离测量本身原理上的不足，且能够利用光强变化产生的纹理信息提升对图像的识别和理解。因此，充分利用相机数据是近年来机器人领域算法研究的重点，在一些应用中已经有可能取代部分距离传感器，对于机器人的应用推广有重要意义。此外，由于视觉是人类的最重要感知方式，所以相机应当还有很大的潜力和前景，是构筑机器人人类级别感知的重要途径。

相机包含镜头（透镜）、光圈和感光器件三个部分，其中感光器件决定了图像平面。根据光学原理，透镜存在聚焦平面，透镜和聚焦平面的距离为焦距，由透镜决定。如图5-5所示，物距 z、焦距 f 和焦点距离透镜的距离 e 之间的关系如下：

$$\frac{1}{f}=\frac{1}{z}+\frac{1}{e} \tag{5-1}$$

由式（5-1）可以知道，当成像平面处于焦点时，可以使对应物距下的物体保持清晰，而更近或更远的物体都会模糊。除了控制图像平面，光圈也能够有效控制清晰程度。当光圈很小时，清晰程度会增加，但同时光圈变小会导致只有很少的光进入成像，因此需要较长的曝光时间或较强的环境亮度。这些参数使人们能够根据机器人所在的环境和任务设计特定的相机系统，从而获得性能的平衡。通过上述的光学方程，图像平面上的像被感光器件CCD或CMOS芯片数字化，从而形成一张图片。图片中的每个像素，能够反映落到该像素的物体点相对于相机的角度，由于像素分辨率很高，所以相机可作为角度敏感器件，且测角精度较好。此外，像素获取的光强能够反映出对应物体点的材质和颜色，密集的像素点能够反映一个区域的材质和颜色，也就是纹理。这部分信息往往无法被测距传感器所感知，这也是视觉信息能够为物体识别提供重要信息的原因。下一节将具体介绍相机的建模和参数标定方法。

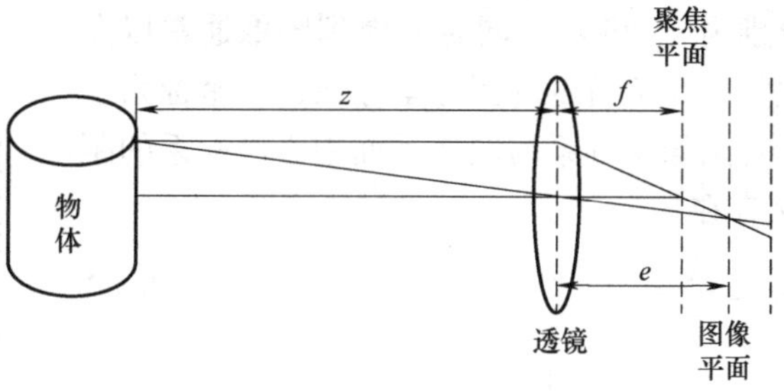

图5-5　相机成像机理

5.3　相机建模和标定

在实际视觉问题中，由于 z 远远大于 f，所以可以认为此时的 e 和 f 相等，也就是图像平面在聚焦平面上。同时 z 也远远大于光圈，可以认为几乎只有穿过透镜中心的光落到了图像平面上。所以此时的相机模型如图5-6所示，该模型是一个小孔成像模型，其中透镜中心被称为光心，垂直于图像平面且穿过光心的轴称为光轴。该模型大大简化了相机的建模和后续的分析，也是目前领域内普遍采用的相机模型。通常把图像平面转移到光心前进行分析，以避免虚像成倒像，从而简化建模。如图所示，定义光心坐标系下的物体点为 $\boldsymbol{P}=(x,y,z)$，以图像平面与光轴的交点为原点，与光心坐标系坐标轴平行的坐标系为图像平面中心坐标系，$\overline{\boldsymbol{U}}=(\overline{u},\overline{v})$ 为该坐标系下一点。根据相似三角形原理，存在如下几何关系：

$$\frac{f}{z}=\frac{\overline{u}}{x} \tag{5-2}$$

$$\frac{f}{z}=\frac{\overline{v}}{y} \tag{5-3}$$

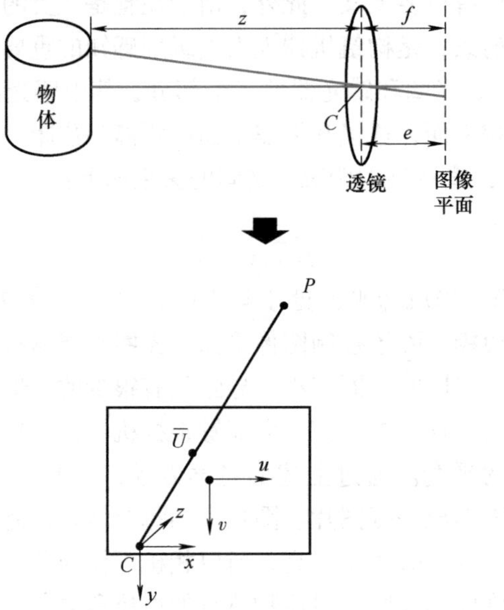

图 5-6　相机模型

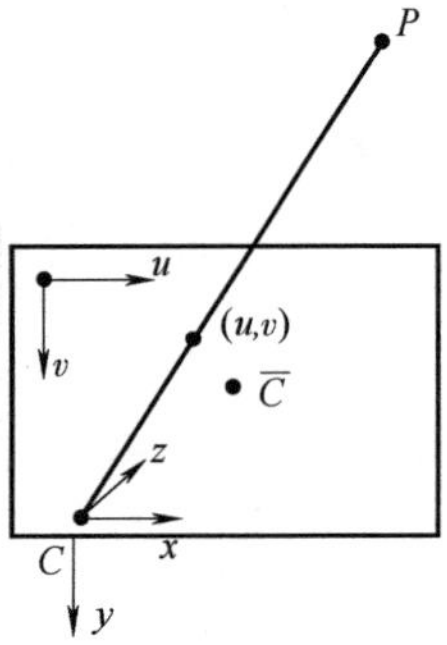

图 5-7　图像坐标系定义

考虑到图像通常采用像素坐标，定义像素在图像平面中心坐标系下的宽度和高度分别为 $\boldsymbol{\kappa}_x$ 和 $\boldsymbol{\kappa}_y$。同时考虑到图像通常以左上角为原点，所以建立如图 5-7 所示的图像坐标系，该坐标系下的点以像素坐标度量，且图像坐标系与图像平面中心坐标系的距离为 $\overline{\boldsymbol{C}}=(\bar{c}_x,\bar{c}_y)$。那么存在

$$u\boldsymbol{\kappa}_x=\frac{fx}{z}+\bar{c}_x=\frac{fx}{z}+c_x\boldsymbol{\kappa}_x \tag{5-4}$$

$$v\boldsymbol{\kappa}_y=\frac{fy}{z}+\bar{c}_y=\frac{fy}{z}+c_y\boldsymbol{\kappa}_y \tag{5-5}$$

式中，u、v、c_x 和 c_y 是像素度量下的物体投影成像点和图像中心点。对上式两边同除以 $\boldsymbol{\kappa}_x$ 和 $\boldsymbol{\kappa}_y$，可得

$$u=\frac{fx}{\boldsymbol{\kappa}_x z}+c_x\triangleq\frac{f_x x}{z}+c_x \tag{5-6}$$

$$v=\frac{fy}{\boldsymbol{\kappa}_y z}+c_y\triangleq\frac{f_y y}{z}+c_y \tag{5-7}$$

式中，f_x 和 f_y 分别是用像素的宽度和高度度量的焦距。整理上式，构成矩阵形式

$$z\boldsymbol{U}\triangleq\begin{pmatrix} zu \\ zv \\ z \end{pmatrix}=\begin{pmatrix} f_x & 0 & c_x \\ 0 & f_y & c_y \\ 0 & 0 & 1 \end{pmatrix}\boldsymbol{P}\triangleq\boldsymbol{KP} \tag{5-8}$$

式中，$\boldsymbol{K}$ 是内参矩阵；$\boldsymbol{U}$ 的前两个元素是 $\boldsymbol{P}$ 在图像中的坐标。结合第 2 章的内容，定义点 $\boldsymbol{P}$ 在某个世界坐标系下的点为 $\boldsymbol{P}^{\mathrm{W}}$，那么存在

$$z\boldsymbol{U}=\boldsymbol{K}(\boldsymbol{R}_{\mathrm{C}}^{\mathrm{W},\mathrm{T}}(\boldsymbol{P}^{\mathrm{W}}-\boldsymbol{t}_{\mathrm{C}}^{\mathrm{W}})) \tag{5-9}$$

式中，C 是相机的光心坐标系；$\boldsymbol{R}_{\mathrm{C}}^{\mathrm{W}}$ 和 $\boldsymbol{t}_{\mathrm{C}}^{\mathrm{W}}$ 一起称为相机在世界坐标系下的位姿。这样，式(5-9)就构成了相机对世界坐标系中一个点的观测模型，也被称为相机的投影方程。

除了 $\boldsymbol{K}$ 以外，实际相机中还存在畸变问题，如图 5-8 所示。为了建模该效果，采用一个径向畸变函数，该模型的输入是 $\boldsymbol{U}$，输出是 $\boldsymbol{U}_d=(u_d,v_d)$，也就是从无畸变的投影图像点，到有畸变的实际图像点的过程。该函数可以表示为

$$\begin{pmatrix} u_d \\ v_d \end{pmatrix} = (1+k_1 r^2)\begin{pmatrix} u-c_x \\ v-c_y \end{pmatrix} + \begin{pmatrix} c_x \\ c_y \end{pmatrix} \tag{5-10}$$

其中

$$r=\sqrt{\left(\frac{u-c_x}{f_x}\right)^2+\left(\frac{v-c_y}{f_y}\right)^2} \tag{5-11}$$

a) 无畸变图像　　b) $k_1>0$的畸变　　c) $k_1<0$的畸变

图 5-8　图像畸变

畸变函数中的 k_1 被称为径向畸变参数。在实际操作中，有些视野大的复杂镜头需要更多的畸变参数来建模相机畸变的影响。但由于本节并不以系统介绍视觉标定方法为目的，所以这里不再介绍更复杂的去畸变参数。

在构建完相机的模型以后，核心问题就是如何获得 $\boldsymbol{K}$ 矩阵中的参数以及 k_1。针对一台相机，估计 $\boldsymbol{K}$ 和 k_1 甚至更多畸变参数的过程，称为相机内参标定。本节介绍一种目前十分常用的相机标定方法，称为张正友标定法，是张正友在 1998 年提出的基于棋盘格标定板的标定方法。该方法可以分为三个步骤，第一步：在相机的视野中以不同的姿态摆放棋盘格标定板，形成多张图片，并从中提取棋盘格上的角点；第二步：利用棋盘格角点分布求解相机的内参矩阵 $\boldsymbol{K}$ 和畸变参数 k_1；第三步：利用非线性优化，比如第 2 章中学习的高斯-牛顿算法，对 $\boldsymbol{K}$ 和 k_1 进行联合优化，进一步提升对 $\boldsymbol{K}$ 和 k_1 的估计精度，作为最终的标定参数。接下来简要介绍这三个步骤的实施：

1）定义棋盘格的坐标系，并将该坐标系看作世界坐标系，棋盘格上的每个角点可以被表示为世界坐标系下的角点，并且具有 $z=0$ 的特性，如图 5-9 所示。在第一步中，通过人机交互的方式，由人选定图像中棋盘格标定板的原点和坐标轴方向，由计算机自动检测棋盘格中的角点，通过计算角点相对于原点的顺序，可以得到当前图片下每个角点对应棋盘格世界坐标系的坐标。考虑到棋盘格运动，相机静止，也可以表示为棋盘格静止，相机在棋盘格所定义的世界坐标系下运动，那么多张图片就好比对棋盘格中的每个角点进行了多次观测。这多张图片所对应的相机位姿各不相同，但 $\boldsymbol{K}$ 和 k_1 都一样。

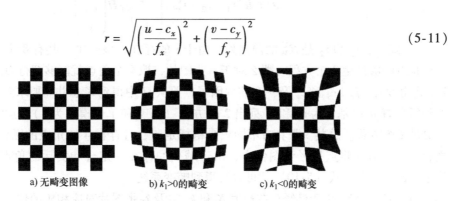

图 5-9　棋盘格的坐标系定义

图 5-9 彩图

2）先假设图像不存在畸变，那么对于一张图片的一个角点，就存在一个式（5-9）的关系。如果用$\boldsymbol{R}_{\mathrm{W}}^{\mathrm{C}}$和$\boldsymbol{t}_{\mathrm{W}}^{\mathrm{C}}$表达式（5-9），可以写为

$$z\boldsymbol{U}=\boldsymbol{K}(\boldsymbol{R}_{\mathrm{W}}^{\mathrm{C}}\boldsymbol{P}^{\mathrm{W}}+\boldsymbol{t}_{\mathrm{W}}^{\mathrm{C}}) \tag{5-12}$$

3）考虑到$\boldsymbol{P}^{\mathrm{W}}$的第三个元素为零，式（5-12）可以写为

$$z\boldsymbol{U}=\boldsymbol{K}(\boldsymbol{r}_1\quad \boldsymbol{r}_2\quad \boldsymbol{t}_{\mathrm{W}}^{\mathrm{C}})\begin{pmatrix}x^{\mathrm{W}}\\ y^{\mathrm{W}}\\ 1\end{pmatrix}\triangleq\boldsymbol{H}\begin{pmatrix}x^{\mathrm{W}}\\ y^{\mathrm{W}}\\ 1\end{pmatrix} \tag{5-13}$$

4）式中，$\boldsymbol{r}_1$和$\boldsymbol{r}_2$是$\boldsymbol{R}_{\mathrm{W}}^{\mathrm{C}}$的前两列。由于$z$的存在，该式中一共有8个自由度。考虑到一个角点能够产生2个方程，那么对于一张图片，取4个角点就能够解得$\boldsymbol{H}$。考虑到$\boldsymbol{K}$中有4个自由度f_x、f_y、c_x和c_y及一个缩放因子，要从$\boldsymbol{H}$中得到$\boldsymbol{K}$总共需要求解5个自由度。考虑到每个$\boldsymbol{H}$可以基于为$\boldsymbol{r}_1$和$\boldsymbol{r}_2$列出2个方程（正交和单位模长为1），意味着每张图片可以提供2个方程。总共3张具有不同棋盘格标定版，且存在4个角点的图像就可以解得$\boldsymbol{K}$。之后，可以用H将点投影到图像中，由于畸变的存在一定会和实际的角点位置存在偏差。使用该偏差，基于式（5-10）就可以解得到畸变系统k_1。

5）最后一步，由于已经存在初值$\boldsymbol{K}$和k_1以及各张图片对应相机的位姿，可以用非线性优化方法同时调整所有参数，使所有相机投影模型式（5-9）和畸变模型式（5-10）构成的方程组能够进一步拟合实际数据。具体来说，假设有N张图片，那么就有$5+1+6N$个未知数，分别对应$\boldsymbol{K}$、k_1和位姿。而对于一张图片，至少有8个方程，总共形成$8N$个方程。所以，当存在4张或以上的图片时，方程组就存在最小化解。通常，为了确保估计参数的质量，会采用更大的标定板，获得更多的角点，并采集更多的数据，来减少所估计参数$\boldsymbol{K}$和k_1的方差。

本节从求解思路的层面介绍了相机标定算法。没有进一步深入相机标定方法细节的原因是目前已经有很多成熟的软件包能够通过十分友好的交互界面完成整套标定流程，输出标定结果，比如知名的计算机视觉软件包 OpenCV，或者著名的加州理工相机标定工具箱 Caltech Camera Calibration Toolbox 等。通过本节的讲述，可以让读者从模型的层面来理解标定结果好坏的原因，进而能够有一定的手段来调整软件包的标定结果。比如当畸变严重时，可以引入更多的畸变参数来减少误差。当结果方差较大时，可以采集更多图像，覆盖更多的标定板位置和姿态，来提升标定性能。

5.4 地图表示方法

目前常用的地图表示方法有点云地图、栅格地图、特征地图和拓扑地图，近期又提出了语义地图等。不同的地图表示形式具有不同的特点与优势，在实际运用时，需根据工作环境与应用需求选择合适的地图表示方法。

5.4.1 点云地图

点云地图用空间中的点集合表示，即

$$\boldsymbol{M}=\{\boldsymbol{p}_1,\boldsymbol{p}_2,\cdots,\boldsymbol{p}_n\} \tag{5-14}$$

二维点云地图中的点表示为$\boldsymbol{p}_i=(x_i,y_i)^{\mathrm{T}}$，三维点云地图中的点则表示为$\boldsymbol{p}_i=(x_i,y_i,z_i)^{\mathrm{T}}$。

激光测距仪、深度相机、相机等传感器都可以测量得到环境中物体或特征到传感器的距

离和角度信息，通过极坐标到笛卡儿坐标转换可以表示为空间中的点信息，点的集合就构成了点云地图。其中激光测距仪和深度相机可以直接获取环境中物体表面到传感器的几何度量信息，并且数据具有稠密特性，因此可以直接根据当前测量数据构建得到传感器坐标系下的局部稠密点云地图，进而通过里程估计或者定位方法拼接得到全局稠密点云地图。基于相机构建点云地图时需要对图像进行处理，直接对图像像素进行双目匹配恢复匹配点的视深信息，形成视觉像素点云，或者利用特征检测算法从图像中提取特征并生成描述子，然后利用双目匹配或者 RGBD 相机对应的深度信息获得图像特征的空间位置，形成视觉特征点云。视觉特征点云通常具有稀疏特性。

图 5-10 给出了根据二维激光测距仪和三维激光测距仪获得的单帧点云以及多帧激光测量数据拼接构建得到的环境二维点云地图和三维点云地图。图 5-11 给出了根据深度相机数据构建得到的三维点云地图，以及为根据双目相机构建得到的视觉像素点云地图。图 5-12 为基于 RGBD 传感器采用 SIFT 描述子构建得到的视觉特征地图，其中图 5-12a 为从 RGB 图像信息提取得到的 SIFT 特征，图 5-12b 为根据对应深度信息构建的特征地图。

a) 由二维激光测距仪得到的单帧点云

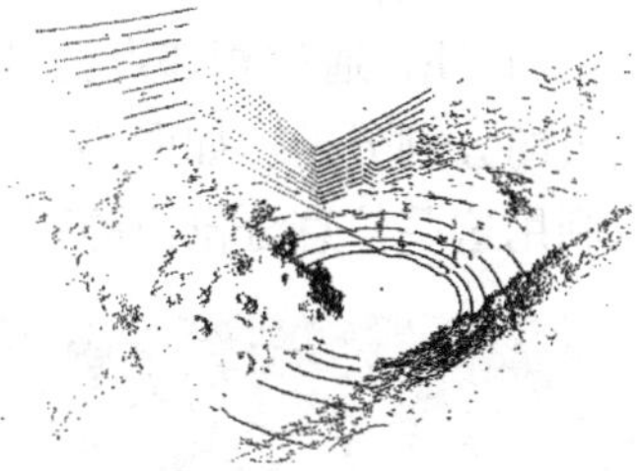

b) 由三维激光测距仪得到的单帧点云

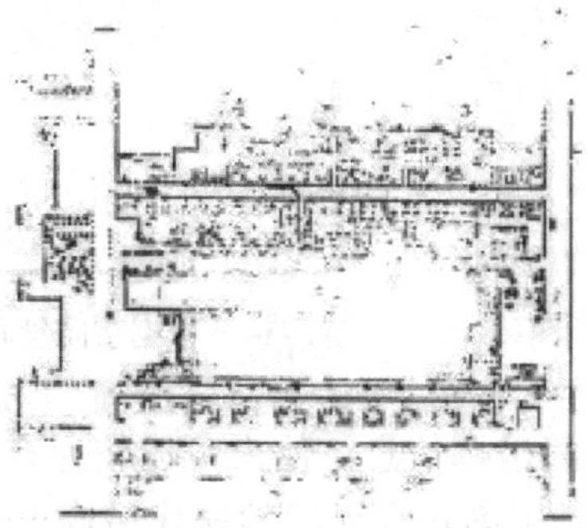

c) 多帧二维激光数据得到的点云地图

d) 多帧三维激光数据得到的点云地图

图 5-10　基于激光测距仪数据构建得到的点云地图

a) 由深度相机数据构建得到的三维点云地图

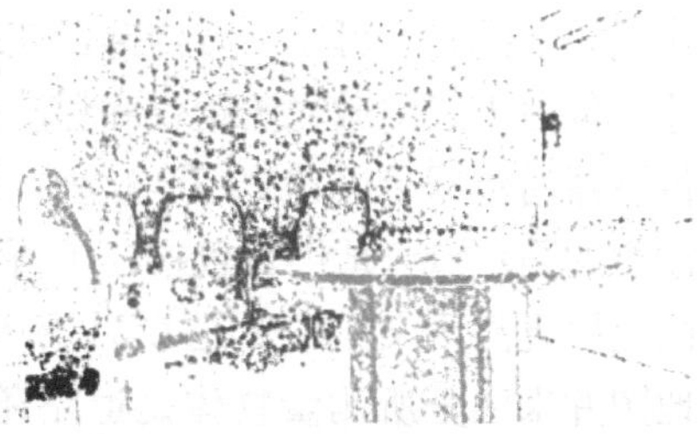

b) 由双目相机数据构建得到的视觉像素点云地图

图 5-11　基于相机数据构建得到的点云地图

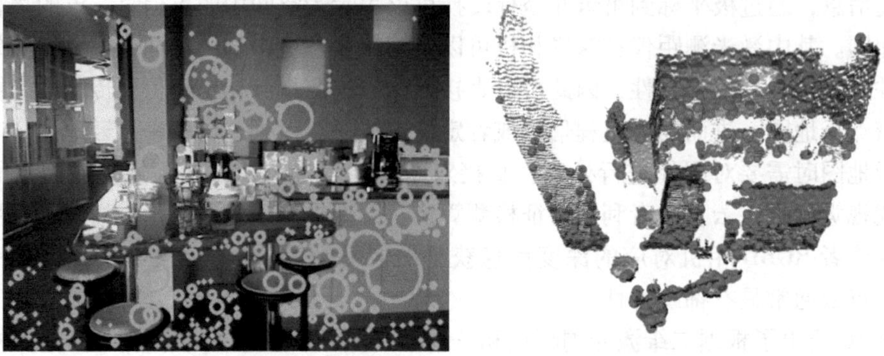

a) 从RGB图像信息提取得到的SIFT特征　　b) 根据对应深度信息构建的特征地图

图 5-12　SIFT 视觉特征地图

由深度相机和双目相机构建得到的点云地图中除了点的空间坐标信息以外，通常还具有颜色纹理信息。通过组合激光测距仪和视觉传感器，也可以获得具有 RGB 信息的点云地图，如图 5-13 所示。此外，通过相邻点也可以计算每个点的法向量、梯度等信息，利用这些信息可以进行点云的分割分类。如图 5-14 所示，将点云中物体与背景相分割。对于移动机器人来讲，可以利用这些信息分割出障碍物和可行区域，以便进行导航规划。

图 5-13　激光和视觉数据融合得到的点云地图

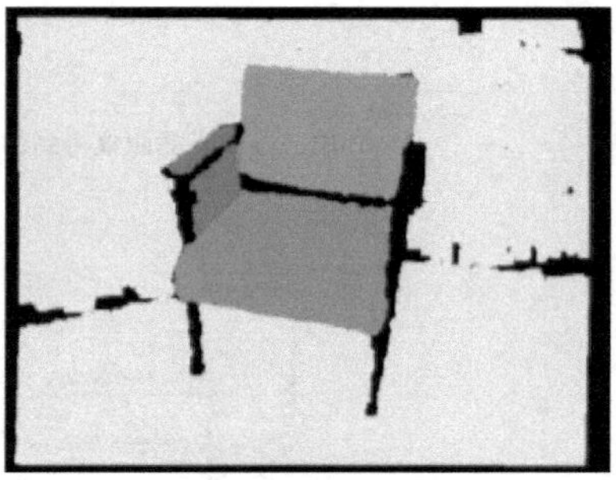

图 5-14　根据法向量和深度的点云分割

点云地图表示了环境中物体表面点的空间坐标信息，使人可以较为直观地获得环境信息。在当前感知信息也表示为点云时，可以采用第 6 章介绍的迭代最近点（Iterative Closest Points，ICP）算法等匹配方法进行定位。特别是由于环境几何特征通常比较稳定，当采用激光测距仪这类性能稳定、几何度量精度较高的传感器时，往往能在几何结构变化不大的环境中实现可靠定位。

在构建点云地图时，可以随着传感器获取数据，将新数据加入到地图中，不需要预先定义地图尺寸。但由于三维激光测距仪和深度相机一次测量获得的点数非常多，比如 16 通道三维激光传感器的数据量可达 20 万点/秒，因此通常对地图存储空间提出了较高要求。

需要注意的是：点云地图仅仅描述了所测量得到的物体表面的空间坐标信息，其描述性较差，不能提供更高语义层次的信息以及环境结构、特征之间的关联性。对于移动导航来讲，点云地图并未区分所测量物体是道路还是障碍物，也没有说明点与点之间的空间是空闲、被占还是未知，因此无法直接应用于导航，需要对点云数据进行处理，分割出可行区域后才可以进行导航规划，如图 5-15 所示。

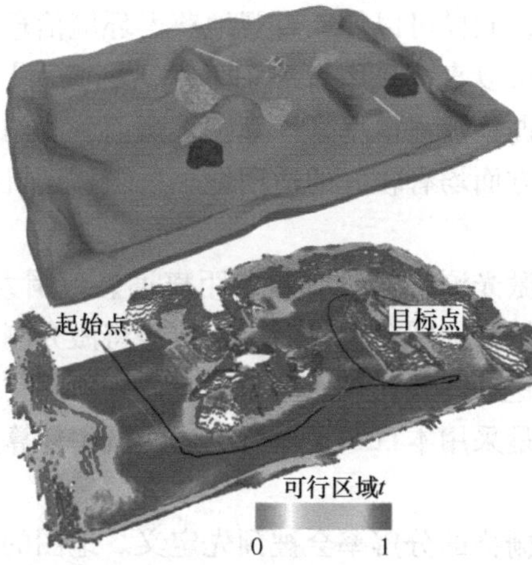

图5-15　点云地图的可行区域分割和导航规划

图5-15 彩图

5.4.2　栅格地图

1. 一般栅格地图表示

栅格地图，也称为占用栅格地图（Occupied Grid Map，OGM），其基本思想是将环境分解为一系列离散栅格，每个栅格取值为0或1，表示该栅格对应空间是空闲或者被占。在概率架构下，每个栅格存储的是该栅格的被占概率。

即地图表示为

$$\boldsymbol{M}=\{m_1,m_2,\cdots,m_n\} \tag{5-15}$$

m_i 表示地图中第 i 个栅格单元被占情况，取值为0或1，在程序实现时栅格内存储的则是 $p(m_i)$，表示 $m_i=1$ 的概率。当 $p(m_i)=1$ 时，表示栅格确定被占；当 $p(m_i)=0$ 时，表示栅格确定空闲；当 $p(m_i)$ 取0～1之间的值时，表示栅格被占的不确定性；当 $p(m_i)=0.5$ 时，意味着其被占不确定性最大。

利用二维栅格地图可以表示某个平面的环境信息，被占概率表示的是对应二维平面空间的被占情况，而三维栅格被占概率则表示对应小立方空间的被占情况。将栅格被占概率值与灰度或者颜色对应，可以实现栅格地图的图像化显示。如图5-16所示的二维栅格地图，其中黑色对应 $p(m_i)=1$，白色对应 $p(m_i)=0$，不同灰色对应不同的被占概率。图5-17则是三维栅格地图的图像化显示，黄色对应 $p(m_i)=1$，无色对应 $p(m_i)=0$，黑色对应未知或者不确定。

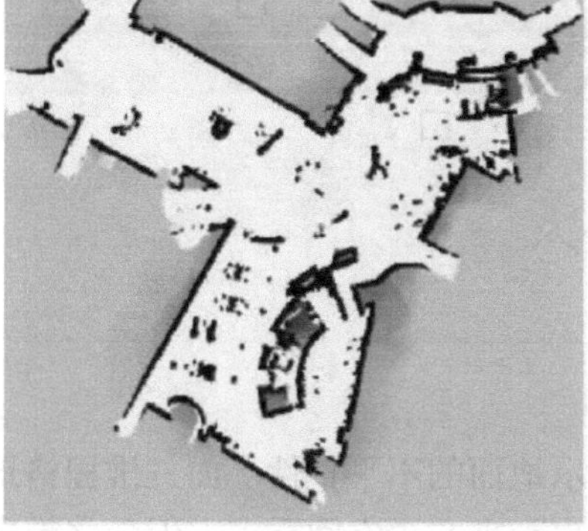

图5-16　二维栅格地图图像化显示图

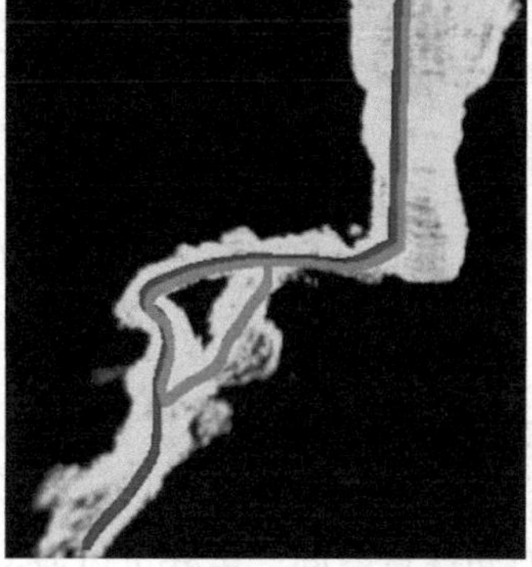

图5-17　三维栅格地图图像化显示

图5-17 彩图

栅格地图可以详细描述环境信息，同样可以使人直观地获得环境信息。由于栅格地图即为对环境的近似单元分解表示，因此可以直接采用 A* 等搜索算法进行最优路径规划。对于定位来讲，也可以方便地根据地图中栅格被占概率来计算获得当前观测的可能性，从而实现定位估计。鉴于其在定位和导航规划方面均有较好的适用性，很多移动机器人应用这种地图表示方法。

栅格地图是一种几何度量地图，激光测距仪具有测量距离远、范围大、精度高等优势，因此主要采用激光测距仪数据来构建栅格地图。可以简单直接地将激光测量得到的空间点投影到栅格中来估计栅格被占情况，但这种方式往往忽略了测量点到所测空间点之间是空闲的这个隐含信息，因此更为科学的方式是采用本章 5.5.1 节所述的概率计算方法将激光测量数据转化为栅格地图表示。

一般情况下，栅格地图的范围与栅格的分辨率会被预先定义。地图的存储空间由所需建图的环境范围而确定。栅格分辨率则决定了对环境信息描述粒度大小，栅格尺寸越小，分辨率越高，对环境信息描述越精细，这直接影响机器人定位的精确度，但精细描述导致栅格地图中的栅格数量大大增加。由于栅格地图会对每个栅格进行建模，而栅格分辨率往往需要设置得足够充分以详细表示环境特征，因此相对其他地图表示形式而言，栅格地图所需的存储空间巨大。随着栅格数量的增加和环境的扩大，地图存储所需要的空间和更新维护时间迅速增加，而栅格地图维度的增加更会随着环境的扩大造成空间需求呈指数级增长。

采用基于四叉树或者八叉树的地图表示方法可以减少存储空间的需求，并可以随着观测的获取增量式更新观测区域的地图，从而不需要预先定义地图的大小，避免了未知区域占用存储空间。四叉树面向二维平面空间，如第 4 章所述，迭代地将包含平面空间分解为四个同样大小的平面空间，直到每个空间完全被占或者完全空闲或者达到最小分辨率，对于未知区域可以不做分解展开。八叉树面向立体空间，如图 5-18 所示。图 5-19a 为点云地图；图 5-19b 为根据点云地图得到的八叉树地图，体素分辨率为 0.08m，在地图查询时通过限制查询的深度，可以随时获得同一地图的多个分辨率；图 5-19c 和 d 分别为体素分辨率 0.64m 和 1.28m 下的地图显示。此外，还可以采用滑动窗口进行地图维护，使系统只需实时更新机器人附近一定范围内的地图，扩大了算法可构建地图的范围。

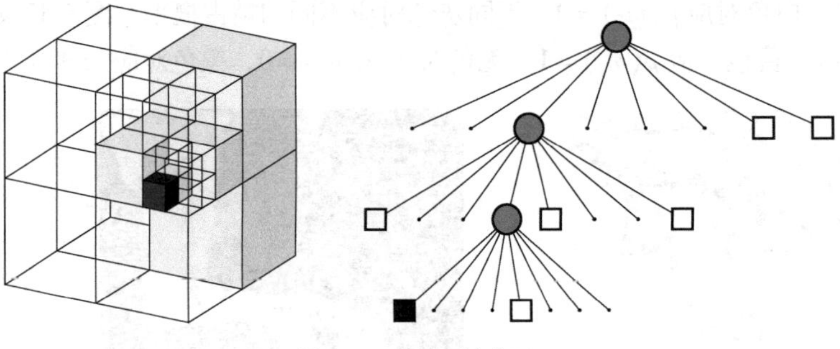

图 5-18　八叉树表示

2. 高度栅格地图表示

二维栅格地图只能表示某个平面的环境信息，无法表示地面的不平整性。而三维栅格地图则过于耗费存储资源和计算时间，虽然可以通过八叉树表示来减少空间需求，但随之带来的是数据结构和程序的复杂。

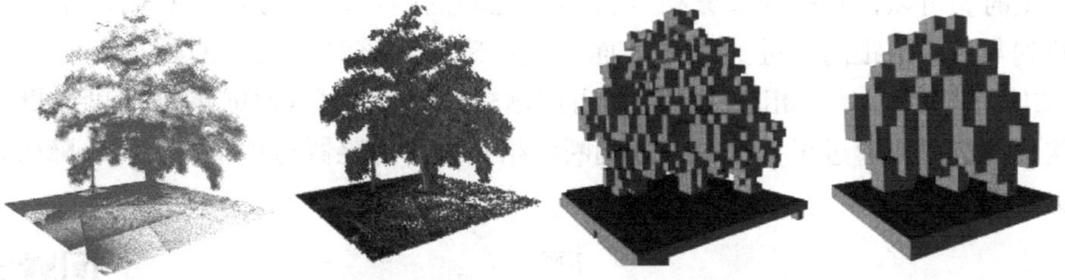

a) 点云地图　　b) 根据点云地图得到的八叉树地图　　c) 体素分辨率为0.64m的地图显示　　d) 体素分辨率为1.28m的地图显示

图 5-19　不同最小分辨率定义下的八叉树地图

为实现不平整地面上的高效导航规划，比如行星探测、足式机器人落脚点规划等，M. Herbert 等人提出了高度地图（Elevation Map）表示法，也称为2.5 维占用栅格地图。如图 5-20 所示，它采用二维栅格地图表示方法，但在每个栅格中不是存储该栅格被占概率，而是该栅格内障碍物的高度信息，通过高斯分布来表示高度估计和不确定性。图 5-21 是根据高度信息图像化显示的环境地貌。

图 5-19 彩图

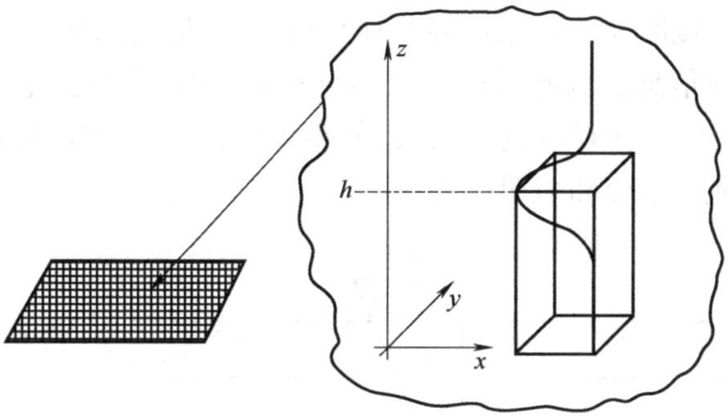

图 5-20　高度地图表示存储信息

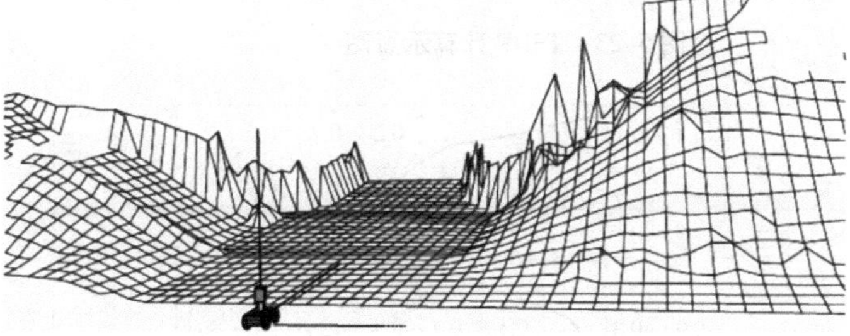

图 5-21　根据高度信息恢复的环境地貌

除了栅格被占概率或者障碍物高度信息，可以根据不同的应用需求在栅格地图中存储不同信息。例如，一些基于优化的轨迹规划算法需要获取地图中每个点到障碍物的距离信息或者距离的梯度信息，因此一些应用在每个栅格内存储距离其最近的被占用栅格与该栅格之间的欧氏距离，称为有向欧氏距离（Euclidean Signed Distance Fields，ESDF）。ESDF 是在传感器观察该栅格位置视线上栅格到最近障碍物表面的距离。如图 5-22 所示，当传感器在空间中位置确定时，可以得到所计算栅格与传感器之间的距离，记为 d_v，利用传感器测距光线追踪法找到与该栅格距离最近的物体表面，记传感器到该物体表面的距离为 d_s，栅格内所存储的 ESDF 即为 $d_s - d_v$。相较于传统的占用栅格地图，基于 ESDF 的地图可以更快地实现碰撞检测，并且可以通过正负符号快速判断栅格是位于传感器与障碍物之间、障碍物表面还是障碍物之后。

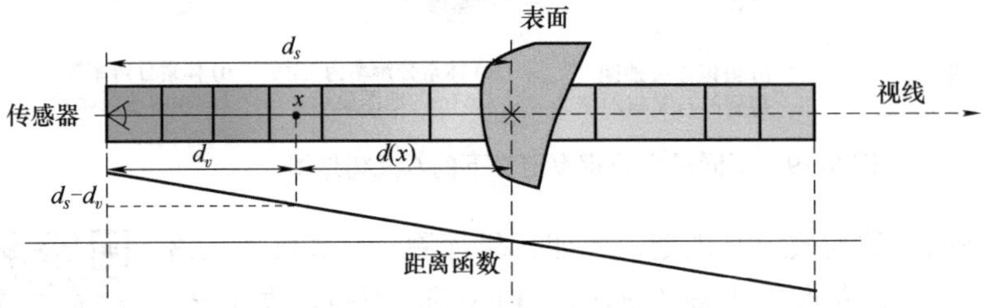

图 5-22 彩图

图 5-22　ESDF 计算示意图

为了减少计算量，一些三维地图构建方法采用截断距离场（Truncated Signed Distance Fields，TSDF）描述地图。如图 5-23 所示，即只计算障碍物附近一定距离内栅格的 ESDF 数值；对于超出计算范围的栅格，在障碍物表面与传感器之间的栅格统一赋值为 1，而在障碍物表面之后的栅格统一赋值为 -1。图 5-24 为 TSDF 栅格地图示例，可以看到这种表示方法隐式地表征了环境表面信息，因此可以利用 Marching Cube 等算法重构高分辨率三维曲面。Oleynikova 等人基于 TSDF 地图的数据作为近似距离值，实时增量式更新 ESDF 地图，使算法可以同时适用于导航、定位和地图构建。

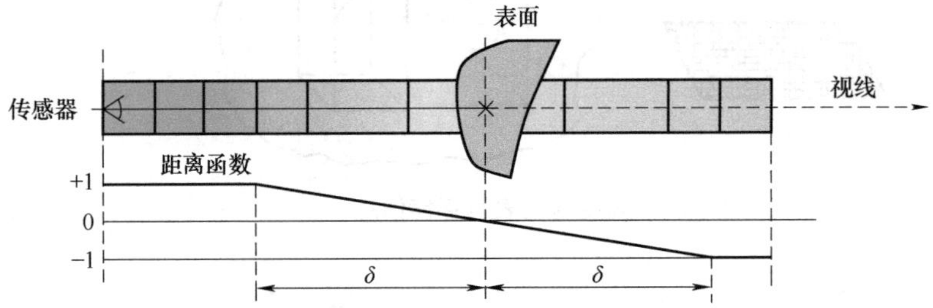

图 5-23 彩图

图 5-23　TSDF 计算示意图

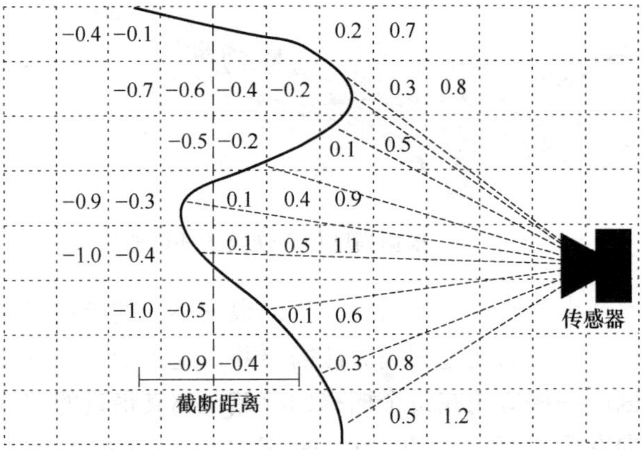

图 5-24　二维 TSDF 表示示意图

注：图中数字为截断距离内栅格到最近表面的有向距离，曲线为障碍物表面。

5.4.3 特征地图

特征地图以抽象的特征描述环境，通常采用拟合障碍物的陆标、线段、平面、多边形等结构性几何特征，这些基础特征通过一组参数进行建模。

早期的地图构建与定位研究主要采用陆标特征地图。如图 5-25 所示，用图 5-25b 抽象表示图 5-25a 环境，每个陆标用其在地图中的笛卡儿坐标描述，也可增加纹理等标识信息描述。在概率架构下，一般采用高斯分布模型描述陆标信息，每个陆标采用一个高斯分布模型 $N(\boldsymbol{u},\boldsymbol{\Sigma})$ 描述，均值 $\boldsymbol{u}=(x,y,s)^{\mathrm{T}}$ 表示估计值，其中 (x,y) 为平面坐标，s 可包含各种特征标识，用于进行特征匹配，方差 $\boldsymbol{\Sigma}$ 表示估计的不确定性。

a) b)

图 5-25 陆标特征地图示意

在实际应用时，需通过传感器信息处理来构建陆标特征。理想情况下，应直接以环境中存在的物体来构建陆标特征。如图 5-26 所示，悉尼大学野外机器人研究中心在构建悉尼维多利亚公园时，采用聚类方法从激光测距仪数据中提取得到树干，作为陆标特征。但在很多实际应用中，自然环境中可能不存在可辨识的陆标特征，或者陆标特征容易受机器人观测视角和环境变化的影响而发生变化，难以确保检测、识别和匹配的正确性，因此有些应用采用人工放置特定陆标的方法。如图 5-27 所示，悉尼大学野外机器人研究中心在水下探测时通过在环境中放置若干个便于声呐传感器检测识别的声呐目标，但即使如此，仍会受到环境中其他物体影响目标识别的准确性。

图 5-26 以树干为陆标的特征地图

图 5-26 彩图

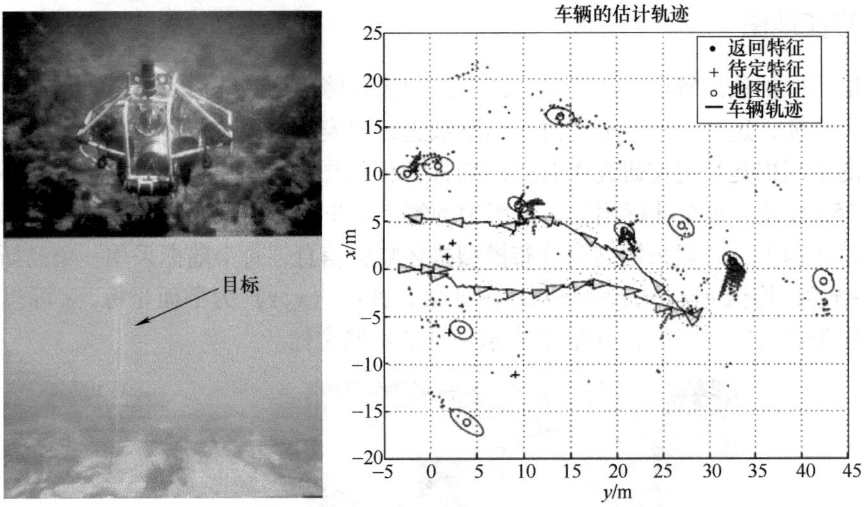

图 5-27　人工放置图可检测陆标的水下探测

对于室内等结构性环境，线段特征也经常被采用，形成如图 5-28 所示拟合障碍物边缘的线段特征地图。随着二维地图向三维地图的发展，线段特征地图也衍生为拟合障碍物表面的平面特征地图，如图 5-29 所示。具体表示时，需要根据特征拟合和匹配需要，找到合适的特征表示参数。例如，线段可以用线段中心点、斜率、长度表示，也可以用线段到坐标系原点距离、线段法线方向、线段中心点和长度来表示。本章 5.5.2 节将介绍由点云拟合线段特征的方法。

图 5-27 彩图

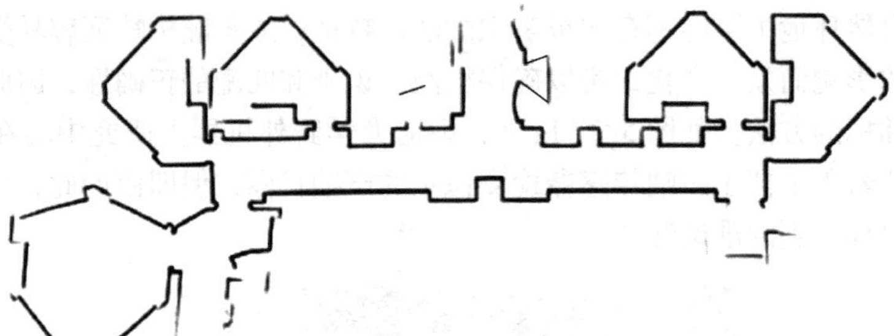

伊拉克利翁博物馆(38m×18m)

图 5-28　二维线段特征地图

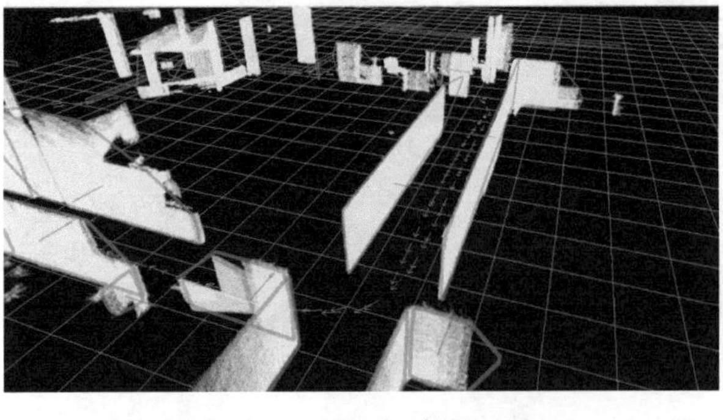

图 5-29 彩图

图 5-29　三维平面特征地图

相较于点云地图和栅格地图，特征地图具有简洁、紧凑、内存占用量小等优点，同时对环境具有更高层次的描述性，使定位与建图的鲁棒性更强。因此，近年来研究人员考虑进一步提升环境描述的层次，引入基础物体信息，以实现鲁棒性更好的数据关联推理。例如，基于 RGBD 信息进行环境的三维稠密表面重构，通过实时三维目标识别和跟踪提取场景中的物体，从而实现更加鲁棒的闭环检测、移动对象检测等，如图 5-30 所示。

但是特征地图无法精确表征复杂环境细节，不能表示环境的被占用、空闲和未知情况，因此不能直接用于导航规划，需要根据特征地图生成可行区域。

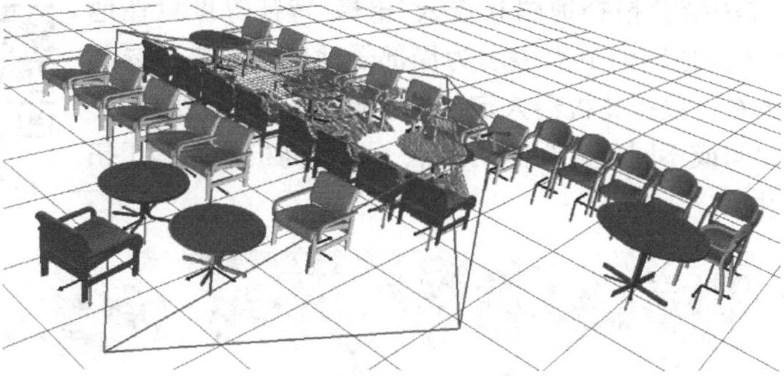

图 5-30 彩图

图 5-30　基础物体特征地图

5.4.4　拓扑地图

拓扑地图形式如同日常生活中常见的地铁交通图，采用图形式表示，图中节点表示环境中的某个地点，节点之间的连线（边）表示两个节点之间可行，如图 5-31 所示。

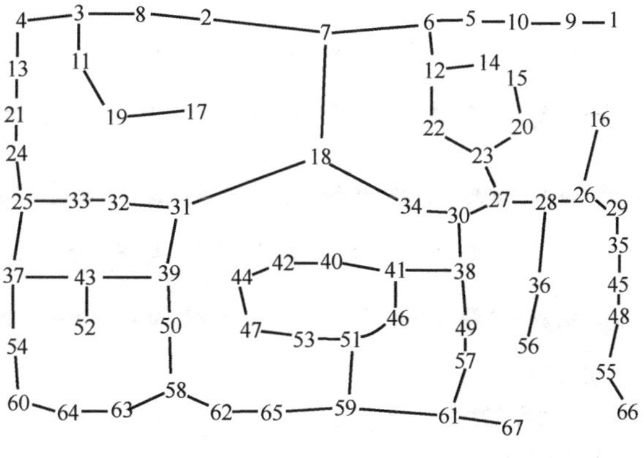

图 5-31　拓扑地图

拓扑地图表示形式简洁紧凑，可以进行快速的路径规划。第 4 章所介绍路径规划方法中的行车图法和概率路图法是根据环境障碍物分别通过解析或者概率采样的方法来构建环境的拓扑地图，再应用 A* 等搜索算法进行最优路径规划。在拓扑地图节点上存储该场景的传感器信息（如图片、激光点云等）或者由传感器信息提取得到的特征描述（如视觉特征、线段特征等）形成对该地点的描述，在定位时可以根据实时感知信息与地图存储信息匹配进行位置识别。但节点分布存在稀疏问题，难以实现任意时刻的精确定位。当两个节点信息具有相似性时，可能导致定位错误。

5.4.5 地图表示研究趋势

针对不同地图表示方法具有不同的优点，研究人员提出了综合多种地图表示的混合或者多层地图表示方法。例如，由视觉图像得到的图像特征点云地图和线段特征地图均具有稀疏特性，而环境具有多样性，结构性环境中线段特征较多，纹理丰富的环境中图像特征点较多。为了增加地图构建和定位时可匹配特征数量，研究人员混合使用视觉点云地图和线段特征地图，如图5-32所示，同时从视觉图像中提取描述纹理特征的点和描述结构信息的线。有些方法结合拓扑地图和点云/栅格/特征等度量性地图，如图5-33所示，将拓扑地图的节点表示为局部子地图，并描述局部子地图之间的相对度量关系，以提高机器人定位的鲁棒性，并通过对同一地点增加多个来自不同时间或不同角度观测的节点，来提高机器人基于拓扑地图进行长期定位的性能。

图5-32 彩图

图5-32 视觉点云地图与线段特征地图结合

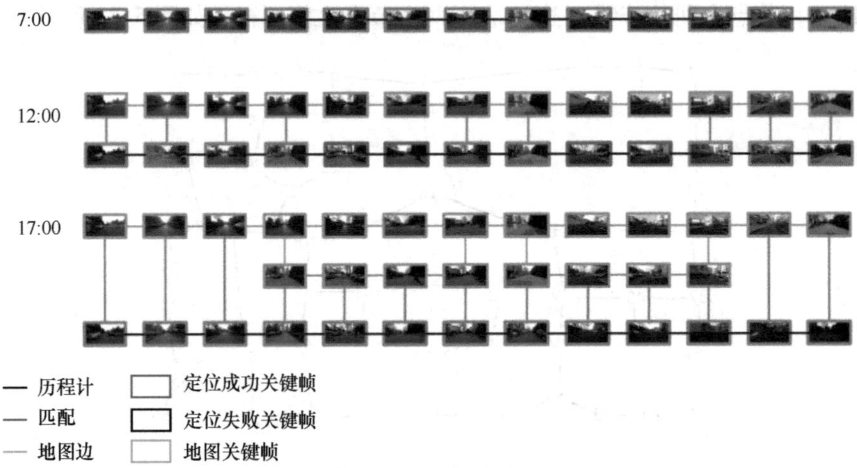

图5-33 拓扑地图与视觉地图结合

前述地图表示方法虽然可以为机器人定位与导航提供丰富的环境信息，但这些地图表示形式只能解决环境中物体“在哪里”的问题，并没有给出物体“是什么”的信息，在一定程度上限制了机器人与复杂环境交互的能力，例如，机器人无法在缺少对空间和物体认知的情况下完成诸如“去会议室拿桌上的盒子”的任务。

图5-33 彩图

近年来，研究者开始尝试将环境语义信息融入地图中，提出了语义地图。移动机器人的语义地图是除了环境的空间信息之外还包含已知类别的实体特征的地图。

这些实体的信息独立于地图内容，可用于一些特定知识背景中的推理。即语义地图的载体可以是前述各种地图表示形式，除了传统地图的基本属性外，地图的每个组成单元还包含了该单元对应的语义信息。这种地图表示方式可以使传统的路径规划上升到面向任务的规划，极大地提高了人机交互的能力。

地图的语义信息可以具有不同粒度的表达，图 5-34a 是在环境地图中标注地点类型，图 5-34b 则是标注物体类型。随着深度学习的发展，地图语义标注的准确度得到了极大的提升。目前，越来越多的学者开始研究如何利用地图的语义信息提高定位、建图、导航等其他应用模块的性能。

图 5-34 彩图

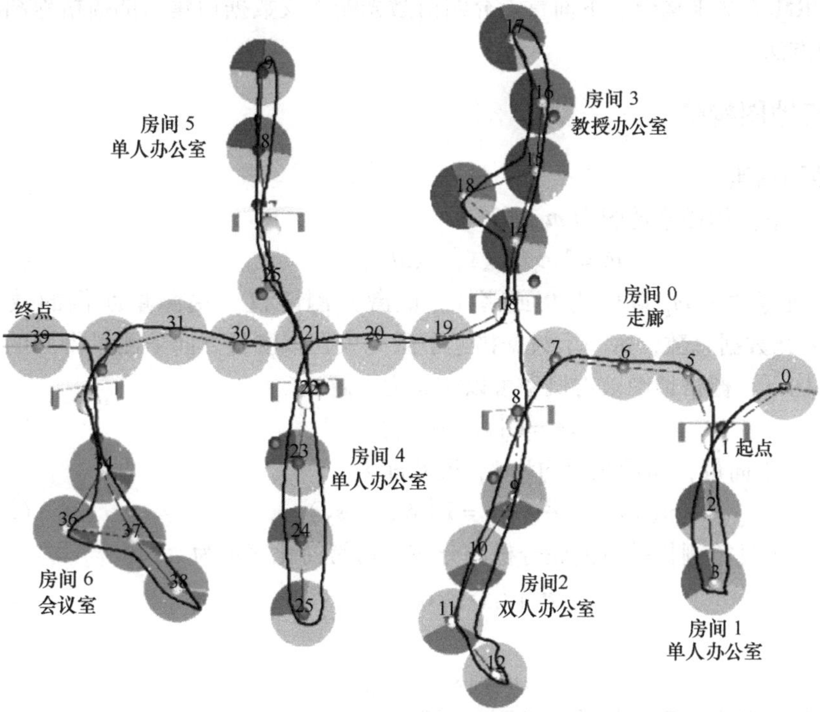

a) 标注地点类型的拓扑语义地图

b) 标注物体类型的点云语义地图

图 5-34　语义地图表示法

5.5　局部地图构建

本节介绍如何由传感器数据构建得到传感器坐标系下的地图，所得地图称为局部地图。在局部地图构建的基础上，结合机器人位姿估计以及传感器与机器人坐标系之间的标定，可以拼接构建全局地图，也可以通过局部地图和全局地图的匹配来估计机器人位姿。

如果采用激光测距仪或者深度相机等距离测量型传感器，所测量得到的信息为传感器坐标系下障碍物边缘相对于机器人的距离和角度信息，因此直接可以得到局部点云地图，进一步通过数据分割和参数拟合可以得到陆标、线段等几何特征地图。如果采用视觉传感器，对像素点或者纹理特征进行深度估计后，也可以方便地得到局部点云地图，对图像进行陆标、线段、平面等几何特征进行识别和参数估计，进而可以得到局部特征地图。栅格地图构建是在概率架构下，根据激光测距仪或者深度相机获得的障碍物测量信息估计每个栅格的被占概率。拓扑地图则通常在栅格地图或者特征地图的基础上，利用第 4 章介绍的可视图法、Voronoi 图法或者 PRM 方法来构建。下面重点介绍由激光测距仪数据构建局部栅格地图和局部线段特征地图的方法。

5.5.1 局部栅格地图构建

1. 占用栅格地图构建

记传感器坐标系下占用栅格地图为 $\boldsymbol{m}$，即

$$\boldsymbol{m}=\{m_i(i=1,\cdots,M)\} \tag{5-16}$$

式中，M 为栅格单元总数；m_i 取值为 0 或者 1。记激光测距仪一次测量获得的数据为 s_1，$\cdots$，s_N，N 为激光数据总数，每一个数据描述了激光束在该测量方向下测量得到的障碍物距离。在概率架构下，栅格地图被占概率可以定义为求解

$$p(\boldsymbol{m}=\boldsymbol{1}\mid s_1,\cdots,s_N) \tag{5-17}$$

这里 $\boldsymbol{1}$ 为与 $\boldsymbol{m}$ 对应的 1 向量，向量元素均为 1，展开即为

$$p(m_1=1,\cdots,m_M=1\mid s_1,\cdots,s_N) \tag{5-18}$$

表示在测量数据条件下计算栅格被占的联合概率分布。通常简化表示为

$$p(\boldsymbol{m}\mid s_1,\cdots,s_N) \tag{5-19}$$

或

$$p(m_1,\cdots,m_M\mid s_1,\cdots,s_N) \tag{5-20}$$

可以假设栅格单元彼此独立，则根据乘法规则，可得

$$p(\boldsymbol{m}\mid s_1,\cdots,s_N)=\prod_{i=1}^{M}p(m_i\mid s_1,\cdots,s_N) \tag{5-21}$$

问题就转化为以激光测量数据为条件估计每个栅格单元被占概率，每个栅格单元被占概率乘积为所求栅格地图的被占概率。事实上，从应用来讲，只需要求得每个栅格单元被占概率即可。

假设环境是静态的，即栅格单元被占概率不会随时间而变化，由于 m_i 只取值为 0 或者 1，因此这是一个静态量的二元估计问题，通常采用几率对数形式结合二元贝叶斯滤波求解。

首先，对 $p(m_i\mid s_1,\cdots,s_N)$ 利用贝叶斯规则展开，得到

$$p(m_i\mid s_1,\cdots,s_N)=\frac{p(s_N\mid m_i,s_1,\cdots,s_{N-1})p(m_i\mid s_1,\cdots,s_{N-1})}{p(s_N\mid s_1,\cdots,s_{N-1})} \tag{5-22}$$

每一个激光束测量都是独立的，因此 s_N 与 $s_j(j=1,\cdots,N-1)$ 是相互独立的，有 $p(s_N\mid m_i,s_1,\cdots,s_{N-1})=p(s_N\mid m_i)$，$p(s_N\mid s_1,\cdots,s_{N-1})=p(s_N)$。上式可以化简为

$$p(m_i\mid s_1,\cdots,s_N)=\frac{p(s_N\mid m_i)p(m_i\mid s_1,\cdots,s_{N-1})}{p(s_N)} \tag{5-23}$$

进一步对 $p(s_N\mid m_i)$ 利用贝叶斯规则展开，可得

$$p(m_i \mid s_1,\cdots,s_N)=\frac{p(m_i \mid s_N)p(s_N)p(m_i \mid s_1,\cdots,s_{N-1})}{p(m_i)p(s_N)}=\frac{p(m_i \mid s_N)p(m_i \mid s_1,\cdots,s_{N-1})}{p(m_i)} \tag{5-24}$$

其次，计算 $p(m_i \mid s_1,\cdots,s_N)$ 几率。所谓几率是指二元变量取一个值的概率比上取另一个值的概率。m_i 是一个二元变量，它的被占几率就是它的被占概率比上空闲概率，即为

$$\frac{p(m_i \mid s_1,\cdots,s_N)}{p(\overline{m}_i \mid s_1,\cdots,s_N)} \tag{5-25}$$

这里 $p(\overline{m}_i \mid s_1,\cdots,s_N)$ 为 $p(m_i=0 \mid s_1,\cdots,s_N)$ 的简写，并有

$$p(\overline{m}_i \mid s_1,\cdots,s_N)=1-p(m_i \mid s_1,\cdots,s_N)$$

结合式（5-24），有

$$\frac{p(m_i \mid s_1,\cdots,s_N)}{p(\overline{m}_i \mid s_1,\cdots,s_N)}=\frac{p(m_i \mid s_N)p(m_i \mid s_1,\cdots,s_{N-1})p(\overline{m}_i)}{p(\overline{m}_i \mid s_N)p(\overline{m}_i \mid s_1,\cdots,s_{N-1})p(m_i)} \tag{5-26}$$

即在 s_N 条件下 m_i 的被占几率乘以在 $s_1,\cdots,s_{N-1}$ 条件下 m_i 的被占几率乘以没有任何测量数据下 m_i 的先验被占几率倒数。为计算方便，对上式做 log 运算，以将乘法运算转换为加法运算，得

$$\log\frac{p(m_i \mid s_1,\cdots,s_N)}{p(\overline{m}_i \mid s_1,\cdots,s_N)}=\log\frac{p(m_i \mid s_N)}{p(\overline{m}_i \mid s_N)}+\log\frac{p(m_i \mid s_1,\cdots,s_{N-1})}{p(\overline{m}_i \mid s_1,\cdots,s_{N-1})}+\log\frac{p(\overline{m}_i)}{p(m_i)} \tag{5-27}$$

由于在没有任何观测数据时，m_i 是否被占完全不能确定，$p(m_i)=p(\overline{m}_i)=0.5$，因此

$$\log\frac{p(\overline{m}_i)}{p(m_i)}=0 \tag{5-28}$$

记

$$l_{i,N}=\log\frac{p(m_i \mid s_1,\cdots,s_N)}{p(\overline{m}_i \mid s_1,\cdots,s_N)} \tag{5-29}$$

则式（5-27）表示为

$$l_{i,N}=\log\frac{p(m_i \mid s_N)}{1-p(m_i \mid s_N)}+l_{i,N-1} \tag{5-30}$$

即可以计算每个测量数据条件下 m_i 的被占概率 $p(m_i \mid s_N)$，其几率对数之和为所有测量数据条件下 m_i 的被占几率对数。当 $l_{i,N}$ 求得，根据

$$l_{i,N}=\log\frac{p(m_i \mid s_1,\cdots,s_N)}{p(\overline{m}_i \mid s_1,\cdots,s_N)}=\log\frac{p(m_i \mid s_1,\cdots,s_N)}{1-p(m_i \mid s_1,\cdots,s_N)} \tag{5-31}$$

则可以计算得到

$$p(m_i \mid s_1,\cdots,s_N)=1-\frac{1}{1+\mathrm{e}^{l_{i,N}}} \tag{5-32}$$

利用逆传感器模型计算 $p(m_i \mid s_j)$，对于激光测距仪就是根据激光检测障碍物的射线模型进行推导。如图 5-35 所示，假设激光测量 s_j 对应测量角度为 α_j，测量得到的距离为 r_j，则区域 A_2 中的栅格被占概率高，并且越靠近所得测量点被占概率越高，区域 A_1 中的栅格空闲概率高，并且原点和测量中心线空闲概率越高，被占概率越低。区域 A_2 以所得测量点为中心，大小由参数 l 和 $\Delta\alpha$ 决定，l 根据激光测距仪距离测量精度确定，$\Delta\alpha$ 根据激光测量分辨率确定，是相邻两次激光测量之间的夹角。

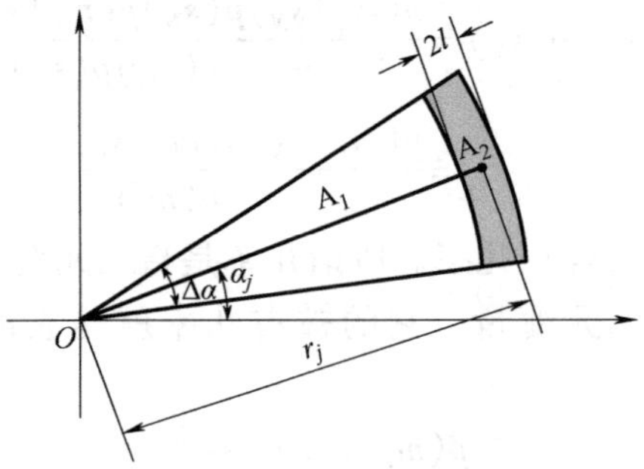

图 5-35　激光测距仪逆传感器模型构建示意

对于所评估的栅格 m_i，如果在区域 A_2 中，可以根据栅格与所得测量点之间的距离和测量线角度关系计算被占概率，即为

$$p(m_i \mid s_j) = O_r O_\alpha \tag{5-33}$$

$$O_r = 1 - k_r \left(\frac{d_i - r_j}{l}\right)^2 \tag{5-34}$$

$$O_\alpha = 1 - k_\alpha \left(\frac{\beta_i - \alpha_j}{\Delta\alpha/2}\right)^2 \tag{5-35}$$

式中，d_i 是栅格 m_i 与激光传感器坐标系原点之间的距离；β_i 是栅格 m_i 与原点连线的角度；k_r、k_α 为比例系数。

如果在区域 A_1 中，可以根据栅格与原点之间的距离和测量线角度关系计算空闲概率，即为

$$p(m_i \mid s_j) = 1 - p(\overline{m}_i \mid s_j) = 1 - E_r E_\alpha \tag{5-36}$$

$$E_r = 1 - k_r \left(\frac{d_i}{r_j - l}\right)^2 \tag{5-37}$$

$$E_\alpha = 1 - k_\alpha \left(\frac{\beta_i - \alpha_j}{\Delta\alpha/2}\right)^2 \tag{5-38}$$

2. 高度栅格地图构建

高度地图中每个栅格内存储的是该栅格中障碍物的高度估计，即 $m_i = N(h:\mu,\sigma^2)$，N 表示高斯分布，μ 为高度估计均值，σ^2 为高度估计方差。计算时取该栅格内高度最大的一组数据点，记为 $\overline{\boldsymbol{H}} = (h_1, \cdots, h_N)^{\mathrm{T}}$，$N$ 为最高区段数据点数，h_i 为数据点高度值，所估计参数 μ，σ^2 应使得得到观测 $\overline{\boldsymbol{H}}$ 的可能性最大，即

$$\mathrm{argmax}_{\mu,\sigma^2} p(\overline{\boldsymbol{H}} \mid \mu,\sigma^2) \tag{5-39}$$

由于每个数据点相互独立，因此

$$p(\overline{\boldsymbol{H}} \mid \mu,\sigma^2) = \prod_{n=1}^{N} p(h_n \mid \mu,\sigma^2) = \prod_{n=1}^{N} N(h_n:\mu,\sigma^2) \tag{5-40}$$

通过求上述可能性概率分布的 log 值最大，即

$$\frac{\partial \log p(\overline{\boldsymbol{H}} \mid \mu,\sigma^2)}{\partial \mu} = 0 \tag{5-41}$$

$$\frac{\partial \log p(\overline{\boldsymbol{H}} \mid \mu,\sigma^2)}{\partial \sigma^2} = 0 \tag{5-42}$$

可以计算得到高度估计均值和方差。高度估计的不确定性会随着观测距离的增大而增大。

除了采用观测可能性最大化方法来一次性估计高度均值和方差，也可以在栅格有新数据

点增加时采用滤波技术做增量式估计。记 $t-1$ 时刻所估计得到的高度均值为 μ_{t-1}，方差为 σ_{t-1}^2，利用 t 时刻新增数据点最上部区域内的数据点得到的均值为 z_t，方差为 σ_{zt}^2，则融合得到的均值和方差为

$$\mu_t = \frac{1}{\sigma_{zt}^2} z_t + \frac{1}{\sigma_{t-1}^2} \mu_{t-1} \tag{5-43}$$

$$\sigma_t^2 = \frac{1}{\sigma_{zt}^2} + \frac{1}{\sigma_{t-1}^2} \tag{5-44}$$

如果地面上存在机器人可行空间，而可行空间上方存在障碍物，上述直接取栅格内高度最大的一组数据点来估计该栅格障碍物高度的方法形成的障碍物描述会不符合实际情况，造成机器人可行通路被阻塞。如图 5-36a 所示的场景，利用上述方法构建得到的高度栅格地图如图 5-36b 所示，桥洞下方的可行路径被阻塞。要解决这一问题，需要辨识栅格单元内障碍物是立式结构还是包含有空隙，如果有空隙且空隙高度超过机器人的高度，则取空隙下方的数据进行该栅格高度均值和方差的估计。通过这样的优化，可以得到如图 5-36c 所示的高度栅格地图。

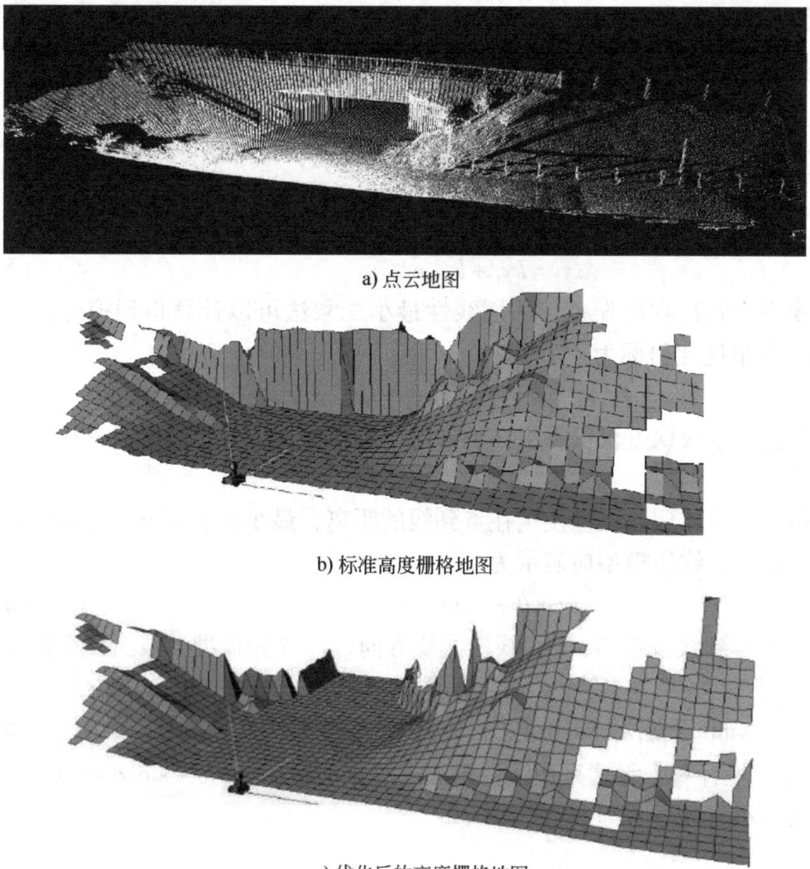

a) 点云地图

b) 标准高度栅格地图

c) 优化后的高度栅格地图

图 5-36　标准高度栅格地图存在的问题及改进示意

图 5-36 彩图

上述优化方法尽管解决了虚拟障碍阻塞可行通道的问题，为机器人路径规划提供了从障碍物下方通过的可能性，但由于每个单元只能表示一层信息，桥的信息在优化计算得到的地图中被丢失，导致无法利用上坡后桥的通道。如果需要桥下部的通道和桥都被准确描述，需

要将高度栅格地图扩展成为多层平面描述的栅格地图。如图5-37所示，在每个栅格内存储多个块，每个块是对栅格中一层平面的描述，包括高度均值、高度方差和深度值，对于地面、桥面等平坦物体，深度值为0。其构建步骤为：

1）对栅格中的数据在竖直方向上做数据簇分割。

2）根据深度将数据簇分为竖直和水平两类。

3）对水平数据簇，基于簇内所有数据点估计高度均值和方差。

4）对竖直数据簇，取最高区域数据点估计高度均值和方差。

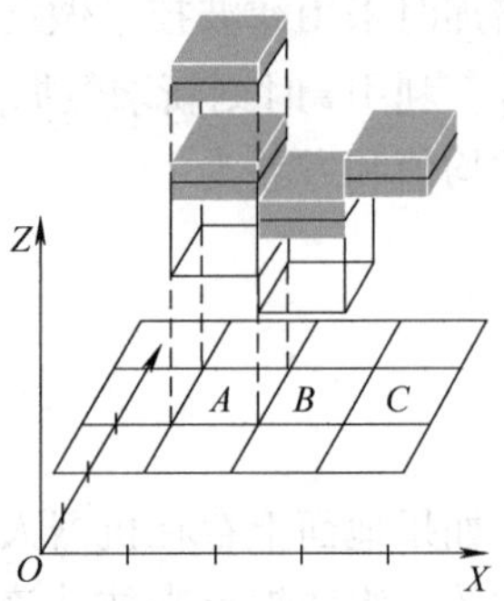

图5-37　多层平面栅格地图

5.5.2　局部线段特征地图构建

从激光点云数据构建几何特征地图的基本思想是定义特征模型，对点云数据进行分割并估计每一簇数据所拟合特征的模型参数。本节以线段特征为例进行方法介绍，相关方法可以进一步扩展到曲线、平面等几何特征。

1. 线段特征模型表示及拟合

常规采用线性方程描述线段，即

$$y = kx + b \tag{5-45}$$

式中，k、b 为模型参数。

当有一组样本点 $\{(x_i, y_i), i = 1, \cdots, n\}$ 时，每一个样本点可表示为

$$y_i = kx_i + b + \varepsilon_i \tag{5-46}$$

式中，ε_i 为样本与模型之间存在的误差。采用线性最小二乘法可以计算得到拟合该组样本点的模型参数 k、b，其最优化目标为

$$\min \sum_{i=1}^{n} \varepsilon_i^2 = \min \sum_{i=1}^{n} (y_i - kx_i - b)^2 \tag{5-47}$$

但是这种模型描述方法是假设误差仅仅发生在 y 方向，当线段接近于竖直时会形成一个很大的误差和一个奇怪的拟合。

更为合适的线段模型应该假设误差发生在点到线的距离，最小化所有样本点到拟合线段的距离平方和最小。此时，线段模型应表示为

$$x\cos\theta + y\sin\theta = r \tag{5-48}$$

如图5-38所示，r 为原点到线段距离，θ 为线段法线方向，r、θ 为模型参数。模型拟合最优化目标为

$$\min \sum_{i=1}^{n} \varepsilon_i^2 = \min \sum_{i=1}^{n} (x_i\cos\theta + y_i\sin\theta - r)^2 \tag{5-49}$$

这里存在 cos 和 sin 非线性计算，无法采用线性方法求解，但根据 $\cos^2\theta + \sin^2\theta = 1$ 这一约束，可以转化为带约束的最小化问题，即

$$\begin{aligned} &\min \sum_{i=1}^{n} (x_i a + y_i b - r)^2 \\ &\text{s.t.}\quad a^2 + b^2 = 1 \end{aligned} \tag{5-50}$$

利用拉格朗日乘子，转化为

$$\min \lambda(a^2 + b^2 - 1) + \sum_{i=1}^{n} (x_i a + y_i b - r)^2 \tag{5-51}$$

上述模型拟合方法称为总最小二乘法，因为最优化目标是最小化所有样本数据的误差平

方总和，即所有样本数据都参与模型参数拟合最优化计算，不管样本数据是正确数据还是异常的噪声数据。显然异常噪声数据的参与会影响模型参数估计。如图5-39所示，左侧5个点为正确样本数据，由正确样本数据拟合得到的线段是理想模型线，但当存在右侧第6噪声数据和第7个错误数据时，由总最小二乘拟合得到的线段为虚线，造成线段拟合错误。

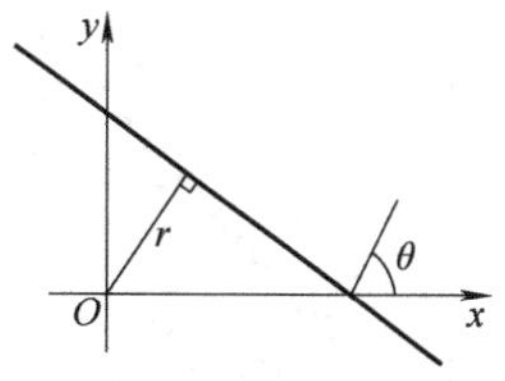

图5-38　线段模型参数

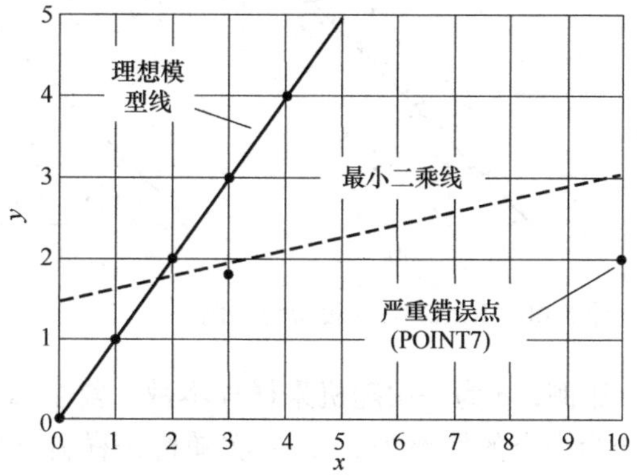

图5-39　总最小二乘线段拟合存在问题

在实际应用中，样本数据集不可避免地由于错误测量而存在异常数据。为减少异常数据对模型拟合的影响，Fischler 和 Bolles 于1981年提出了随机采样一致（RANdom SAmple Consensus，RANSAC）方法。其基本思想是样本数据包含有正确数据（inliers）和异常数据（outliers），正常数据可以被模型描述，异常数据偏离正常范围很远、无法适应模型，通过随机采样模型拟合和寻找一致集的方法，在试验足够多次的情况下，可以找到最佳正确数据集合及其拟合的模型。具体实现步骤如下：

1）随机采样：在样本集中随机抽取 n 个样本，所抽取样本集合称为 S，基于 S 中的样本进行初始模型 M 的估计。

2）模型验证：计算样本集中其他样本到模型的误差，误差小于设定阈值的样本及 S 构成内点集合 S^*，S^* 是 S 的一致集（Consensus Set），对集合 S^* 采用最小二乘法重新计算新的模型 M'。

3）保留到目前为止估计的最好的模型 M^*。

4）重复上述过程，直到试验足够多次。

5）输出最佳模型 M^* 的参数。

图5-40给出了在包含有很多噪声点的数据样本中采用 RANSAC 方法找到正确线段的实例。根据两点确定一条线段，确定随机抽取样本数 $n=2$。首先进行随机采样，在样本集中随机抽取两个点，如图5-40a中的红点，利用这两个点可以生成初始线段模型，如图5-40b所示。其次进行模型验证，如图5-40c所示，计算样本集中其他样本到随机采样所得线段模型的误差，误差函数为点到线的距离，选择误差小于阈值的点为与模型相一致的点，如图5-40d所示，构成内点集合，利用最小二乘法重新估计线段模型。重复这个过程，当随机采样到如图5-40e所示数据点时，会得到这个样本集的最佳拟合模型。

那么需要重复多少次随机采样和模型验证才能确保找到正确模型呢？记 N 为样本总数，

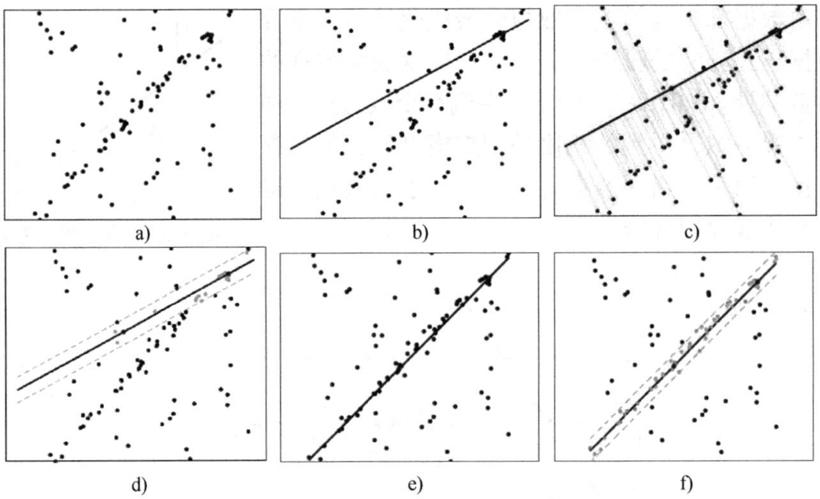

图 5-40 彩图

图 5-40 RANSAC 线段拟合实例

即样本集大小，ω 为内点比例，n 为一次随机采样样本数，需要重复试验的次数为 K，则一次随机采样得到的样本均为内点的概率为 ω^n，一次随机采样得到的样本不全是内点的概率为 $1-\omega^n$，K 次试验均不能得到一个好的样本的概率为 $(1-\omega^n)^K$，那么 K 次试验中至少有一次得到好的样本的概率为

$$P = 1 - (1 - \omega^n)^K \tag{5-52}$$

定义概率 P 即可求得 K，即

$$K = \frac{\log(1 - P)}{\log(1 - \omega^n)} \tag{5-53}$$

可以看到试验次数与内点比例和一次随机采样样本数相关。当 P 给定、内点比例确定时，n 越小，K 越小。因此，一次随机采样样本数只需要满足特征模型拟合需要即可，比如线段特征只需要采样 2 个样本。内点比例 ω 对试验次数也有很大影响，内点越多，ω 越大，K 越小。

实际应用时 P 根据要求设定，n 根据拟合模型需要最小样本数确定，但内点比例往往是不确定的，而且受采样环境和采样条件变化影响，难以预先估计。为此，需要采用自适应估计方法，即从最差情况开始逐步估计内点比例，具体程序伪代码如算法 5-1 所示。

算法 5-1　ω 自适应 RANSAC 法

Input: Data set $\mathcal{X}$ with size N, minimal sample n, success probability P
Output: Best model $\mathcal{M}^*$
1　Initialize $K = \infty$, $N_{inliers^*} = 0$, $iterations = 0$
2　**while** $iterations < K$ **do**
3　　$\mathcal{X}' = random\_sample(\mathcal{X}, n)$
4　　$\mathcal{M} = compute\_model(\mathcal{X}')$
5　　$N_{inliers} = count\_inliers(\mathcal{M}, \mathcal{X})$
6　　**if** $N_{inliers} > N_{inliers^*}$ **then**
7　　　$\omega = N_{inliers}/N$
8　　　$K = \log(1 - P)/\log(1 - \omega^n)$
9　　　$N_{inliers^*} = N_{inliers}$
10　　　$\mathcal{M}^* = \mathcal{M}$
11　　　$iterations\text{++}$
12　　**end**
13　**end**

2. 激光点云数据分割

传感器一次检测数据中通常包含多个特征，需要对数据进行分割，对分割后的数据子集利用上述特征模型和拟合方法来获得特征描述。

如果激光点云数据有序，比如二维激光传感器一次测量所得数据根据测量角度排列，可以采用增量式线段拟合分割方法和迭代分割合并法（Split and Merge）。

增量式线段拟合分割方法的基本思想是：取起始两个数据点生成线段，然后按顺序依次判断是否可以将数据点加入拟合线段，如果数据点加入后造成拟合残差过大，则截断，从该数据点开始重复上述过程。相关伪代码如算法5-2所示。其中线段拟合、重拟合都是采用之前所介绍的总最小二乘线段拟合算法。

算法5-2 增量式线段拟合分割方法

Input: Points list $\mathcal{X}$, threshold T, ϵ
Output: Lines list $\mathcal{L}$

1 Initialize lines list $\mathcal{L} = [\,]$
2 **while** $size(\mathcal{X}) > T$ **do**
3   Initialize line points list $\mathcal{P} = [\,]$
4   Pop x_1, x_2 from $\mathcal{X}$ and push into $\mathcal{P}$
5      $(line, error) = fit\_line(\mathcal{P})$
6   **while** $error < \epsilon$ **do**
7          $cur\_line = line$
8   Pop x from $\mathcal{X}$ and push into $\mathcal{P}$
9          $(line, error) = fit\_line(\mathcal{P})$
10   **end**
11   Pop x from $\mathcal{P}$ and push into $\mathcal{X}$
12   Push cur_line into $\mathcal{L}$
13 **end**

迭代分割合并法如图5-41所示。首先对样本集迭代分割。分割方式是取样本集中两端数据点生成一条线段，计算所有数据点到线段的距离，取到线段距离最远且大于误差阈值的点作为分割点，将样本集一分为二，对分割后的样本子集不断地重复上述过程，直到没有分割点，即每个样本子集中的点到该子集两个端点所生成线段的距离均小于误差阈值。由于分割点有可能是噪声点，实际相邻线段是同一线段，因此分割后需要进行合并操作。合并方式是获得相邻两个线段合并后线段和距离较远的点，如果距离小于误差阈值，则合并这两个线段。不断重复合并过程后，可以删除短线段，并利用RANSAC方法重新拟合，得到更准确的线段参数。

但是上述方法不适用于数据无序的情况，比如三维激光点云或者多帧观测融合后的数据集合。如果端点是噪声点，也将影响特征拟合的正确性。

更为通用的方法是哈夫变换（Hough Transform）法。该方法的基本思想是将模型参数张成哈夫空间，将哈夫空间离散化构成投票箱，对样本数据点满足的所有模型参数投票，投票数大于一定阈值的就构成特征，进一步利用拟合方法可以得到更精确的模型参数。

对于线段特征来讲，其哈夫空间就由线段模型参数r、θ张成，假设x轴为θ，取值为$0° \sim 360°$，y轴为r，取值为$0 \sim 100$。分别对θ和r按5°和2cm离散化，形成72×50个投票箱，投票箱(i, j)对应的模型参数为$\theta = i5°$，$r = 2j$。样本集在样本空间描述，样本空间由

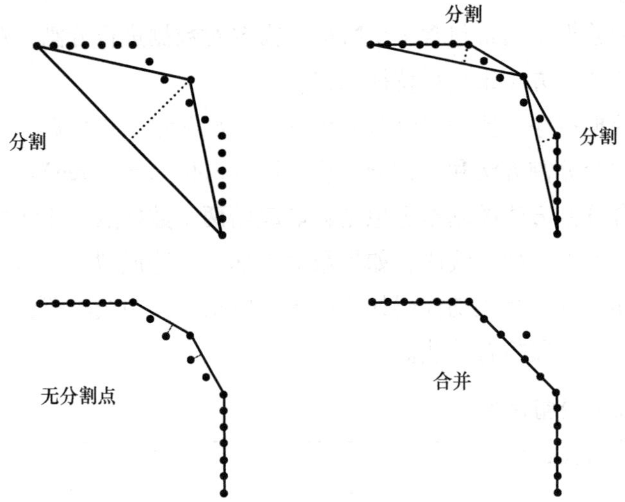

图 5-41 迭代分割合并法

描述样本的参数张成，激光点云的样本参数就是描述数据点位置的笛卡儿坐标。每个样本 (x, y) 都有一组模型参数满足线段模型，即满足

$$x\cos\theta + y\sin\theta = r \tag{5-54}$$

对满足上式的模型参数投票箱投票。所有样本投票后，选择得票数超过一定阈值的投票箱，所对应参数即为线段特征参数。可以进一步对投票箱对应的投票样本采用最小二乘或者 RANSAC 方法进行拟合计算精确参数。相关伪代码如算法 5-3 所示。

算法 5-3　采用哈夫变换的点云分割和线段特征拟合方法

Input: Point set $\mathcal{P}$, threshold T, δ
Output: Line set $\mathcal{L}$
1   Initialize $H(\theta, r) = 0$, $\mathcal{L} = \varnothing$
2   **for** *each (x, y) in $\mathcal{P}$* **do**
3   **for** $\theta = 0 : T$ **do**
4         $r = x\cos\theta + y\sin\theta$
5         $H(\theta, r)\mathrel{+}=1$
6   **end**
7   **end**
8   **for** *each (θ, r)* **do**
9   **if** $H(\theta, r) > \delta$ **then**
10         $\ell \leftarrow x\cos\theta + y\sin\theta = r$
11         $\mathcal{L} = \mathcal{L} \cup \{\ell\}$
12   **end**
13   **end**

　　如图 5-42a 所示，共有 40 个数据点，这 40 个样本可以拟合得到两条线段。采用哈夫变换法投票结果如图 5-42b 所示，每一个样本会对多个哈夫空间参数对投票，黑色表示投票总数为 0，颜色越亮表示投票数越多。其中两个参数对获得最高投票数 20，即为所拟合得到的线段特征参数。

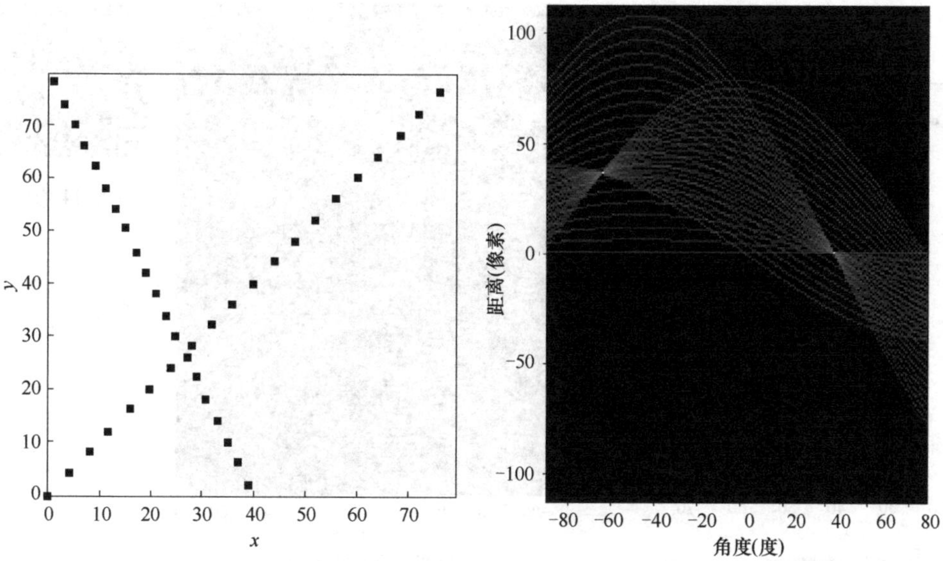

a) 样本空间数据分布　　b) 哈夫空间投票结果

图 5-42 彩图

图 5-42　哈夫变换投票示意

可以看到，利用哈夫变换可以同时实现点云分割和特征参数求解。但在应用时存在网格尺寸难以选择的问题，当网格尺寸小时，对一组应拟合为一个特征的数据会拟合得到多个特征；当网格尺寸大时，难以拟合得到准确描述环境的特征。此外，存在特征拟合精度受网格尺寸影响、噪声处理困难等问题。如图 5-43 所示，数据点存在一定噪声，此时哈夫变换投票结果的最高票数为 15。而如图 5-44 所示，在完全噪声的情况下，哈夫变换投票结果的最高票数为 5。因此，如何设定网格尺寸并确保所投票得到特征为正确特征是哈夫变换应用时面临的主要问题。

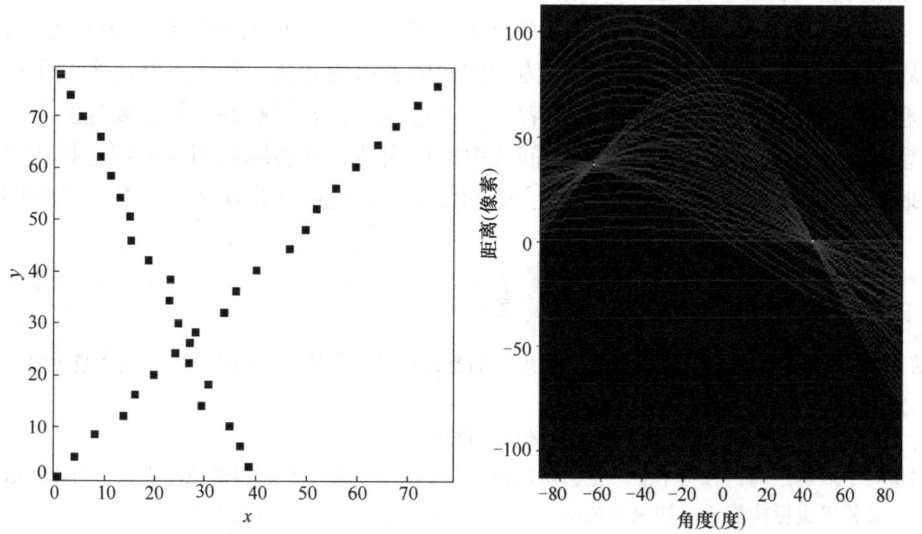

a) 样本空间数据分布　　b) 哈夫空间投票结果

图 5-43 彩图

图 5-43　小噪声下的哈夫变换

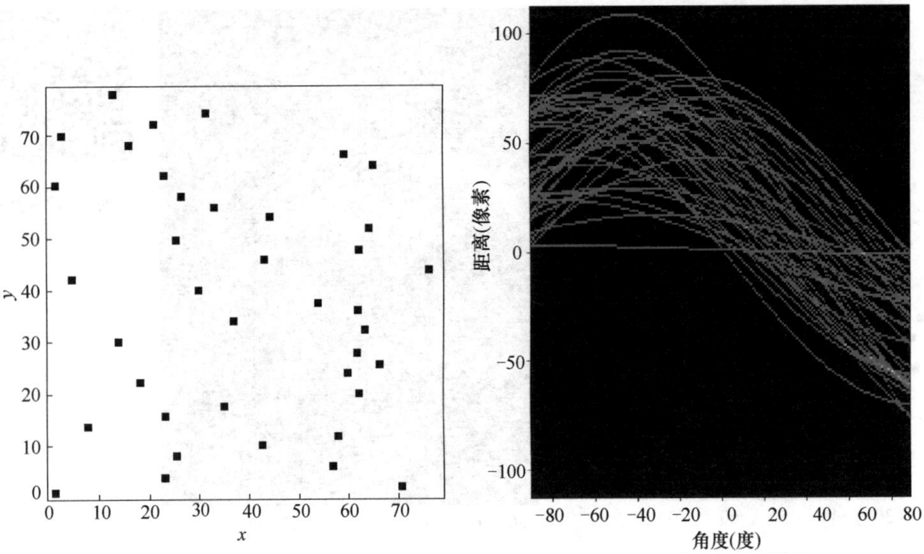

a) 样本空间数据分布　　b) 哈夫空间投票结果

图 5-44 彩图

图 5-44　大噪声下的哈夫变换

5.6　小结

地图作为对环境的有效表示，是移动机器人导航和定位时都需要的重要信息。第 4 章所介绍的路径规划方法中，行车图法和 PRM 所构建得到的是拓扑地图，近似单元分解法采用的是栅格表示法。后续章节介绍的里程估计和定位问题，需求不同于导航，其关键在于信息匹配，并与传感器数据有较大关联，由此形成了点云地图、特征地图。在此背景下，本章对地图表示做更全面完整的介绍。首先，介绍了常见的环境感知传感器、测距传感器和相机原理，并介绍了经典的传感器标定方法；其次，介绍了移动机器人目前常用的地图表示方法；最后，介绍了局部坐标系下将传感器数据转化为相应地图表示的方法，特别是从激光测距仪构建概率栅格地图和线段特征地图的方法。读者在学习过程中应该了解并掌握主要地图表示方法的核心思想以及在导航、里程估计和定位问题中的适用性，在实际应用时能够选择或组合应用合适的地图表示方法，并根据需求选择合适的传感器，能够实现从传感器数据到地图表示的转换。

习　题

5-1　激光强度随着距离变长会变弱，从而可能收不到反射的激光信号，导致无法测距。那么测距越近就一定越精确么？会受到其他何种因素的影响？

5-2　相机标定时，是否必须采用棋盘格？可以采用其他的图案吗？

5-3　如果需要测量两个点的距离，且两个点一定会出现在一个平面上，该平面离相机距离固定，与相机成像平面平行，且相机也保持静止。如果分辨率一定，用何种方法可以提高测量的精度？

5-4　简要说明点云地图、栅格地图、特征地图和拓扑地图表示的基本思想，并分析它们在定位和导航问题中的适用性。

5-5　为以下环境下机器人自主移动作业需求，设计合适的地图表示形式和使用传感器，并说明如何由传感器数据构建得到所使用的地图表示形式。

1）生产制造领域，室内环境下，轮式移动机器人自主搬运作业。

2）电商物流领域，校园环境下，轮式移动机器人自主送货功能。

3）安防巡检领域，室内外环境下，四足机器人自主巡逻作业。

4）安防巡检领域，室外环境下，四旋翼机器人自主巡逻作业。

5）航空航天领域，月面环境下，轮式移动机器人自主探测作业。

5-6　写出由二维激光测距仪数据构建局部栅格地图的伪代码，并分析其最耗时的步骤。

5-7　写出由三维激光测距仪数据构建局部高度栅格地图的伪代码。

5-8　写出基于三维激光测距仪数据的平面特征拟合方法和伪代码。

5-9　查阅资料，写出基于二维栅格地图构建拓扑地图的方法和伪代码。

5-10　编程实现基于二维激光测距仪数据的局部栅格地图构建。

第6章 里程估计

6.1 概述

移动机器人里程估计是指通过对各类传感器测量数据的计算与处理，采用增量递推的方式，实时估计移动机器人的位置、姿态等物理量的一类方法与技术。由于里程估计方法是通过递推的方式计算机器人的位姿变化，具有计算量较小、实时性能较好的优势，但存在误差累积的问题。一般地，该方法可与其他全局测量信息相结合，消除累积误差，提升估计精度，因此里程估计方法是移动机器人导航定位理论与技术的重要内容。

由于移动机器人里程估计是一种增量式递推的估计方法，因此不论采用哪种传感器，其核心思想都是通过传感器当前时刻的信息与之前时刻的信息进行比较和估计，推算得到两个时刻之间机器人的姿态增量或者位置增量，然后通过累加或积分的方式估计出移动机器人的位置、速度与姿态变化，估算出来的结果称为里程估计结果，构成的这套系统称为里程计。其基本思想如图6-1所示。

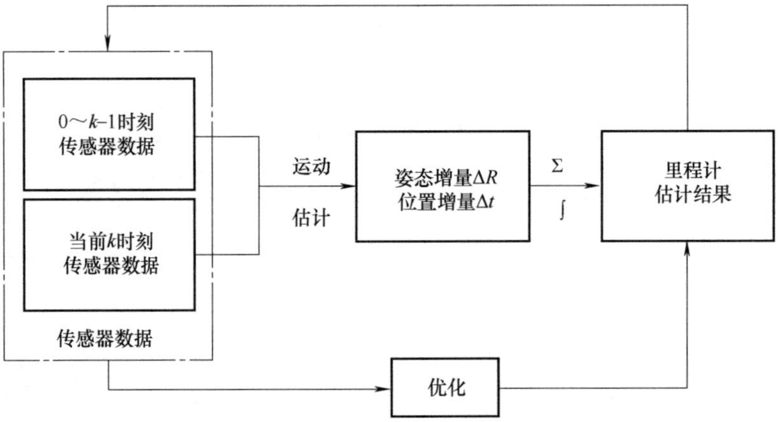

图6-1　移动机器人里程计基本思想

本章将结合移动机器人常用的传感器类型，分别从运动里程估计、激光里程计、视觉里程计以及多传感器融合里程估计四个方面介绍里程估计的基本概念、原理和实现过程，为理解移动机器人的定位和地图构建打下基础。本章涉及的移动机器人里程计算法按照传感器进行分类，如图6-2所示。读者可以在具体应用中，根据实际情况选择合适的传感器和算法。

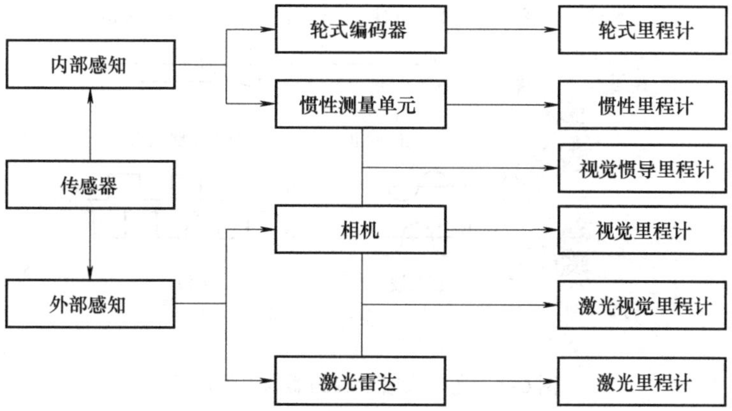

图 6-2 移动机器人里程计算法分类

6.2 运动里程估计

移动机器人的运动里程估计是指根据先前已知的位置以及从运动测量传感器获取的速度随时间的变化量，推导出移动机器人当前位姿的方法。最常用的传感器有轮式编码器（Encoder）和惯性测量单元（Inertial Measurement Unit，IMU）等。本节将分别对轮式编码器和惯性测量单元从工作原理、分类和里程估计的角度进行介绍。

6.2.1 轮式编码器里程估计

1. 轮式编码器简介

编码器是一种把测量的角位移转换成电信号（脉冲信号）的转速测量装置，主要用于检测机械运动的速度、位置等。此外，很多电动机控制也需配备编码器来检测换向、速度及位置。

按照工作原理，编码器可以分为光电式、磁电式和触点电刷式，目前应用最广泛的是光电式。光电编码器由光栅盘和光电检测装置组成，通过光电转换装置能够将输出轴上的机械几何位移量转换成脉冲或数字量。

按照信号原理分类，编码器可分为增量式编码器和绝对式编码器两种。增量式编码器每转过单位角度就发出一个脉冲信号，本质上是把位移转换成周期性的电信号，再把电信号转变成计数脉冲，因此脉冲的个数就代表了位移的大小。其构造简单、可靠性高、寿命长，但是开机后要先寻零，且在脉冲传输过程中，由于干扰产生的累积误差会使得速度受到一定限制。绝对式编码器是一种绝对位置检测装置，一圈中的每个角度都会发出一个与该角度对应的唯一的数字码，再通过外部记圈器件进行多个位置的记录和测量，也即它的位置输出信号就表示位移的绝对位置。绝对式编码器开机不需要寻零，没有累积误差，允许的转速高，但是结构复杂、体积庞大、成本较高。

综合工作原理和信号原理，形成了不同的编码器。在机器人应用中，要根据成本、体积、功耗、精度等因素综合考虑来选择合适的编码器。常用的光电式增量编码器的工作原理如图 6-3 所示，光源透过光栏板照射到光电元件后会产生周期性的电信号，电信号经过整形电路后则变成周期性的方波脉冲信号，通过对脉冲信号的计数就可以达到测量转角和转速的目的。编码器的典型外观如图 6-4 所示。

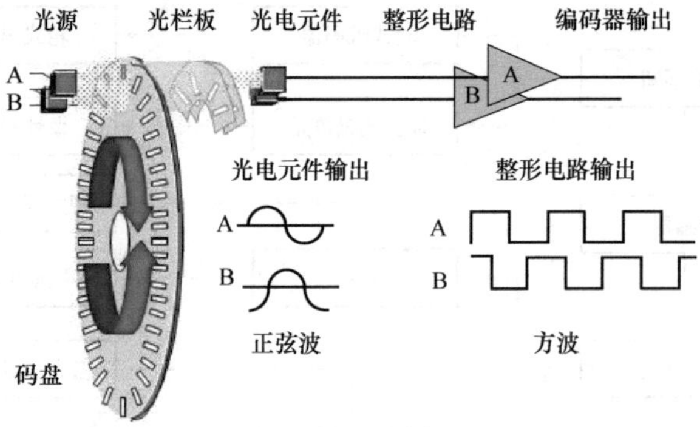

图 6-3 光电式增量编码器的工作原理

2. 基于轮式编码器的里程估计方法

简单了解了编码器的原理和分类后，接下来具体介绍基于轮式编码器的里程估计方法。

图 6-4 光电式增量编码器

以差分驱动移动机器人为例，轮式编码器的里程估计原理可以描述为：首先根据单位时间产生的脉冲数计算出电动机或轮子的旋转圈数（即转速），然后由轮子的周长计算出机器人的运动速度，最后根据机器人的运动速度积分计算出里程变化。具体计算过程如下：

（1）计算轮子的转速

$$\begin{cases} n_L = \dfrac{N_L}{p\Delta t'} \\ n_R = \dfrac{N_R}{p\Delta t'} \end{cases} \tag{6-1}$$

式中，n_L 和 n_R 分别为左右轮编码器的转速；N_L 和 N_R 分别为左右轮编码器在 $\Delta t'$时间内检测到的脉冲数；p 为编码器每转过一圈输出的脉冲数。

（2）计算移动机器人的运动速度

$$\begin{cases} v_L = n_L \pi D \\ v_R = n_R \pi D \\ v = \dfrac{v_L + v_R}{2} = \dfrac{(n_L + n_R)\pi D}{2} \end{cases} \tag{6-2}$$

式中，D 是移动机器人车轮直径（单位：m）；v_L 和 v_R 分别是移动机器人左右轮的速度；v 是移动机器人左右轮的平均速度，当机器人直线运动时即为其移动速度。

（3）移动机器人的里程估计

当移动机器人直线运动时，两轮转速相同。因此，可以得到里程估计为 $\Delta y = v\Delta t$（假设机器人在全局坐标系 y 轴方向上移动）。当移动机器人进行圆弧运动时，两轮转速不同，即差速驱动。运动情况可以用图 6-5 进行表示，假设在 Δt 时间内移动机器人从 A 点运动到 B 点（看作圆弧运动），图中 R 为圆弧运动半径，d 为左右两轮的位移差，θ 为移动机器人航向角的变化量，Δx 和 Δy 为移动机器人在两个坐标轴上的位移变化量，L 为左右两轮的轴距。注意：为了便于理解，图中对物理量进行了放大，实际在进行里程估计时，通常假设航向角和位移变化了一个较小的量，此时 $\theta \approx \sin\theta$。

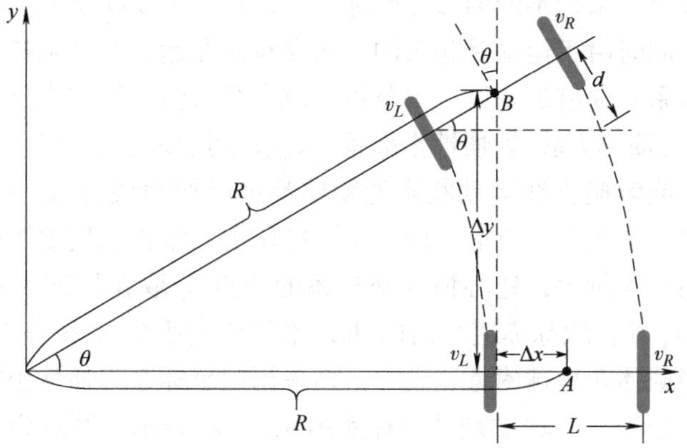

图 6-5　轮式编码器两轮差分运动模型

基于以上定义，移动机器人的航向角变化量

$$\theta \approx \sin\theta = \frac{d}{L} = \frac{(v_R - v_L)\Delta t}{L} \tag{6-3}$$

圆弧运动的角速率

$$\omega = \frac{\theta}{\Delta t} = \frac{v_R - v_L}{L} \tag{6-4}$$

运动半径

$$R = \frac{v}{\omega} = \frac{L(v_R + v_L)}{2(v_R - v_L)} \tag{6-5}$$

因此，移动机器人在 x 和 y 方向上的位移变化量就可以通过式（6-6）进行求解：

$$\begin{cases} \Delta x = R - R\cos\theta = R(1 - \cos\theta) \\ \Delta y = R\sin\theta \end{cases} \tag{6-6}$$

而最终移动机器人的位置坐标（x,y）则可以通过对 Δx 和 Δy 进行累加来计算得到。

通过对上述计算过程进行分析可以发现，Δx、Δy 存在测量上的误差和计算上的近似，因此利用轮式编码器进行里程估计时会存在误差的累积，不适用于移动机器人长距离的定位。而在使用的过程中，为了尽量保证里程估计的准确性，编码器的合理选择也非常重要，其中精度是非常重要的指标，假设精度要求为 0.01m，可以参考以下经验公式来进行判断：

$$\frac{\pi D}{p} \leqslant 0.01\text{m} \tag{6-7}$$

6.2.2　惯性测量单元里程估计

利用惯性测量单元的信息进行机器人里程推算的方法称为惯性测量单元里程估计，它是一种非常基础且重要的惯性导航手段，且在目前几乎所有成熟应用的导航系统中都扮演着不可或缺的角色。惯性导航主要的理论基础是牛顿运动定律，但在实际使用时，还需要对传感器的测量值以及计算过程进行一系列较为复杂的处理。为了尽量将此问题阐述清楚，本节首先介绍与惯性导航相关的坐标系定义与转换等基础知识，然后对惯性导航系统中的惯性测量单元（IMU）进行简要介绍，最后给出利用惯性测量单元进行里程估计的基本原理。

1. 坐标系定义与转换

（1）坐标系

惯性导航系统涉及一系列不同的参考坐标系，计算时需要在不同的坐标系之间进行测量值和计算量的变换。同时由于运动是相对的，研究对象在运动时必须指明是相对于哪个坐标系。因此，明确坐标系是导航的基础。本节将简单介绍在惯性导航中最常用的几个坐标系。

1）惯性坐标系（简称 i 系）。惯性坐标系 $o_ix_iy_iz_i$ 用于表示适用于牛顿定律的惯性空间，因此原则上处于静止或匀速直线运动状态的物体都可以作为惯性系。一般原点可以任意选择，而坐标轴则指向三个相互垂直的方向。实际应用中，常常采用太阳中心惯性坐标系和地心惯性坐标系。如图 6-6 所示，地心惯性坐标系的原点 o_i 取在地球中心，z_i 轴沿地球自转轴，指北为正，x_i、y_i 轴在地球赤道平面内和 z_i 轴组成右手坐标系。坐标系不和地球固连，不参与地球自转。当载体在地球附近运动时，多采用此坐标系为惯性坐标系。

2）地球坐标系（简称 e 系）。地球坐标系用 $o_ex_ey_ez_e$ 表示，原点为地球中心，x_e、y_e 轴在地球赤道平面内相互垂直，其中 x_e 指向格林尼治子午线，z_e 轴为地球自转轴，如图 6-7 所示。注意：与惯性坐标系不同的是，e 系和地球固连，z_e 与 z_i 轴重合，相对于 i 系的转动角速率为 ω_e^i。

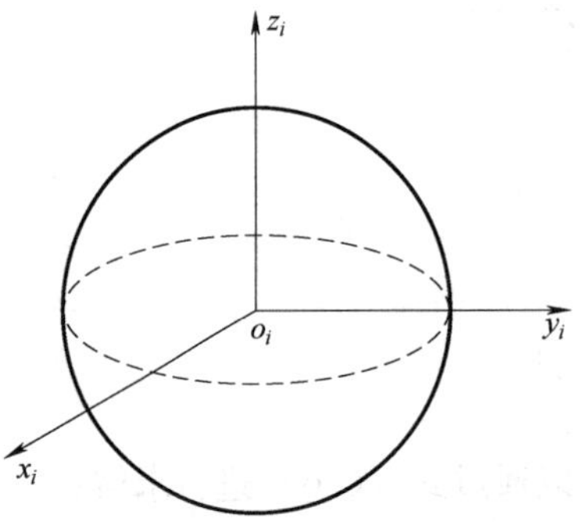

图 6-6　地心惯性坐标系

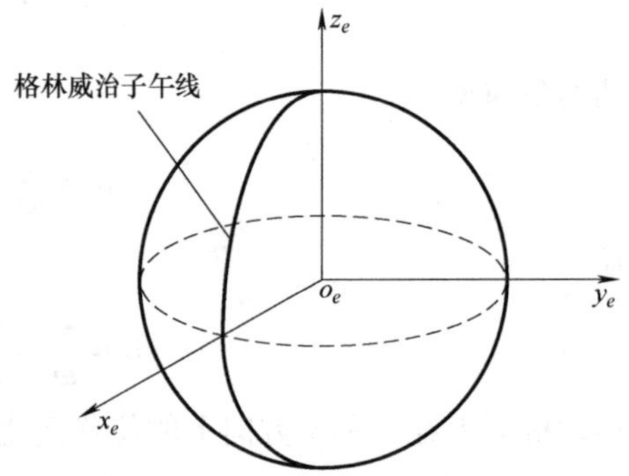

图 6-7　地球坐标系

3）地理坐标系（简称 g 系）。地理坐标系 $o_gx_gy_gz_g$ 用于表示移动机器人等载体在地球表面运动时相对于起点的空间变化，原点取在载体起始位置和地球中心连线与地球表面的交点，即载体惯性平台原点的起始位置在地球表面的投影点。本书采用东北天正交坐标系（ENU）作为地理坐标系的三个轴，即 x_g 轴指向东，y_g 轴指向北，z_g 轴指向天，如图 6-8 所示。也有其他文献采用北东地方向来定义坐标轴。

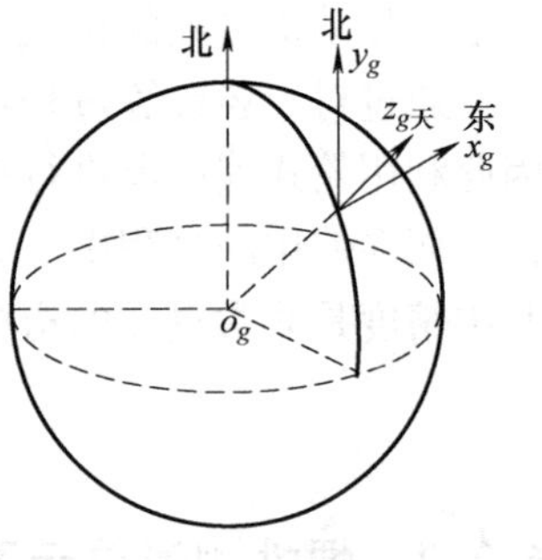

图 6-8　地理坐标系

4）导航坐标系（简称 n 系）。导航坐标系是指惯性导航系统求解导航参数时用到的坐标系，本书约定采用 ENU 地理坐标系作为导航坐标系。

5）载体坐标系（简称 b 系）。载体坐标系 $o_bx_by_bz_b$ 是指固连在载体上的坐标系。一般地，坐标原点 o_b 定义在载体的重心并与载体固连，x_b 轴沿载体横轴向右，y_b 轴沿载体纵轴向前，z_b 轴沿载体立轴向上，如图 6-9 所示。

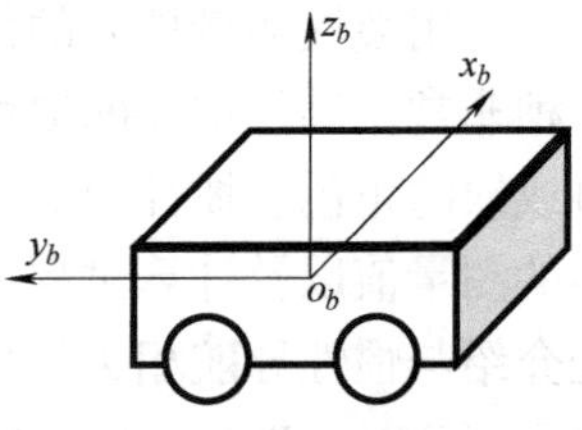

图 6-9　载体坐标系

（2）姿态的表示方法

姿态的表示是导航中非常重要的数学基础，详细内容可以参考本书的第 2 章内容。为了给读者做一个回顾，在此结合惯性导航的应用再梳理一下姿态的表示方法。一个无约束的机器人共有三个独立的姿态。姿态的表示方法有四种，分别是欧拉角、方向余弦矩阵、旋转矢量和四元数。下面分别对四种表示方法进行简要介绍。

1）欧拉角。欧拉角是将两个坐标系的变换分解为绕三个不同的坐标轴依次连续转动而组成的序列，这里选用绕 z-y-x 轴的旋转顺序描述载体坐标系和导航坐标系之间的关系：绕 z 轴旋转偏航角 ψ（yaw），绕 y 轴旋转横滚角 γ（roll），绕 x 轴旋转俯仰角 θ（pitch）。欧拉角直观易于理解，但是由于解算过程中包含了大量的三角运算，给实时计算带来了困难，且当俯仰角为 90°时，会出现万向节死锁（Gimbal Lock）问题，因此欧拉角只适用于机器人在水平姿态角变化不大的情况下使用，而不适用于全姿态的解算。在移动机器人中，由于控制算法的输入通常为欧拉角，所以一般利用四元数进行姿态解算，然后将其转换为欧拉角，再输入到控制器中执行。

2）方向余弦矩阵。方向余弦矩阵一般用旋转矩阵 $\boldsymbol{R}$ 表示，该矩阵是一个具有非常强约束条件的三维正交矩阵，行列式为 1，其逆矩阵表示一个和 $\boldsymbol{R}$ 相反的旋转。方向余弦的元素是两个参考坐标系的轴与轴之间的夹角余弦，因此 $\boldsymbol{R}$ 中的 9 个元素只有 3 个独立变量。实际上，两个坐标系之间任何复杂的角位置关系都可以表示为有限次基本旋转的组合，即两个坐标系之间的旋转矩阵等于确定次序的基本旋转矩阵向右排列后连乘的综合结果。方向余弦矩阵适合进行向量变换，但是由于旋转矩阵含有 9 个元素，计算量和存储量要求更高。

3）旋转矢量。旋转矢量也称轴角，根据欧拉定理，做定点旋转运动的刚体中存在唯一固定的转轴 $\boldsymbol{u}$，围绕 $\boldsymbol{u}$ 可以确定唯一的转角 ϕ 使得刚体从坐标系 a 变换到指定的坐标系 b。注意：由于旋转角度具有周期性（360°一圈），所以用旋转矢量表达时具有奇异性，在姿态解算中很少用旋转矢量表示。旋转矢量和旋转矩阵之间的转换过程称为罗德里格斯公式，对应了李群和李代数的映射，因此旋转矢量更多用于几何推导。具体读者可以参考李群和李代数相关的书籍。

4）四元数。为了对上述做定点旋转运动的刚体的有效转轴和转角进行参数化表示，引入了四元数的概念。四元数由一个实部和三个虚部组成，是一种非常紧凑、没有奇异的表达方式，假设 $\boldsymbol{u}$ 为单位矢量，ϕ 为围绕 $\boldsymbol{u}$ 的转角，则四元数定义为

$$\boldsymbol{q}=\begin{pmatrix}\cos\left(\dfrac{\phi}{2}\right)\\ \boldsymbol{u}\sin\left(\dfrac{\phi}{2}\right)\end{pmatrix}=\lambda+p_1\boldsymbol{i}+p_2\boldsymbol{j}+p_3\boldsymbol{k} \tag{6-8}$$

式中，$\boldsymbol{i}$、$\boldsymbol{j}$、$\boldsymbol{k}$ 为 3 个虚数单位，对应 a 系坐标轴的单位矢量；$\boldsymbol{\lambda}$ 为四元数中的实数；p_1、p_2、p_3 为四元数的正交投影分量。

由于四元数计算速度更快，可以有效避免万向锁问题，存储空间较小，所以在移动机器人导航计算中，多以四元数来表示组合旋转。

（3）载体坐标系和地理坐标系之间的变换关系

载体坐标系 b 和地理坐标系 g 之间的三个夹角称为姿态角，其定义如下：

1）航向角 ψ：载体纵轴 y_b 在水平面的投影与北向轴 N 之间的夹角，以北向轴为起点，偏东方向为正，定义域［0°,360°）。

2）俯仰角 θ：载体纵轴 y_b 与纵向水平轴的夹角，以纵向水平轴为起点，向上为正，定义域（$-90°,90°$]。

3）横滚角 γ：载体横轴 x_b 与横向水平轴的夹角，在横截面进行测量。沿着纵轴 y_b 方向观测，载体左高右低偏转为正，定义域（$-180°,180°$]。

基于以上定义，载体坐标系和地理坐标系之间的关系可以用方向余弦矩阵进行表示：

$$\begin{aligned}\boldsymbol{C}_g^b=\boldsymbol{C}_\gamma\boldsymbol{C}_\theta\boldsymbol{C}_\psi&=\begin{pmatrix}\cos\gamma & 0 & -\sin\gamma\\ 0 & 1 & 0\\ \sin\gamma & 0 & \cos\gamma\end{pmatrix}\begin{pmatrix}1 & 0 & 0\\ 0 & \cos\theta & \sin\theta\\ 0 & -\sin\theta & \cos\theta\end{pmatrix}\begin{pmatrix}\cos\psi & -\sin\psi & 0\\ \sin\psi & \cos\psi & 0\\ 0 & 0 & 1\end{pmatrix}\\&=\begin{pmatrix}\cos\gamma\cos\psi+\sin\gamma\sin\psi\sin\theta & -\cos\gamma\sin\psi+\sin\gamma\cos\psi\sin\theta & -\sin\gamma\cos\theta\\ \sin\psi\cos\theta & \cos\psi\cos\theta & \sin\theta\\ \sin\gamma\cos\psi-\cos\gamma\sin\psi\sin\theta & -\sin\gamma\sin\psi-\cos\gamma\cos\psi\sin\theta & \cos\gamma\cos\theta\end{pmatrix}\end{aligned}\tag{6-9}$$

由于约定导航坐标系 n 采用地理坐标系 g 的定义，所以可以得到导航坐标系与载体坐标系之间的关系为

$$\begin{aligned}\boldsymbol{C}_b^n&=\boldsymbol{C}_b^g=(\boldsymbol{C}_g^b)^{\mathrm{T}}\\&=\begin{pmatrix}\cos\gamma\cos\psi+\sin\gamma\sin\psi\sin\theta & \sin\psi\cos\theta & \sin\gamma\cos\psi-\cos\gamma\sin\psi\sin\theta\\ -\cos\gamma\sin\psi+\sin\gamma\cos\psi\sin\theta & \cos\psi\cos\theta & -\sin\gamma\sin\psi-\cos\gamma\cos\psi\sin\theta\\ -\sin\gamma\cos\theta & \sin\theta & \cos\gamma\cos\theta\end{pmatrix}\end{aligned}\tag{6-10}$$

令

$$\boldsymbol{C}_b^n=\begin{pmatrix}T_{11} & T_{12} & T_{13}\\ T_{21} & T_{22} & T_{23}\\ T_{31} & T_{32} & T_{33}\end{pmatrix}\tag{6-11}$$

则可以由已知的姿态矩阵计算相应的姿态角如下：

$$\theta=\arcsin(T_{32})\tag{6-12}$$

$$\gamma=-\arctan\left(\frac{T_{31}}{T_{33}}\right)\tag{6-13}$$

$$\psi=\arctan\left(\frac{T_{12}}{T_{22}}\right)\tag{6-14}$$

注意：由于反正切函数求取角度的不唯一性，γ 和 ψ 的确定需要根据 T_{ij} 的正负性进行判断。

2. 惯性测量单元简介

惯性导航系统是一种以牛顿力学定律为基础，通过测量载体在惯性参考系下的加速度和角速率，并将加速度和角速率对时间进行积分后变换到导航坐标系，从而计算出载体在导航坐标系中的姿态、速度和位置等信息的自主式导航系统。一般惯性导航系统包括了加速度计和陀螺仪，根据工作原理的不同，惯性导航系统分为半解析式、解析式和捷联式。

半解析式和解析式惯导系统均采用由陀螺制成的惯导平台作为稳定的参考平台。半解析式惯导系统的惯导平台需要跟踪当地水平面，陀螺的偏移比较稳定且无需对重力加速度进行补偿，但是对陀螺仪和平台闭环系统中各元部件的线性度提出了较高要求，主要适用于舰船、飞机及飞航式导弹上。解析式惯导系统中的惯导平台定位相对惯性空间稳定，对陀螺中力矩器的线性度要求较低，但是需要对重力加速度进行补偿，适用于较短的导航系统，如弹道式导弹。捷联式惯导系统省去了物理的稳定平台，利用方向余弦矩阵（可以看作是数学平台）代替了物理惯导平台的作用，使得尺寸和质量大大减少，集成度和可扩展性大大提

升，但是对陀螺仪和加速度计的工作条件和计算性能的要求也很高。目前在移动机器人领域，捷联式惯导系统的应用最为广泛，而惯性测量单元（IMU）即为一种捷联式惯导系统。一种典型的捷联式惯导系统如图 6-10 所示。

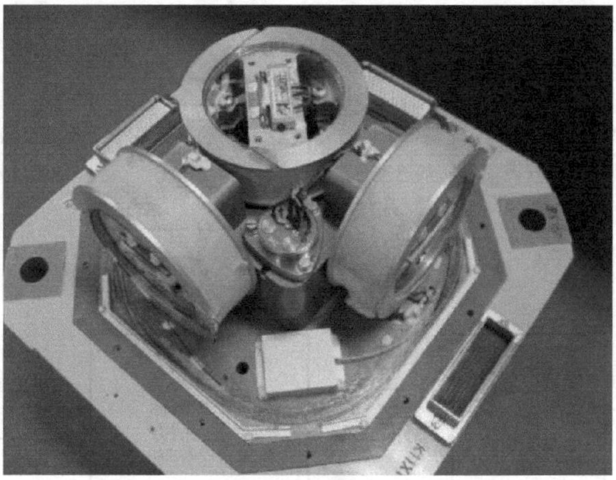

图 6-10 捷联式惯导系统

惯性测量单元一般包括三轴加速度计和三轴陀螺仪。加速度计和陀螺仪都是相对于惯性空间进行测量：加速度计输出的是载体的绝对加速度，即物体在载体坐标系中三个坐标轴方向上的加速度；陀螺仪输出的是载体相对于惯性空间的角速率，即载体坐标系的三个坐标轴方向上的角速率。目前，多数 IMU 传感器中还会集成一个三轴磁力计用于校正 IMU 的姿态估计。根据惯性元件的工作原理，加速度计可以分为石英挠性加速度计、振梁式加速度计、三轴磁浮悬式加速度计和微机电式加速度计，陀螺可以分为机械陀螺、光学陀螺和微机电陀螺等。其中，微机电式惯性测量单元（Micro Electro Mechanical Systems Inertial Measurement Unit，MEMS-IMU）以其低成本、高集成度等优势在机器人领域被广泛应用，图 6-11 是一款典型的 MEMS-IMU。由于惯性测量单元自身就能够输出导航需要的全部信息，它能够全自主地在全天候条件下进行三维导航，采样频率高，短时精度较好，因此到目前为止仍然是非常重要的导航方式。但是 IMU 在计算中存在积分过程，随着时间的增长累积误差较大，无法满足移动机器人长距离精确定位的要求，需要融合其他传感器进行组合导航。

图 6-11 一款典型的 MEMS-IMU（XSENS）

3. 惯性测量单元里程估计的基本原理

（1）概述

在实际应用中，IMU 通常要安装在载体的重心位置，根据陀螺仪输出的载体沿着载体坐标系三个坐标轴的角速度信息，可以计算得到载体坐标系和惯性坐标系之间的方向余弦矩阵，同时参考载体初始对准的结果或由其他信号源提供的初始条件，即可得到地理坐标系相对于惯性坐标系的旋转角速度，综合以上两个信息即可计算得到载体坐标系相对于地理坐标系的方向余弦矩阵。再将加速度计输出的载体坐标系的测量值通过载体坐标系和地理坐标系之间的方向余弦矩阵变换到地理坐标系（注意：加速度计输出的是比力加速度，需要对有害加速度进行补偿），从而得到载体自身运动的加速度。最后根据牛顿运动定律，将载体的运动加速度积分后即可得到载体的速度和位置信息，完成移动机器人的里程估计。其基本原理如图 6-12 所示。

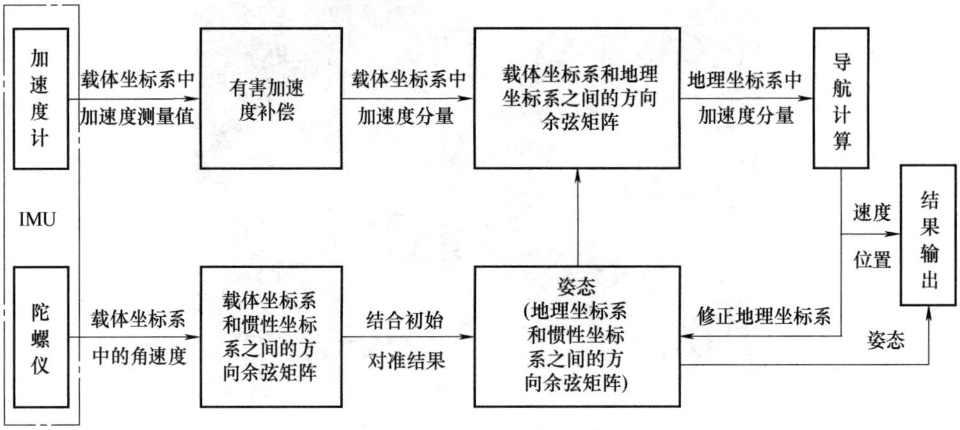

图 6-12　惯性测量单元里程估计的基本原理

（2）比力方程

比力方程描述了加速度计输出量与载体速度之间的解析关系，不同的导航系统相应的力学编排均源自比力方程。常用的比力方程为

$$\left.\frac{\mathrm{d}\boldsymbol{v}_T^e}{\mathrm{d}t}\right|_T = \boldsymbol{f} - (2\boldsymbol{\omega}_e^i + \boldsymbol{\omega}_T^e) \times \boldsymbol{v}_T^e + \boldsymbol{g} \tag{6-15}$$

式中，$\boldsymbol{v}_T^e$ 为运载体的地速向量；$\boldsymbol{f}$ 为比力向量，是作用在加速度计质量块单位质量上的非引力外力；$\boldsymbol{\omega}_e^i$ 为地球自转角速度；$\boldsymbol{\omega}_T^e$ 为惯性平台所模拟的平台坐标系 T 相对地球的旋转角速度（捷联惯导系统中多为导航坐标系 n）；$\frac{\mathrm{d}\boldsymbol{v}_T^e}{\mathrm{d}t}$为平台坐标系 T 内观察到的地速向量的时间变化率。式（6-15）说明，用加速度计的比力输出计算载体的对地速度时，必须对比力输出中的三种有害加速度进行补偿：

1）哥氏加速度 $2\boldsymbol{\omega}_e^i \times \boldsymbol{v}_T^e$，来自地球自转和载体对地球的相对运动。

2）向心加速度 $\boldsymbol{\omega}_T^e \times \boldsymbol{v}_T^e$，来自载体保持在地球表面运动（绕地球做圆周运动）。

3）重力加速度 $\boldsymbol{g}$。

注意：在一般系统中，如果精度要求不高，只需考虑重力加速度的影响。

（3）惯性测量单元初始对准

利用惯性测量单元进行里程估计包括系统初始化、对惯性仪表进行误差补偿、姿态矩阵的计算和速度位置的估计四个方面的内容。其中系统初始化包括给定载体的姿态、速度、位置的初值，并对惯性仪表进行校准，包括陀螺仪和加速度计的标度因数以及陀螺仪的漂移。而惯性仪表的误差补偿包括静态和动态误差项，如偏置、漂移和测量噪声等。关于惯性测量单元初始对准的知识可以参考惯性导航相关的书籍，在此不进行具体介绍。

（4）姿态矩阵的计算

研究载体的姿态矩阵，实际上就是研究载体坐标系 b 和导航坐标系 n（本书中也即地理

坐标系 g）的坐标变换。常见的坐标变换算法有欧拉角法、方向余弦法、旋转矢量法和四元数法。在捷联惯导系统中，由于陀螺仪输出数字量（即陀螺采用角增量采样），因此一般采用四元数法求解坐标变换矩阵，本节后续将重点介绍四元数求解算法。

首先，基于四元数表示的陀螺微分方程式可以表示为

$$\dot{\boldsymbol{q}}_b^n = \frac{1}{2}\boldsymbol{q}_b^n\boldsymbol{\omega}_b^n \tag{6-16}$$

式中，$\boldsymbol{q}_b^n$ 为载体坐标系的转动四元数；$\boldsymbol{\omega}_b^n$ 为载体坐标系相对于导航坐标系的旋转角速度，需要用陀螺输出的载体坐标系相对于惯性系的角速度 $\boldsymbol{\omega}_b^i$ 和慢变化量导航坐标系相对于惯性系的角速度 $\boldsymbol{\omega}_n^i$ 共同计算，即

$$\boldsymbol{\omega}_b^n = \boldsymbol{\omega}_b^i - \boldsymbol{C}_n^b\boldsymbol{\omega}_n^i = \boldsymbol{\omega}_b^i - (\boldsymbol{C}_b^n)^{\mathrm{T}}\boldsymbol{\omega}_n^i \tag{6-17}$$

$$\boldsymbol{\omega}_n^i = \boldsymbol{\omega}_e^i + \boldsymbol{\omega}_n^e \tag{6-18}$$

$$\boldsymbol{\omega}_e^i = (0 \quad \omega_e^i\cos L \quad \omega_e^i\sin L)^{\mathrm{T}} \tag{6-19}$$

$$\boldsymbol{\omega}_n^e = \left(-\frac{v_N^n}{R_M + h} \quad \frac{v_E^n}{R_N + h} \quad \frac{v_E^n}{R_N + h}\tan L\right)^{\mathrm{T}} \tag{6-20}$$

式中，L 为载体所在纬度；h 为海拔高度；R_M 和 R_N 为载体所在地点地球子午圈和卯酉圈曲率半径，近似公式为

$$\begin{aligned} R_M &\approx R_e(1-2f+3f\sin^2 L) \\ R_N &\approx R_e(1+f\sin^2 L) \end{aligned} \tag{6-21}$$

式中，R_e 为地球参考椭球的长半轴；f 为参考椭球的扁率。注意：通常情况下，运行时间不是非常长，且计算精度要求不是非常高，因此 $\boldsymbol{\omega}_n^i$ 可以只由初始对准时给定。

为方便进行矩阵计算，姿态四元数微分方程通常写成以下形式：

$$\dot{\boldsymbol{q}} = \boldsymbol{\Omega}_b^n\boldsymbol{q} \tag{6-22}$$

式中，$\boldsymbol{\Omega}_b^n$ 为载体坐标系相对于导航坐标系角速度的斜对称矩阵，设载体坐标系相对于地理坐标系的旋转角速度为 $\boldsymbol{\omega} = \boldsymbol{0} + \omega_X\boldsymbol{i} + \omega_Y\boldsymbol{j} + \omega_Z\boldsymbol{k}$，则

$$\boldsymbol{\Omega}_b^n = \begin{pmatrix} 0 & -\frac{\omega_X}{2} & -\frac{\omega_Y}{2} & -\frac{\omega_Z}{2} \\ \frac{\omega_X}{2} & 0 & \frac{\omega_Z}{2} & -\frac{\omega_Y}{2} \\ \frac{\omega_Y}{2} & -\frac{\omega_Z}{2} & 0 & \frac{\omega_X}{2} \\ \frac{\omega_Z}{2} & \frac{\omega_Y}{2} & -\frac{\omega_X}{2} & 0 \end{pmatrix} \tag{6-23}$$

式（6-22）的精确解为

$$\boldsymbol{q}(t) = \left\{\cos\frac{\Delta\theta_0}{2}\boldsymbol{I} + \frac{\sin\frac{\Delta\theta_0}{2}}{\Delta\theta_0}[\Delta\boldsymbol{\theta}]\right\}\boldsymbol{q}(0) \tag{6-24}$$

$$\Delta\theta = \int_{t_1}^{t_2}\boldsymbol{\Omega}_b^n\mathrm{d}t = \begin{pmatrix} 0 & -\Delta\theta_X & -\Delta\theta_Y & -\Delta\theta_z \\ \Delta\theta_X & 0 & \Delta\theta_Z & -\Delta\theta_Y \\ \Delta\theta_Y & -\Delta\theta_Z & 0 & \Delta\theta_X \\ \Delta\theta_Z & \Delta\theta_Y & -\Delta\theta_X & 0 \end{pmatrix} \tag{6-25}$$

在姿态矩阵求解算法中，通常采用增量法数值积分法对其进行求解，以数值积分法中的一阶龙格-库塔法为例：

$$\boldsymbol{q}(t+T)=\boldsymbol{q}(t)+T\boldsymbol{\Omega}_b^n(t)\boldsymbol{q}(t) \tag{6-26}$$

展开成式（6-8）元素的表达式可以得到如下关系：

$$\begin{aligned}
\boldsymbol{\lambda}(t+T)&=\boldsymbol{\lambda}(t)+\frac{T}{2}[-\omega_X(t)p_1(t)-\omega_Y(t)p_2(t)-\omega_Z(t)p_3(t)]\\
p_1(t+T)&=p_1(t)+\frac{T}{2}[\omega_X(t)\boldsymbol{\lambda}(t)+\omega_Z(t)p_2(t)-\omega_Y(t)p_3(t)]\\
p_2(t+T)&=p_2(t)+\frac{T}{2}[\omega_Y(t)\boldsymbol{\lambda}(t)-\omega_Z(t)p_1(t)+\omega_X(t)p_3(t)]\\
p_3(t+T)&=p_3(t)+\frac{T}{2}[\omega_Z(t)\boldsymbol{\lambda}(t)+\omega_Y(t)p_1(t)-\omega_X(t)p_2(t)]
\end{aligned} \tag{6-27}$$

（5）速度、位置计算及误差补偿

姿态更新后，即可根据牛顿运动定律，利用当前时刻的姿态矩阵和加速度计的测量值进行速度和位置的更新。注意：加速度计测量的是比力，需要根据比力方程进行补偿。这里只给出速度微分方程：

$$\dot{\boldsymbol{v}}^n=\boldsymbol{C}_b^n\boldsymbol{f}^b+\boldsymbol{g}^n-(\boldsymbol{\omega}_n^e+2\boldsymbol{\omega}_e^i)\times\boldsymbol{v}^n \tag{6-28}$$

式中，$\boldsymbol{f}^b$是加速度计测量的比力；$\boldsymbol{\omega}_n^e$ 为导航系相对于地球的旋转角速度；$\boldsymbol{\omega}_e^i$ 为地球自转角速度。

此外，当载体处于高速运动时，圆锥效应对姿态、划船效应对速度、涡卷效应对位置均会产生较大影响，尤其是圆锥误差和划船误差，对此可以采用相应的补偿算法，比如二子样优化算法等对 IMU 的解算进行补偿。更详细的内容可以参考惯性导航方面的书籍。

6.3 激光里程计

激光里程计是利用激光雷达测距得到的地图点云信息完成机器人里程估计的一种方法。如果能够以一定的采样周期实时获取周围环境离移动机器人的距离信息，那么就可以通过邻近采样值之间的匹配关系推算出机器人在空间中的姿态、速度和位置变化，从而进一步推算出移动机器人的运动轨迹，这一过程就称为激光里程估计。

关于激光测距仪及其采集得到的点云数据可回顾第 5 章。本节首先介绍激光点云匹配中的重要内容——迭代最近点（Iterative Closest Point，ICP）算法，接着将从激光点云特征点提取、特征匹配、运动估计三方面介绍基于激光点云特征匹配的里程估计算法，最后简述激光里程计的局部优化问题。

6.3.1 迭代最近点算法

在视觉三维重建和机器人自主移动两个领域都存在点云对齐（Point Registration）的问题，即用双目视觉相机、RGBD 传感器或激光雷达对环境进行扫描，通过点云对齐得到环境的三维点云模型。通常会得到至少两组不同位姿下采集的点云。由于传感器测量点比较稀疏、环境中物体的前后遮挡以及传感器运动的原因，两组点云存在差异。但由于采样频率高，运动具有连续性，所以两组点云中往往包含环境中同一物体或区域的测量点，一般称这种情况为两对点云有共同区域（Overlap）。很多时候通过其他方法如 GPS、惯导或轮式编码

器等获得这两次测量时传感器的位姿精度不够高，直接按此位姿叠加两组点云会出现明显的扭曲错位，并且对于机器人定位与地图构建来说，这个位姿关系正是所要求解的。于是便产生了一个基本问题，对给定两组有共同区域的点云，一般可定义较早测量到的参考点云为 $\boldsymbol{Ref}=\{\boldsymbol{p}_j \mid j=1,\cdots,m\}$，另一组较晚测量到的当前点云为 $\boldsymbol{Curr}=\{\boldsymbol{p}'_i \mid i=1,\cdots,n\}$，期望求解出旋转参数（$3\times3$ 旋转矩阵 $\boldsymbol{R}$）和平移参数（3×1 平移向量 $\boldsymbol{t}$），使得当前点云 $\boldsymbol{Curr}$ 中的每个点 $\boldsymbol{p}'_i$通过 $\boldsymbol{R}$、$\boldsymbol{t}$ 这组参数变换成 $\boldsymbol{q}'_i=\boldsymbol{R}\boldsymbol{p}'_i+\boldsymbol{t}$，由 $\boldsymbol{q}'_i$组成的点云与 $\boldsymbol{Ref}$ 点云的重合度最高。重合度高低的评价方式较多，一种简单的评价方式是：$\forall i$，$\exists j$，使得 $\boldsymbol{q}'_i=\boldsymbol{p}_j$。也就是 $\boldsymbol{Curr}$ 中的点通过 $\boldsymbol{R}$、$\boldsymbol{t}$ 变换后都能找到 $\boldsymbol{Ref}$ 中的某个对应点。然而由于传感器测量噪声、环境中物体相互遮挡等原因，导致出现新的点没有旧的点与之对应等情况，无法完美地实现 $\boldsymbol{q}'_i=\boldsymbol{p}_j$，因此，通常将问题定义为使所有误差项 $\|\boldsymbol{q}'_i-\boldsymbol{p}_j\|$ 的和最小化，这样也就实现了两组点云在某个最优旋转 $\boldsymbol{R}^*$ 和最优平移 $\boldsymbol{t}^*$ 下匹配误差最小。图 6-13 是两个点云相应位置对齐的案例。

图 6-13 点云对齐的效果

图 6-13 彩图

迭代最近点（ICP）算法，正是在给定两组有共同区域的点云数据后，通过迭代的方式求解两对点云的对齐问题，给出最优的 $\boldsymbol{R}^*$ 和 $\boldsymbol{t}^*$。具体问题可以描述如下：

目标：计算两组点云数据之间的旋转平移量，使得两组数据形成最佳匹配，即两组数据的距离误差最小。

输入：

$$\text{点集合 } \boldsymbol{Ref}=\{\boldsymbol{p}_j \mid j=1,\cdots,m\}$$
$$\text{点集合 } \boldsymbol{Curr}=\{\boldsymbol{p}'_i \mid i=1,\cdots,n\}$$

输出：形成最佳匹配的旋转平移量 $\boldsymbol{R}^*$、$\boldsymbol{t}^*$，让求得的 $\boldsymbol{q}'_i=\boldsymbol{R}^*\boldsymbol{p}'_i+\boldsymbol{t}^*$，使 $\|\boldsymbol{q}'_i-\boldsymbol{p}_j\|$ 的和最小。

主要步骤：根据最近邻关系建立 $\boldsymbol{Ref}$ 集合与 $\boldsymbol{Curr}$ 集合的对应关系，利用线性代数或非线性优化的方式估计旋转平移量，对 $\boldsymbol{Curr}$ 中的点进行旋转平移操作，如果旋转平移后与 $\boldsymbol{Ref}$ 的重合度或误差满足阈值则结束，否则迭代重复。

在正式介绍 ICP 算法之前有必要了解它产生的历史，从而明白为何选择这种方式求解点云对齐问题，并因此知晓它与生俱来的缺陷及改进方法，从而把握点云对齐问题的未来研究方向，下面以一个简单的例子引入。

首先从人类角度来考虑这个问题，当直接给予某人两组如图 6-14 所示的点云，红色的是参考的 $\boldsymbol{Ref}$ 点云，蓝色的是当前的 $\boldsymbol{Curr}$ 点云，他脑中的三维感知与模式识别的能力会让他马上意识到这是同一个兔子，并且能朴素地察觉到蓝色的相对红色的来说有点向右平移，并且兔头向观察者这个方向有一点转动。三维想象能力更强的人还能推理出兔子可能是没有动，而是测量点云的传感器发生了某一种运动。从人类这种模糊的描述话语中，可以推理出人脑解决点云对齐问题的思路：①先通过模式识别的能力，意识到这是空间中的同一个兔子，并能将具体同一部位一一对应，如左耳朵顶点对应左耳朵顶点，尾巴最凸处对应尾巴最凸处等；②通过这些特殊点的对应关系，利用空间几何的经验将蓝色兔子在脑海中旋转平移从而最终与红色兔子重合在一起。

因此可以看出，要想解决点云对齐问题，人类的思路是将问题解耦为两部分：

1）模式识别问题：即两组点云对应的是空间中同一个点的两次不同观测，分析并建立起这种成对的点到点的一一对应关系。

2）空间几何问题：即在给定对应关系后想象一个 $\boldsymbol{R}$、$\boldsymbol{t}$，使它们重合，即 $\boldsymbol{p}_j=\boldsymbol{R}\boldsymbol{p}_i'+\boldsymbol{t}$。

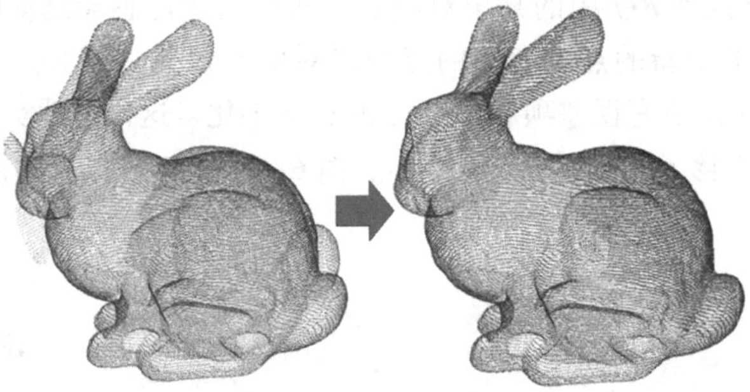

图 6-14　两组原始测量未对齐的点云

图 6-14 彩图

从 1987 年的文献来看，研究人员已比较系统完整地开始研究在给定两组点云数据后，如何求解旋转矩阵 $\boldsymbol{R}$ 与平移向量 $\boldsymbol{t}$，使两组点云对齐且误差最小。然而在面对第一个模式识别问题时就遇到了困难，当时深度学习技术还未兴起，相较于视觉图片的 SIFT 等特征描述子，如何寻找点云中那些比较有代表性的点，并给这个点一个具有辨识性的描述方式很难。例如，点云特征分布描述子 PFH、FPFH 等，它们往往无法达到视觉描述子所具有的独特性与辨识性，简单来讲，兔子的左耳朵顶点处、右耳朵顶点处、尾巴最凸处，它们都是一个带弧度的曲面，而且相差并不大，局部来看它们的特征较为相似，而当时人们手工设计的点云特征描述子难以实现语义级别的理解，所以很难准确地将蓝色兔子耳朵上的点与红色兔子耳朵上的点进行对应，往往有大量的误匹配。这也正反映出当时计算机的模式识别能力弱于人类的事实，所以研究如何不依赖于匹配关系进行点云对齐变得尤为重要。

不妨想象这样一种情况，当两组点云已经完成对齐后，***Curr*** 中的每一个点在最优解 $\boldsymbol{R}^*$、$\boldsymbol{t}^*$ 变换下正好对应于 ***Ref*** 中的每一个点。那么，假如这个 $\boldsymbol{R}^*$、$\boldsymbol{t}^*$ 有一个微小的扰动 $\Delta\boldsymbol{R}$、$\Delta\boldsymbol{t}$，$\boldsymbol{R}'=\Delta\boldsymbol{R}\,\boldsymbol{R}^*$，$\boldsymbol{t}'=\Delta\boldsymbol{t}+\boldsymbol{t}^*$，此时 ***Curr*** 中的点在经过 $\boldsymbol{R}'$、$\boldsymbol{t}'$ 变换后无法与 ***Ref*** 中的点重合，但可发现当扰动 $\Delta\boldsymbol{R}$、$\Delta\boldsymbol{t}$ 的幅度较小时，此时 ***Curr*** 中经过变换后的点到它完美对齐时的 ***Ref*** 中对应的那个点的距离是最小的，比到 ***Ref*** 中其他点的距离要小。因此，这种最近邻的点在扰动较小的情况下可以被认为是模式识别出来的对应点，即在运动参数 $\boldsymbol{R}$、$\boldsymbol{t}$ 离真值误差较小的假设下，用最近邻原则解决点云的模式识别问题是可行的。

于是人们利用迭代的思想形成了迭代最近点（ICP）算法，它可以在未知点云匹配对应关系时较好地完成对齐。假设给定两组点云一个初始的旋转矩阵 $\boldsymbol{R}$ 和平移向量 $\boldsymbol{t}$，实践中往往给予单位旋转矩阵和零平移向量。然后利用 $\boldsymbol{R}$、$\boldsymbol{t}$ 将当前点云 ***Curr*** 中的每个点 $\boldsymbol{p}_i'$ 投影至参考点云 ***Ref*** 的坐标系下，得到点 $\boldsymbol{q}_i'=\boldsymbol{R}\boldsymbol{p}_i'+\boldsymbol{t}$，并在参考点云 ***Ref*** 中寻找与此投影点 $\boldsymbol{q}_i'$ 位置最近的点 $\boldsymbol{s}_i$，作为匹配的对应点即认为应该满足 $\boldsymbol{s}_i=\boldsymbol{q}_i'=\boldsymbol{R}\boldsymbol{p}_i'+\boldsymbol{t}$。此时，虽然每个点 $\boldsymbol{p}_i'$ 都已经找到了最近的点 $\boldsymbol{s}_i$，但变换后的点 $\boldsymbol{q}_i'$ 和最近点 $\boldsymbol{s}_i$ 之间还有距离误差，即 $\|\boldsymbol{s}_i-\boldsymbol{q}_i'\|>0$，所以

应该调整运动参数 $\boldsymbol{R}$、$\boldsymbol{t}$，使此误差和更小。完成调整这一步可以使用 SVD 分解或非线性优化，然后以调整后的 $\boldsymbol{R}$、$\boldsymbol{t}$ 进行投影，寻找最近点，再调整 $\boldsymbol{R}$、$\boldsymbol{t}$。循环的停止条件可设为到达最大循环的次数、整体误差小于阈值或参数 $\boldsymbol{R}$、$\boldsymbol{t}$ 的变化幅度小于阈值等。

基于以上思想，ICP 算法可以用以下伪代码进行表示。

- ICP 算法伪代码：

```
ICP 算法
给定（Curr（当前点云集合），Ref（参考点云集合）），R,t = R0,t0
当没有达到收敛条件时：
定义当前 R、t 下点与点对应欧氏距离误差函数 F(R,t)
    遍历 Curr 中每一个点，通过 R、t 投影得 q'i = Rp'i + t
        找到 Ref 中相对于 q'i 最近的点 si
        在 F 中加上这一对点的误差项 F(R,t) + = ‖si - q'i‖
        求解以 R、t 为自变量的误差函数 F 的最小二乘估计 F(R*,t*)
        R = R*, t = t*
达到收敛条件后返回 R*、t*
```

其中最小二乘的求解方式有两种：SVD 分解和非线性优化。SVD 分解较为简单且能直接求解；非线性优化的方式能更好应对噪声，精度高，但依赖初值的准确性。

不妨以 SVD 分解为例解释 ICP 过程。在利用 SVD 求解时两对点云已经通过最近邻规则建立了一一对应关系，即满足 $\boldsymbol{p}_j \approx \boldsymbol{q}'_i = \boldsymbol{R}\boldsymbol{p}'_i + \boldsymbol{t}$，其中第 i 个匹配点对的误差为

$$\boldsymbol{e}_{ij} = \boldsymbol{p}_j - (\boldsymbol{R}\boldsymbol{p}'_i + \boldsymbol{t}) \tag{6-29}$$

于是构建最小二乘问题 $\boldsymbol{J}$

$$\min_{\boldsymbol{R},\boldsymbol{t}} \boldsymbol{J} = \sum_{i=1,j=1}^{n} \|\boldsymbol{p}_j - (\boldsymbol{R}\boldsymbol{p}'_i + \boldsymbol{t})\|_2^2 \tag{6-30}$$

定义两组点集合的质心位置为

$$\boldsymbol{p} = \frac{1}{n}\sum_{j=1}^{n} \boldsymbol{p}_j \tag{6-31}$$

$$\boldsymbol{p}' = \frac{1}{n}\sum_{i=1}^{n} \boldsymbol{p}'_i \tag{6-32}$$

将两组点云集合中的每个点分别减去此集合的质心可得

$$\boldsymbol{x}_j = \boldsymbol{p}_j - \frac{1}{n}\sum_{j=1}^{n} \boldsymbol{p}_j \tag{6-33}$$

$$\boldsymbol{y}_i = \boldsymbol{p}'_i - \frac{1}{n}\sum_{i=1}^{n} \boldsymbol{p}'_i \tag{6-34}$$

将去质心后的点代入原问题 $\boldsymbol{J}$ 可以得到以下优化问题

$$\min_{\boldsymbol{R},\boldsymbol{t}} \boldsymbol{J} = \sum_{i=1,j=1}^{n} \|\boldsymbol{x}_j + \boldsymbol{p} - (\boldsymbol{R}\boldsymbol{y}_i + \boldsymbol{R}\boldsymbol{p}' + \boldsymbol{t})\|_2^2 \tag{6-35}$$

将上式的去质心点组合在一起展开二次项后可得到

$$\sum_{i=1,j=1}^{n} \|\boldsymbol{x}_j - \boldsymbol{R}\boldsymbol{y}_i\|_2^2 + \sum_{i=1,j=1}^{n} \|\boldsymbol{p} - \boldsymbol{R}\boldsymbol{p}' - \boldsymbol{t}\|_2^2 + 2\sum_{i=1,j=1}^{n} (\boldsymbol{x}_j - \boldsymbol{R}\boldsymbol{y}_i)^{\mathrm{T}}(\boldsymbol{p} - \boldsymbol{R}\boldsymbol{p}' - \boldsymbol{t}) \tag{6-36}$$

请注意：对于 ***Ref*** 和 ***Curr*** 点云，可以认为质心之间只相差一个平移向量，因此不论 $\boldsymbol{R}$ 取何值，点云中 n 个点的去质心向量的和总是满足 $\sum_{i=1,j=1}^{n}(\boldsymbol{x}_j - \boldsymbol{R}\boldsymbol{y}_i) = \boldsymbol{0}$ 成立，即最后一项不影响最小二乘问题的求解，可以抛弃。于是优化问题只剩式（6-36）的前两项，其中第一项

只与 $\boldsymbol{R}$ 有关，第二项既与 $\boldsymbol{R}$ 有关又与 $\boldsymbol{t}$ 有关，但第二项只跟质心有关，与单个点本身无直接关系。因此可以分步求解第一个问题，得到最优的 $\boldsymbol{R}^*$，然后利用 $\boldsymbol{R}^*$ 求解第二个问题，得到最优的 $\boldsymbol{t}^*$。式（6-36）第一项展开为

$$\sum_{i=1,j=1}^{n}\|\boldsymbol{x}_j-\boldsymbol{R}\boldsymbol{y}_i\|_2^2=\sum_{i=1,j=1}^{n}\boldsymbol{x}_j^{\mathrm{T}}\boldsymbol{x}_j+\boldsymbol{y}_i^{\mathrm{T}}\boldsymbol{R}^{\mathrm{T}}\boldsymbol{R}\boldsymbol{y}_i-2\boldsymbol{x}_j^{\mathrm{T}}\boldsymbol{R}\boldsymbol{y}_i \tag{6-37}$$

式中第一项与 $\boldsymbol{R}$ 无关，第二项 $\boldsymbol{R}^{\mathrm{T}}\boldsymbol{R}=\boldsymbol{I}$ 恒定，因此只需要最大化第三项，进行 SVD 分解。令

$$\boldsymbol{M}=\boldsymbol{X}\boldsymbol{Y}^{\mathrm{T}}=\boldsymbol{U}\boldsymbol{\Sigma}\boldsymbol{V}^{\mathrm{T}} \tag{6-38}$$

式中，$\boldsymbol{X}=(\boldsymbol{x}_1,\boldsymbol{x}_2,\boldsymbol{x}_3,\cdots,\boldsymbol{x}_n)^{\mathrm{T}}$；$\boldsymbol{Y}=(\boldsymbol{y}_1,\boldsymbol{y}_2,\boldsymbol{y}_3,\cdots,\boldsymbol{y}_n)^{\mathrm{T}}$，因此可以求得

$$\boldsymbol{R}=\boldsymbol{V}\boldsymbol{U}^{\mathrm{T}} \tag{6-39}$$

$$\boldsymbol{t}=\frac{1}{n}\sum_{j=1}^{n}\boldsymbol{p}_j-\boldsymbol{R}^*\frac{1}{n}\sum_{i=1}^{n}\boldsymbol{p}_i' \tag{6-40}$$

至此，完成了 ICP 算法的求解，得到了在最小二乘优化下的 $\boldsymbol{R}$ 和 $\boldsymbol{t}$ 的值。

这里介绍的 ICP 算法是以最小化点到点的误差为准则来求解最优的 $\boldsymbol{R}$ 和 $\boldsymbol{t}$ 参数，可以简称为点到点的 ICP。由于激光雷达的点云数据是对环境三维结构的离散采样，采集前后两帧点云时传感器存在运动，采样点不会完全一致，并且传感器的测量噪声会导致测量值在真实值附近波动。如图 6-15 所示，蓝色的散点是激光雷达对环境中一堵连续曲面墙的测量结果，可以看到测量点在真实墙面前后波动，点与点之间间隔也较为稀疏。因此严格来说在点云对齐问题中，以点到点的距离作为最小化准则是存在系统误差的，这也是点到点 ICP 优化结果误差的来源。要想解决这个问题，只有通过对离散点云分析其内在的三维空间分布模式，利用环境的三维结构信息建立模型化表达，如线或面的方程等，并以最小化测量点到模型的距离为准则进行非线性优化，才能从根本上减少系统误差。因此，实际应用时，激光里程计算法中的点云对齐问题多采用基于激光雷达里程计与建图（Lidar Odometry and Mapping，LOAM）算法中的最小化点到线与点到面的距离准则，从而实现比传统点到点方式更高的精度与鲁棒性。

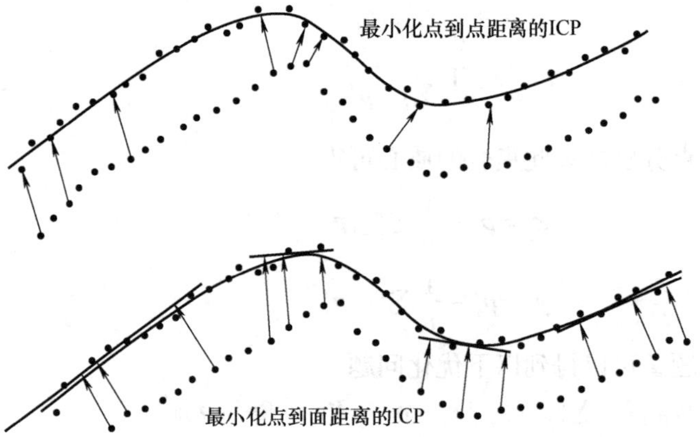

图 6-15 彩图

图 6-15　点到点的 ICP 算法和点到面的 ICP 算法的区别

在工程实践中人们发现，采用 LOAM 的平面与线假设的环境模型，既能取得不错的拟合精度，也能实现采样点到模型面距离、采样点到模型线距离的快速计算。并且对于车载激光雷达，采用 IMU 积分或车辆匀速运动模型能估计一个较好的 $\boldsymbol{R}$、$\boldsymbol{t}$ 初值，在此 $\boldsymbol{R}$、$\boldsymbol{t}$ 初值基础上，基于点线、点面距离准则的 ICP 算法能很快迭代收敛到最优值。

ICP算法本身没有完美地解决点云特征匹配的问题，这也是其与视觉定位算法区别之处。ICP算法只能简单地以最近距离的点为对应点来构建匹配关系，因此激光雷达运动参数 $\boldsymbol{R}$、$\boldsymbol{t}$ 初值对非线性优化算法的收敛极其重要。也有学者研究 Go-ICP，探索点云对齐算法的全局收敛性，为的是在无IMU先验、匀速运动模型不可靠或点云的重定位时使用。其结论是采用对激光雷达运动参数空间进行分支定界的方式，可使ICP从任意初始位置的 $\boldsymbol{R}$、$\boldsymbol{t}$ 开始，使误差函数收敛到全局最优值。但该方法耗时较多，一般用于三维重建等非实时强计算项目中，对机器人导航领域具备理论价值，不建议用于工程实践中。

6.3.2 基于特征匹配的激光里程计

特征点提取是基于特征的激光里程计的重要组成部分。早期的特征提取方法主要分为两类：一类是利用激光雷达提供的点云数据生成深度图像，然后使用视觉特征提取方法提取点云特征；另一类方法是利用点云簇中的几何信息构建特征描述，从而完成点云的特征提取。这两类方法对点云的稠密程度均有较高的要求。为了减小对点云稠密程度与反射强度的依赖，同时提高算法的实时性，本小节将介绍一种提取点云中边缘点和平面点来作为特征的方法。边缘点为存在三维空间位置变化的点，如物体边缘的点。平面点为三维环境中物体平面上的点。

1. 点云特征点提取

本小节将激光雷达旋转一周采集获得的点云定义为 $\mathcal{P}_k$，$\mathcal{P}_k$ 中包含了大量的三维空间点，每一个空间点的坐标用一个三维向量表示。将 $\boldsymbol{p}_i$ 定义为 $\mathcal{P}_k$ 中第 i 个三维点在激光雷达坐标系下的位置，同时在同一测距装置所获得的点云中与第 i 个点的相邻点集定义为 S。为了确定第 i 个点为边缘点或平面点，需要计算平滑度。平滑度可以被定义为相邻点集 S 中的相邻点与第 i 个点的三维空间距离大小。若相邻点与第 i 个点的三维空间距离都较小，则该点为平面点；反之，若存在较大的距离，则认为该点为边缘点。因此，该平滑度计算函数的定义如下：

$$c=\frac{1}{|S|\cdot\|\boldsymbol{p}_i\|}\left\|\sum_{j\in S,j\neq i}(\boldsymbol{p}_i-\boldsymbol{p}_j)\right\| \tag{6-41}$$

式中，$\|\boldsymbol{p}_i\|$ 是用来对结果进行归一化的，保证该平滑评价可以用于不同距离的点；$|S|$ 表示点集 S 中点的个数。可以发现，若第 i 个点为边缘点，相邻点集 S 中的一些点应远离第 i 个点，因此该点的 c 值较大；反之，若第 i 个点为平面点，则相邻点集 S 中的一些点都应与第 i 个点接近。因此，在利用该平滑度评价函数对点云中的各点计算 c 之后，c 值较大的点为边缘点，c 值较小的点为平面点。但在提取的过程中，为了防止特征点过于集中，在计算特征点的过程中，点云可以被划分为若干个子区域并限制每个子区域内特征点的数量。

基于以上的特征点确定方法可以提取一系列的特征点，但是在实际中，提取的特征点往往是不可靠的，常见的情形有①遮挡：比如被障碍物遮挡而形成的边缘点，由于障碍物遮挡而形成的特征点在机器人移动过程中其会出现快速移动的情况，影响运动估计的准确性；②平行：激光的测量方向与被测平面接近平行（一般认为夹角小于10°即为近似平行），所在平面与激光测量方向几乎平行的平面点也会出现距离变换较大甚至迅速消失的情况，对于计算资源有一定的浪费。因此在筛选特征点时，希望这类不可靠的特征点能够被排除。

图6-16展示了这两类点的常见情形。在图6-16a中，特征点 A 是可靠的平面点，特征点 B 则为与激光测量方向几乎平行的平面点。因此在提取过程中，激光里程计需要通过计算

夹角来剔除平行于测量方向的平面点。在图 6-16b 中，特征点 A 为由于障碍物遮挡而产生的边缘点，因此在特征提取中会剔除邻域内存在阶跃变化的边缘点，从而避免由于遮挡而产生的边缘点对后续特征匹配的影响。因此，当一个点被确定为特征点时，需要满足以下三个条件：

1）所在子区域内的特征点数量没有超过上限。

2）若为平面点，其所在的平面未与测量方向平行。若为边缘点，其相邻点不存在位置跳变。

3）相邻点没有被提取为特征点。

利用以上的特征点提取方法，可以在激光雷达采集的点云上提取满足条件的特征点，如图 6-17 所示，黑色点为图中两个矩形物体的边缘点。

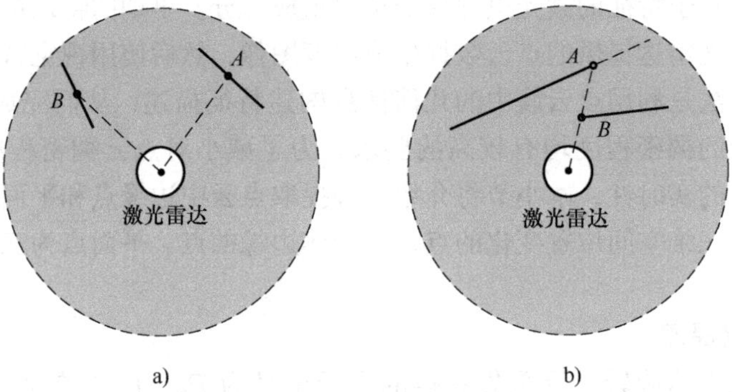

图 6-16　特征点示意图

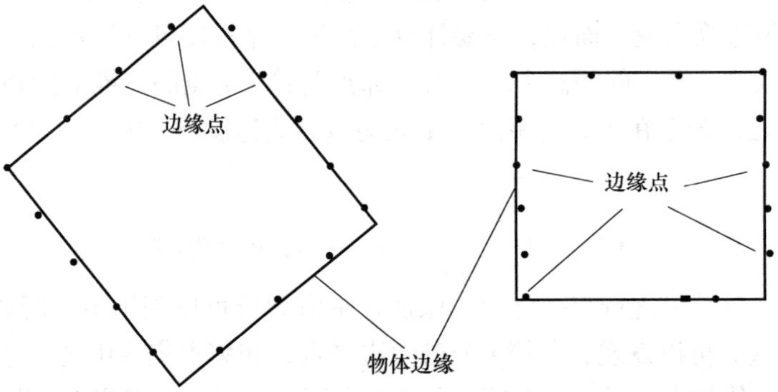

图 6-17　边缘特征提取样例

2. 点云特征匹配

点云特征的匹配是激光雷达里程计的关键环节，它完成了在不同采样时刻下激光雷达采集获得的点云数据之间的关联，即将最新采集的点云上提取的特征点与不同时刻采集获取的点云之间建立空间几何的对应关系，为后续的运动估计做好准备。

将 $k-1\sim k$ 时刻与 $k\sim k+1$ 时刻激光雷达扫描一圈所采集的点云分别记 $\mathcal{P}_{k-1}$ 与 $\mathcal{P}_k$。通过之前所述的特征点提取方法，可以对 $\mathcal{P}_k$ 提取所有边缘点与平面点，分别记为 E_k 与 H_k 两类点集，并在 $\mathcal{P}_{k-1}$ 中分别寻找对应的边缘线与平面。

如图 6-18a 所示，三条线为 $\mathcal{P}_{k-1}$ 中的三个相邻测距组件扫描获得的三条点云扫描线，点 i 为 E_k 中的一个边缘点，j 为离 i 最近的边缘点，而 l 为另一条扫描线上离 i 最近的边缘点。通过结合点 j 与点 l 这两个点来构建直线，可以获得 i 的对应边缘线（l,j）。

同理，如图6-18b所示，若点 i 为 E_k 中的一个平面点，l 为离 i 最近的点，j 为 l 同扫描线上的另一个点，而 m 为另一条扫描线上离 i 最近的点。通过结合点 l、点 j 与点 m 这三个点来构建平面，可以获得 i 的对应平面 (j,l,m)。

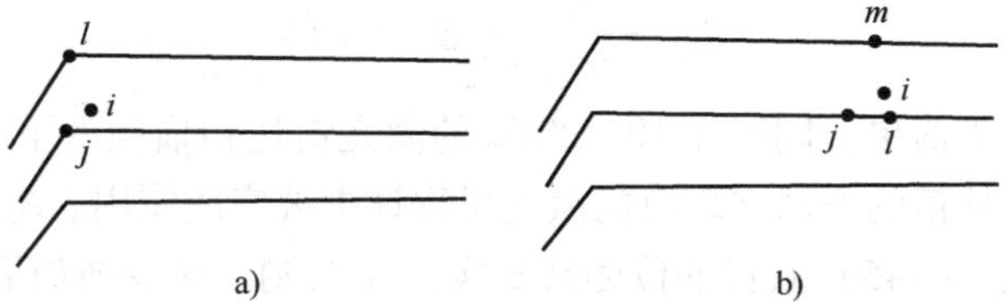

图6-18 两种特征点的匹配示意图

获得匹配结果后，可以定义两类特征点到其对应点或线的距离。若 i 为边缘点，其与对应的边缘线 (l,j) 的距离可以定义为

$$d_E=\frac{|(\boldsymbol{p}_{k,i}-\boldsymbol{p}_{k-1,j})\times(\boldsymbol{p}_{k,i}-\boldsymbol{p}_{k-1,l})|}{|\boldsymbol{p}_{k-1,j}-\boldsymbol{p}_{k-1,l}|} \tag{6-42}$$

式中，$\boldsymbol{p}_{k,i}$表示在 $\mathcal{P}_k$ 中点 i 的三维坐标；$\boldsymbol{p}_{k-1,j}$、$\boldsymbol{p}_{k-1,l}$表示在 $\mathcal{P}_{k-1}$中点 j 与点 l 的三维坐标。若 i 为平面点，其与对应的平面 (j,l,m) 的距离可以定义为

$$d_H=\frac{|(\boldsymbol{p}_{k,i}-\boldsymbol{p}_{k-1,j})((\boldsymbol{p}_{k-1,j}-\boldsymbol{p}_{k-1,l})\times(\boldsymbol{p}_{k-1,j}-\boldsymbol{p}_{k-1,m}))|}{|(\boldsymbol{p}_{k-1,j}-\boldsymbol{p}_{k-1,l})\times(\boldsymbol{p}_{k-1,j}-\boldsymbol{p}_{k-1,m})|} \tag{6-43}$$

从该距离定义可以发现，若当前帧获得的特征点 i 落在准确的空间位置上，上述的两类距离应为0。因此，利用这两类定义的距离，可以在后续章节中估计最优的激光雷达位姿并使得定义的两类距离最小。

3. 运动估计

激光雷达里程计的运动估计问题是利用未知位姿的点云 $\mathcal{P}_k$ 与已知位姿的 $\mathcal{P}_{k-1}$来求取激光雷达从 $k\sim k+1$ 时刻的位姿变换，该位姿变换记为6自由度的 $\boldsymbol{\delta}_k(k+1)$。$\boldsymbol{\delta}_k(k+1)=(\boldsymbol{\tau}_k(k+1),\boldsymbol{\theta}_k(k+1))$，其中 $\boldsymbol{\tau}_k(k+1)=(t_x,t_y,t_z)^{\mathrm{T}}$ 为平移向量，$\boldsymbol{\theta}_k(k+1)=(\theta_x,\theta_y,\theta_z)^{\mathrm{T}}$ 为旋转向量。通过罗德里格斯公式可以将旋转向量变换为旋转矩阵，即

$$\begin{aligned}\boldsymbol{R}_k(k+1)=e^{\boldsymbol{\theta}_k(k+1)}=\boldsymbol{I}+\frac{\boldsymbol{\theta}_k(k+1)}{\|\boldsymbol{\theta}_k(k+1)\|}\sin\|\boldsymbol{\theta}_k(k+1)\|+\\ \left(\frac{\boldsymbol{\theta}_k(k+1)}{\|\boldsymbol{\theta}_k(k+1)\|}\right)^2(1-\|\cos\boldsymbol{\theta}_k(k+1)\|)\end{aligned} \tag{6-44}$$

由于已知 $\mathcal{P}_{k-1}$的位姿，求取 $\mathcal{P}_k$ 的位姿可以看成是针对两个点云的配齐，常见的方法为6.3.1小节介绍的迭代最近点（ICP）算法。ICP依次遍历 $\mathcal{P}_k$ 中的点来获取这些点的对应点。

但是在实际激光雷达旋转采集数据的过程中，激光雷达还存在自运动。该运动导致激光雷达在不同时刻进行距离测量时，其位置与姿态发生了改变，导致所采集的点云存在运动畸变。为了消除畸变，在 $\mathcal{P}_k$ 中不同时刻所采集的点应当对应其准确的激光雷达位姿。实际应用中，获得激光雷达在扫描周期内位姿的方法主要分为两种：一种是基于IMU的畸变修正方法；另一种是基于线性运动假设的畸变修正方法。考虑到纯激光雷达里程计没有IMU，这里介绍在没有IMU的情况下，如何根据线性运动假设的方法来修正畸变。

线性运动假设是指激光雷达在一个扫描周期内，它的运动近似为匀速直线运动，因此，

可以通过线性插值的方法求取扫描周期内不同时刻激光雷达的位姿。对于激光雷达一个扫描周期内的某个采样点 i，它的采样时刻记为 t_i。若在 k 时刻到获得点 i 时刻之间，激光雷达的位姿变换记为 $\boldsymbol{\delta}_{k,i}$，则 $\boldsymbol{\delta}_{k,i}$ 可以通过以下线性插值公式进行求取：

$$\boldsymbol{\delta}_{k,i}=\frac{t_i-t_k}{t_{k+1}-t_k}\boldsymbol{\delta}_k(k+1) \tag{6-45}$$

该线性假设法实现较为简单，同时在 10 ~ 20Hz 的激光雷达扫描频率下也能够获得较好的效果。因此，基于线性插值的方法在现有的激光里程计中被广泛使用。E_k 与 H_k 中的边缘点与平面点可以通过由式（6-45）获得的位姿来变换至 t_k 时刻。该变换如下：

$$\tilde{\boldsymbol{p}}_{k,i}=\boldsymbol{R}_{k,i}\boldsymbol{p}_{k,i}+\boldsymbol{\tau}_{k,i} \tag{6-46}$$

式中，$\boldsymbol{p}_{k,i}$ 为 E_k 或 H_k 中的第 i 个特征点；$\boldsymbol{R}_{k,i}$ 与 $\boldsymbol{\tau}_{k,i}$ 是通过式（6-45）插值获得的旋转矩阵与位移向量。

结合之前所定义的特征点与线和面之间的距离 d_E 以及 d_H，可以得到如下表达式：

$$f_E(\boldsymbol{p}_{k,i},\boldsymbol{\delta}_k(k+1))=d_E \tag{6-47}$$

$$f_H(\boldsymbol{p}_{k,i},\boldsymbol{\delta}_k(k+1))=d_H \tag{6-48}$$

即每个特征点可以根据其对应插值获得的激光雷达位姿，计算与前一点云相应的几何距离。于是，可以结合式（6-47）与式（6-48）计算 E_k 与 H_k 特征点集中所有点对应的距离并将其累加，最终获得的总体的非线性成本函数为

$$\boldsymbol{f}(\boldsymbol{\delta}_k(k+1))=\boldsymbol{d} \tag{6-49}$$

式中，$\boldsymbol{f}$ 的每一行为每一个特征点，而 $\boldsymbol{d}$ 中的每一行则包含了每一个特征点所对应的距离。最后反复迭代最小化 $\boldsymbol{d}$ 来求得最优的 $\boldsymbol{\delta}_k(k+1)$。

这一改进方法相对于 6.3.1 小节介绍的 ICP 算法，使用了从点云中所提取的特征边缘和特征平面，并利用了线性插值对畸变进行了一定的矫正，因而使最终的里程估计结果具有更高的精度和鲁棒性。

6.3.3 局部优化

在实际的应用中，为了进一步提高估计的精确度，激光里程计会尽可能地利用历史信息来对结果进行优化。即在较低计算频率下利用由历史数据构建的稠密地图来矫正里程估计中存在的误差，并将消除误差后的点云融合进局部地图中。

上一小节中，已经获得 $\mathcal{P}_k$ 所对应的激光雷达位姿 $\boldsymbol{\delta}_k(k+1)$。若将已有的点云地图表示为 $\boldsymbol{M}_{k-1}$，将采集获得的 $\mathcal{P}_k$ 根据对应的 $\boldsymbol{\delta}_k(k+1)$ 进一步变换至与 $\boldsymbol{M}_{k-1}$ 一致的世界坐标系下，并记为 $\boldsymbol{M}_k$。如图 6-19 所示，局部优化的目的是优化 $\boldsymbol{\delta}_k(k+1)$ 的结果来使得 $\boldsymbol{M}_k$ 尽可能与 $\boldsymbol{M}_{k-1}$ 中的对应点重合，以消除单纯里程估计过程中累积的误差。

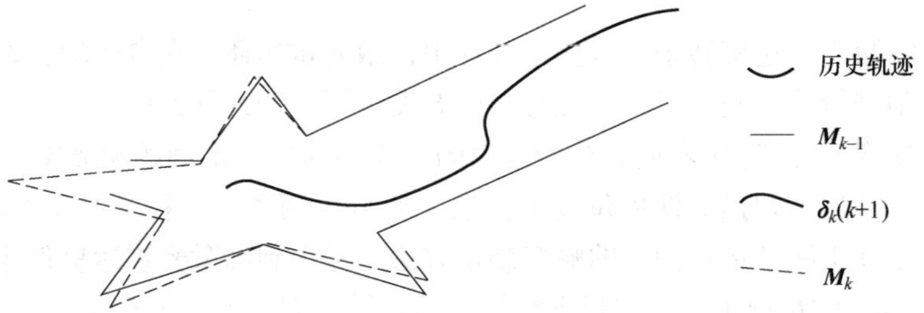

图 6-19　局部优化示意图

该消除误差的计算过程如下：首先，同样利用6.3.2小节所述的特征提取方法提取特征，稍与之不同的是，应提取尽可能多的特征点来增加匹配的数量；其次，可利用6.3.2小节所述的匹配方法，使 $\boldsymbol{M}_k$ 中的边缘点在 $\boldsymbol{M}_{k-1}$ 中获取对应的边缘线，使 $\boldsymbol{M}_k$ 中的平面点在 $\boldsymbol{M}_{k-1}$ 中获取对应的平面；再次，利用式（6-42）与式（6-43）构建获得类似于式（6-47）与式（6-48）的距离函数，但是与前一小节不同的是，该过程中所有的点均被认为是在同一时刻采集获得，可以不考虑畸变效应；最后，通过优化构建的成本函数来获得最优的 $\boldsymbol{\delta}_k(k+1)$ 估计，同时将 $\boldsymbol{M}_k$ 与已有地图对齐。

误差消除后的 $\boldsymbol{M}_k$ 点云需要与已有的 $\boldsymbol{M}_{k-1}$ 点云进行融合，构建最新的局部地图，为后续新点云数据的优化做好准备。在实际应用中，为了保证地图点分布的均匀性，往往需要将地图空间分成多个立方体区域，如OctoMap。因此，融合的过程可以看成是一种降采样滤波过程，当立方体区域中存在多个点时，最终可只保留一个点。需要注意的是：为了提高精确度，边缘点所在的立方体区域划分应远小于平面点的所在划分，以此来尽可能提高边缘点搜索匹配时的精度。

6.4 视觉里程计

视觉里程计是将摄像头作为测量传感器，进行移动机器人位姿推算的一种里程估计方法。下面将从视觉特征提取与匹配、运动估计、局部优化等方面介绍视觉里程计方法。最后再介绍一种称为直接法的视觉里程计方法。

6.4.1 视觉特征提取与匹配

视觉特征是指在图像局部区域，利用像素梯度大小与方向等信息构建的特征表示。一个好的特征表示一般具有较好的旋转、平移和尺度不变性。利用这些独特的特征表示，可以在两视图间建立起相同空间点的对应关系。根据这种对应关系便可以计算出相机运动前后的位姿变化，从而实现机器人的姿态、速度和位置的推算。视觉特征一般包含关键点和描述子两部分信息：关键点是指特征点所在图像中的像素位置；描述子指的是关键点的方向及其周围像素的信息。

视觉特征点种类很多，比较典型的有FAST、SIFT、SURF等特征点。其中FAST特征点提取速度快，且在一张图像上能提取到的特征点比较多，但这些特征点的质量不够稳定。而SIFT和SURF的特征点提取速度较慢、数量较少，但具备很强的尺度不变性，特征质量较稳定。

FAST特征点的核心思想是如果图像中某像素的灰度值与其周围邻域内足够多的像素点相差较大，则这个点就是FAST特征点。下面通过举例说明FAST算法的基本步骤。

FAST算法的基本步骤：

1）在一个以像素 p 为中心、半径为3的圆的圆周上，取16个像素点，记为 $p1$、$p2$、…、$p16$，如图6-20所示。

2）定义一个阈值。计算 $p1$、$p9$ 与中心点 p 的像素差，若它们的绝对值都小于阈值，则 p 点不可能是特征点；否则，当作候选点，有待进一步考察。

3）若 p 是候选点，则计算 $p1$、$p9$、$p5$、$p13$ 与中心点 p 的像素差，若它们的绝对值至少有3个超过阈值，则对该点进行保留，再进行下一步考察；否则，直接删除。

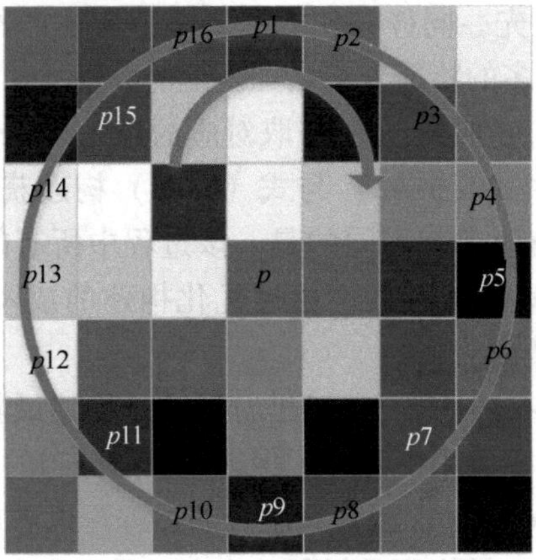

图 6-20　FAST 特征点

图 6-20 彩图

4）若 p 是候选点，则计算 $p1 \sim p16$ 这 16 个点与中心点 p 的像素差，若它们有至少 9 个超过阈值，则是特征点；否则，直接删除。

5）对图像进行非极大值抑制：计算特征点处的 FAST 得分值（即 score 值，也即 s 值），判断以特征点 p 为中心的一个邻域（如 3×3 或 5×5）内若有多个特征点，则判断每个特征点的 s 值（16 个点与中心差值的绝对值总和），若 p 是邻域内所有特征点中响应值最大的，则保留；否则，删除。若邻域内只有一个特征点（角点），则保留。

SIFT 和 SURF 特征点的核心思想是构建采样图像金字塔，并在相邻两层进行差分，提取差分金字塔里局部响应高的点作为 SIFT 或 SURF 特征点。下面以 SIFT 特征点为例，介绍其基本算法步骤。

SIFT 算法基本步骤：

1）为了解决尺度一致性问题，需要构建尺度空间。单尺度空间在宏观上可以理解成在相同距离观察到的世界，而多尺度空间可以理解成在不同尺度距离观察到的世界。构建尺度空间如图 6-21 所示，每一层尺度下提取 5 张不同大小的高斯卷积核滤波后的图片，获得了不同程度的高斯模糊图片后，便可以进行差值从而获得物体“轮廓”的图片。这一步操作称为高斯差分（Difference of Gaussian，DoG），所获得的图片集合称为高斯差分尺度空间。

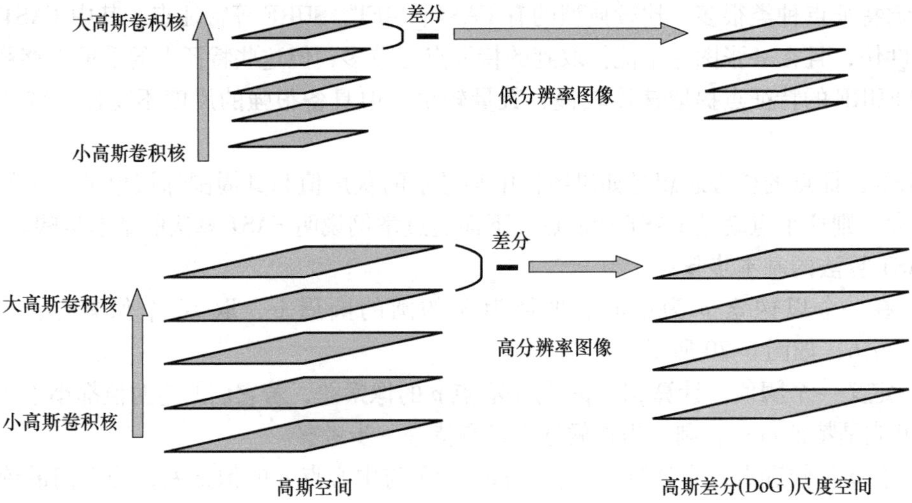

图 6-21　SIFT 特征点构建尺度空间

2）在获得带有物体轮廓信息的高斯差分空间后，需要获得尺度空间中的极值点。可以使用高斯-拉普拉斯算子（LoG）近似 DoG 找到关键点，检测 DoG 尺度空间极值点。为了寻找尺度空间的极值点，每一个采样点要和它所有的相邻点比较（图 6-22），看其是否比它的图像域和尺度域的相邻点大或者小。中间的检测点和它同尺度的 8 个相邻点以及上下相邻尺度对应的 9×2 个点共 26 个点进行比较，以确保在尺度空间和二维图像空间都能检测到极值点。一个点如果在 DoG 尺度空间本层以及上下两层的 26 个领域中是最大或最小值时，就认为该点是图像在该尺度下的一个特征点。

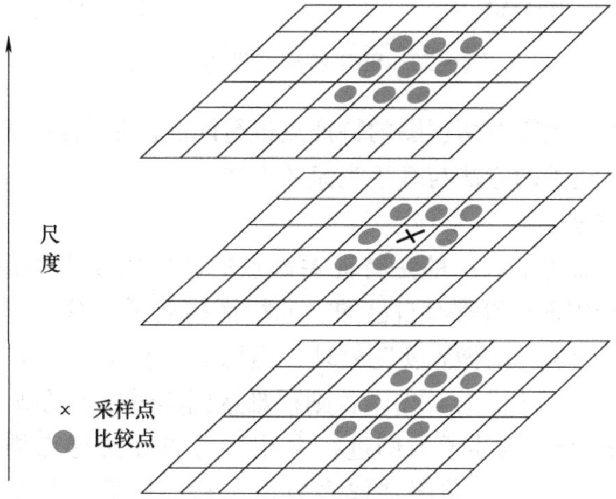

图 6-22　尺度空间中的极值点获取

3）去除不好的特征点，获得稳定的特征点。对于稳定的特征点，仅仅删除 DoG 响应值低的点是不够的。由于 DoG 对图像中的边缘有很高的响应值，落在图像边缘的特征点会得以保留。然而这些点有较大的不稳定性：一方面边缘上的点较难定位；另一方面这一类点很容易受到噪声干扰而变得不稳定。一个平坦的 DoG 响应峰值往往在横跨边缘的地方有较大的主曲率，因此可以通过筛除曲率较大的点的方式来筛除边缘上的特征点。至此，所提取的特征点将具备尺度不变性。

4）接下来便是实现旋转不变性。SIFT 算法对每一个特征点赋值一个方向，这样对于单一特征点而言无论是压缩还是旋转，方向作为其一个固有属性不会发生变化。给每一个特征点赋值一个 128 维方向的参数，在确定一个特征点后，计算其所在的邻域窗口内像素的梯度和方向分布特征。计算完毕后，使用直方图统计邻域内像素的梯度和方向。梯度直方图将 0°~360°分成 36 个柱（bins），每个柱 10°。直方图的峰值则代表了该特征点处邻域梯度的主方向，即作为该特征点的方向。其他达到最大值的 80% 可以作为辅助方向。至此，将检测出的含有位置、尺度和方向的特征点即是该图像的 SIFT 特征点。

5）特征点描述子的生成如图 6-23 所示，首先将坐标轴旋转为特征点的方向，以确保旋转不变性。以特征点为中心取 8×8 的窗口。将特征点附近的邻域划分成 4×4 的小块，在每 4×4 的小块上计算 8 个方向的梯度方向直方图，绘制每个梯度方向的累加值，即可形成一个种子点。一个特征点由 2×2 共 4 个种子点组成，每个种子点有 8 个方向向量信息。这种邻域方向性信息联合的思想增强了算法抗噪声的能力，同时对于含有定位误差的特征匹配也提供了较好的容错性。

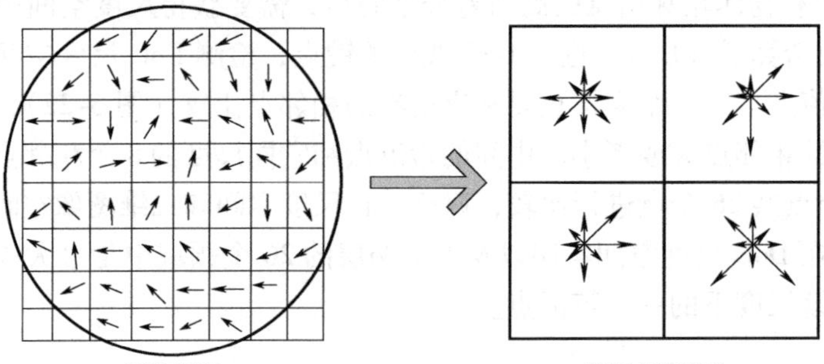

图 6-23　SIFT 特征点描述子生成

在提取完特征点后，还需对两视图的特征点进行匹配。根据具体匹配方法实现原理的不同，一般可分为基于描述子的方法与基于光流的方法。

1. 基于描述子的方法

就像前文所说的，描述子表示的是特征关键点的朝向以及周围像素的信息。因此，像 SIFT、SURF、ORB（BRIEF）等都有自己的视觉特征描述子。其中，ORB 和 BRIEF 描述子计算量较小，提取速度较快，能做到实时处理，但稳定性能较差；SIFT 和 SURF 描述子稳定性能优秀，但计算量大，除非借助 GPU，否则很难达到实时处理的效果。

首先以最简单的 BRIEF 描述子为例进行介绍。可以在关键点周围一个固定大小的局部窗口内按照一个选定好的随机顺序选取多对像素点，然后比较每一对像素点灰度值大小，并用 0 和 1 二进制描述比较结果，从而形成一个完整的二进制编码，这就是该关键点的 BRIEF 特征描述子。对两视图都提取特征点并形成 BRIEF 描述子后，可通过异或操作快速计算描述子之间的汉明距离（即比较两个二进制比特串中同一位置不同值的个数），然后通过距离值判断特征点之间的匹配关系。当距离小于某个阈值时，则认为两特征点可以配对。

SIFT 描述子较为复杂，需要对每个关键点使用 4×4 共 16 个种子点来描述，而每个种子点都具有 8 个梯度方向。这样对于一个关键点就可以产生 128 个数据，即最终形成 128 维的 SIFT 特征向量（详见 SIFT 特征算法）。此时 SIFT 特征向量已经去除了尺度变化、旋转等几何变形因素的影响，再继续将特征向量的长度归一化，则可以进一步去除光照变化的影响。

下面举例说明基于 SIFT 特征描述子的配对方式。当两幅图像都生成 SIFT 特征向量以后，可以采用关键点特征向量之间的欧氏距离来判定两幅图像中关键点的相似性。具体步骤：①选取两帧待匹配的图像；②选择图像帧 1 中的某个关键点，并找出其与图像 2 中特征向量欧氏距离最近的前两个关键点；③判断这两个关键点中如果最近的距离除以次近的距离小于某个比例阈值，则接受这一对匹配点，反之则不认为两个关键点具有相似性。通过以上步骤就可以获得关键点之间的匹配关系。如果降低上述比例阈值，SIFT 匹配点数目将会减少，但匹配的稳定性会增加。为了排除因为图像遮挡和背景混乱而产生的误匹配关系的关键点，该算法的提出者 Lowe 给出了比较最近邻距离与次近邻距离的方法，即距离比率（ratio）小于某个阈值的认为是正确匹配，反之为错误匹配。因为对于错误匹配，由于特征空间的高维性，相似的距离可能有大量其他的误匹配，从而它的比率值会比较高。Lowe 推荐的比率阈值为 0.8。具体阈值需要在实际应用中根据效果灵活调整。

2. 光流法

光流是指空间运动物体在成像平面上引起像素运动的一种现象，而光流法则是利用图像序列中像素在时间域上的变化以及相邻帧之间的相关性来找到上一帧跟当前帧之间的对应关系，从而计算出相邻帧之间物体运动信息的一种方法。通常将二维图像平面特定坐标点上的灰度瞬时变化率定义为光流矢量。

光流法假设两幅图像是时间连续的小运动，且相同点的灰度值保持不变。考虑一个像素灰度值为 $I(x,y,t)$，它经过 $\mathrm{d}t$ 时间后在下一帧图像上移动了（$\mathrm{d}x,\mathrm{d}y$）的距离，则可以表示为

$$I(x+\mathrm{d}x,y+\mathrm{d}y,t+\mathrm{d}t)=I(x,y,t)+\frac{\partial I}{\partial x}\mathrm{d}x+\frac{\partial I}{\partial y}\mathrm{d}y+\frac{\partial I}{\partial t}\mathrm{d}t+\varepsilon \tag{6-50}$$

假设运动前后灰度值不变，并忽略泰勒展开的高阶无穷小项，可得到光流方程为

$$\frac{\partial I}{\partial x}\mathrm{d}x+\frac{\partial I}{\partial y}\mathrm{d}y+\frac{\partial I}{\partial t}\mathrm{d}t=0 \tag{6-51}$$

等式两边同时除以 $\mathrm{d}t$ 可得

$$\frac{\partial I}{\partial x}\frac{\mathrm{d}x}{\mathrm{d}t}+\frac{\partial I}{\partial y}\frac{\mathrm{d}y}{\mathrm{d}t}+\frac{\partial I}{\partial t}=0 \tag{6-52}$$

如果令 $u=\frac{\mathrm{d}x}{\mathrm{d}t}$、$v=\frac{\mathrm{d}y}{\mathrm{d}t}$表示光流沿 x 轴和 y 轴的速度矢量，令 $I_x=\frac{\partial I}{\partial x}$、$I_y=\frac{\partial I}{\partial y}$、$I_t=\frac{\partial I}{\partial t}$表示图像中像素点的灰度值沿 x 轴、y 轴和随时间 t 变化的偏导数，则可以将上式简化表示为如下公式：

$$I_x u+I_y v+I_t=0 \tag{6-53}$$

式中，I_x、I_y 和 I_t 均可通过图像信息的计算获得，u 和 v 即为所要求的光流矢量。

由于约束方程只有公式（6-53），而方程的未知量有两个，这种情况下无法求得 u 和 v 的确切值。这种不确定性称为“孔径问题”。此时需要引入另外的约束条件，从不同的角度引入约束条件导致了不同光流场计算方法。按照理论基础与数学方法的区别把它们分成五种：基于梯度（微分）的方法、基于匹配的方法、基于能量（频率）的方法、基于相位的方法和神经动力学方法。简单思想方法介绍如下，详细算法可以查阅相关参考文献。

（1）基于梯度（微分）的方法

基于梯度的方法又称为微分法，它是利用时变图像灰度（或其滤波形式）的时空微分（即时空梯度函数）来计算像素的速度矢量。由于计算简单，该方法得到了广泛应用。典型的代表是 Horn-Schunck 算法与 Lucas-Kanade（L-K）算法。

Horn-Schunck 算法在光流基本约束方程的基础上附加了全局平滑假设，假设在整个图像上光流的变化是光滑的，即物体运动矢量是平滑的或只是缓慢变化的。基于此思想，有大量的改进算法被不断提出。Nagel 则采用有条件的平滑约束，即通过加权矩阵的控制对梯度进行不同的平滑处理；Black 和 Anandan 则针对多运动的估计问题，提出了分段平滑的方法。

（2）基于匹配的方法

基于匹配的光流计算方法包括基于特征的和基于区域的两种思想。基于特征的方法需要不断地对目标主要特征进行定位和跟踪，对目标大的运动和亮度变化具有鲁棒性；存在的问题是光流通常很稀疏，而且特征提取和精确匹配也十分困难。基于区域的方法需要先对类似的区域进行定位，然后通过相似区域的位移计算光流，这种方法在视频编码中得到了广泛的应用；然而，它计算的光流仍不稠密。此外，这两种方法估计亚像素精度的光流也有困难，

计算量很大。

（3）基于能量（频率）的方法

基于能量的方法又称为基于频率的方法。在使用该类方法的过程中，要获得均匀流场的准确速度估计，就必须对输入的图像进行时空滤波处理，即对时间和空间维度进行综合考虑，但是这样会降低光流的时间和空间分辨率。基于频率的方法往往会涉及大量的计算，另外，要进行可靠性评价也比较困难。

（4）基于相位的方法

基于相位的方法由 Fleet 和 Jepson 率先提出。当计算光流时，一般情况下图像的相位信息比亮度信息更加可靠，所以利用相位信息获得的光流场具有更好的鲁棒性。基于相位的光流算法的优点是：对图像序列的适用范围较宽，而且速度估计比较精确。但也存在着一些问题：①基于相位的模型有一定的合理性，但是有较高的时间复杂性；②基于相位的方法通过两帧图像就可以计算出光流，但如果要提高估计精度，就需要花费一定的时间；③基于相位的光流计算法对图像序列的时间混叠是比较敏感的。

（5）神经动力学方法

神经动力学方法是利用神经网络建立的视觉运动感知的神经动力学模型，它是对生物视觉系统功能与结构比较直接的模拟。尽管光流计算的神经动力学方法还很不成熟，然而对它的研究却具有极其深远的意义。随着生物视觉研究的不断深入和新的发现不断涌现，神经动力学方法无疑会不断完善，神经动力学方法将是光流技术的一个发展方向。

6.4.2 运动估计

通过前一小节的介绍，大家已经可以将图片序列通过特征点提取或者光流计算等方式做到匹配和关联。在获得正确的匹配后便可以根据匹配的点估计相机的运动参数。由于传感器配置不同，估计的方法也会有所区别：①当传感器为单目相机时，只能获得特征点的二维坐标，问题变为根据两组 2D 点进行运动估计，此问题可以使用对极几何方法来求解；②当传感器为双目相机或 RGBD 相机时，可以获得三维坐标，问题变为根据两组 3D 点进行运动估计，此时相机的运动估计和激光雷达类似，可使用 ICP 算法进行估计；③如果已知 3D 点的空间位置及其在相机的投影位置，也可以使用 PnP 方法来进行求解。

其中，3D-3D 的 ICP 解法在 6.3.1 小节已有叙述，下面将着重讲解 2D-2D 以及 3D-2D 两种情况的求解方法。

1. 2D-2D

2D-2D 运动估计部分主要阐述两幅透视视图的内在几何关系，这些视图可以通过一个双目视觉装置同时获取，或者由一个相对于景物运动的相机相继地获取。这两种情形在几何上是等价的，在此对两者不加以区别。

假设现在有两幅由同一个相机采集的两幅图像 I_1、I_2，每一幅视图都有相对应的相机矩阵 $\boldsymbol{T}_1$、$\boldsymbol{T}_2$，三维空间上的一点 $\boldsymbol{P}$ 在第一幅视图的影像是 $\boldsymbol{p}_1=\boldsymbol{T}_1\boldsymbol{P}$，在第二幅视图的影像是 $\boldsymbol{p}_2=\boldsymbol{T}_2\boldsymbol{P}$。像点 $\boldsymbol{p}_1$ 与 $\boldsymbol{p}_2$ 相对应，因为它们是同一个三维空间点 $\boldsymbol{P}$ 的像。在两视图几何中有以下三个问题：

1）**对应几何**：给定第一幅图像的特征点 $\boldsymbol{p}_1$，它如何约束第二幅视图中的对应点 $\boldsymbol{p}_2$ 的位置？

2）**相机几何**（运动）：给定对应的特征点对 $\{\boldsymbol{p}_i \leftrightarrow \boldsymbol{p}_i'\}(i=1,\cdots,n)$，对于这两幅视图

的相机矩阵 $\boldsymbol{T}_1$、$\boldsymbol{T}_2$ 以及两视图之间的运动关系是什么？

3）**景物几何**（结构）：给定对应的特征点对 $\boldsymbol{p}_1 \leftrightarrow \boldsymbol{p}_2$ 和含有两帧图像之间的运动关系的相机矩阵 $\boldsymbol{T}_1$、$\boldsymbol{T}_2$，它们在三维空间中的原象 $\boldsymbol{P}$ 的位置是什么？

由于本小节主要解决相机的运动估计问题，所以主要介绍第二个问题，即如何通过若干对匹配的点对来估计两帧图像之间的运动。以图 6-24 为例，希望求取图像 I_1、I_2 之间的运动。假设相机是一个已经标定的相机，并且世界坐标系规定为第一帧图像的坐标系，第一帧到第二帧之间的运动可以用旋转矩阵 $\boldsymbol{R}$ 和平移向量 $\boldsymbol{t}$ 进行描述。两个时刻的相机光心分别为 $\boldsymbol{O}_1$、$\boldsymbol{O}_2$。对于三维空间中的点 $\boldsymbol{P}$，其在两帧图像中的像分别为 $\boldsymbol{p}_1$、$\boldsymbol{p}_2$。

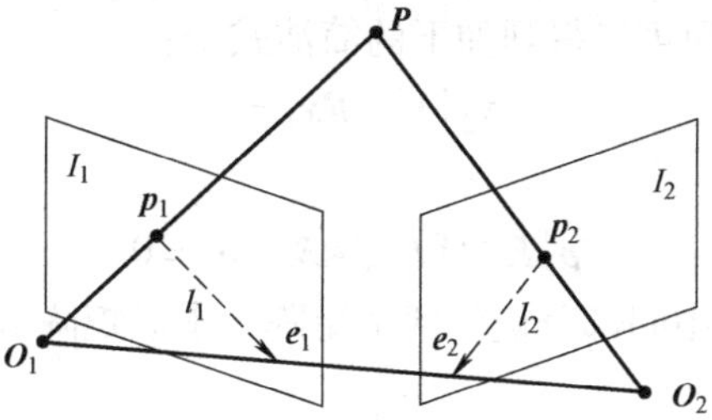

图 6-24 对极几何约束

这里便是对极几何中所涉及的几何元素，需要用一些术语来表述它们之间的几何关系：

1）**极点**：连接两个相机中心的直线（基线）与像平面的交点。图中 $\boldsymbol{O}_1\boldsymbol{O}_2$ 连线即为基线，其与像平面 I_1 和 I_2 的交点 $\boldsymbol{e}_1$、$\boldsymbol{e}_2$ 即为极点。每个极点其实是另一个相机中心在当前视图中所成的像。

2）**极平面**：一张包含基线的平面，每一对匹配的点对确定一个极平面。图中连线 $\overrightarrow{\boldsymbol{O}_1\boldsymbol{p}_1}$ 与连线 $\overrightarrow{\boldsymbol{O}_2\boldsymbol{p}_2}$ 相交于点 $\boldsymbol{P}$，此时极平面便是点 $\boldsymbol{O}_1$、$\boldsymbol{O}_2$、P 三点组成的平面。

3）**极线**：极平面与像平面的交线，如图中相交线 l_1、l_2。所有的极线相交于极点。

现在，从代数角度来看一下这里出现的几何关系。在之前的假设中，相机是一个已经标定的相机，其内参矩阵为 $\boldsymbol{K}$，由于世界坐标系规定为第一帧图像的坐标系，因此在通过相机的旋转平移运动 $\boldsymbol{R}$、$\boldsymbol{t}$ 后，可以得到两帧图像对应的相机矩阵为

$$\boldsymbol{T}_1 = \boldsymbol{K}[\boldsymbol{I} \mid \boldsymbol{0}], \quad \boldsymbol{T}_2 = \boldsymbol{K}[\boldsymbol{R} \mid \boldsymbol{t}] \tag{6-54}$$

根据针孔相机模型以及实际三维点 $\boldsymbol{P}$ 的位置，可以得到两个像素点 $\boldsymbol{p}_1$、$\boldsymbol{p}_2$ 的坐标为

$$s_1\boldsymbol{p}_1 = \boldsymbol{KP}, \quad s_2\boldsymbol{p}_2 = \boldsymbol{K}(\boldsymbol{RP} + \boldsymbol{t}) \tag{6-55}$$

如果使用齐次坐标，那么可以忽略尺度因子，将上式重新写成

$$\boldsymbol{p}_1 = \boldsymbol{KP}, \quad \boldsymbol{p}_2 = \boldsymbol{K}(\boldsymbol{RP} + \boldsymbol{t}) \tag{6-56}$$

现在取

$$\boldsymbol{x}_1 = \boldsymbol{K}^{-1}\boldsymbol{p}_1, \quad \boldsymbol{x}_2 = \boldsymbol{K}^{-1}\boldsymbol{p}_2 \tag{6-57}$$

式中，$\boldsymbol{x}_1$、$\boldsymbol{x}_2$ 是两个像素点在归一化平面上的坐标。将其代入式（6-56）可以得到

$$\boldsymbol{x}_2 = \boldsymbol{R}\boldsymbol{x}_1 + \boldsymbol{t} \tag{6-58}$$

等式两侧同时与 $\boldsymbol{t}$ 做外积，有

$$\boldsymbol{t} \times \boldsymbol{x}_2 = \boldsymbol{t} \times \boldsymbol{R}\boldsymbol{x}_1 \tag{6-59}$$

在此为了简化等式的形式，引入特殊的记号来表示向量之间的叉乘。对于三维向量 $\boldsymbol{a} = (a_1, a_2, a_3)^{\mathrm{T}}$，定义一个反对称矩阵如下：

$$[\boldsymbol{a}]_{\times}=\begin{pmatrix}0 & -a_3 & a_2\\ a_3 & 0 & -a_1\\ -a_2 & a_1 & 0\end{pmatrix} \tag{6-60}$$

两个向量之间的叉乘可以通过该反对称矩阵来进行表示。叉乘与反对称矩阵之间的关系是

$$\boldsymbol{a}\times\boldsymbol{b}=[\boldsymbol{a}]_{\times}\boldsymbol{b} \tag{6-61}$$

通过引入反对称矩阵的记号，可以得到

$$[\boldsymbol{t}]_{\times}\boldsymbol{x}_2=[\boldsymbol{t}]_{\times}\boldsymbol{R}\boldsymbol{x}_1 \tag{6-62}$$

然后，等式两侧同时左乘 $\boldsymbol{x}_2^{\mathrm{T}}$。由于 $[\boldsymbol{t}]_{\times}\boldsymbol{x}_2$ 是一个与 $\boldsymbol{t}$ 和 $\boldsymbol{x}_2$ 都垂直的向量，把它再和 $\boldsymbol{x}_2$ 做内积时，将得到 0。因此，便可以得到如下的简洁式子：

$$\boldsymbol{x}_2^{\mathrm{T}}[\boldsymbol{t}]_{\times}\boldsymbol{R}\boldsymbol{x}_1=0 \tag{6-63}$$

重新代入 $\boldsymbol{p}_1$、$\boldsymbol{p}_2$，得到

$$\boldsymbol{p}_2^{\mathrm{T}}\boldsymbol{K}^{-\mathrm{T}}[\boldsymbol{t}]_{\times}\boldsymbol{R}\boldsymbol{K}^{-1}\boldsymbol{p}_1=0 \tag{6-64}$$

以上两式称为对极约束。将中间部分记作两个矩阵：本质矩阵 $\boldsymbol{E}$ 以及基础矩阵 $\boldsymbol{F}$。那么对极约束可以简化如下：

$$\boldsymbol{E}=[\boldsymbol{t}]_{\times}\boldsymbol{R} \tag{6-65}$$

$$\boldsymbol{F}=\boldsymbol{K}^{-\mathrm{T}}\boldsymbol{E}\boldsymbol{K}^{-1} \tag{6-66}$$

$$\boldsymbol{x}_2^{\mathrm{T}}\boldsymbol{E}\boldsymbol{x}_1=\boldsymbol{p}_2^{\mathrm{T}}\boldsymbol{F}\boldsymbol{p}_1=0 \tag{6-67}$$

对极约束简洁地给出了两个匹配点的空间位置关系。上式的重要性在于可以仅从对应图像点而不用参考相机矩阵，就能给出一种刻画本质矩阵与基础矩阵的方式。本质矩阵或基础矩阵的性质集中体现了对极几何所拥有的性质。估计相机位姿需要首先根据已经配对得到的点对求取本质矩阵 $\boldsymbol{E}$ 或者基础矩阵 $\boldsymbol{F}$，然后通过得到的 $\boldsymbol{E}$ 和 $\boldsymbol{F}$ 求解得到 $\boldsymbol{R}$、$\boldsymbol{t}$。

在实际的估计相机运动的过程中往往使用形式更简单的本质矩阵 $\boldsymbol{E}$。由于本质矩阵是通过等式为零的对极约束定义的，所以 $\boldsymbol{E}$ 乘以任意非零常数之后对极约束仍然满足，这是本质矩阵的尺度不变性。同时，由于旋转和平移各有 3 个自由度，因此 $[\boldsymbol{t}]_{\times}\boldsymbol{R}$ 具有 6 个自由度。但由于本质矩阵具有尺度不变性，所以 $\boldsymbol{E}$ 实际上有 5 个自由度。

本质矩阵具有 5 个自由度，因此理论上可以使用 5 对匹配得到的点对来求解 $\boldsymbol{E}$。但是，$\boldsymbol{E}$ 的内在性质是一种非线性性质，求解线性方程比较麻烦。因此，可以只考虑其尺度等价性，使用 8 对点来估计本质矩阵 $\boldsymbol{E}$，这就是八点法。通过八点法可以在线性框架下求解本质矩阵 $\boldsymbol{E}$。

考虑一对匹配的点对，其归一化坐标为 $\boldsymbol{x}_1=(u_1,v_1,1)^{\mathrm{T}}$，$\boldsymbol{x}_2=(u_2,v_2,1)^{\mathrm{T}}$，根据对极约束 $\boldsymbol{x}_2^{\mathrm{T}}\boldsymbol{E}\boldsymbol{x}_1=0$，有

$$(u_2,v_2,1)\begin{pmatrix}e_1 & e_2 & e_3\\ e_4 & e_5 & e_6\\ e_7 & e_8 & e_9\end{pmatrix}\begin{pmatrix}u_1\\ v_1\\ 1\end{pmatrix}=0 \tag{6-68}$$

将本质矩阵 $\boldsymbol{E}$ 展开，写成向量形式为

$$\boldsymbol{e}=(e_1,e_2,e_3,e_4,e_5,e_6,e_7,e_8,e_9)^{\mathrm{T}} \tag{6-69}$$

那么对极约束可以改写为如下形式：

$$(u_2u_1,u_2v_1,u_2,v_2u_1,v_2v_1,v_2,u_1,v_1,1]\cdot\boldsymbol{e}=0 \tag{6-70}$$

同理，对于其他点对也具有同样的约束形式，将所有已知的点对放到同一个方程中便可以组成一个线性方程组（6-71）。其中（u^i,v^i）表示第 i 对特征点。

$$\begin{pmatrix} u_2^1u_1^1 & u_2^1v_1^1 & u_2^1 & v_2^1u_1^1 & v_2^1v_1^1 & v_2^1 & u_1^1 & v_1^1 & 1 \\ u_2^2u_1^2 & u_2^2v_1^2 & u_2^2 & v_2^2u_1^2 & v_2^2v_1^2 & v_2^2 & u_1^2 & v_1^2 & 1 \\ \vdots & \vdots & \vdots & \vdots & \vdots & \vdots & \vdots & & \vdots \\ u_2^8u_1^8 & u_2^8v_1^8 & u_2^8 & v_2^8u_1^8 & v_2^8v_1^8 & v_2^8 & u_1^8 & v_1^8 & 1 \end{pmatrix} \begin{pmatrix} e_1 \\ e_2 \\ e_3 \\ e_4 \\ e_5 \\ e_6 \\ e_7 \\ e_8 \\ e_9 \end{pmatrix} = 0 \tag{6-71}$$

该线性方程组的系数矩阵由特征点位置组成，维数为 8×9，$\boldsymbol{e}$ 位于该矩阵的零空间中。如果该矩阵满足秩为 8 的条件，那么本质矩阵 $\boldsymbol{E}$ 的各个元素可以通过上述方程组进行求解。当具有八组以上的点对时，该方程组为超定方程组，可以通过 SVD 等方法进行求解。

接下来，需要通过计算得到的本质矩阵 $\boldsymbol{E}$ 来恢复得到相机运动的旋转矩阵 $\boldsymbol{R}$ 与平移向量 $\boldsymbol{t}$。这个过程是通过奇异值分解（SVD）得到的。本质矩阵的 SVD 分解为

$$\boldsymbol{E} = \boldsymbol{U\Sigma V}^{\mathrm{T}} \tag{6-72}$$

式中，$\boldsymbol{U}$、$\boldsymbol{V}$ 为正交矩阵；$\boldsymbol{\Sigma}$ 为奇异值矩阵。根据 $\boldsymbol{E}$ 的内在性质，可以得到 $\boldsymbol{\Sigma}=\mathrm{diag}(\sigma,\sigma,0)$。当然，根据线性方程解出的矩阵 $\boldsymbol{E}$ 可能不满足其内在性质。因此，在分解的过程中可以直接将奇异值矩阵设置为 $\mathrm{diag}(1,1,0)$。由于本质矩阵具有尺度等价性，因此这样做是合理的。对于任意的一个 $\boldsymbol{E}$，存在两个可能的 $\boldsymbol{t}$、$\boldsymbol{R}$ 与它对应：

$$[\boldsymbol{t}_1]_\times = \boldsymbol{UR_Z}\left(\frac{\pi}{2}\right)\boldsymbol{\Sigma U}^{\mathrm{T}}, \quad \boldsymbol{R}_1 = \boldsymbol{UR_Z}^{\mathrm{T}}\left(\frac{\pi}{2}\right)\boldsymbol{V}^{\mathrm{T}} \tag{6-73}$$

$$[\boldsymbol{t}_2]_\times = \boldsymbol{UR_Z}\left(-\frac{\pi}{2}\right)\boldsymbol{\Sigma U}^{\mathrm{T}}, \quad \boldsymbol{R}_2 = \boldsymbol{UR_Z}^{\mathrm{T}}\left(-\frac{\pi}{2}\right)\boldsymbol{V}^{\mathrm{T}} \tag{6-74}$$

式中，$\boldsymbol{R}_Z\left(\frac{\pi}{2}\right)$表示沿 Z 轴旋转 90°得到的旋转矩阵。同时由于 $-\boldsymbol{E}$ 与 $\boldsymbol{E}$ 等价，所以对任意一个 $\boldsymbol{t}$ 取负号，也可以得到同样的结果。因此，在从 $\boldsymbol{E}$ 分解至 $\boldsymbol{R}$、$\boldsymbol{t}$ 时，一共存在四个可能的解。分解得到的四个不同的解如图 6-25 所示。

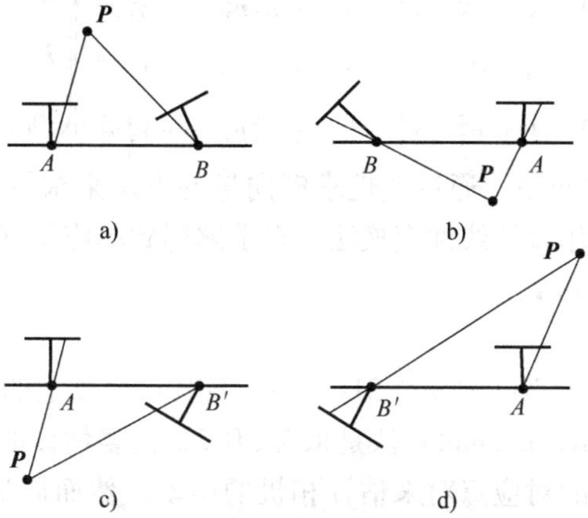

图 6-25　分解本质矩阵得到的四个解

注：图 a、c 与图 b、d 的差别是基线倒置，图 a、b 与图 c、d 的差别是相机 B 绕基线旋转 180°。仅图 a 中重构点同时在两个相机前。

在四个解当中，只有图6-25a解中的点 $\boldsymbol{P}$ 具有正的深度。因此，只需要把任意一个点代入四个解中，检测该点在两个相机下的深度，就可以判断并确定正确的解。

特别地，如果在实际应用中，特征点全部落在同一个平面或者相机发生纯旋转时，基础矩阵的自由度会下降。如果此时仍使用八点法求解基础矩阵，则多出的自由度将会由噪声决定。对于这种退化的情景可以通过单应性来进行运动估计。相比于基础矩阵与本质矩阵，单应矩阵 $\boldsymbol{H}$ 直接描述了两个平面之间的映射关系。如图 6-24 所示，对于匹配的特征点对 $\boldsymbol{p}_1 \leftrightarrow \boldsymbol{p}_2$，存在一个直接描述图像坐标 $\boldsymbol{p}_1$ 与 $\boldsymbol{p}_2$ 之间的变换：

$$\boldsymbol{p}_2 = \boldsymbol{H}\boldsymbol{p}_1 \tag{6-75}$$

其中，单应矩阵的定义与旋转、平移以及场景中特征点共处的平面参数有关。单应矩阵是一个 3×3 的矩阵，求解方式与求解基础矩阵类似，通过匹配点来计算矩阵 $\boldsymbol{H}$，然后将矩阵分解以计算旋转和平移。考虑匹配点对的坐标为 $\boldsymbol{p}_1 = (u_1, v_1, 1)^{\mathrm{T}}$ 与 $\boldsymbol{p}_2 = (u_2, v_2, 1)^{\mathrm{T}}$，展开上式可以得到如下关系：

$$\begin{pmatrix} u_2 \\ v_2 \\ 1 \end{pmatrix} = \begin{pmatrix} h_1 & h_2 & h_3 \\ h_4 & h_5 & h_6 \\ h_7 & h_8 & h_9 \end{pmatrix} \begin{pmatrix} u_1 \\ v_1 \\ 1 \end{pmatrix} \tag{6-76}$$

在实际处理中通常乘以一个非零因子使得 $h_9 = 1$。通过矩阵第三行去掉这个非零因子，于是可以得到

$$\begin{aligned} h_1 u_1 + h_2 v_1 + h_3 - h_7 u_1 u_2 - h_8 v_1 u_2 = u_2 \\ h_4 u_1 + h_5 v_1 + h_6 - h_7 u_1 v_2 - h_8 v_1 v_2 = v_2 \end{aligned} \tag{6-77}$$

因此，一对点对可以构造两个约束，所以求解自由度为 8 的单应矩阵需要通过四对匹配的特征点计算得到，即求解以下的线性方程组：

$$\begin{pmatrix} u_1^1 & v_1^1 & 1 & 0 & 0 & 0 & -u_1^1 u_2^1 & -v_1^1 u_2^1 \\ 0 & 0 & 0 & u_1^1 & v_1^1 & 1 & -u_1^1 v_2^1 & -v_1^1 v_2^1 \\ u_1^2 & v_1^2 & 1 & 0 & 0 & 0 & -u_1^2 u_2^2 & -v_1^2 u_2^2 \\ 0 & 0 & 0 & u_1^2 & v_1^2 & 1 & -u_1^2 v_2^2 & -v_1^2 v_2^2 \\ u_1^3 & v_1^3 & 1 & 0 & 0 & 0 & -u_1^3 u_2^3 & -v_1^3 u_2^3 \\ 0 & 0 & 0 & u_1^3 & v_1^3 & 1 & -u_1^3 v_2^3 & -v_1^3 v_2^3 \\ u_1^4 & v_1^4 & 1 & 0 & 0 & 0 & -u_1^4 u_2^4 & -v_1^4 u_2^4 \\ 0 & 0 & 0 & u_1^4 & v_1^4 & 1 & -u_1^4 v_2^4 & -v_1^4 v_2^4 \end{pmatrix} \begin{pmatrix} h_1 \\ h_2 \\ h_3 \\ h_4 \\ h_5 \\ h_6 \\ h_7 \\ h_8 \end{pmatrix} = \begin{pmatrix} u_2^1 \\ v_2^1 \\ v_2^1 \\ u_2^2 \\ v_2^3 \\ u_2^3 \\ v_2^4 \\ u_2^4 \end{pmatrix} \tag{6-78}$$

该方法将 $\boldsymbol{H}$ 矩阵直接看成向量，通过线性求解向量的方法来求解单应矩阵 $\boldsymbol{H}$，这种通过线性方程求解矩阵的方式称作直接线性变换法。在求解得到单应矩阵后，通过矩阵的分解可以得到旋转矩阵 $\boldsymbol{R}$ 与平移向量 $\boldsymbol{t}$。

2. 3D-2D

3D-2D 运动估计描述了当已知 n 个 3D 空间点及其在图像上的投影位置时，如何估计相机的位姿。PnP（Perspective-n-Point）法是求解 3D-2D 位姿估计的有效方法。2D-2D 对极几何方法中需要八对或以上的对应点对来估计相机的运动，然而假如已知一部分特征点的 3D 位置，那么最少需要三对 3D-2D 对应点对来估计相机的运动。特征点的 3D 位置可以通过三角测量或者传感器直接获取得到。因此，在双目或 RGBD 的运动估计中，可以直接使用 PnP

的方法来解算相机的运动。对于单目相机而言，在使用 PnP 之前需要进行初始化操作。PnP 求解 3D-2D 的方法不需要使用对极约束，并且可以使用较少的对应点对进行位姿估计，是一种重要的位姿估计方法。

PnP 问题有较多的求解方法，如直接线性变换（DLT）、用三对点估计位姿的 P3P、EPnP（Efficient PnP）和 UPnP 等。在此简要介绍直接线性变换（DLT）方法与 P3P 方法。

（1）直接线性变换（DLT）

考虑某一个空间三维点 $\boldsymbol{P}$，其齐次坐标为 $\boldsymbol{P}=(X,Y,Z,1)^{\mathrm{T}}$。在某一幅图像 I 中，$\boldsymbol{P}$ 点投影到特征点 $\boldsymbol{p}=(u_1,v_1,1)^{\mathrm{T}}$。由于此时相机的位姿 $\boldsymbol{R}$、$\boldsymbol{t}$ 是未知的，所以不妨直接定义相机矩阵 $[\boldsymbol{R}|\boldsymbol{t}]$ 为一个 3×4 的矩阵。该矩阵包含了该相机位姿的所有信息，那么可以得到相机的投影方程如下：

$$s\begin{pmatrix}u_1\\v_1\\1\end{pmatrix}=\begin{pmatrix}t_1&t_2&t_3&t_4\\t_5&t_6&t_7&t_8\\t_9&t_{10}&t_{11}&t_{12}\end{pmatrix}\begin{pmatrix}X\\Y\\Z\\1\end{pmatrix} \tag{6-79}$$

式中 s 为尺度因子，通过最后一行将 s 消去，可以得到两个约束：

$$u_1=\frac{t_1X+t_2Y+t_3Z+t_4}{t_9X+t_{10}Y+t_{11}Z+t_{12}} \tag{6-80}$$

$$v_1=\frac{t_5X+t_6Y+t_7Z+t_8}{t_9X+t_{10}Y+t_{11}Z+t_{12}} \tag{6-81}$$

为了简化表示上述的两个约束，不妨使用向量来表示相机矩阵的行向量：

$$\boldsymbol{t}_1=(t_1,t_2,t_3,t_4)^{\mathrm{T}},\boldsymbol{t}_2=(t_5,t_6,t_7,t_8)^{\mathrm{T}},\boldsymbol{t}_3=(t_9,t_{10},t_{11},t_{12})^{\mathrm{T}} \tag{6-82}$$

因此相机的两个约束可以重新表示为

$$\boldsymbol{t}_1^{\mathrm{T}}\boldsymbol{P}-\boldsymbol{t}_3^{\mathrm{T}}\boldsymbol{P}u_1=0 \tag{6-83}$$

$$\boldsymbol{t}_2^{\mathrm{T}}\boldsymbol{P}-\boldsymbol{t}_3^{\mathrm{T}}\boldsymbol{P}v_1=0 \tag{6-84}$$

式中，$\boldsymbol{t}$ 包含了所需要求解的相机矩阵的信息；3D 点 $\boldsymbol{P}$ 及其图像上对应的 2D 点 $\boldsymbol{p}$ 信息是已知的。可以发现，每一对 3D-2D 点对提供两个关于相机矩阵的线性约束。倘若存在 N 个特征点，那么可以列写出由 N 个点对形成的约束方程组，即

$$\begin{pmatrix}\boldsymbol{P}_1^{\mathrm{T}}&0&-u_1\boldsymbol{P}_1^{\mathrm{T}}\\0&\boldsymbol{P}_1^{\mathrm{T}}&-v_1\boldsymbol{P}_1^{\mathrm{T}}\\\vdots&\vdots&\vdots\\\boldsymbol{P}_N^{\mathrm{T}}&0&-u_N\boldsymbol{P}_N^{\mathrm{T}}\\0&\boldsymbol{P}_N^{\mathrm{T}}&-v_N\boldsymbol{P}_N^{\mathrm{T}}\end{pmatrix}\begin{pmatrix}\boldsymbol{t}_1\\\boldsymbol{t}_2\\\boldsymbol{t}_3\end{pmatrix}=0 \tag{6-85}$$

由于相机变换矩阵有 12 维，因此最少通过六对匹配的 3D-2D 点对便可以实现相机矩阵的求解。这种使用线性方程组线性求解相机矩阵的方法称为直接线性变换。当匹配点大于六对时，该方程组为超定方程组，可以使用 SVD 等方法对其进行求解。

（2）P3P 求解

另一种求解 PnP 问题的方法 P3P 需要利用给定三个点的几何关系，输入数据为三对 3D-2D 匹配点对。记 3D 点在世界坐标系下的坐标为 A、B、C，2D 点在图像上的坐标为 a、b、c，其对应关系如图 6-26 所示，图中 O 为相机光心。

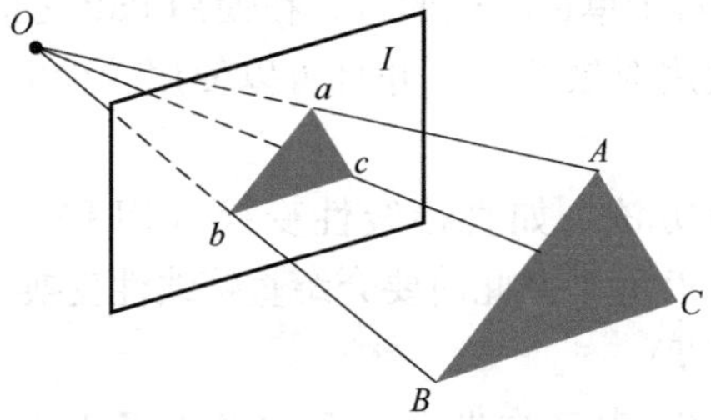

图 6-26　P3P 问题

P3P 求解中还需要另一对点对 $D-d$ 来对所获得的解进行验证，这一点类似于对极几何中的情况。通过观察可以得到以下两两三角形之间的对应相似关系：

$$\triangle Oab \sim \triangle OAB, \triangle Obc \sim \triangle OBC, \triangle Oac \sim \triangle OAC \tag{6-86}$$

考虑$\triangle Oab$ 与$\triangle OAB$ 之间的关系，由余弦定理有

$$OA^2 + OB^2 - 2OA \cdot OB \cdot \cos\angle aob = AB^2 \tag{6-87}$$

其他两个三角形也满足此性质，为此可以得到

$$\begin{cases} OA^2 + OB^2 - 2OA \cdot OB \cdot \cos\angle aob = AB^2 \\ OB^2 + OC^2 - 2OB \cdot OC \cdot \cos\angle boc = BC^2 \\ OA^2 + OC^2 - 2OA \cdot OC \cdot \cos\angle aoc = AC^2 \end{cases} \tag{6-88}$$

对以上各式全体除以 OC^2，为简化公式不妨记 $x = OA/OC$，$y = OB/OC$，得

$$\begin{aligned} & x^2 + y^2 - 2xy\cos\angle aob = AB^2/OC^2 \\ & y^2 + 1^2 - 2y\cos\angle boc = BC^2/OC^2 \\ & x^2 + 1^2 - 2x\cos\angle aoc = AC^2/OC^2 \end{aligned} \tag{6-89}$$

记 $v = AB^2/OC^2$，$uv = BC^2/OC^2$，$wv = AC^2/OC^2$，进一步可以得到

$$\begin{cases} x^2 + y^2 - 2xy\cos\angle aob - v = 0 \\ y^2 + 1^2 - 2y\cos\angle boc - uv = 0 \\ x^2 + 1^2 - 2x\cos\angle aoc - wv = 0 \end{cases} \tag{6-90}$$

通过将式（6-90）中的变量 v 消去，从而可以得到如下关系：

$$\begin{cases} (1-u)y^2 - ux^2 - 2\cos\angle boc y + 2uxy\cos\angle aob + 1 = 0 \\ (1-w)x^2 - wy^2 - 2\cos\angle aoc x + 2wxy\cos\angle aob + 1 = 0 \end{cases} \tag{6-91}$$

分析式（6-91）可以发现，2D 点的图像位置是已知的，因此三个余弦角 $\cos\angle aob$、$\cos\angle boc$、$\cos\angle aoc$ 是已知量。同时，由于 A、B、C 三点在世界坐标系下的坐标已知，$u = BC^2/AB^2$ 和 $w = AC^2/AB^2$ 也是已知量。随着相机的运动，式中 x、y 是未知的。因此，该方程组是关于 x、y 的二元二次方程。解析求解该方程比较复杂，这里不展开对于方程解法的介绍。类似于分解本质矩阵的情况，该方程会有四个不同的解，需要通过验证点对来计算最可能的解。求解完毕之后可以得到 A、B、C 在相机坐标系下的 3D 坐标，通过 3D-3D 的匹配点对来估计相机的运动。

从 P3P 算法的流程中可以看到，该算法本质思想是通过三角形的相似性质来求解投影点 a、b、c 在相机坐标系下的 3D 坐标，然后把问题转换为一个 3D-3D 的位姿估计问题。使用 P3P 或者 EPnP 等方法可以有效地对相机的初始位姿进行估计。

6.4.3　局部优化

使用 PnP 等一系列 3D-2D 的方法可以求解得到位姿，但在实际特征点对匹配过程中还存在大量的噪声，点与点之间不是精确的对应关系，甚至有时候会存在错误的匹配关系。倘若帧与帧之间均存在一定的误差，那么在机器人运动一段时间过后必然会产生较大的累积误差。

为了减小累积误差，可以使用集束调整法（Bundle Adjustment，BA）。基本原理解释如下：对场景中任意三维点 $\boldsymbol{P}$，从每个视图所对应的摄像机光心发射出来并经过图像中 $\boldsymbol{P}$ 对应的像素后的光线，都将交于 $\boldsymbol{P}$ 这一点（图 6-27），因此对于每一个三维点，都可以形成相当多的光束集合（Bundle）。在实际过程中由于噪声的存在，每条光线几乎不可能汇聚于一点，因此在求解过程中，需要不断地对待求信息进行调整（Adjustment）。因此，本质上 BA 过程就是使用非线性的方式，在原有线性解的基础上进行优化的过程。

进行非线性优化，势必需要考虑优化的代价函数。考虑三维空间点 $\boldsymbol{P}$，该点在第一帧以及第二帧图像上的特征点分别为 $\boldsymbol{p}_1$、$\boldsymbol{p}_2$。不妨假设点 $\boldsymbol{P}$ 于第一帧图像上的投影点与特征匹配得到的点 $\boldsymbol{p}_1$ 是一致的，那么通过初始算法计算得到的相机位姿 $\boldsymbol{R}$、$\boldsymbol{t}$，可以得到三维点在第二帧图像上的投影点 $\hat{\boldsymbol{p}}_2$。特征点 $\boldsymbol{p}_2$ 与投影点 $\hat{\boldsymbol{p}}_2$ 之间的误差 e 便是两帧之间优化的代价函数，即重投影误差，如图 6-27 所示。

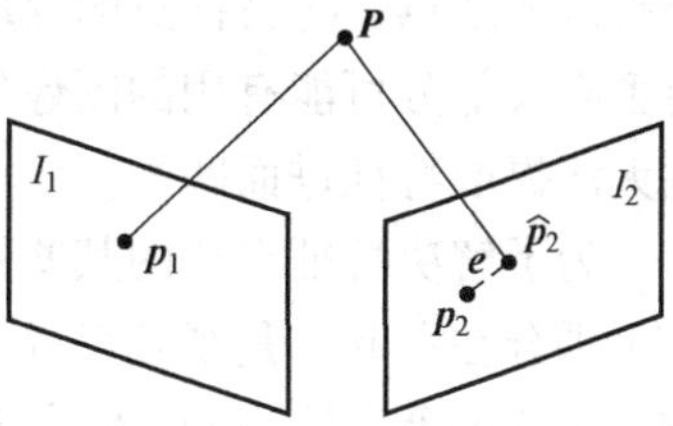

图 6-27　重投影误差

考虑到移动机器人观测运动中会具有多帧图像，因此需要对多帧的信息进行运动估计优化。首先，抽象地给出机器人运动的观测方程如下：

$$\boldsymbol{x}_i^j = \boldsymbol{\pi}(\boldsymbol{R}_i, \boldsymbol{t}_i, \boldsymbol{X}_j) \tag{6-92}$$

式中，$\boldsymbol{\pi}$ 表示投影函数；$\boldsymbol{x}_i^j$ 表示在第 i 帧的位姿 $\boldsymbol{R}$、$\boldsymbol{t}$ 下，观测第 j 个三维点 $\boldsymbol{X}_j$ 得到的二维图像坐标。基于以上符号规定，不同位姿 $\boldsymbol{R}$、$\boldsymbol{t}$ 下的相机所观测世界特征点的 BA 过程可以由图 6-28 来表示。

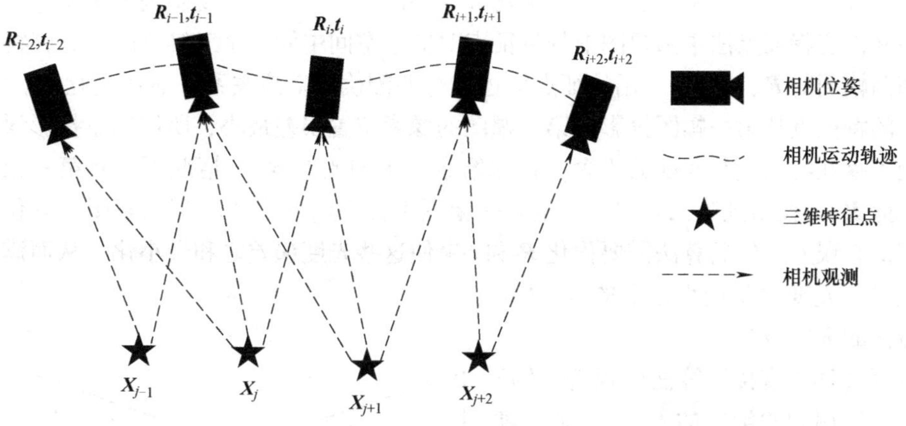

图 6-28　多帧过程中的集束调整

图 6-28 彩图

对于 m 帧图像的情形，每帧图像含有 N 个三维特征点的运动，可以构建整体的代价函数为

$$e(\{\boldsymbol{R}_i, \boldsymbol{t}_i\}_{i=1,\cdots,m}, \{\boldsymbol{X}_j\}_{j=1,\cdots,N}) = \sum_{i=1}^{m} \sum_{j=1}^{N} \theta_{ij} \mid \tilde{\boldsymbol{x}}_i^j - \boldsymbol{\pi}(\boldsymbol{R}_i, \boldsymbol{t}_i, \boldsymbol{X}_j) \mid^2 \tag{6-93}$$

式中 $\tilde{\boldsymbol{x}}$ 表示受白噪声影响的估计得到的二维点坐标，如果三维点 j 出现在第 i 帧上，则 $\theta_{ij}=1$，反之 $\theta_{ij}=0$。

对该优化代价函数进行求解与优化，便是同时对每一帧的位姿以及三维路标点进行调整，这也就是所谓的 BA 过程。对于该模型的求解可以使用一系列的非线性优化算法，如高斯-牛顿法、列文伯格-马夸尔特方法等，关于非线性优化方法在本书中不展开介绍。使用非线性的方式可以对相机位姿进行较为精确的优化，是运动估计中不可缺少的一环。

6.4.4 直接法

传统上，相机位姿估计问题大多使用基于特征点提取、匹配与姿态求解的方法，简称特征点法。特征点法可以看作是将位姿估计问题解耦成两步：先在图像上进行特征点的提取、描述和匹配；再使用 2D-2D、3D-2D 或者 3D-3D 的方法求解 $\boldsymbol{R}$ 和 $\boldsymbol{t}$。然而特征点法在实践中会有以下缺点：①特征点的提取与描述子的计算非常耗时；②只使用特征点估计传感器位姿会丢弃大部分可能有用的图像信息；③环境中特征缺失的地方没有什么明显的纹理信息，也就无法提取特征进而匹配。

为了解决特征点法的某些缺陷，人们提出了直接法，它将位姿估计问题中的匹配与求解步骤耦合在一起，是视觉里程计方法的另一主要分支，与特征点法有很大不同。随着 SVO、LSD-SLAM 等直接法 SLAM 方案的流行，直接法也得到越来越多的关注。

当使用特征点法估计相机运动时，特征点被看作固定在三维空间的不动点。根据它们在相机中的投影位置，通过最小化重投影误差来优化求解相机运动。而在直接法中，基于光照一致性假设，认为同一场景的两次观测、图像上像素的光度是不变的，因此可以通过优化相机运动来最小化光度误差。

光度误差是指两幅图像拟对应位置像素的光度偏差。例如，如图 6-29 所示，第一帧图像上的某一像素点 $\boldsymbol{p}_i$，它的光度值（即可简单理解为亮度或灰度）为 $I_1(\boldsymbol{p}_i)$，经过到第二帧的旋转矩阵 $\boldsymbol{R}$、平移向量 $\boldsymbol{t}$ 变换后，会投影到第二帧的像素 $\boldsymbol{p}_j$ 位置，那么 $I_2(\boldsymbol{p}_j)-I_1(\boldsymbol{p}_i)$ 即为光度误差。直接法的目标就是通过不断地优化 $\boldsymbol{R}$ 和 $\boldsymbol{t}$ 使所有像素的光度误差最小化。请注意：直接法中并没有特征点法中两幅图上的特征点对应于空间中同一个三维点的概念，特征点法是先未知两幅图的 $\boldsymbol{R}$、$\boldsymbol{t}$ 变换，用特征点描述进行匹配确定对应关系，然后优化 $\boldsymbol{R}$、$\boldsymbol{t}$ 来使对应关系下的特征点从第一幅图投影到第二幅图的像素位置误差最小，所以叫重投影误差。而直接法则不存在特征点与匹配的概念，在先给定一个初始的 $\boldsymbol{R}$、$\boldsymbol{t}$ 情况下，将第一幅图的像素点按照此 $\boldsymbol{R}$、$\boldsymbol{t}$ 投影到第二幅图，于是第一幅图上像素的光度值和第二幅图投影位置处像素的光度值有误差，然后算法需要优化 $\boldsymbol{R}$ 和 $\boldsymbol{t}$ 来使这些光度误差之和最小化，从而满足光度一致性假设，光度误差最小化下的 $\boldsymbol{R}$、$\boldsymbol{t}$ 正是直接法求得最优的 $\boldsymbol{R}^*$、$\boldsymbol{t}^*$。

直接法的过程（详见直接法算法流程伪代码）可简单描述如下：利用初始给定的 $\boldsymbol{R}$、$\boldsymbol{t}$ 将第一帧像素点 $\boldsymbol{p}_1$ 投影到第二帧，对应于像素点 $\boldsymbol{p}_2$，从而构建并优化光度误差的二范数。由于旋转矩阵 $\boldsymbol{R}$ 对加法不封闭，无法直接将目标函数对 $\boldsymbol{R}$、$\boldsymbol{t}$ 求导，因此可以利用李群与李代数构建微分模型或者小扰动模型来优化目标函数。

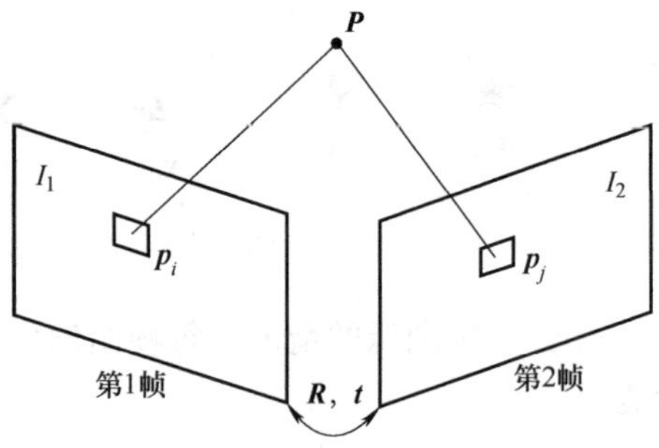

图 6-29 直接法光度误差

具体最小化光度误差函数的推导涉及李群与李代数等概念，此处不进行展开。

- 直接法算法流程：

输入两幅图片 I_1、I_2，设置初始的 $\boldsymbol{R}_0$、$\boldsymbol{t}_0$

当没有达到非线性优化的收敛条件时：

定义当前 $\boldsymbol{R}$、$\boldsymbol{t}$ 下光度误差函数 $F(\boldsymbol{R},\boldsymbol{t})$

　　遍历 I_1 中每一个像素点 $\boldsymbol{p}_i$，通过 $\boldsymbol{R}$、$\boldsymbol{t}$ 投影至 I_2 图片上的像素位置 $\boldsymbol{p}_j$

　　　　在 F 中加上这一对点的光度误差项 $F(\boldsymbol{R},\boldsymbol{t}) += \|I_2(\boldsymbol{p}_j)-I_1(\boldsymbol{p}_i)\|^2$

　　　　求解以 $\boldsymbol{R}$、$\boldsymbol{t}$ 为自变量的光度误差函数 F 的最小二乘估计 $F(\boldsymbol{R}^*,\boldsymbol{t}^*)$

　　　　得 $\boldsymbol{R}=\boldsymbol{R}^*$，$\boldsymbol{t}=\boldsymbol{t}^*$

达到收敛条件后返回 $\boldsymbol{R}^*$、$\boldsymbol{t}^*$

直接法由于直接根据像素的亮度信息估计相机的运动，可以完全不用计算关键点和描述子，相对于特征点法有许多优势。直接法既省去了计算特征的时间，也避开了特征缺失的情况下无法进行位姿估计的问题。只要场景中存在明暗变化（可以是渐变，不形成局部的图像特征），直接法就能求解位姿。根据使用像素的数量，直接法分为稀疏、稠密和半稠密三种，并且具有恢复稠密结构的能力。相比于特征点法通常只能重构稀疏特征点，直接法有利于构建稠密的三维地图。

另外，光度误差函数在优化中需要注意的是其函数值随着 $\boldsymbol{R}$、$\boldsymbol{t}$ 的变化具有强烈的非凸性，在优化过程中容易陷入局部最优。因此，一般只有当两帧图像之间的运动 $\boldsymbol{R}$、$\boldsymbol{t}$ 较小时，直接法才能收敛到较好的效果。

6.5 多传感器融合里程估计

多传感器融合里程估计主要指利用多种异构传感器信息进行里程估计的一类方法。目前，利用轮式、惯性、视觉、激光雷达等单一传感器的里程估计已趋于成熟，但是在一些具有挑战的环境中仍然无法得到应用，主要是缺乏长期的鲁棒性和环境的自适应能力。因此，利用异构传感器的多源信息互补性，探索合理的信息融合方法来实现鲁棒且高精度的位姿估计结果具有重要的研究意义和实用价值。由于传感器种类众多，本节将介绍两种典型且具备实用价值的传感器组合方式，分别为视觉惯导里程计和视觉激光里程计。

6.5.1 视觉惯导里程计

在机器人导航定位应用中，惯性测量单元（IMU）能够以较高频率（100Hz 以上）提供角速度和加速度，可以为短时间内的快速运动提供较好的估计，但是 IMU 容易受到自身温度、零偏、振动等因素干扰，使得积分得到的估计结果存在明显的漂移。视觉以较低频率（多为 15 ~ 60Hz）的图像形式记录数据，由于图像信息基本无漂移，在纹理丰富的场景中利用视觉信息估计效果很好，然而视觉存在尺度不确定性，快速运动时容易产生运动模糊和“果冻效应”，造成特征提取与匹配的失败，同时场景的纹理信息分布和其中的移动物体对视觉估计存在较大干扰。

综上，视觉定位信息可以估计 IMU 的零偏以减少 IMU 由零偏导致的发散和累积误差，而 IMU 可以在视觉失效（快速运动、场景限制等）时提供短期的精确估计，很好地预测两帧图像之间的位姿，且其加速度计提供的重力向量可以将估计的位置转到实际导航需要的世界坐标系中。由于视觉和 IMU 在特性上的互补性，以视觉与 IMU 融合实现的视觉惯性里程计（Visual Inertial Odometry，VIO）受到了越来越多的关注，部分文献中也称其为视觉惯导系统（Visual Inertial Navigation System，VINS）。

在融合方式上，根据是否将图像特征信息加入状态向量可以将 VIO 框架分为松耦合和紧耦合两大类，分别如图 6-30 和图 6-31 所示。

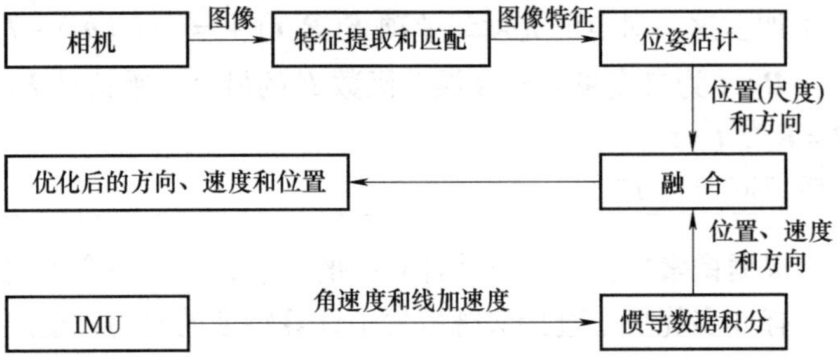

图 6-30　VIO 松耦合

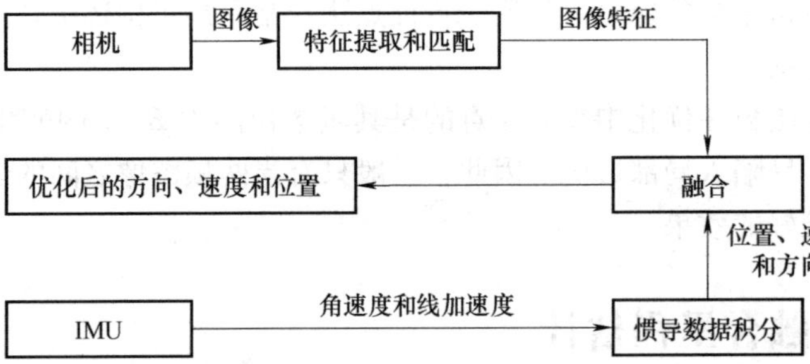

图 6-31　VIO 紧耦合

松耦合是指 IMU 和相机分别进行自身的运动估计，然后以惯性数据为核心，用视觉测量数据修正惯性测量数据的累积误差，对其位姿估计结果进行融合，融合过程对两者本身不产生影响。由于没有考虑 IMU 信息的辅助作用，该方法在视觉定位困难的地方不够鲁棒，作为一种后处理方式，典型的解决方案是可以采用卡尔曼滤波器对两者的估计结果进行融合。

紧耦合是指将 IMU 的状态与相机的状态合并，共同构建运动方程和观测方程，然后进行状态估计，融合过程本身也会影响视觉和 IMU 中的参数（如 IMU 的零偏和视觉的尺度等）。由于紧耦合可以一次性建模所有的运动和测量信息，更易达到最优，因此研究和应用范围更广。而紧耦合方式由于在特征向量中包含了图像，因此整个系统状态向量的维数会很高，计算量较大。从算法角度，紧耦合方式又可分为基于滤波和基于优化的两个方向：在滤波方面，典型方案包括了传统的 EKF、改进的 MSCKF 和 ROVIO 等；而基于优化方面，OKVIS、ORB-SLAM2、VINS-Mono 等也取得了一定的成果。由于篇幅限制，本书仅将 VIO 中的共性问题和基于优化的紧耦合融合方式进行简要介绍。

常见的 VIO 系统如图 6-32 所示，相机和 IMU 固连在载体上，多以 IMU 坐标系作为载体坐标系（b 系），载体坐标系（b 系）和相机坐标系（c 系）之间可以通过外参 $\boldsymbol{q}_c^b$ 和 $\boldsymbol{p}_c^b$ 相互关联。数据源包括 VO 中常见的 3D 路标点 f_i、f_j 在图像中的投影 $z_{f_i}^{c_i}$、$z_{f_j}^{c_j}$ 以及 IMU 测量得到的惯导数据，由于相机的帧率远低于IMU的数据输出频率，因此除了融合视觉与IMU的信息之外，如何合理利用两帧之间的多个IMU数据辅助视觉导航也是一个非常重要的问题。

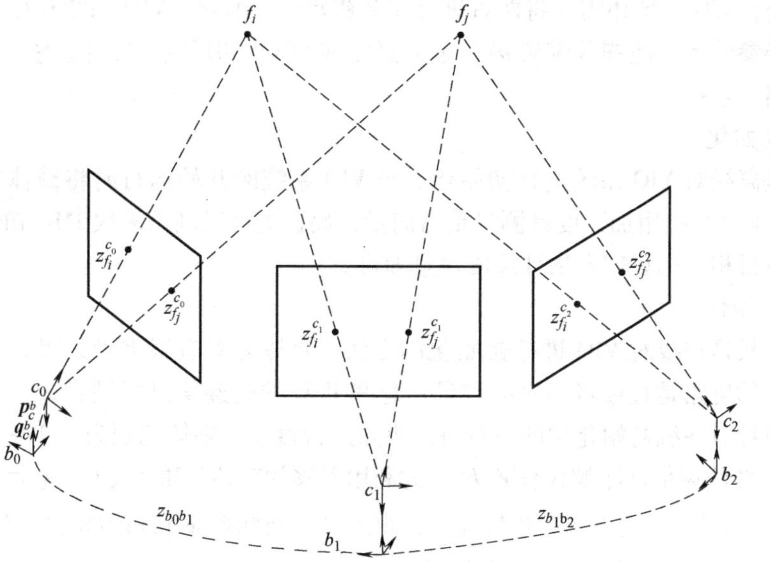

图6-32 彩图

图6-32 VIO系统示意图

一般情况下，基于优化的紧耦合VIO系统包括视觉惯导联合初始化、前端数据处理、视觉惯导融合估计三个部分（图6-33）。首先通过联合初始化将相机和IMU的轨迹对齐；然后对已经完成初始化的系统进行前端数据处理，即分别利用视觉和IMU的数据构建视觉重投影误差和IMU残差项；最后利用先验误差、IMU残差和视觉重投影误差构建系统代价函数完成优化算法后得到VIO系统状态估计的结果。下面将对这三部分内容进行详细介绍。

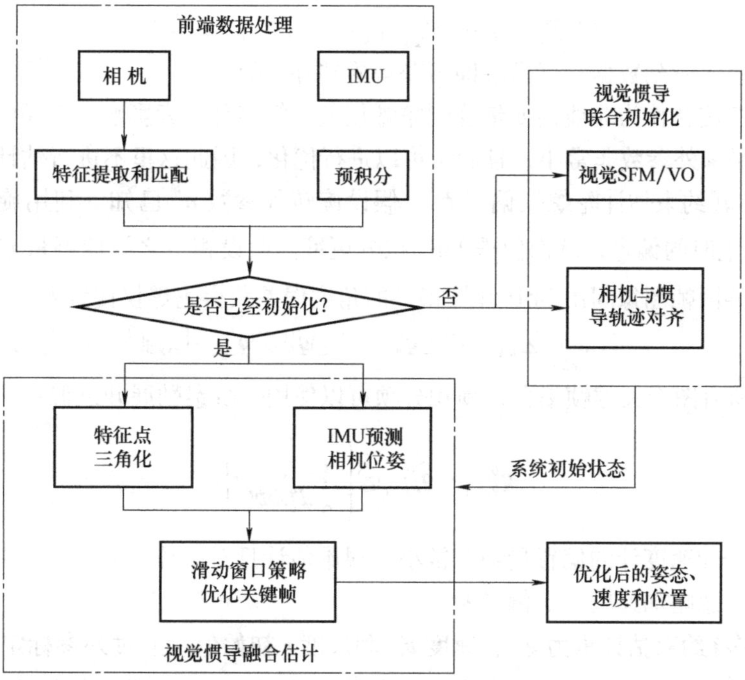

图6-33 本节所述VIO系统流程

1. 视觉惯导联合初始化

初始化的效果对里程计估计结果的精度有非常大的影响，除了视觉和 IMU 在单独使用时标定的参数外，VIO 系统还需要将两者进行联合初始化，因此，VIO 系统初始化待估计的变量包括旋转外参数 $\boldsymbol{q}_c^b$，陀螺仪偏置 $\boldsymbol{b}^g$，重力 $\boldsymbol{g}^{c_0}$、速度 $\boldsymbol{v}_k^{b_k}$ 和尺度 s 初始值等。初始化问题有多种解决思路，包括：

（1）静止初始化

这种方法是离线对 VIO 系统进行初始化。当 VIO 系统刚开始运行时将载体静止，此时初始速度为 0，可以直接用加速度计测量重力向量，偏置则可以利用多次 IMU 初值的平均值表示，若采用单目相机则只需要估计尺度信息即可。

（2）运动初始化

这种方法一般是在线对 VIO 进行初始化的方法，具体方案有很多种，可以查阅相应的文献获取。大致的思路是直接将相机的测量信息和 IMU 的轨迹信息紧耦合，进而估计初始化系统。下面只针对在线初始化中的一种解决思路进行概述，整体流程为：①估计旋转外参数 $\boldsymbol{q}_c^b$；②利用旋转约束估计陀螺仪偏置 $\boldsymbol{b}^g$；③利用平移约束估计重力 $\boldsymbol{g}^{c_0}$、速度 $\boldsymbol{v}_k^{b_k}$ 和尺度 s 初始值；④对重力向量 $\boldsymbol{g}^{c_0}$进行进一步优化；⑤求解世界坐标系 w 和初始相机坐标系 c_0 之间的旋转矩阵 $\boldsymbol{R}_{c_0}^w$，并将轨迹对齐到世界坐标系。

1）估计旋转外参数 $\boldsymbol{q}_c^b$。部分情况下，旋转外参数可以通过 VIO 系统器件出厂参数直接获得，也可以利用标定工具 kalibr 进行标定。下面简单介绍一种在线标定的方式。假设相邻两时刻 k 和 $k+1$ 之间，有 IMU 旋转积分 $\boldsymbol{q}_{b_{k+1}}^{b_k}$ 和视觉测量 $\boldsymbol{q}_{c_{k+1}}^{c_k}$，则利用下式可以求得相机系到 IMU 坐标系之间的旋转 $\boldsymbol{q}_c^b$：

$$\boldsymbol{q}_{b_{k+1}}^{b_k} \otimes \boldsymbol{q}_c^b = \boldsymbol{q}_c^b \otimes \boldsymbol{q}_{c_{k+1}}^{c_k} \tag{6-94}$$

整理得

$$([\boldsymbol{q}_{b_{k+1}}^{b_k}]_L - [\boldsymbol{q}_{c_{k+1}}^{c_k}]_R)\boldsymbol{q}_c^b = \boldsymbol{Q}_{k+1}^k \cdot \boldsymbol{q}_c^b = \boldsymbol{0} \tag{6-95}$$

根据上式选择多个时刻数据进行求解即可获得旋转外参数。

注意：由于旋转作为非线性变量受到陀螺仪偏置等多种因素影响，对系统影响较大。而 VIO 系统中的平移外参数非常小，且后续可以进行优化，因此这里不进行估计。

2）利用旋转约束估计陀螺仪偏置 $\boldsymbol{b}^g$。假设旋转外参数 $\boldsymbol{q}_c^b$ 已知，利用旋转约束可以估计 IMU 系统上电时的偏置，从而使得 IMU 积分更准。假设相机之间的测量 $\boldsymbol{q}_{c_{k+1}}^{c_k}$ 准确，则可以通过最小二乘两帧图像间由 IMU 计算得到的角度误差获得陀螺仪偏置 $\boldsymbol{b}^g$：

$$\underset{\delta \boldsymbol{b}^g}{\operatorname{argmin}} \sum_{k \in B} \| 2 \lfloor \boldsymbol{q}_{b_{k+1}}^{c_0}{}^{-1} \otimes \boldsymbol{q}_{b_k}^{c_0} \otimes \boldsymbol{q}_{b_{k+1}}^{b_k} \rfloor_{xyz} \|^2 \tag{6-96}$$

式中，B 表示所有图像关键帧集合，预积分项可以使用一阶泰勒展开近似：

$$\boldsymbol{q}_{b_{k+1}}^{b_k} \approx \hat{\boldsymbol{q}}_{b_{k+1}}^{b_k} \otimes \begin{pmatrix} 1 \\ \frac{1}{2}\boldsymbol{J}_{b^g}^{q}\delta \boldsymbol{b}^g \end{pmatrix} \tag{6-97}$$

注意：由于加速度计的偏置量纲非常小，很难估计且对系统影响不大，因此这里只估计陀螺仪的偏置，忽略加速度计的偏置 $\boldsymbol{b}^a$。

3）利用平移约束估计重力 $\boldsymbol{g}^{c_0}$、速度 $\boldsymbol{v}_k^{b_k}$ 和尺度 s 初始值。通过外参标定相机和 IMU 之间的平移量 $\boldsymbol{p}_c^b$，以及加速度计和陀螺仪测量值积分得到 α 和 β，即可列出下列方程：

$$\hat{z}_{b_{k+1}}^{b_k} = \begin{pmatrix} \hat{\boldsymbol{\alpha}}_{b_{k+1}}^{b_k} - \boldsymbol{p}_c^b + \boldsymbol{R}_{c_0}^{b_k}\boldsymbol{R}_{b_{k+1}}^{c_0}\boldsymbol{p}_c^b \\ \hat{\boldsymbol{\beta}}_{b_{k+1}}^{b_k} \end{pmatrix} = \boldsymbol{H}_{b_{k+1}}^{b_k}\boldsymbol{\mathcal{X}}_I^k + \boldsymbol{n}_{b_{k+1}}^{b_k} \tag{6-98}$$

其中

$$\boldsymbol{\mathcal{X}}_I^k = (\boldsymbol{v}_k^{b_k}, \boldsymbol{v}_{k+1}^{b_{k+1}}, \boldsymbol{g}^{c_0}, s)^{\mathrm{T}} \tag{6-99}$$

$$\boldsymbol{H}_{b_{k+1}}^{b_k} = \begin{pmatrix} -\boldsymbol{I}\Delta t_k & \boldsymbol{0} & \frac{1}{2}\boldsymbol{R}_{c_0}^{b_k}\Delta t_k^2 & \boldsymbol{R}_{c_0}^{b_k}(\overline{\boldsymbol{p}}_{c_{k+1}}^{c_0} - \overline{\boldsymbol{p}}_{c_k}^{c_0}) \\ -\boldsymbol{I} & \boldsymbol{R}_{c_0}^{b_k}\boldsymbol{R}_{b_{k+1}}^{c_0} & \boldsymbol{R}_{c_0}^{b_k}\Delta t_k & \boldsymbol{0} \end{pmatrix} \tag{6-100}$$

由于噪声的存在，上述方程最终转化成线性最小二乘问题对状态量重力、速度以及尺度的初始值进行求解：

$$\min_{\boldsymbol{\mathcal{X}}_I} \sum_{k\in\mathcal{B}} \| \hat{z}_{b_{k+1}}^{b_k} - \boldsymbol{H}_{b_{k+1}}^{b_k}\boldsymbol{\mathcal{X}}_I^k \|^2 \tag{6-101}$$

4）进一步优化重力向量 $\boldsymbol{g}^{c_0}$。在步骤 3）中对重力向量的优化中，并没有加入模长限制 $\|\boldsymbol{g}^{c_0}\|$，而实际上重力向量 $\boldsymbol{g}^{c_0}$ 只有两个自由度，因此在实际计算的过程中可以对重力向量进行参数化（比如采用球面坐标参数化）后，再利用步骤 3）中的方程进行求解。

5）求解旋转矩阵 $\boldsymbol{R}_{c_0}^w$，并将轨迹对齐到世界坐标系。由于 $\boldsymbol{g}^{c_0}$ 是估计的相对量，计算过程中在横滚（roll）和俯仰（pitch）角度上仍会引入误差，因此为了引入地平面法向量方向的观测，需要将绝对的重力向量 $\boldsymbol{g}^w$ 引入 VIO 系统，确定相机和地面之间的关系，将相机轨迹对齐到世界坐标系。

首先根据下式找到初始相机坐标系 c_0 到世界坐标系 w 的旋转矩阵：

$$\boldsymbol{R}_{c_0}^w = \exp([\theta\boldsymbol{u}]) \tag{6-102}$$

其中

$$\boldsymbol{u} = \frac{\hat{\boldsymbol{g}}^{c_0} \times \hat{\boldsymbol{g}}^w}{\|\hat{\boldsymbol{g}}^{c_0} \times \hat{\boldsymbol{g}}^w\|}, \quad \theta = \operatorname{atan2}(\|\hat{\boldsymbol{g}}^{c_0} \times \hat{\boldsymbol{g}}^w\|, \hat{\boldsymbol{g}}^{c_0} \cdot \hat{\boldsymbol{g}}^w) \tag{6-103}$$

然后把所有 c_0 系下的轨迹旋转到 w 系下，再把相机平移和特征点尺度恢复到米制单位即可完成相机和 IMU 轨迹的对齐。实际上，由于后续存在优化过程，因此 $\boldsymbol{R}_{c_0}^w$ 允许存在误差。

注意：实际使用过程中还需要考虑视觉和 IMU 的时间同步问题，该问题可以从硬件同步和算法实现两个角度考虑，部分工作（包括本节内容）默认两者已经完成了同步，有兴趣的读者可以自行查找相关文献进行深入学习。

2. VIO 前端数据处理

VIO 前端数据处理分为图像处理和 IMU 预积分两部分，分别求解视觉重投影误差和 IMU 残差。接下来将分别对这两部分进行介绍。

（1）图像处理

VIO 前端的图像处理是指利用相机采集到的图像信息进行初始化，然后对相机位姿进行正常追踪和丢失处理。根据具体场景的不同，可以选择特征法、光流法和直接法等进行位姿估计，下面以特征法为例进行说明，其主要流程包括：

1）特征点提取与匹配。

2）利用对极几何约束计算两图像之间的位姿。

3）根据已知的相机位姿和特征点二维坐标通过三角化得到三维坐标。

4）利用 3D 点和 2D 特征点，通过 PnP 求取新的相机位姿。

基于以上四步，就可以得到尺度统一的相机位姿估计结果了（具体算法参见 6.4 节视觉里程计部分）。相机的位姿估计结果能够为后续和 IMU 融合提供视觉重投影误差。视觉重投影误差指一个特征点在归一化相机坐标系下的估计值与观测值的差，具体形式如下：

$$\boldsymbol{r}_c = \begin{pmatrix} \dfrac{x}{z} - u \\ \dfrac{y}{z} - v \end{pmatrix} \tag{6-104}$$

式中，待估计的状态量为三维空间坐标 $(x,y,z)^{\mathrm{T}}$；观测值 $(u,v)^{\mathrm{T}}$ 为特征在相机归一化平面的坐标。

为了表达更加方便合理，部分文献采用逆深度来表达特征点在归一化相机坐标系与相机坐标系下的坐标关系：

$$\begin{pmatrix} x \\ y \\ z \end{pmatrix} = \frac{1}{\lambda}\begin{pmatrix} u \\ v \\ 1 \end{pmatrix} \tag{6-105}$$

式中，$\dfrac{1}{\lambda}$为逆深度。

假设某特征点的逆深度在第 i 帧中已初始化得到，在第 j 帧又被观测到，那么预测其在 d_j 帧中的坐标为

$$\begin{pmatrix} x_{c_j} \\ y_{c_j} \\ z_{c_j} \\ 1 \end{pmatrix} = \boldsymbol{T}_c^{b\ -1}\boldsymbol{T}_{b_j}^{w\ -1}\boldsymbol{T}_{b_i}^{w}\boldsymbol{T}_c^{b}\begin{pmatrix} \dfrac{1}{\lambda}u_{c_i} \\ \dfrac{1}{\lambda}v_{c_i} \\ \dfrac{1}{\lambda} \\ 1 \end{pmatrix} \tag{6-106}$$

式中，$\boldsymbol{T}_{b_i}^{w}$为第 i 帧中的特征点从载体坐标系 b 到世界坐标系 w 的变换矩阵；$\boldsymbol{T}_c^{b}$ 为从相机坐标系 c 到载体坐标系 b 的变换矩阵。

则基于逆深度的视觉重投影误差可以表示为

$$\boldsymbol{r}_c = \begin{pmatrix} \dfrac{x_{c_j}}{z_{c_j}} - u_{c_j} \\ \dfrac{y_{c_j}}{z_{c_j}} - v_{c_j} \end{pmatrix} \tag{6-107}$$

（2）IMU 预积分

IMU 预积分为本节的重点，主要利用 IMU 的测量值积分计算两个时刻之间的位移、速度、姿态，从而提供相邻两帧图像之间的约束。注意：在实际使用中，IMU 的测量值并非真正的角速度和加速度，除了零偏和噪声之外，加速度计输出的测量值还包含了地球引力。这里直接给出 IMU 输出的测量值表达式：

$$\begin{cases} \tilde{\boldsymbol{\omega}}^b = \boldsymbol{\omega}^b + \boldsymbol{b}^g + \boldsymbol{n}^g \\ \tilde{\boldsymbol{a}}^b = \boldsymbol{q}_w^b(\boldsymbol{a}^w + \boldsymbol{g}^w) + \boldsymbol{b}^a + \boldsymbol{n}^a \end{cases} \tag{6-108}$$

式中，$\boldsymbol{\omega}^b$ 和 $\boldsymbol{a}^w$ 分别为真实的角速度和线加速度；$\tilde{\boldsymbol{\omega}}^b$ 和 $\tilde{\boldsymbol{a}}^b$ 分别为陀螺仪和加速度计的测量值；$\boldsymbol{g}^w$ 为世界坐标系下的重力加速度（可以取为 $(0,0,9.81)^{\mathrm{T}}$）。上标中 g 表示陀螺仪，a 表示加速度计，w 表示世界坐标系，b 表示载体坐标系（即 IMU 坐标系）。

如果以第 i 时刻的位置、速度和姿态为初值，对 IMU 的测量值积分可以得到第 j 时刻的位置 $\boldsymbol{p}_{b_j}^w$、速度 $\boldsymbol{v}_j^w$ 和姿态 $\boldsymbol{q}_{b_j}^w$ 为

$$\begin{cases}\boldsymbol{p}_{b_j}^w = \boldsymbol{p}_{b_i}^w + \boldsymbol{v}_i^w \Delta t + \iint_{t\in[i,j]} (\boldsymbol{q}_{b_t}^w \boldsymbol{a}^{b_t} - \boldsymbol{g}^w)\delta t^2 \\ \boldsymbol{v}_j^w = \boldsymbol{v}_i^w + \int_{t\in[i,j]} (\boldsymbol{q}_{b_t}^w \boldsymbol{a}^{b_t} - \boldsymbol{g}^w)\delta t \\ \boldsymbol{q}_{b_j}^w = \int_{t\in[i,j]} \boldsymbol{q}_{b_t}^w \otimes \begin{bmatrix} 0 \\ \frac{1}{2}\boldsymbol{\omega}^{b_t} \end{bmatrix} \delta t \end{cases} \tag{6-109}$$

式中，$\boldsymbol{p}_{b_j}^w$和 $\boldsymbol{v}_j^w$ 分别为 j 时刻载体的位置和速度；$\boldsymbol{q}_{b_j}^w$为 j 时刻载体相对于世界坐标系的姿态。

因此，通过上式的积分过程就可以得到对应时刻 IMU 的状态量。由于 IMU 采样频率非常高，如果把每个时刻的状态量都放到 VIO 的状态中，待优化的状态维数太高，计算量会非常大，因此将 IMU 的每个时刻的状态量都当作要估计的值不现实，只能采用某些时刻的值（在 VIO 系统中，采用与相机帧对应采样时刻的 IMU 测量值）。通过对上述积分公式进行分析发现，如果后一时刻的状态量受到前一时刻状态的影响，一旦后期通过优化更新 $\boldsymbol{q}_{b_t}^w$后，那么该时刻后面所有的状态量都需要重新积分，计算量较大。为了解决此问题，本书引入预积分的概念。

预积分的核心思想是将两个大时刻（如两个相机帧）之间的多个 IMU 状态量当作一个来处理，并将其中与世界坐标系相关的量提取出来，则预积分后的状态量可表达为世界坐标系（w 系）相关量与载体坐标系（b 系）相关量的关系，从而使得优化更新后无须重新积分，实现加速计算。具体计算过程如下：

首先，通过下式可将积分模型转换为预积分模型：

$$\boldsymbol{q}_{b_t}^w = \boldsymbol{q}_{b_i}^w \otimes \boldsymbol{q}_{b_t}^{b_i} \tag{6-110}$$

则上述积分公式中的积分项变成相对于第 i 时刻的姿态，而非相对于世界坐标系的姿态，转换后的预积分模型为

$$\begin{cases}\boldsymbol{p}_{b_j}^w = \boldsymbol{p}_{b_i}^w + \boldsymbol{v}_i^w \Delta t - \frac{1}{2}\boldsymbol{g}^w \Delta t^2 + \boldsymbol{q}_{b_i}^w \iint_{t\in[i,j]} (\boldsymbol{q}_{b_t}^{b_i} \boldsymbol{a}^{b_t})\delta t^2 \\ \boldsymbol{v}_j^w = \boldsymbol{v}_i^w - \boldsymbol{g}^w \Delta t + \boldsymbol{q}_{b_i}^w \int_{t\in[i,j]} (\boldsymbol{q}_{b_t}^{b_i} \boldsymbol{a}^{b_t})\delta t \\ \boldsymbol{q}_{b_j}^w = \boldsymbol{q}_{b_i}^w \int_{t\in[i,j]} \boldsymbol{q}_{b_t}^{b_i} \otimes \begin{bmatrix} 0 \\ \frac{1}{2}\boldsymbol{\omega}^{b_t} \end{bmatrix} \delta t \end{cases} \tag{6-111}$$

为了简化表达，假设用一段时间（$t\in[i,j]$）内的 IMU 数据直接积分得到的预积分量为

$$\begin{cases}\boldsymbol{\alpha}_{b_j}^{b_i} = \iint_{t\in[i,j]} (\boldsymbol{q}_{b_t}^{b_i} \boldsymbol{a}^{b_t})\delta t^2 \\ \boldsymbol{\beta}_{b_j}^{b_i} = \int_{t\in[i,j]} (\boldsymbol{q}_{b_t}^{b_i} \boldsymbol{a}^{b_t})\delta t \\ \boldsymbol{q}_{b_j}^{b_i} = \int_{t\in[i,j]} \boldsymbol{q}_{b_t}^{b_i} \otimes \begin{bmatrix} 0 \\ \frac{1}{2}\boldsymbol{\omega}^{b_t} \end{bmatrix} \delta t \end{cases} \tag{6-112}$$

重新整理位置、速度、姿态和偏置的预积分公式，得

$$\begin{pmatrix} \boldsymbol{p}_{b_j}^w \\ \boldsymbol{v}_j^w \\ \boldsymbol{q}_{b_j}^w \\ \boldsymbol{b}_j^a \\ \boldsymbol{b}_j^g \end{pmatrix} = \begin{pmatrix} \boldsymbol{p}_{b_i}^w + \boldsymbol{v}_i^w \Delta t - \frac{1}{2}\boldsymbol{g}^w \Delta t^2 + \boldsymbol{q}_{b_i}^w \boldsymbol{\alpha}_{b_j}^{b_i} \\ \boldsymbol{v}_i^w - \boldsymbol{g}^w \Delta t + \boldsymbol{q}_{b_i}^w \boldsymbol{\beta}_{b_j}^{b_i} \\ \boldsymbol{q}_{b_i}^w \boldsymbol{q}_{b_j}^{b_i} \\ \boldsymbol{b}_i^a \\ \boldsymbol{b}_i^g \end{pmatrix} \tag{6-113}$$

式中，$\boldsymbol{b}_j^a$ 为 j 时刻加速度计的偏置，$\boldsymbol{b}_j^g$ 为 j 时刻陀螺仪的偏置，脚标 b_j 为 j 时刻的载体坐标系（b 坐标系）。

将一段时间（$t \in [i,j]$）内 IMU 构建的预积分量作为测量值，对两时刻 i、j 之间的状态量进行约束，即将位移、速度、偏置直接相减，旋转量根据四元数的运算法则进行计算，可得到 IMU 的预积分误差如下：

$$\begin{pmatrix} \boldsymbol{r}_p \\ \boldsymbol{r}_q \\ \boldsymbol{r}_v \\ \boldsymbol{r}_{b_a} \\ \boldsymbol{r}_{b_g} \end{pmatrix}_{15\times 1} = \begin{pmatrix} \boldsymbol{q}_w^{b_i}(\boldsymbol{p}_{b_j}^w - \boldsymbol{p}_{b_i}^w - \boldsymbol{v}_i^w \Delta t + \frac{1}{2}\boldsymbol{g}^w \Delta t^2) - \boldsymbol{\alpha}_{b_j}^{b_i} \\ 2\left(\boldsymbol{q}_{b_i}^{b_j} \otimes (\boldsymbol{p}_w^{b_i} \otimes \boldsymbol{p}_{b_j}^w)\right)_{xyz} \\ \boldsymbol{q}_w^{b_i}(\boldsymbol{v}_j^w - \boldsymbol{v}_i^w + \boldsymbol{g}^w \Delta t) - \boldsymbol{\beta}_{b_j}^{b_i} \\ \boldsymbol{b}_j^a - \boldsymbol{b}_i^a \\ \boldsymbol{b}_j^g - \boldsymbol{b}_i^g \end{pmatrix} \tag{6-114}$$

其中 $(\cdot)_{xyz}$ 表示只取四元数的虚部（x,y,z）组成的三维向量。

至此，已经得到了相机和 IMU 的误差项，在两者进行融合估计之前，还需要关注一个非常重要的问题——传感器的初始化，初始化需要解决系统中与传感器相关的一些参数、偏置和初值等。

3. 视觉惯导融合估计

VIO 系统在完成了初始化和前端数据处理后，就可以构建系统代价函数，利用优化算法使得代价函数最小化，将两种不同源传感器的信息进行融合。

为了避免优化过程太复杂，减小计算量，优化采用滑动窗口策略，即只对滑动窗口中的关键帧进行优化，而窗口中的关键帧维持在一定数量，当有新的关键帧输入时，将最前面的关键帧边缘化，而这些被舍弃的关键帧上携带的信息将作为系统的先验信息参与优化。整个 VIO 系统的状态量 $\boldsymbol{\mathcal{X}}$ 包括滑动窗内各个关键帧时刻的 IMU 状态量 $\boldsymbol{x}_k$、三维特征点的逆深度 $\boldsymbol{\lambda}_i$，部分系统可能也会优化外相机系和载体系参数 $\boldsymbol{x}_c^b$，即 $\boldsymbol{\mathcal{X}} = (\boldsymbol{x}_0, \boldsymbol{x}_1, \cdots, \boldsymbol{x}_n, \boldsymbol{x}_c^b, \boldsymbol{\lambda}_0, \boldsymbol{\lambda}_1, \cdots, \boldsymbol{\lambda}_m)$，其中 $\boldsymbol{x}_k = (\boldsymbol{p}_{b_k}^w, \boldsymbol{v}_k^w, \boldsymbol{q}_{b_k}^w, \boldsymbol{b}_k^a, \boldsymbol{b}_k^g)(k \in [0,n])$，$\boldsymbol{x}_c^b = (\boldsymbol{p}_c^b, \boldsymbol{q}_c^b)$。而由先验、IMU 残差、视觉重投影误差构建的 VIO 系统代价函数如下：

$$\min_X \left\{ \underbrace{\|\boldsymbol{r}_p - \boldsymbol{J}_p \boldsymbol{\mathcal{X}}\|^2}_{prior} + \underbrace{\sum_{k\in\mathcal{B}} \|\boldsymbol{r}_b(\hat{z}_{b_{k+1}}^{b_k}, \boldsymbol{X})\|_{\boldsymbol{\Sigma}_{b_{k+1}}^{b_k}}^2}_{IMU\ error} + \underbrace{\sum_{(i,j)\in\mathcal{C}} \rho\left(\|\boldsymbol{r}_b(\hat{z}_{f_j}^{c_i}, \boldsymbol{X})\|_{\boldsymbol{\Sigma}_{f_j}^{c_i}}^2\right)}_{vision\ error} \right\} \tag{6-115}$$

其中，由于视觉跟踪时往往会跟踪错误，产生野值（outlier），为了抑制野值，降低其在估计中的不利影响，常采用鲁棒核函数 $\boldsymbol{\rho}(\cdot)$。

至此，VIO 系统流程的简要介绍已经完成，系统运行过程就是不断计算先验、IMU 和视觉残差，通过最小化系统代价函数不断优化系统状态量的过程。

6.5.2　视觉激光里程计

视觉与激光传感器都能独立基于各自的感知数据来估计六个自由度的运动，各自都能满足一些特定使用场景的要求。但是，视觉里程计与激光里程计都存在各自不可避免的缺点：①基于视觉传感器的里程估计依赖良好的成像条件，在环境纹理稀疏的情况下无法提供鲁棒估计；同时，由于视觉传感器无法直接感知深度信息，导致里程估计的过程中存在尺度漂移。②对于激光里程计而言，一方面，所使用的激光传感器往往采集帧率较低，受限于机械旋转和离散采样的采集方式，在运动过程中采集获得的点云数据存在运动畸变，会影响里程估计的精度；另一方面，当激光里程计应用于长的走廊、隧道等几何约束退化的场景时，其里程估计结果在无约束方向上也会产生估计漂移。

然而，两类传感器里程计虽然存在各自的不足，但是又具有一定的互补性。激光传感器不受环境中光照变化、纹理缺失等因素的影响，能够直接获得环境的深度信息；而视觉传感器感知数据相对连续稠密。

综上分析，将视觉与激光传感器结合进行里程估计具有很好的互补性。例如，结合高帧率的视觉传感器提供的位姿估计，可在激光里程计算法的基础上进一步优化校正点云畸变，提升位姿估计精度。而视觉传感器也可以利用激光传感器所提供的深度信息，加快视觉地图点的初始化。同时，由于激光里程计的精度高于视觉里程计，结合激光信息可进一步消除视觉里程无法直接感知深度而带来的尺度漂移。因此，通过结合这两类传感器，可以获得精度高、鲁棒性好的里程估计结果。

在融合方式上，根据是否将两类传感器的信息交叉引入各自里程估计中，可以将视觉激光里程计分为松耦合与紧耦合两类。①松耦合是指视觉里程计和激光里程计分别独立进行运动估计，然后对两者的位姿估计结果进行融合。由于松耦合融合过程没有充分利用两者信息的互补性，以避免各自存在的缺陷，结合后提升的性能非常有限。而且如果融合策略设计不恰当，还会导致更差的估计结果。②紧耦合是指将激光里程计中的状态与视觉里程计的状态进行一定的融合，共同构建运动方程和观测方程，然后进行状态估计。两者的信息得到充分的融合与互补，因此可以提供鲁棒且高精度的估计结果。此外，松耦合可以分别构建里程估计系统，更易实现。而紧耦合方式由于在融合过程中考虑两类传感器信息的特点，因此算法较为复杂。由于篇幅限制，本书仅以视觉激光里程计中常见的一种紧融合方法进行简要介绍。

紧融合方法的融合策略分为两个模块：视觉里程模块与激光里程模块，如图6-34所示。视觉里程计以相机帧率的频率估计每一帧图像的位姿。在计算的过程中同时使用激光雷达的点云信息来增强精度与鲁棒性。在该方法中，通过三维点云到二维图像平面的关联性可以计算出图像像素块的深度。因此，结合特征点匹配的结果，视觉里程计可以直接计算得到恢复了尺度信息的位姿估计结果。激光里程模块在视觉里程模块获得的位姿估计结果上，进一步提高激光点云畸变矫正的精度，并通过定位结果将新一帧校正后的点云数据配准到地图坐标系。最后，激光里程模块在地图优化阶段进一步通过点云特征提高点云的精度，并输出最新的激光位姿估计结果。接下来将详细介绍每一个模块的算法。

1. 融合激光点云信息的视觉里程模块

下面主要阐述视觉里程模块如何结合激光点云数据完成里程估计。由于激光点云可以提供深度图，因此在视觉里程模块中，根据深度信息的来源可以将图像上追踪成功的特征点分

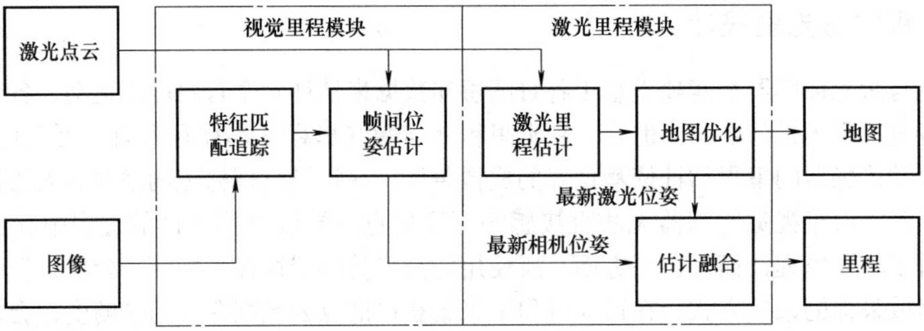

图 6-34　视觉激光里程计流程图

为两类：拥有深度图及深度信息的特征点与没有深度信息的特征点。

令 $\boldsymbol{T}_k$ 与 $\boldsymbol{p}_i$ 为待估计的状态变量。旋转平移矩阵 $\boldsymbol{T}_k(k=1,\cdots,k)$ 表示传感器在 k 时刻的位姿，$\boldsymbol{p}_i$ 是第 i 个地图点的齐次坐标。通过 $\boldsymbol{x}$ 来表示视觉里程模块中所有待估计的状态变量，所有状态的子集 $\boldsymbol{x}_{ik}=\{\boldsymbol{T}_k,\boldsymbol{p}_i\}$ 包括第 i 个点与第 k 帧的状态变量。若第 k 帧图像上第 i 个特征点是深度图提供深度的特征点，它们的测量 $\boldsymbol{y}_{ik}$ 可以表示为

$$\boldsymbol{y}_{ik}=\begin{pmatrix}u\\v\\d\end{pmatrix}=\boldsymbol{g}_1(\boldsymbol{x}_{ik})+\boldsymbol{n}_{ik} \tag{6-116}$$

式中，(u,v) 为特征点在图像上的坐标；d 为激光点云提供的深度测量值；$\boldsymbol{n}_{ik}\sim\mathcal{N}((u,v,d)^{\mathrm{T}},\boldsymbol{C}_{ik})$ 为高斯噪声，其中 $\boldsymbol{C}_{ik}$ 为 $\boldsymbol{y}_{ik}$ 的协方差；$\boldsymbol{g}_1(\boldsymbol{x}_{ik})$ 为观测模型，可表示为

$$\boldsymbol{g}_1(\boldsymbol{x}_{ik})=\boldsymbol{\pi}_1\boldsymbol{K}\boldsymbol{s}(\boldsymbol{T}_k\cdot\boldsymbol{p}_i) \tag{6-117}$$

式中，$\boldsymbol{K}$ 为相机的内参矩阵；$\boldsymbol{p}_i$ 为对应地图点的齐次坐标；$\boldsymbol{T}_k$ 为该帧的位姿；$\boldsymbol{\pi}_1=\begin{pmatrix}1/d&0&0\\0&1/d&0\\0&0&1\end{pmatrix}$，$\boldsymbol{s}(\boldsymbol{\rho})=\begin{pmatrix}1&0&0&0\\0&1&0&0\\0&0&1&0\end{pmatrix}\boldsymbol{\rho}$，$\boldsymbol{\rho}$ 为一个四维向量。

而对于没有深度信息的第 j 个特征点，它们的测量 $\boldsymbol{y}_{jk}$ 可以表示为

$$\boldsymbol{y}_{jk}=\begin{pmatrix}u\\v\end{pmatrix}=\boldsymbol{g}_2(\boldsymbol{x}_{jk})+\boldsymbol{n}_{jk} \tag{6-118}$$

式中，(u,v) 为特征点在图像上的坐标；$\boldsymbol{n}_{jk}\sim\mathcal{N}((u,v)^{\mathrm{T}},\boldsymbol{C}_{jk})$ 为高斯噪声，$\boldsymbol{C}_{jk}$ 为 $\boldsymbol{y}_{jk}$ 的协方差；$\boldsymbol{g}_2(\boldsymbol{x}_{jk})$ 为观测模型，可表示为

$$\boldsymbol{g}_2(\boldsymbol{x}_{jk})=\boldsymbol{\pi}_2\boldsymbol{K}\boldsymbol{s}(\boldsymbol{T}_k\cdot\boldsymbol{p}_i) \tag{6-119}$$

式中，$\boldsymbol{p}_i$ 为对应地图点的齐次坐标；$\boldsymbol{\pi}_2=\begin{pmatrix}1/d&0&0\\0&1/d&0\end{pmatrix}$。

基于这两类观测模型，可以采用最大似然方法来估计所有的状态变量 $\boldsymbol{x}$，即 $\boldsymbol{x}^*=\operatorname{argmax}_x P(\boldsymbol{y}\mid\boldsymbol{x})$，其中所有的观测用 $\boldsymbol{y}$ 表示。因此，利用所有观测误差构建的目标函数一般可定义为

$$J_{ba}(\boldsymbol{x})=\frac{1}{2}\sum_{i,k}\boldsymbol{e}_{y,ik}(\boldsymbol{x})^{\mathrm{T}}\boldsymbol{C}_{ik}^{-1}\boldsymbol{e}_{y,ik}(\boldsymbol{x})+\frac{1}{2}\sum_{j,k}\boldsymbol{e}_{y,jk}(\boldsymbol{x})^{\mathrm{T}}\boldsymbol{C}_{jk}^{-1}\boldsymbol{e}_{y,jk}(\boldsymbol{x}) \tag{6-120}$$

其中

$$\boldsymbol{e}_{y,ik}(\boldsymbol{x})=\boldsymbol{y}_{ik}-\boldsymbol{g}_1(\boldsymbol{x}_{ik}) \tag{6-121}$$

$$\boldsymbol{e}_{y,jk}(\boldsymbol{x})=\boldsymbol{y}_{jk}-\boldsymbol{g}_2(\boldsymbol{x}_{jk}) \tag{6-122}$$

因此结合激光点云提供的深度信息，视觉里程模块可以直接输出恢复尺度信息的里程估计结果。由于视觉里程模块的帧率高于激光里程模块，因此如图 6-35 所示，该视觉激光里程计的实时输出帧率为视觉相机的帧率。

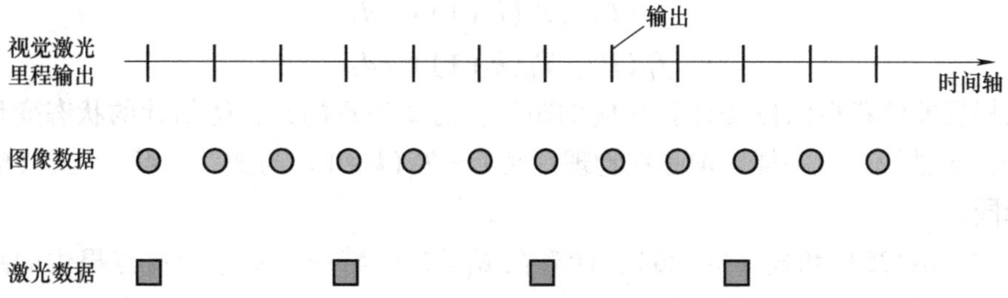

图 6-35　视觉激光里程计里程输出

2. 融合视觉里程结果的激光里程帧间估计

如之前所述，在无 IMU 传感器的情况下，激光里程计往往采用匀速线性模型对激光点云进行畸变修正。由于视觉传感器的帧率高于激光雷达，因此在激光两帧点云数据采集间隔内，视觉里程计的估计结果可以用来对激光传感器的运动畸变进行更精确的校正。虽然视觉里程估计仍存在误差，但是在短时间内，可以假设视觉里程计的累积误差速度在激光雷达的一个采样周期内是线性的，如图 6-36 所示。换言之，激光雷达采样帧间的视觉里程估计结果可以消除原先激光里程计点云畸变矫正过程中误差的高维项，可以提高里程估计的精确度。

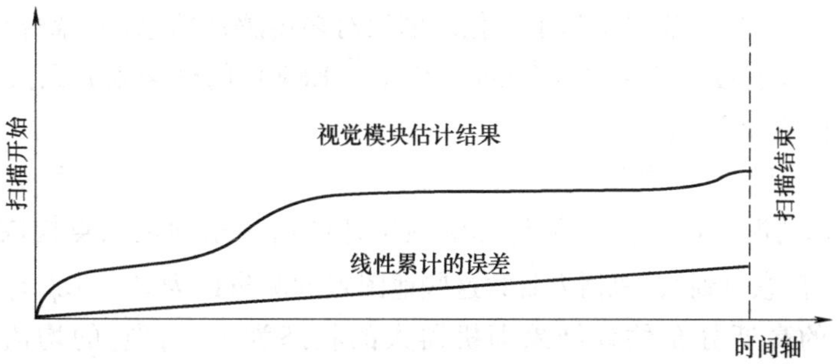

图 6-36　视觉里程模块的线性误差累计示意图

在线性运动假设下，视觉里程计的误差累积在激光雷达一个扫描周期内是线性增长的，因此在激光雷达采样帧间，可通过线性插值的方法进一步修正视觉里程计预测位姿的误差。

从激光雷达采样的第 k 帧到第 $k+1$ 帧的时间间隔里，视觉里程总的累积误差记为 $\boldsymbol{T}_k(k+1)$，$\boldsymbol{T}_k(k+1)$ 为一个六维向量。对于激光雷达一帧中的某个采样点 i，它的采样时刻可以记为 t_i，则在 t_i 时刻下的视觉里程估计误差 $\boldsymbol{T}_{k,i}$ 可以通过线性插值求取，该计算如下：

$$\boldsymbol{T}_{k,i}=\frac{t_i-t_k}{t_{k+1}-t_k}\boldsymbol{T}_k(k+1) \tag{6-123}$$

因此，E_k 与 H_k 中的边缘点与平面点可以通过由式（6-123）修正得到的位姿来变换至 t_k 时刻。该变换可以表示如下：

$$\widetilde{\boldsymbol{P}}_{k,i}=\boldsymbol{R}_{k,i}\boldsymbol{P}_{k,i}+\boldsymbol{\tau}_{k,i} \tag{6-124}$$

式中，$\boldsymbol{P}_{k,i}$为 E_k 或 H_k 中的第 i 个特征点；$\boldsymbol{R}_{k,i}$与 $\boldsymbol{\tau}_{k,i}$分别是在视觉里程估计结果上累加 $\boldsymbol{T}_{k,i}$ 来获得的旋转矩阵与位移向量。

同样地，结合式（6-42）和式（6-43）所定义的特征点之间的距离 d_E 以及 d_H，可以得到如下表达式：

$$f_E(\boldsymbol{P}_{k,i},\boldsymbol{T}_k(k+1))=d_E \tag{6-125}$$

$$f_H(\boldsymbol{P}_{k,i},\boldsymbol{T}_k(k+1))=d_H \tag{6-126}$$

即每个点根据差值获得的位姿计算相应的距离。需要注意的是：待估计的状态变量变成了 $\boldsymbol{T}_k(k+1)$。虽然形式上一样，但是在物理意义上，$\boldsymbol{T}_k(k+1)$ 与式（6-47）、式（6-48）中的并不相同。

结合式（6-125）和式（6-126），计算在 E_k 与 H_k 特征点集中所有点提供的距离并累加，可以获得最终的非线性成本函数：

$$\boldsymbol{f}(\boldsymbol{T}_k(k+1))=\boldsymbol{d} \tag{6-127}$$

式中，$\boldsymbol{f}$ 的每一行为每一个特征点，而 $\boldsymbol{d}$ 包含每一个特征点对应的距离。非线性优化利用列文伯格-马夸尔特方法迭代最小化 $\boldsymbol{d}$ 在鲁棒求解的情况下来求得最优的 $\boldsymbol{T}_k(k+1)$。

3. 地图优化

如 6.3.3 小节所述，在通过帧间位姿估计之后，新数据应与历史信息进行进一步融合，构建精度更高的地图。由于激光点云的精度远高于视觉构建的点云，因此在优化部分不考虑视觉构建的点云。因此矫正过程与 6.3.3 小节类似，不再赘述。

6.5.3 扩展卡尔曼滤波融合里程估计

6.5.1 小节和 6.5.2 小节都是基于优化的框架对多传感器信息进行融合里程估计，本小节将基于扩展卡尔曼滤波（Extended Kalman Filter，EKF）的框架来介绍激光雷达与惯性测量单元融合的里程估计方法。

基本 EKF 算法已经在本书第 2 章中进行了介绍。而基于 EKF 的里程估计算法是马尔可夫定位的一种特殊情况。EKF 里程估计算法假定地图由一系列地图点构成，用 $\boldsymbol{M}_t=\{\boldsymbol{m}_1,\boldsymbol{m}_2,\cdots\}$ 表示。在任意时刻 t，机器人观察这些地图点的测量记为 $\boldsymbol{Z}_t=\{z_t^1,z_t^2,\cdots\}$。假设 $t-1$ 时刻机器人位置的高斯分布估计结果即机器人的状态为 $\boldsymbol{x}_{t-1}$，它的均值和方差为 $\boldsymbol{\mu}_{t-1}$、$\boldsymbol{\Sigma}_{t-1}$，$t$ 时刻的控制量为 $\boldsymbol{u}_t$。则可以利用第 2 章中的算法给出新的状态估计结果 $\boldsymbol{x}_t$ 与 $\boldsymbol{\Sigma}_t$。为了能更加具体地介绍 EKF 在里程估计上的应用，本小节结合二维激光雷达的测量模型与惯性测量单元的运动模型来推导二维导航定位情况下的计算过程。

首先假设二维激光雷达对地图点的识别都是准确无误的，因此不存在错误的地图点匹配。那么在 t 时刻机器人第 i 个地图点的测量可以写为

$$\begin{pmatrix} r_t^i \\ \phi_t^i \end{pmatrix}=\begin{pmatrix} \sqrt{(m_{i,x}-x)^2+(m_{i,y}-y)^2} \\ \operatorname{atan2}(m_{i,y}-y,m_{i,x}-x)-\theta \end{pmatrix}+\begin{pmatrix} \varepsilon_{\sigma_r^2} \\ \varepsilon_{\sigma_\phi^2} \end{pmatrix} \tag{6-128}$$

式中，r_t^i 为激光在 t 时刻对第 i 个地图点测量的距离值；ϕ_t^i 为激光在 t 时刻对第 i 个地图点测量的角度值。机器人的姿态为 $\boldsymbol{x}=(x,y,\theta)^{\mathrm{T}}$，$m_{i,x}$与 $m_{i,y}$分别表示地图点的 x 与 y 坐标值。$\varepsilon_{\sigma_r^2}$和 $\varepsilon_{\sigma_\phi^2}$是均值为 0、方差为 σ_r^2 与 σ_ϕ^2 的高斯噪声。若机器人在控制作用下从 $t-1$ 时刻的状态 $\boldsymbol{x}_{t-1}=(x,y,\theta)^{\mathrm{T}}$ 运动至 t 时刻的状态 $\boldsymbol{x}_t=(x',y',\theta')^{\mathrm{T}}$，其计算过程可以表示如下：

$$\begin{pmatrix} x' \\ y' \\ \theta' \end{pmatrix} = \begin{pmatrix} x \\ y \\ \theta \end{pmatrix} + \begin{pmatrix} -\frac{\hat{v}_t}{\hat{\omega}_t}\sin\theta + \left(-\frac{\hat{v}_t}{\hat{\omega}_t}\sin(\theta + \hat{\omega}_t\Delta t)\right) \\ -\frac{\hat{v}_t}{\hat{\omega}_t}\cos\theta + \left(-\frac{\hat{v}_t}{\hat{\omega}_t}\cos(\theta + \hat{\omega}_t\Delta t)\right) \\ \hat{\omega}_t\Delta t \end{pmatrix} \tag{6-129}$$

式中，$(\hat{v}_t,\hat{\omega}_t)^{\mathrm{T}}$ 为惯性测量单元通过积分获得的速度与角速度的测量结果。该测量结果可看成是在真实的运动 $(v_t,\omega_t)^{\mathrm{T}}$ 上叠加高斯噪声，即

$$\begin{pmatrix} \hat{v}_t \\ \hat{\omega}_t \end{pmatrix} = \begin{pmatrix} v_t \\ \omega_t \end{pmatrix} + \mathcal{N}(0,\boldsymbol{M}_t) \tag{6-130}$$

式中，$\boldsymbol{M}_t$ 为惯性测量信息积分后噪声 $\mathcal{N}$ 的协方差。需要注意的是：在实际情况中，惯性测量单元的采样帧率远高于激光雷达。这里假设惯性测量单元的帧率于采样时刻与激光雷达已同步，以此来简化模型。

1. 预测步骤

扩展卡尔曼滤波的第一步为预测步骤，即通过惯性测量的运动信息预测 t 时刻的状态。根据第 2 章知道，需要对运动模型进行线性化。为此，运动模型需要进一步写成

$$\begin{pmatrix} x' \\ y' \\ \theta' \end{pmatrix} = \boldsymbol{g}(\boldsymbol{u}_t,\boldsymbol{x}_{t-1}) + \mathcal{N}(0,\boldsymbol{N}_t) \tag{6-131}$$

其中，

$$\boldsymbol{g}(\boldsymbol{u}_t,\boldsymbol{x}_{t-1}) = \begin{pmatrix} x \\ y \\ \theta \end{pmatrix} + \begin{pmatrix} -\frac{v_t}{\omega_t}\sin\theta \pm \frac{v_t}{\omega_t}\sin(\theta + \omega_t\Delta t) \\ -\frac{v_t}{\omega_t}\cos\theta \pm \frac{v_t}{\omega_t}\cos(\theta + \omega_t\Delta t) \\ \omega_t\Delta t \end{pmatrix} \tag{6-132}$$

上式实际是将原本的期望运动 $(v_t,\omega_t)^{\mathrm{T}}$ 代替了真实观测 $(\hat{v}_t,\hat{\omega}_t)^{\mathrm{T}}$，然后再加上零均值的高斯白噪声。因此，运动模型被分解成了一个无噪声分量和一个随机噪声分量。而由于是预测，因此定义

$$\bar{\boldsymbol{x}}_t = \begin{pmatrix} x' \\ y' \\ \theta' \end{pmatrix} \tag{6-133}$$

式中，$\bar{\boldsymbol{x}}_t$ 为预测结果，$\boldsymbol{g}(\cdot)$ 为非线性预测方程。现在需要对无噪声分量中的函数 $\boldsymbol{g}(\cdot)$ 通过泰勒展开进行线性化。该运动模型的泰勒展开式可以写为

$$\boldsymbol{g}(\boldsymbol{u}_t,\boldsymbol{x}_{t-1}) \approx \boldsymbol{g}(\boldsymbol{u}_t,\boldsymbol{\mu}_{t-1}) + \boldsymbol{G}_t(\boldsymbol{x}_{t-1} - \boldsymbol{\mu}_{t-1}) \tag{6-134}$$

函数 $\boldsymbol{g}(\boldsymbol{u}_t,\boldsymbol{\mu}_{t-1})$ 可以通过期望替换上一状态估计得到，雅可比函数矩阵 $\boldsymbol{G}_t$ 是函数 $\boldsymbol{g}(\cdot)$ 在 $\boldsymbol{u}_t$，$\boldsymbol{\mu}_{t-1}$关于 $\boldsymbol{x}_{t-1}$的导数，可以表示为

$$\boldsymbol{G}_t = \frac{\partial \boldsymbol{g}(\boldsymbol{u}_t,\boldsymbol{\mu}_{t-1})}{\partial \boldsymbol{x}_{t-1}} = \begin{pmatrix} \frac{\partial x'}{\partial \boldsymbol{\mu}_{t-1,x}} & \frac{\partial x'}{\partial \boldsymbol{\mu}_{t-1,y}} & \frac{\partial x'}{\partial \boldsymbol{\mu}_{t-1,\theta}} \\ \frac{\partial y'}{\partial \boldsymbol{\mu}_{t-1,x}} & \frac{\partial y'}{\partial \boldsymbol{\mu}_{t-1,y}} & \frac{\partial y'}{\partial \boldsymbol{\mu}_{t-1,\theta}} \\ \frac{\partial \theta'}{\partial \boldsymbol{\mu}_{t-1,x}} & \frac{\partial \theta'}{\partial \boldsymbol{\mu}_{t-1,y}} & \frac{\partial \theta'}{\partial \boldsymbol{\mu}_{t-1,\theta}} \end{pmatrix} \tag{6-135}$$

式中，$(\boldsymbol{\mu}_{t-1,x},\boldsymbol{\mu}_{t-1,y},\boldsymbol{\mu}_{t-1,\theta})$ 为$\boldsymbol{\mu}_{t-1}$的三个分量。根据上面介绍的运动模型，可以计算出这些导数得到确定的雅可比函数：

$$\boldsymbol{G}_t=\begin{pmatrix}1 & 0 & \dfrac{v_t}{\omega_t}(-\cos\boldsymbol{\mu}_{t-1,\theta}+\cos(\boldsymbol{\mu}_{t-1,\theta}+\omega_t\Delta t))\\ 0 & 1 & \dfrac{v_t}{\omega_t}(-\sin\boldsymbol{\mu}_{t-1,\theta}+\sin(\boldsymbol{\mu}_{t-1,\theta}+\omega_t\Delta t))\\ 0 & 0 & 1\end{pmatrix} \tag{6-136}$$

则预测结果的协方差矩阵为

$$\overline{\boldsymbol{\Sigma}}_t=\boldsymbol{G}_t\boldsymbol{\Sigma}_{t-1}\boldsymbol{G}_t^{\mathrm{T}} \tag{6-137}$$

当然惯性测量单元的测量存在不确定度，其噪声的协方差矩阵为 $\boldsymbol{M}_t$。通过运动模型，需要将惯性测量的不确定度转换到运动空间，这就需要另一个线性化过程。该一阶线性化矩阵用 $\boldsymbol{V}_t$ 表示，它是运动函数 $\boldsymbol{g}(\cdot)$ 在 $\boldsymbol{u}_t,\boldsymbol{\mu}_{t-1}$关于 $\boldsymbol{u}_t$ 的导数：

$$\begin{aligned}\boldsymbol{V}_t&=\frac{\partial\boldsymbol{g}(\boldsymbol{u}_t,\boldsymbol{\mu}_{t-1})}{\partial\boldsymbol{u}_t}=\begin{pmatrix}\dfrac{\partial x'}{\partial v_t} & \dfrac{\partial x'}{\partial\omega_t}\\ \dfrac{\partial y'}{\partial v_t} & \dfrac{\partial y'}{\partial\omega_t}\\ \dfrac{\partial\theta'}{\partial v_t} & \dfrac{\partial\theta'}{\partial\omega_t}\end{pmatrix}\\ &=\begin{pmatrix}\dfrac{-\sin\theta+\sin(\theta+\omega_t\Delta t)}{\omega_t} & \dfrac{v_t(\sin\theta-\sin(\theta+\omega_t\Delta t))}{\omega_t^2}+\dfrac{v_t\cos(\theta+\omega_t\Delta t)\Delta t}{\omega_t}\\ \dfrac{\cos\theta-\cos(\theta+\omega_t\Delta t)}{\omega_t} & \dfrac{v_t(\cos\theta-\cos(\theta+\omega_t\Delta t))}{\omega_t^2}+\dfrac{v_t\sin(\theta+\omega_t\Delta t)\Delta t}{\omega_t}\\ 0 & \Delta t\end{pmatrix}\end{aligned} \tag{6-138}$$

则预测结果的协方差矩阵应进一步写为

$$\overline{\boldsymbol{\Sigma}}_t=\boldsymbol{G}_t\boldsymbol{\Sigma}_{t-1}\boldsymbol{G}_t^{\mathrm{T}}+\boldsymbol{V}_t\boldsymbol{M}_t\boldsymbol{V}_t \tag{6-139}$$

其中 $\boldsymbol{V}_t$ 为运动模型到状态空间的一阶近似映射。因此，乘积 $\boldsymbol{V}_t\boldsymbol{M}_t\boldsymbol{V}_t$ 提供了惯性测量单元测量噪声向状态空间运动噪声的近似映射。

2. 更新步骤

如预测模型中一样，非线性观测模型函数 $\boldsymbol{h}(\cdot)$ 也需要进行线性化。观测模型可以进一步写为

$$\begin{pmatrix}r_t^i\\ \phi_t^i\end{pmatrix}=\boldsymbol{h}(m_i,\boldsymbol{x}_t)+\mathcal{N}(0,\boldsymbol{Q}_t) \tag{6-140}$$

其中：

$$\boldsymbol{h}(m_i,\boldsymbol{x}_t)=\begin{pmatrix}\sqrt{(m_{i,x}-x_t)^2+(m_{i,y}-y_t)^2}\\ \operatorname{atan2}(m_{i,y}-y_t,m_{i,x}-x_t)-\theta_t\end{pmatrix} \tag{6-141}$$

同样地，对 $\boldsymbol{h}(m_i,\boldsymbol{x}_t)$ 进行泰勒展开可得

$$\boldsymbol{h}(m_i,\boldsymbol{x}_t)\approx\boldsymbol{h}(m_i,\bar{\boldsymbol{x}}_t)+\boldsymbol{H}_t^i(\boldsymbol{x}_t-\bar{\boldsymbol{x}}_t) \tag{6-142}$$

而线性化获得的 $\boldsymbol{H}_t^i$ 可以推导为

$$
\boldsymbol{H}_t^i = \frac{\partial \boldsymbol{h}(m_i, \overline{\boldsymbol{x}}_t)}{\partial \boldsymbol{x}_t} = \begin{pmatrix} \dfrac{\partial r_t^i}{\partial \overline{\boldsymbol{x}}_{t,x}} & \dfrac{\partial r_t^i}{\partial \overline{\boldsymbol{x}}_{t,y}} & \dfrac{\partial r_t^i}{\partial \overline{\boldsymbol{x}}_{t,\theta}} \\ \dfrac{\partial \phi_t^i}{\partial \overline{\boldsymbol{x}}_{t,x}} & \dfrac{\partial \phi_t^i}{\partial \overline{\boldsymbol{x}}_{t,y}} & \dfrac{\partial \phi_t^i}{\partial \overline{\boldsymbol{x}}_{t,\theta}} \end{pmatrix}
$$

$$
= \begin{pmatrix} -\dfrac{m_{i,x} - \overline{\boldsymbol{x}}_{t-1,x}}{\sqrt{(m_{i,x} - \overline{\boldsymbol{x}}_{t,x})^2 + (m_{i,y} - \overline{\boldsymbol{x}}_{t,y})^2}} & -\dfrac{m_{i,x} - \overline{\boldsymbol{x}}_{t,y}}{\sqrt{(m_{i,x} - \overline{\boldsymbol{x}}_{t,x})^2 + (m_{i,y} - \overline{\boldsymbol{x}}_{t,y})^2}} & 0 \\ \dfrac{m_{i,y} - \overline{\boldsymbol{x}}_{t-1,y}}{(m_{i,x} - \overline{\boldsymbol{x}}_{t,x})^2 + (m_{i,y} - \overline{\boldsymbol{x}}_{t,y})^2} & -\dfrac{m_{i,x} - \overline{\boldsymbol{x}}_{t,x}}{(m_{i,x} - \overline{\boldsymbol{x}}_{t,x})^2 + (m_{i,y} - \overline{\boldsymbol{x}}_{t,y})^2} & -1 \end{pmatrix} \tag{6-143}
$$

通过该雅可比矩阵，对该地图点，可以计算它的卡尔曼增益为

$$
\boldsymbol{K}_t^i = \overline{\boldsymbol{\Sigma}}_t \boldsymbol{H}_t^{i\mathrm{T}} (\boldsymbol{H}_t^i \overline{\boldsymbol{\Sigma}}_t \boldsymbol{H}_t^{i\mathrm{T}} + \boldsymbol{Q}_t^i)^{-1} \tag{6-144}
$$

式中，$\boldsymbol{Q}_t^i$ 为观测的测量噪声。这里只是对单一点进行了线性化，而定位需要处理多个地图点。所以需要引入一个假设，即假设机器人对每个地图点的测量是独立的。这样就可以利用每一个地图点提供的观测信息来更新预测结果，并获得最后的估计结果。基于该假设，最终的估计结果为

$$
\boldsymbol{x}_t = \overline{\boldsymbol{x}}_t + \boldsymbol{\Sigma}_i \boldsymbol{K}_t^i (z_t^i - \overline{z}_t^i) \tag{6-145}
$$

而估计结果的协方差为

$$
\boldsymbol{\Sigma}_t = [\textstyle\prod_i (\boldsymbol{I} - \boldsymbol{K}_t^i \boldsymbol{H}_t^i)] \overline{\boldsymbol{\Sigma}}_t \tag{6-146}
$$

至此完成了在二维环境下，基于扩展卡尔曼滤波的更新推导过程。在实际的应用中，为了获得更好的近似一阶线性化矩阵，往往需要通过对每个地图点进行循环迭代，用最新的预测结果对下一个地图点的观测进行线性化，来求取最优的结果。

6.6　小结

本章首先通过轮式编码器和惯性测量单元两类传感器介绍了运动里程估计的基本概念和计算方法，便于读者理解和掌握里程估计的基本思想。随后，重点介绍了移动机器人领域常用的两类里程估计技术：激光里程计与视觉里程计，主要从特征提取、特征匹配、运动估计、局部优化等方面对典型的激光里程计和视觉里程计展开了详细介绍。最后，简单介绍了几种常见的传感器融合里程估计方法。关于本章所述的方法及其变种和改进，可以进一步参考相关领域的专业文献。

习　　题

6-1　轮式编码器除了在车轮与地面打滑的情况下会有较大误差，是否还存在其他测量误差的来源？

6-2　在 ICP 的计算过程中，同时将空间点的位置也作为优化变量，整个状态估计系统与纯 ICP 有什么区别？结果会有什么变化？

6-3　在激光雷达里程计中，使用最近邻测量与基于特征测量的点云配准方法各有什么优缺点？机械旋转式激光雷达由于运动产生畸变，同样地，由于相机存在曝光时间，那么普通相机中是否也存在此类畸变，进而影响里程估计的精度？

6-4　若相机观测的空间为平坦的地面，本章介绍的视觉里程计的估计方法是否会受到影响？

6-5　除了本章介绍的传感器外，你觉得还有哪些传感器可以用来进行里程估计？

6-6 在载体处于大机动的运动状态下，惯性测量单元测量的结果往往不能精确反映载体的运动状态。在这个状态下，若在视觉惯导里程计中进行预积分会对估计结果产生怎样的影响？

6-7 除了利用视觉传感器作为运动先验来增强激光雷达里程计的精确度，还有哪些传感器可以实现同样的效果？它们各有什么特点？

6-8 如果场景中存在移动物体，本章介绍的内容中，哪些里程计方法会受到较大的影响，哪些受到的影响较小？

6-9 如果旋转轴方向为正交或平行于平移方向，那么相机在两个视角的本质矩阵 $\boldsymbol{E}$ 的秩为 2。所以基础矩阵 $\boldsymbol{F}=\boldsymbol{K}^{-\mathrm{T}}\boldsymbol{E}\boldsymbol{K}^{-1}$。由于本质矩阵的秩可知，$\boldsymbol{F}$ 也应为奇异。如果是两个不同内参的相机在两个不同视角下进行观测，那么这个结论还是否成立？

6-10 假设两个相机的内参矩阵已知且相同。以相机 1 坐标系为世界坐标系，则两个相机的投影矩阵分别为 $\boldsymbol{P}_1=\boldsymbol{K}(\boldsymbol{I}\mid 0)$，$\boldsymbol{P}_2=\boldsymbol{K}(\boldsymbol{R}\mid \boldsymbol{t})$。若两个相机同时观察一个世界平面 $\boldsymbol{\pi}$，$\boldsymbol{\pi}=(\boldsymbol{n}^{\mathrm{T}},d)^{\mathrm{T}}$。那么，对于平面上的点 $\boldsymbol{X}$ 来说满足 $\boldsymbol{n}^{\mathrm{T}}\boldsymbol{X}+d=0$。请推导公式并计算两个相机图像之间的单应变换。

第 7 章 同时定位与地图构建

移动机器人通过里程估计能够计算自身相对于原点的位姿，但其计算结果包含累积误差，也就是说移动机器人的工作轨迹越长，使用里程估计的步数越多，其位姿的方差就越大。换言之，即使机器人围绕一个小范围不停地运行，位姿估计的准度也会逐渐下降。显然，里程估计的该特性使其并不符合长时间应用的需求。为此，本章介绍移动机器人的同时定位与地图构建（Simultaneous Localization And Mapping，SLAM），通过闭环观测消除或减少里程估计中的累积误差，提升位姿估计的精度，但该方法随着地图尺寸及轨迹长度变大，复杂度会不断增长，同样不符合长时运行需求。因此，本章最后介绍移动机器人基于给定地图的定位问题和方法，从而能够实现位姿估计精度保持在有界的水平，并且复杂度为常数，符合长时间运行的要求。

7.1 SLAM 系统整体框架

当前业界比较认可的 SLAM 系统通常包含两个部分，分别是前端和后端，前端提取特征匹配，后端求解轨迹，从而解决从传感器原始数据到定位和建图的问题，如图 7-1 所示。首先，前端的任务是解决匹配问题，它又包括两个组成部分：其一是解决时间上邻近帧之间的特征匹配，即解决里程估计中的特征跟踪问题，这部分在前面章节中已有介绍；其二是解决空间上临近但时间上非邻近的机器人回访问题，也就是当机器人回到原先访问过的区域时，能够不基于当前位姿的估计识别出当前的信息和过去的信息之间是同一个地点，这类问题称为闭环检测。通过前端的处理，原始数据被解析为一系列数据关联，可能是位姿间的关联，也可能是特征间的关联。此时，信息和具体的传感器类型不再相关，问题转化为从一系列数

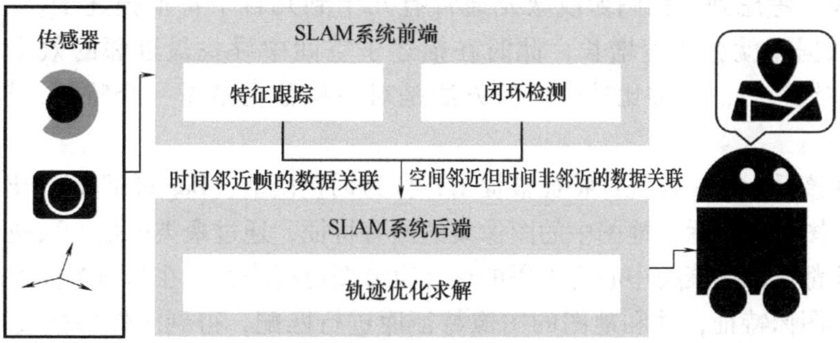

图 7-1 SLAM 系统架构

据关联求解机器人的轨迹，这是SLAM系统中后端所要解决的任务。当输入的数据关联中仅存在时间上邻近帧之间的特征匹配时，后端求解的是里程估计问题，在前面章节中已经介绍。当闭环匹配也被纳入到后端求解时，后端求解的问题就是SLAM问题，也即本章介绍的内容。此外，当SLAM问题跨越多个时间段时，也就是闭环的两帧可能来自不同的时间段时，称为多阶段SLAM，该问题的挑战在于如何关联不同时间段的数据，从而求得跨阶段的数据关联。当过去阶段的变量被固定，仅将当前时间段的局部轨迹作为变量时，该问题被称为定位。

7.2 闭环检测

当机器人回访到原先已构建地图的区域，同时把传感器信息通过里程估计的结果映射到全局坐标系下，可以看到当前的传感器信息和之前所构建的地图会存在不吻合的情况，也就是当机器人回到已存在的某个位姿所处区域时，所估计的位姿却和之前的估计相差较大。这是由累积误差导致的，使得两次的位姿估计差别很大，也是里程估计方法存在的问题。显然，如果目标是构建环境的地图，就需要让在不同时刻采集的邻近位姿的传感器信息彼此吻合，并且希望在构建地图的环境范围内处处都存在这种吻合。为了实现该目标，本节将介绍闭环检测，即通过将同一个地点不同时刻采集的传感器信息显式地关联到一起，形成对机器人轨迹位姿估计的额外约束。

该问题的难点在于无法使用通过里程估计获得的对应不同时刻传感器信息的位姿估计，仅能通过传感器信息的相似性来判断。原因很简单，因为希望用闭环来额外约束里程估计的位姿，这潜在地说明位姿已经不可靠，而不可靠的位姿显然无法作为闭环检测依据，否则就无须闭环检测了。解决相似性问题，就是要回答当前的传感器信息和所有历史传感器信息中的哪些是类似的。本节将介绍这类问题的解决办法。

7.2.1 词包模型

给定当前的图像或激光数据以及相似区域的图像或激光数据，就能够根据里程估计内容中介绍的办法求解两者之间的位姿。因此，本节重点介绍如何找到与当前信息采集自相似区域的传感器信息，后续统一记为$\boldsymbol{I}$，该问题被称为地点识别问题。

在里程估计章节中，读者已经知道如何从$\boldsymbol{I}_i$提取一组特征点及其描述子$\{\boldsymbol{d}_{ik}\}$，表示第i帧数据的第k个特征点。一种解决地点识别的办法是寻找与当前图像或激光数据具有最多匹配的$\boldsymbol{I}_j$，作为邻近帧$\boldsymbol{I}_{sim}$。然而，这种方法在效率方面存在较大问题。随着机器人运行时间变长，考虑到一张图像或激光通常有几十到几百个特征描述子，历史传感器信息的描述子数据库就会快速增长，此时在描述子空间中寻找最近邻的效率会显著下降，因此不适合在线运行。一种比较合理的方法是对一帧数据给予一个特征，控制历史数据的增长速度。

为了实现该目标，一种统计特征被提出，称为词包模型（Bag of Words，BoW）。该模型的整体思路如图7-2所示，地图中的图像集的所有特征，通过聚类产生一系列聚类中心。每张图像的特征都可以用聚类中心为编码的统计直方图进行表达。在当前图像到来时，通过借助字典提取其图像特征，并和地图的图像特征库进行匹配，得到图像特征最接近的匹配图像，成为潜在的闭环图像。

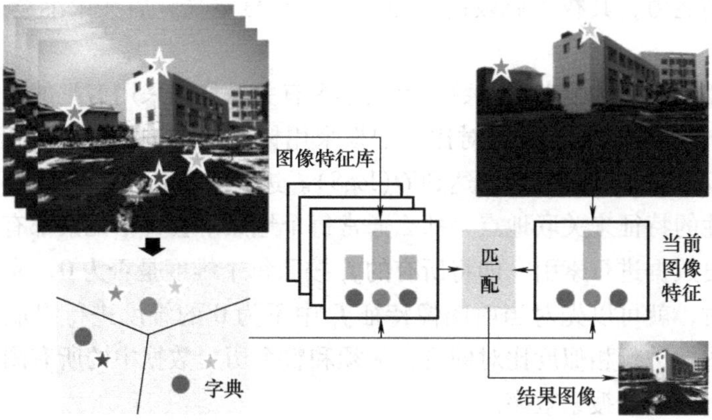

图 7-2　SLAM 词包模型的流程图

图 7-2 彩图

具体地，将 $\boldsymbol{I}_i$ 出现在该数据中的特征描述子的统计量作为其特征 $\boldsymbol{f}_i$，该方法需要训练数据支持。对于所有训练数据的描述子构成的集合 $\boldsymbol{D}_{train} = \cup_i\{\boldsymbol{d}_{ik}\}$，采用量化技术对其进行离散化。具体方法为：用描述子空间中的若干个点近似表示整个空间。基于 K- 均值算法将对 $\boldsymbol{D}_{train}$ 进行聚类，从而获得 K 个聚类中心 $\{\boldsymbol{c}_j\}$，用这组聚类中心来近似整个描述子空间 $\boldsymbol{D}_{train}$。给定 $\boldsymbol{D}_{train}$、K 以及随机初始化的聚类中心 $\{\boldsymbol{c}_j\}$，K- 均值算法的第一步就是为每个描述子 $\boldsymbol{d}_{ik} \in \boldsymbol{D}_{train}$ 确定一个对应的聚类中心，数学描述如下：

$$l(\boldsymbol{d}_{ik}) = \underset{j}{\operatorname{argmin}} \|\boldsymbol{d}_{ik} - \boldsymbol{c}_j\| \tag{7-1}$$

即把当前和自身最接近的聚类中心作为自身的聚类标签。K- 均值算法的第二步就是对所有的聚类中心进行更新，即

$$\boldsymbol{c}_j = \underset{\boldsymbol{c}_j}{\operatorname{argmin}} \|\boldsymbol{d}_{ik} - \boldsymbol{c}_j\|, \boldsymbol{d}_{ik} \in \{\boldsymbol{d}_{ik} \mid l(\boldsymbol{d}_{ik}) = j\} \tag{7-2}$$

通过对以上两个步骤进行迭代，最终 $\boldsymbol{c}_j$ 将不再发生变化。此时，对于给定的描述子 $\boldsymbol{d}_{ik}$，可以得到其中心 $\boldsymbol{c}_{l(\boldsymbol{d}_{ik})}$。进一步当给定 $\boldsymbol{I}_i$，可以将其所有的描述子 $\{\boldsymbol{d}_{ik}\}$ 转化为对应的聚类中心集合 $\{\boldsymbol{c}_{l(\boldsymbol{d}_{ik})}\}$。显然，尽管描述子各不相同，但赋予聚类中心后等价于对描述子空间进行了离散化，这样 $\{\boldsymbol{c}_{l(\boldsymbol{d}_{ik})}\}$ 中很可能包含相同元素，即多个描述子具有相同的对应聚类中心。在此基础上，可以构造直方图作为 $\boldsymbol{f}_i$，实现用一个特征描述图像的目标。

$$\boldsymbol{f}_i = \left(\frac{|\{\boldsymbol{d}_{ik} \mid l(\boldsymbol{d}_{ik}) = 1\}|}{\sum_j |\{\boldsymbol{d}_{ik} \mid l(\boldsymbol{d}_{ik}) = j\}|}, \frac{|\{\boldsymbol{d}_{ik} \mid l(\boldsymbol{d}_{ik}) = 2\}|}{\sum_j |\{\boldsymbol{d}_{ik} \mid l(\boldsymbol{d}_{ik}) = j\}|}, \cdots\right) \tag{7-3}$$

式中 $|\cdot|$ 表示集合 $\cdot$ 中元素的数量。基于该方法，可以在里程估计的过程中，将其输出的关键帧表达为特征，并与历史数据中的关键帧特征进行比较，从而实现地点识别。

采用直方图直接比较存在如下问题：当某个聚类中心在每个图片上都有出现时，该聚类中心在判定相似时的作用很弱。可以理解为，当一类特征在很多图片中都出现时，这类特征对分辨图片缺少鉴别性，比如每个图片中都有树，那么树就不是一个能够鉴别地点的特征。为了减少该聚类中心在判断相似度时的影响，进一步对直方图的每个中心进行加权。在训练数据中，可以计算出现第 j 个聚类中心的图片的数量，即 $|\{\boldsymbol{I}_i \mid f_{ij} > 0\}|$，这些图片占所有图像的比例可以记为 γ_j。导出加权直方图特征为

$$\boldsymbol{f}_{w,i} = (-\log\gamma_1 f_{i1}, -\log\gamma_2 f_{i2}, \cdots) \tag{7-4}$$

可以发现，当某个聚类中心在很多 $\boldsymbol{I}_i$ 中都出现时，其权重就会下降，而那些只在个别图像上

出现的则具有很强的鉴别能力，其权重就较高。为了减少符号定义，后文中继续采用$\boldsymbol{f}_i$表示加权直方图特征。

在搜索方面，找到相似信息的复杂度与数据库大小S有关。如果采用穷举的方式，复杂度为$O(S)$，也就是每个传感器信息都进行对比。如果采用树型结构进行二分，比如 KD 树结构，那么搜索效率可以显著提升，复杂度达到$O(\log S)$。进一步分析，考虑到$\boldsymbol{f}_i$的构造就是为了通过有地点鉴别性的特征来关联地点，那么通常每个地点不会每个元素都有值。所以可以借助这个特性对历史数据进行索引，即将所有的$\boldsymbol{f}_i$按照每个维度是否为 0，来分类传感器数据。在搜索相似性时，就可以先对当前图像特征$\boldsymbol{f}_i$中不为 0 的维度进行提取，然后仅对对应维度也不为 0 的图像进行相似度比对即可，无须和整个历史数据中的所有图片进行比较，该索引步骤可以进一步提升搜索效率。

对于基于词包模型的地点识别方法，通过特征加权和搜索策略两个方面的优化，能够提升其准确率和效率。目前，BoW 方法在很多 SLAM 软件中都有所应用。

7.2.2 全局描述子

BoW 方法可行的根本是建立在局部特征提取的重复性及其描述子的相似度基础之上，从而使两张相似地点图像的传感器信息可以具有类似的描述子分布特征。然而，对于图像而言，在具有较强光照变化的环境下，比如室外不同时间点同一区域的图像，特征提取的重复性会显著下降，这就导致了相似地点不同时刻的两张图像，其局部特征的分布可能差别较大。为了解决该问题，有一些方法直接从图像整体产生特征。下面介绍一种常见的全局描述子方法。

给定一张图片$\boldsymbol{I}_i$，传统的特征提取方法首先提取稀疏的特征点，然后取其描述子。在实践中，有研究发现稀疏特征点的步骤对于环境变化不鲁棒，也就是当环境发生变化，很多原本可以被提取的特征点无法再被提取，这就造成了整体的重复性差。针对该问题，对$H\times W$的图片$\boldsymbol{I}_i$不再提取特征点，而是将其划分为稠密的栅格，在每个栅格中直接提取描述子，这样就可以获得一个$\dfrac{H}{g}\times\dfrac{W}{g}\times N$的矩阵，其中$g$是栅格的尺寸，$N$是描述子的维度。接下来，引入局部累积向量描述子（Vector of Locally Aggregated Descriptors，VLAD）。在此仍然沿用 BoW 方法中的K个聚类中心$\{\boldsymbol{c}_j\}$，对于每个描述子$\boldsymbol{d}_{ik}$，可以将其和K个聚类中心的距离描述成矩阵

$$\boldsymbol{d}_{ik}=(\boldsymbol{d}_{ik}-\boldsymbol{c}_1,\boldsymbol{d}_{ik}-\boldsymbol{c}_2,\cdots)^{\mathrm{T}} \tag{7-5}$$

那么图像的未归一化 VLAD 特征可以通过如下计算得到：

$$\widetilde{\boldsymbol{f}}_i=\sum\nolimits_k\boldsymbol{d}_{ik} \tag{7-6}$$

该特征是一个$K\times N$的矩阵。对$\widetilde{\boldsymbol{f}}_i$进行平方和归一化，即可得到最后的 VLAD 特征$\boldsymbol{f}_i$。因为其基于稠密的图像特征，所以该特征被称为 DenseVLAD 特征。对该特征进行相似度比较可以采用内积的方式，也就是利用夹角来计算数据库中其他特征和$\boldsymbol{f}_i$的相似度，该过程可以通过矩阵乘法实现。相比于 BoW 特征，DenseVLAD 特征并没有选择某个聚类中心$\{\boldsymbol{c}_j\}$作为代表的过程，因此不像 BoW 那样具有稀疏特性，即通常特征中的每个元素都不为 0，这就无法利用索引的方式来加速 DenseVLAD 特征的搜索效率，这是 DenseVLAD 相比于 BoW 的劣势。

综上所述，DenseVLAD 相比于 BoW 的主要优势在于使用了稠密的局部描述生成最终特征，无须考虑特征点检测在显著环境变化情况下的重复性问题，因此在环境变化显著情况下，比如在两次 SLAM 之间构建闭环且两阶段 SLAM 的间隔较大时，具有比较显著的优势。但是 DenseVLAD 的代价是特征的维度更高，也没有稀疏结构提升搜索的效率，因此在单阶段 SLAM 过程中，即闭环的两帧信息之间差异不大时，BoW 优势更明显。这也在一定程度上体现了基于局部描述子统计的特征和在全局范围直接构建全局描述子的思路彼此间的差异和各自所针对的问题。在实际应用中，这些分析和结论就是根据具体场景来选择方法的指南。

7.2.3 序列地点识别

无论是 BoW 还是 VLAD，两者都能给出相对于当前图像，在各自度量下数据库中最接近的一张图像。解决该问题时，两种方法使用的信息本质是类似的，即仅使用当前一帧传感器信息，但实际上在 SLAM 的闭环检测过程中，可以进一步借助连续运动的信息，即当前应当有一段数据和地图中的一段数据均有匹配。换言之，如果当前帧和数据库中的帧 A 匹配，而下一帧和数据库中的帧 B 匹配，那么当帧 A 和帧 B 彼此相差很远时，显然两帧中至少有一帧是错误匹配，因为机器人的运动不可能发生跳变。下面介绍的序列地点识别就是研究如何利用运动的连续性进一步提升相似度的判断。

假设当前 t 时刻的传感器信息描述子为 $\boldsymbol{f}_t$，与其匹配的数据库描述子为 $\boldsymbol{f}_0$。再记 $t+1$、$t+2$ 到 $t+N$ 时刻的描述子为 $\boldsymbol{f}_{t+1}$、$\boldsymbol{f}_{t+2}$ 到 $\boldsymbol{f}_{t+N}$，与其匹配的数据库描述子为 $\boldsymbol{f}_0$、$\boldsymbol{f}_1$ 到 $\boldsymbol{f}_N$，以及各自对应在地图中的位姿 $\boldsymbol{x}_0$、$\boldsymbol{x}_1$ 到 $\boldsymbol{x}_N$，采集到该帧的时间为 t_0、t_1 到 t_N。一种直观的验证空间一致性的方法是对匹配的信息进行约束。例如，对匹配数据的采集时间做出约束，要求

$$|t_{i+1}-t_i|<\tau \tag{7-7}$$

式中 τ 是一个时间间隔的阈值，即匹配两帧的时间间隔不能过大。如图 7-3 所示，黑色原点为图像帧，蓝色和红色的连线表示通过图像匹配方法获得的候选闭环。通过序列时间校验，可以剔除部分错误闭环，保留如红色所示的具有时间一致性的闭环检测，提高准确率。直观理解就是当前时间接近的两帧，其匹配两帧的时间也应该接近。

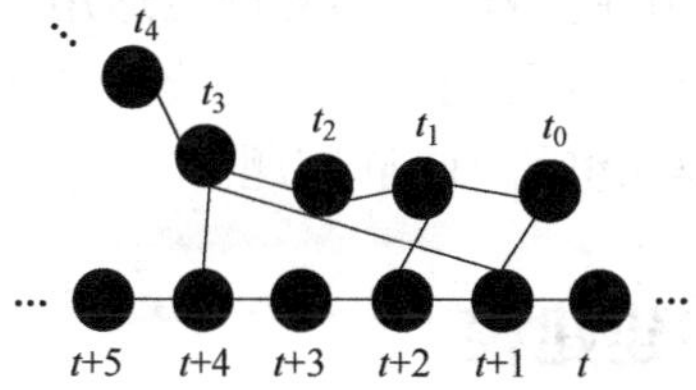

图 7-3 利用序列信息进行地点识别

图 7-3 彩图

该时间间隔可以通过考虑机器人的运行速度进行动态给定。但这样做存在一个问题：若地图是由多次运行采集的数据共同构建，那么匹配的两帧可能在地点上很接近，但在时间上很遥远。为了解决该问题，可以根据不同匹配帧是否来自同一次采集而动态设计约束。如果同一次，则采用式（7-7）进行约束；如果不是同一次，则采用空间进行约束，要求

$$|\boldsymbol{x}_{i+1}-\boldsymbol{x}_i|<\alpha \tag{7-8}$$

式中，α 是空间的阈值；$\boldsymbol{x}$ 是对应的位姿。即要求当前相邻的两帧所对应的匹配帧，在空间

上不能距离过远，这样就避免了不同次采集而时间间隔很大、实际位置很接近的问题。

这样做丰富了地图所能包含的数据，但又产生了一个新要求，即地图中不同次采集的数据之间必须被注册到同一个统一的坐标系下，这样两次采集的数据所对应的位姿才可以比较。针对该要求，一种简单的方法是将所有的传感器信息注册到 GPS 坐标系下，在该坐标系下所有的位姿都可进行比较。但若检测闭环是为解决 SLAM 问题提供约束，则往往不能采用式（7-8），因为在 SLAM 里检测闭环是为了将 SLAM 的结果在统一坐标系下提升精度，而如果要求在闭环前就有统一坐标系下可比的位姿，则变得因果逆转，无法适应。所以式（7-8）更多在地图固定不变的定位问题中采用，特别是建图时具有高精度 GPS 而在定位时不具备的场景，如无人驾驶的全局定位等应用。

在通过时空一致性的校验后，可以认为 $\boldsymbol{f}_0$ 和 $\boldsymbol{f}_t$ 之间存在闭环关系，对两者之间的相对位姿进行估计，该方法和里程估计中的相邻帧相对位姿估计类似，这里不再赘述。需要注意的是：此时的相对位姿估计可以看作是一种最终校验，如果描述子匹配和时空一致性均认为是闭环，但相对位姿估计的结果是内点率很低，则仍认为 $\boldsymbol{f}_0$ 和 $\boldsymbol{f}_t$ 之间不是闭环关系。如果通过，则确认闭环，并认为 $\boldsymbol{x}_0$ 和 $\boldsymbol{x}_t$ 之间被相对位姿估计的结果所约束，如 $\boldsymbol{x}_t^0$。

最后，可以针对不同的应用设计一套完整的闭环检测系统。该系统的输入是连续的传感器信息，系统的输出是在数据库中与当前图像识别为闭环的图像序号以及两帧之间的相对位姿。如果该系统被集成在 SLAM 系统中，则每次新增的传感器信息可以被转化为描述子存储到地图数据库中，形成逐渐变大的数据库。如果集成在定位系统中，则新数据不再添加到数据库中。需要注意的是：由于采用了高效的量化技术，可以通过索引显著减少搜索匹配时间，这样即使是变大的数据库，其搜索复杂度也几乎能够保持非常轻量的增长，适合在线应用。

本节主要介绍了闭环检测问题和求解方法。闭环检测是同时定位与地图构建问题中的关键技术，提供了除里程估计连续时间约束以外的空间约束，即不同时刻处于同一个地点。这个特性使闭环检测需要借助不依赖位姿的匹配方法，并且还需要解决 SLAM 过程中数据库逐渐增大的搜索匹配效率问题。本节介绍的方法通过将局部特征的描述子变换为全局图像的描述子，利用全局分布为图像提供描述，并通过 K-均值量化实现索引，显著降低了搜索复杂度，解决了两个问题。值得注意的是：BoW 并非仅适用于视觉，也可以适用到激光等其他传感器，只要所针对的传感器具有提取特征点并构建描述子的工具，如激光传感器中的 SIFT3D 等，因此具有一定的通用性。VLAD 系列则更适用于图像，因为图像的特征具有稠密性，并且特征点检测的重复性容易受到干扰。后续本书将结合里程估计和闭环检测的输出，介绍如何利用估计理论求解完整的 SLAM 问题。

7.3 同时定位与地图构建建模

在上一章中大家学习了里程估计，它能够给出相邻两帧数据之间的相对位姿变换，但由于结果存在误差，长距离的里程估计会导致该误差的累积，使当前相对于起点的位姿方差越来越大。但是，如果仅关注相邻两帧间的相对位姿，那么里程估计的相对位姿估计结果噪声是有界的。上一节的闭环检测也能够给出两帧之间的相对位姿，并且该位姿的估计噪声同样存在上界。基于这些有界的相对位姿估计，同时定位与地图构建问题可以正式定义为：给定一系列相对位姿估计，部分来自里程 $\{\boldsymbol{x}_t^{t-1}\}$，部分来自闭环检测 $\{\boldsymbol{x}_n^m\}$，求解一组起点坐标系下的位姿 $\{\boldsymbol{x}_t\}$。理论上，该求解结果能够比里程估计具有更好的精度及更小的方差。本节针对该问题，将介绍其建模和求解方法。

7.3.1 基于最大后验估计的同时定位与地图构建

在预备知识中大家学习了通过概率状态系统理论建模机器人运动并不断获取传感器信息的过程，并学习了针对这类概率模型，可以通过最大后验、滤波等方法求解最优参数，实现估计。本小节将采用这些理论来建模和求解同时定位与地图构建问题。

基于概率状态系统理论，可以将里程估计的结果看作是 $\boldsymbol{u}_t$，该结果能够在 $\boldsymbol{x}_t$ 和 $\boldsymbol{x}_{t+1}$ 之间构建条件概率如下：

$$p(\boldsymbol{x}_{t+1} \mid \boldsymbol{x}_t, \boldsymbol{u}_t) = N(\boldsymbol{F}(\boldsymbol{x}_t, \boldsymbol{u}_t), \boldsymbol{\Sigma}_t) \tag{7-9}$$

式中，$\boldsymbol{F}$ 表示将里程估计 $\boldsymbol{u}_t$ 叠加到上一时刻的状态 $\boldsymbol{x}_t$ 上，也就是对当前时刻 $\boldsymbol{x}_t$ 的估计；$\boldsymbol{\Sigma}_t$ 表示里程估计结果的方差。对于具有三自由度旋转、三自由度平移的位姿而言，该高斯分布需要分别遵循旋转和平移的高斯分布。那么对于 SLAM 而言，每个时刻需要估计的变量包括从开始一直到当前时刻 t，用概率表示可以分解为

$$p(\boldsymbol{X}_t \mid \boldsymbol{U}_{t-1}) = p(\boldsymbol{x}_0)p(\boldsymbol{x}_1 \mid \boldsymbol{x}_0, \boldsymbol{u}_0)p(\boldsymbol{x}_2 \mid \boldsymbol{x}_1, \boldsymbol{u}_1)\cdots \tag{7-10}$$

运动模型满足马尔可夫性质，和前面介绍过的模型一致。但如果将闭环检测的相对位姿结果看作 $\boldsymbol{y}_t$，会出现问题，因为闭环检测的结果实际是当前状态和过去某一个状态的相对观测结果，不满足条件独立。因此，将闭环检测的相对位姿看作 $\boldsymbol{y}_{t,m}$，也就是 t 时刻相对于 m 时刻的位姿存在闭环。考虑到闭环不一定每个时刻都发生，所以观测模型并不是每个时刻都存在。将所有的闭环检测结果的集合记为 ε，构建观测模型的分解如下：

$$p(\boldsymbol{Y}_t \mid \boldsymbol{X}_t) = \prod_{t,m\in\varepsilon} p(\boldsymbol{y}_{t,m} \mid \boldsymbol{X}_t) = \prod_{t,m\in\varepsilon} p(\boldsymbol{y}_{t,m} \mid \boldsymbol{x}_t, \boldsymbol{x}_m) \tag{7-11}$$

每个观测模型为

$$p(\boldsymbol{y}_{t,m} \mid \boldsymbol{x}_t, \boldsymbol{x}_m) = N(\boldsymbol{h}(\boldsymbol{x}_t, \boldsymbol{x}_m), \boldsymbol{\Sigma}_{t,m}) \tag{7-12}$$

式中，$\boldsymbol{h}$ 表示计算 t 时刻和 m 时刻位姿的相对位姿 $\boldsymbol{x}_t^m$，也就是对 $\boldsymbol{y}_{t,m}$ 的估计，其噪声满足方差 $\boldsymbol{\Sigma}_{t,m}$。同样，对于具有三自由度旋转、三自由度平移的位姿而言，该高斯分布仍然遵循旋转和位移各自的高斯分布形式。现在，采用最大后验分布估计器估计所有时刻的状态，可得

$$\hat{\boldsymbol{X}}_t = \operatorname{argmax} p(\boldsymbol{Y}_t \mid \boldsymbol{X}_t)p(\boldsymbol{X}_t \mid \boldsymbol{U}_{t-1}) \tag{7-13}$$

采用预备知识中介绍过的零均值噪声下的取对数和忽略常数项方法，可得

$$\begin{cases} \log p(\boldsymbol{X}_t \mid \boldsymbol{U}_{t-1}) = -\dfrac{1}{2}(\boldsymbol{x}_0^{\mathrm{T}}\boldsymbol{\Sigma}_0^{-1}\boldsymbol{x}_0 + \sum_t(\boldsymbol{x}_t - \boldsymbol{F}_{t-1})^{\mathrm{T}}\boldsymbol{\Sigma}_t^{-1}(\boldsymbol{x}_t - \boldsymbol{F}_{t-1})) + c \\ \log p(\boldsymbol{Y}_t \mid \boldsymbol{X}_t) = -\dfrac{1}{2}\sum_{t,m\in\varepsilon}(\boldsymbol{y}_{t,m} - \boldsymbol{h}_{t,m})^{\mathrm{T}}\boldsymbol{\Sigma}_{t,m}^{-1}(\boldsymbol{y}_{t,m} - \boldsymbol{h}_{t,m}) + c \end{cases} \tag{7-14}$$

其中 $\boldsymbol{F}_{t-1} \triangleq \boldsymbol{F}(\boldsymbol{x}_t, \boldsymbol{u}_t)$ 和 $\boldsymbol{h}_{t,m} \triangleq \boldsymbol{h}(\boldsymbol{x}_t, \boldsymbol{x}_m)$，与第 2 章预备知识中的简写对应。

可以看到，针对观测模型为闭环检测、运动模型为里程估计的 SLAM 问题，其最大后验估计是最小化所有观测模型和运动模型的平方误差问题。通常，将这类问题称为位姿图（Pose Graph）建模的 SLAM 问题。直观上，如图 7-4 所示，位姿图是一个图模型，图的每个节点表示一个随机变量，其中两个节点间的边表示 $p(\boldsymbol{X}_t \mid \boldsymbol{U}_{t-1})$ 中的条件概率关系，跨节点的边表示 $p(\boldsymbol{Y}_t \mid \boldsymbol{X}_t)$ 的条件概率关系，从而建模 SLAM 问题。事实上，SLAM 问题还能够适配更宽泛的观测模型形式，如特征观测、GPS 全局观测等。为了将这些观测模型以统一的形式纳入到概率问题中，下一小节将介绍一种一般化的模型表达，称为因子图模型（图 7-5），也将揭示状态为位姿、观测为闭环的模型称为位姿图模型的原因。

图 7-4　位姿图模型

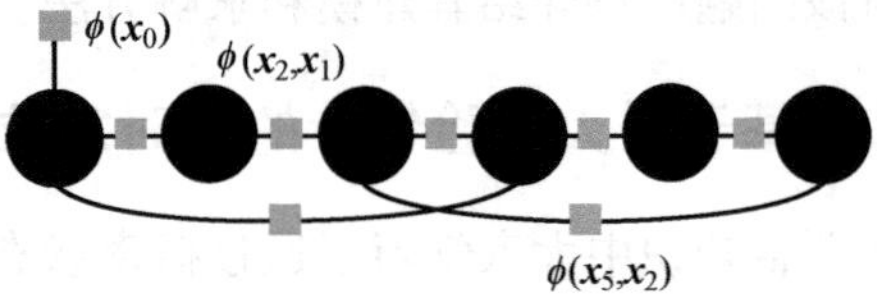

图 7-5　因子图模型

7.3.2　因子图模型

本小节介绍一种一般化的模型，表达 SLAM 问题中可能出现的各种具体模型形式，如不同的传感器等。SLAM 模型中的各个概率分布，无论是 $p(\boldsymbol{x}_{t+1} \mid \boldsymbol{x}_t,\boldsymbol{u}_t)$ 还是 $p(\boldsymbol{y}_t \mid \boldsymbol{x}_t)$ 或是 $p(\boldsymbol{y}_{t,m} \mid \boldsymbol{x}_t,\boldsymbol{x}_m)$，这些函数都是对变量的一种测度函数，也就是从状态空间映射到实数域，在映射到概率时则是 [0,1] 上的实数测度。注意到这点，可以定义一般化的映射到实数域的函数 ϕ，该函数的变量是状态，映射到的值域是实数，将该函数称为因子，可以将式（7-10）表示为

$$p(\boldsymbol{X}_t \mid \boldsymbol{U}_{t-1}) = \eta\phi(\boldsymbol{x}_0)\phi(\boldsymbol{x}_1,\boldsymbol{x}_0)\phi(\boldsymbol{x}_2,\boldsymbol{x}_1)\cdots \tag{7-15}$$

式中，η 是归一化因子，和变量无关。此外，式（7-11）可以表示为

$$p(\boldsymbol{Y}_t \mid \boldsymbol{X}_t) = \eta\prod_{t,m\in\varepsilon}\phi(\boldsymbol{x}_t,\boldsymbol{x}_m) \tag{7-16}$$

注意：这里的 η 和式（7-15）中的 η 不同，但都和变量无关。可以看到，通过这种表达，只要有一种传感器信息，以该信息相关联的变量作为自变量，就可以构造一个因子 ϕ。此时，最大后验估计等价于

$$\hat{\boldsymbol{X}}_t = \operatorname{argmax}\prod_{t,m\in\varepsilon}\phi(\boldsymbol{x}_t,\boldsymbol{x}_m)\phi(\boldsymbol{x}_0)\phi(\boldsymbol{x}_1,\boldsymbol{x}_0)\phi(\boldsymbol{x}_2,\boldsymbol{x}_1)\cdots \tag{7-17}$$

可以看到，由于进行最大化，可以很容易将归一化因子忽略。事实上，引入这种方法的核心就是因为最大后验估计可以忽略常数项，从而简化贝叶斯概率的推导步骤。所以，在构建 ϕ 时，同样可以忽略归一化因子。一种常见的建模方法是将因子函数建模为指数函数，并忽略归一化因子。如针对里程估计，可以直接写为

$$\phi(\boldsymbol{x}_{t+1},\boldsymbol{x}_t) = \exp(-(\boldsymbol{x}_{t+1}-\boldsymbol{F}(\boldsymbol{x}_t,\boldsymbol{u}_t))^{\mathrm{T}}\boldsymbol{\Sigma}_t^{-1}(\boldsymbol{x}_{t+1}-\boldsymbol{F}(\boldsymbol{x}_t,\boldsymbol{u}_t))) \tag{7-18}$$

而忽略归一化因子。

按照基于因子的建模方法，可以将位姿图模型转化为因子图模型表示，其中的节点都是变量，边上的方块是因子。图 7-4 中的例子转化为因子图后的情况如图 7-5 所示，每个节点表示一个随机变量，边上的灰色方块表示一个因子 ϕ，灰色方块连接的节点数表示对应因子中的变量。需要注意的是：这里的边可以是一种抽象的超边，可以同时连接 n 个节点。在图中，两个变量之间有一个因子，也就是一个观测信息。可以看到，此时所有的传感器信息都被统一为因子 ϕ，其中的区别就是因子的变量数量，通常将具有 n 个变量的因子称为 n-因子。比如两个节点间的因子为 2-因子，而初始的先验分布为 1-因子。在图模型上最大化因子图，就是将图上所有边对应的因子全部相乘，然后求一组变量值最大化所有因子的积。

基于图模型和 n-因子的表示方式，可以很容易地考虑更多的传感器类型，甚至更多的传感器类型同时存在。如针对 GPS，由于 GPS 观测给出的是单个节点的观测，所以可以构建 1-因子为

$$\phi_{GPS}(\boldsymbol{x}_t) = \exp(-(\boldsymbol{y}_{t,GPS}-\boldsymbol{x}_t)^{\mathrm{T}}\boldsymbol{\Sigma}_t^{-1}(\boldsymbol{y}_{t,GPS}-\boldsymbol{x}_t)) \tag{7-19}$$

此时，t 时刻的位姿 $\boldsymbol{x}_t$ 就被 GPS 观测约束在其局部。需要注意的是：和 GPS 观测具有相同

因子形式的约束是 $\phi(\boldsymbol{x}_0)$。在前面的问题中，将 $\boldsymbol{x}_0$ 建模在坐标系原点，也就是说在没有 GPS 观测的情况下，所有解得的位姿 $\boldsymbol{x}_t$ 都被表示在以 $\boldsymbol{x}_0$ 为原点的坐标系中。但是，当 GPS 观测存在时，实际上要求 $\boldsymbol{x}_t$ 被表示在 GPS 坐标系下。这就意味着如果 $\phi(\boldsymbol{x}_0)$ 和 $\phi_{GPS}(\boldsymbol{x}_t)$ 同时存在，则要求位姿估计结果既表示在 GPS 坐标系下，又表示在起点为原点的坐标系下，显然该要求不可能达到。通常，将这类确定估计结果坐标系的观测称为绝对观测，这类观测常以 1-因子的形式存在。在一个 SLAM 系统中，只允许有一种坐标系的绝对观测存在，如只允许存在 GPS 或只允许存在起始点为原点或其他绝对观测坐标系等。

到目前为止，所研究的 SLAM 问题都以位姿为状态，事实上状态也可以被扩充，比如将所在环境中的特征点也作为 SLAM 系统的一个状态。如果该特征点被多帧传感器数据所观测到，那么将特征也作为状态往往可以获得更好的效果。此时，可以想象 SLAM 系统对应的图模型，其节点不再仅是位姿，同时也包括特征，不妨将特征的集合记为 $L=\{\boldsymbol{l}_i\}$，此时特征和位姿之间存在传感器约束。这也就是之前的图叫作位姿图的原因，而包含特征的图一般被称为位姿-特征图。比如环境中一个角点被两帧相机的图像均观测到，这样一个代表特征的节点将和两个代表位姿的节点均存在 2-因子连接，其形式如下：

$$\phi_l(\boldsymbol{x}_t,\boldsymbol{l}_i)=\exp(-(\boldsymbol{y}_{t,l_i}-\boldsymbol{h}(\boldsymbol{x}_t,\boldsymbol{l}_i))^{\mathrm{T}}\boldsymbol{\Sigma}_{t,i}^{-1}(\boldsymbol{y}_{t,l_i}-\boldsymbol{h}(\boldsymbol{x}_t,\boldsymbol{l}_i))) \tag{7-20}$$

$$\phi_l(\boldsymbol{x}_m,\boldsymbol{l}_i)=\exp(-(\boldsymbol{y}_{m,l_i}-\boldsymbol{h}(\boldsymbol{x}_m,\boldsymbol{l}_i))^{\mathrm{T}}\boldsymbol{\Sigma}_{m,i}^{-1}(\boldsymbol{y}_{m,l_i}-\boldsymbol{h}(\boldsymbol{x}_m,\boldsymbol{l}_i))) \tag{7-21}$$

此时 $\boldsymbol{h}$ 所对应的函数形式就和特征的观测模型相关，比如视觉的话就是投影方程。当然，这种表达也可以拓展到任何传感器的特征，这里不再赘述。

至此，不妨假设有一个机器人装备了里程计、相机和 GPS 三个传感器进行 SLAM，那么由这些传感器所获得的多模信息可以被表示在统一的因子图框架下，如图 7-6 所示。综合三种传感器信息以及路标和位姿所构建因子图由下式表示：

$$\begin{cases}\phi_{GPS}(\boldsymbol{x}_2)=\exp(-(\boldsymbol{y}_{2,GPS}-\boldsymbol{x}_2)^{\mathrm{T}}\boldsymbol{\Sigma}_t^{-1}(\boldsymbol{y}_{2,GPS}-\boldsymbol{x}_2))\\ \phi_l(\boldsymbol{x}_0,\boldsymbol{l}_0)=\exp(-(\boldsymbol{y}_{0,l_0}-\boldsymbol{h}(\boldsymbol{x}_0,\boldsymbol{l}_0))^{\mathrm{T}}\boldsymbol{\Sigma}_{0,0}^{-1}(\boldsymbol{y}_{0,l_0}-\boldsymbol{h}(\boldsymbol{x}_0,\boldsymbol{l}_0)))\\ \phi_l(\boldsymbol{x}_1,\boldsymbol{l}_0)=\exp(-(\boldsymbol{y}_{1,l_0}-\boldsymbol{h}(\boldsymbol{x}_1,\boldsymbol{l}_0))^{\mathrm{T}}\boldsymbol{\Sigma}_{1,0}^{-1}(\boldsymbol{y}_{1,l_0}-\boldsymbol{h}(\boldsymbol{x}_1,\boldsymbol{l}_0)))\\ \phi(\boldsymbol{x}_1,\boldsymbol{x}_0)=\exp(-(\boldsymbol{x}_1-\boldsymbol{F}(\boldsymbol{x}_0,\boldsymbol{u}_0))^{\mathrm{T}}\boldsymbol{\Sigma}_t^{-1}(\boldsymbol{x}_1-\boldsymbol{F}(\boldsymbol{x}_0,\boldsymbol{u}_0)))\\ \phi(\boldsymbol{x}_2,\boldsymbol{x}_1)=\exp(-(\boldsymbol{x}_2-\boldsymbol{F}(\boldsymbol{x}_1,\boldsymbol{u}_1))^{\mathrm{T}}\boldsymbol{\Sigma}_t^{-1}(\boldsymbol{x}_2-\boldsymbol{F}(\boldsymbol{x}_1,\boldsymbol{u}_1)))\end{cases} \tag{7-22}$$

可以看到，各因子分别对应了 2 时刻的 GPS 观测、0 时刻和 1 时刻机器人对同一个特征点 $\boldsymbol{l}_0$ 的观测以及 0～1 时刻与 1～2 时刻的里程估计观测。对该图进行状态估计可以通过最大化因子图实现

$$\{\hat{\boldsymbol{x}}_0,\hat{\boldsymbol{x}}_1,\hat{\boldsymbol{x}}_2,\boldsymbol{l}_0\}=\operatorname{argmax}\phi_{GPS}(\boldsymbol{x}_2)\phi_l(\boldsymbol{x}_0,\boldsymbol{l}_0)\phi_l(\boldsymbol{x}_1,\boldsymbol{l}_0)\phi(\boldsymbol{x}_1,\boldsymbol{x}_0)\phi(\boldsymbol{x}_2,\boldsymbol{x}_1) \tag{7-23}$$

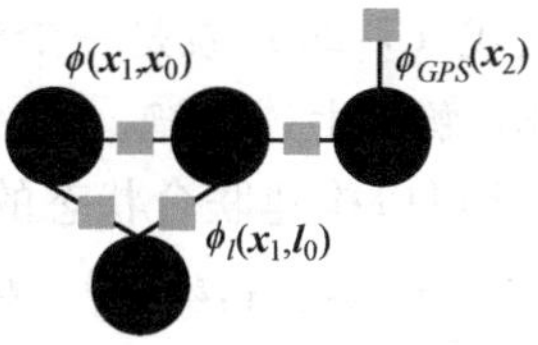

图 7-6　多传感器融合 SLAM 问题示例

需要注意的是：如果里程估计是通过视觉里程计实现的，那么就不能再将特征单独列为因子在 SLAM 中考虑。因为相机观测到一个特征的信息只有一次，它被用于视觉里程估计。

而如果在 SLAM 中再使用一次，就暗示了相机观测的特征被用了两次，这样做好比相机观测到该特征的因子，其方差权重被加大了，显然这不符合实际情况，而是人为地夸大了观测的信息量。这个现象称为信息重用，需要在 SLAM 问题中严格避免，否则会出现过度置信的状态估计。

本小节介绍了基于一般化因子图模型的 SLAM 问题建模。因子图模型的思想是将最大后验中不关心的归一化因子从建模过程中忽略，从而使得每个因子只需要是一个衡量观测与状态的一致性的评价函数即可，而不再需要归一化到［0,1］区间内。基于该模型，多种传感器、多个传感器融合的 SLAM 问题建模可以被简化，而不需要从贝叶斯条件概率的角度去推导。这种方式也是目前业界采用很多的一种同时定位和地图构建方法。但该方法仍存在一个问题，就是求解的效率。可以看到当机器人不停地运行，即使在一个固定的场景中不停地运行，其状态量的维数也会不断提升，并且没有上界。这就要求研究人员设计效率很高的优化算法，并且能够在一定时间内结束该过程；或是设计能够降低状态维数的算法，使状态量有上界。下面的内容将介绍如何从降维以及求解最大后验的效率两个角度，实现更快的 SLAM。

7.3.3 基于扩展卡尔曼滤波的同时定位与地图构建

前面的内容中提及了基于最大后验因子图的 SLAM 方法存在复杂度不断上涨的问题，即使在固定的环境中，也会因为机器人不断运行而使复杂度上升。为了解决该问题，一种可能的想法是仅将环境的信息和当前位姿建模到状态中，当环境的复杂度一定，状态的复杂度就有界。基于这种思想，将环境用一个特征集合 L 进行表达，同时仅关注当前的位姿 $\boldsymbol{x}_t$，而非 $\boldsymbol{X}_t$。这样可以避免纯粹使用位姿引起闭环观测建立在当前和历史位姿之间的问题，使历史位姿不得不添加到状态中。

建模该问题需要使用贝叶斯条件概率，所需求解的后验为 $p(\boldsymbol{x}_t,\boldsymbol{L}\mid \boldsymbol{Y}_t,\boldsymbol{U}_{t-1})$。通过预备知识中关于滤波的分析，有

$$p(\boldsymbol{x}_t,\boldsymbol{L}\mid \boldsymbol{Y}_t,\boldsymbol{U}_{t-1}) = \frac{p(\boldsymbol{y}_t\mid \boldsymbol{x}_t,\boldsymbol{L})\int p(\boldsymbol{x}_t\mid \boldsymbol{x}_{t-1},\boldsymbol{u}_{t-1})p(\boldsymbol{x}_{t-1},\boldsymbol{L}\mid \boldsymbol{Y}_{t-1},\boldsymbol{U}_{t-2})\mathrm{d}\boldsymbol{x}_{t-1}}{\iint p(\boldsymbol{y}_t\mid \boldsymbol{x}_t,\boldsymbol{L})\int p(\boldsymbol{x}_t\mid \boldsymbol{x}_{t-1},\boldsymbol{u}_{t-1})p(\boldsymbol{x}_{t-1},\boldsymbol{L}\mid \boldsymbol{Y}_{t-1},\boldsymbol{U}_{t-2})\mathrm{d}\boldsymbol{x}_{t-1}\mathrm{d}\boldsymbol{x}_t\mathrm{d}\boldsymbol{L}} \tag{7-24}$$

其中运动模型省略了特征条件，即

$$p(\boldsymbol{x}_t\mid \boldsymbol{x}_{t-1},\boldsymbol{u}_{t-1}) = p(\boldsymbol{x}_t\mid \boldsymbol{x}_{t-1},\boldsymbol{u}_{t-1},\boldsymbol{L}) \tag{7-25}$$

因为特征是在环境中静止的，不受到控制的影响，$\boldsymbol{x}_t$ 的变化和特征 $\boldsymbol{L}$ 的位置无关。但对于观测模型，并没有省略 $\boldsymbol{L}$，因为观测是由特征和位姿两方面状态共同构成。可以看到，如果将 $\boldsymbol{x}_t$ 和 $\boldsymbol{L}$ 一起看作一个状态，那么式（7-24）就是一个滤波问题。

然而，要使用预备知识中的 EKF 解决上述问题，还需要解决特征的运动模型构建问题。考虑到 $\boldsymbol{L}$ 的位置不随时间改变，那么可以构建联合状态的运动模型为

$$\begin{pmatrix}\boldsymbol{x}_t\\ \boldsymbol{L}\end{pmatrix} = \begin{pmatrix}\boldsymbol{F}(\boldsymbol{x}_{t-1},\boldsymbol{u}_{t-1})+\boldsymbol{n}_F\\ \boldsymbol{L}\end{pmatrix} \tag{7-26}$$

其中 $\boldsymbol{n}_F$ 表示噪声，由于特征静止，所以运动模型为乘以理想的单位阵，且无噪声。图 7-7 显示了机器人从地图坐标系原点出发，在一步运动后，EKF 执行一步预测步骤所得的路标和当前位姿的均值和方差椭圆情况，给出了一个预测步骤之后的方差情况。

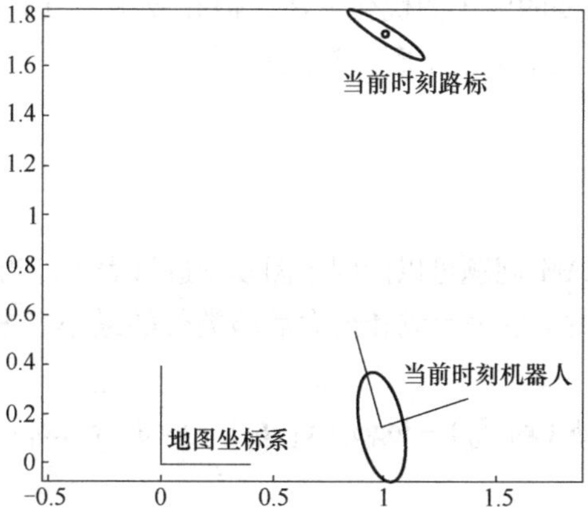

图 7-7　EKF 执行一步预测后的方差情况

图 7-7 彩图

假定 $t-1$ 时刻，后验分布中 $\boldsymbol{x}_{t-1}$ 和 $\boldsymbol{L}$ 服从高斯分布

$$p(\boldsymbol{x}_{t-1},\boldsymbol{L}\mid \boldsymbol{Y}_{t-1},\boldsymbol{U}_{t-2})=N\left(\begin{pmatrix}\boldsymbol{\lambda}_{t-1}\\ \boldsymbol{\lambda}_{L}\end{pmatrix},\begin{pmatrix}\boldsymbol{\Sigma}_{t} & \boldsymbol{\Sigma}_{tL}\\ \boldsymbol{\Sigma}_{Lt} & \boldsymbol{\Sigma}_{L}\end{pmatrix}\right) \tag{7-27}$$

根据预备知识的内容，可得预测步骤后的分布为

$$p(\boldsymbol{x}_{t},\boldsymbol{L}\mid \boldsymbol{Y}_{t-1},\boldsymbol{U}_{t-1})=N\left(\begin{pmatrix}\boldsymbol{F}(\boldsymbol{\lambda}_{t-1},\boldsymbol{u}_{t})\\ \boldsymbol{\lambda}_{L}\end{pmatrix},\begin{pmatrix}\boldsymbol{J}_{F}\boldsymbol{\Sigma}_{t}\boldsymbol{J}_{F}^{\mathrm{T}}+\boldsymbol{\Sigma}_{x} & \boldsymbol{J}_{F}\boldsymbol{\Sigma}_{tL}\\ \boldsymbol{\Sigma}_{Lt}\boldsymbol{J}_{F}^{\mathrm{T}} & \boldsymbol{\Sigma}_{L}\end{pmatrix}\right) \tag{7-28}$$

由于此时将变量 $\boldsymbol{x}_t$ 和 $\boldsymbol{L}$ 看作状态，观测模型和 EKF 的观测模型完全相同，所以可以采用标准 EKF 的更新步骤实现对状态的更新。通过迭代预测和更新，就可以实现 $\boldsymbol{x}_t$ 和 $\boldsymbol{L}$ 的递归估计。

此外，还有一点需要关注的是：在 EKF SLAM 过程中，会不断出现新的特征添加到状态中，因此还需要解决新特征如何添加的问题。可以这样理解该问题，假设 t 时刻观测到一个新特征，也就是说在观测前还不存在关于该特征的任何信息。对于这种情况，可以理解为预测步骤后已存在该特征，但该特征的方差为无穷大，然后通过观测方程直接求解出 $\boldsymbol{l}_{new}$ 和方差，将该特征与预测步骤后方差为无穷的特征融合，即为用求解观测方程所得的 $\boldsymbol{l}_{new}$ 和对应的方差初始化该特征。

通过以上步骤，将仅包含当前位姿和所有特征的 SLAM 问题建模到了 EKF 中。当环境的规模固定时，理论上 EKF 的复杂度存在上界。可以看到，如果采用位姿和特征同时存在的状态建模时，还需要关于特征的数据关联，该数据可以通过视觉里程估计时的特征匹配步骤给出，也可以通过闭环检测时两帧图像的特征匹配给出。

至此，存在一个问题：既然 EKF-SLAM 能够解决复杂度的问题，为何还需要采用基于因子图的 SLAM 方法，并且还要对因子图后验最大化的算法进行进一步分析？该问题的主要原因是估计的一致性问题。由于该问题需要更深入的理论分析工具，因此本书在这里不进行过多展开。从结论而言，如果希望获得 EKF-SLAM 的环境相关复杂度特性，则需要在原始版本的 EKF 上做出一些改进，并且改进后的 EKF 虽然在一致性问题上有所提升，但就建图结果而言，精度仍然不如因子图的最大后验估计所有变量精度更好。所以当目标是构建高精度的地图时，因子图的方法是更好的选择。如果对 SLAM 的在线实时性有很高的要求，则可以考虑包含一个滑动窗口位姿的 EKF 变种，称为多状态约束卡尔曼滤波器（MSCKF），该方法的性能逼近基于滑动窗口位姿的因子图优化方法，但在效率上具有明显的优势。对于这些更复杂的方法，读者可以从相关论文中了解，这里不再赘述。

7.4 优化器分析

前面的章节介绍了一般化 SLAM 问题可以用因子图模型进行表示。当因子被构建为指数函数形式后，对因子图模型的优化就可以表示成和最大后验类似的最小二乘形式，如式（7-23）可以被表示为

$$\text{argmin} -\log\phi_{GPS}(\boldsymbol{x}_2) - \log\phi_l(\boldsymbol{x}_0,\boldsymbol{l}_0) - \log\phi_l(\boldsymbol{x}_1,\boldsymbol{l}_0) - \log\phi(\boldsymbol{x}_1,\boldsymbol{x}_0) - \log\phi(\boldsymbol{x}_2,\boldsymbol{x}_1) \tag{7-29}$$

由于指数的建模形式如式（7-22），取对数后的因子即为二次型，那么式（7-29）就是一系列二次型的和的最小化，即最小二乘。第 2 章介绍了对非线性最小二乘问题可以通过泰勒展开进行线性化，转化为线性最小二乘问题，然后通过不断的迭代，使解不断逼近非线性最小二乘的最优化方法。本节将针对 SLAM 问题转化而得的最小二乘问题进行深入探讨，从结构和鲁棒性两个角度对该问题进行分析。

7.4.1 稀疏结构

优化算法除了通过获得较好的初值能够减少迭代次数从而加快搜索，还能够通过充分考虑 SLAM 问题的结构实现求解的加速。本小节进一步介绍 SLAM 问题所具有的特殊结构，以及这种结构带来的优化算法设计上的加速优势。仍采用之前图 7-6 中所示的例子，存在

$$\boldsymbol{A} = \begin{pmatrix} \boldsymbol{J}_{GPS} \\ \boldsymbol{J}_{l00} \\ \boldsymbol{J}_{l10} \\ \boldsymbol{J}_{10} \\ \boldsymbol{J}_{21} \end{pmatrix} \tag{7-30}$$

这里 $\boldsymbol{J}$ 是式（7-22）每一项因子的雅可比，下标对应因子所代表的观测类型和相关变量的编号。在前面的推导中，$\boldsymbol{A}$ 被作为一般矩阵，只进行一般矩阵操作而没有任何特殊的处理，在本小节中将基于该案例分析 $\boldsymbol{A}$ 的结构。

考虑位姿为 6 维，路标为 3 维，总共 3 个位姿，1 个路标。那么式（7-29）中总共包含的待求解变量为 21 维。因此，$\boldsymbol{J}_{GPS} \in \boldsymbol{R}^{6\times 21}$，$\boldsymbol{J}_{l00}$、$\boldsymbol{J}_{l10} \in \boldsymbol{R}^{3\times 21}$，$\boldsymbol{J}_{10}$、$\boldsymbol{J}_{21} \in \boldsymbol{R}^{6\times 21}$。这里重新给出第 2 章的优化算法的更新量计算函数

$$\delta\hat{\boldsymbol{X}}_t = \text{argmin}(\boldsymbol{b} - \boldsymbol{A}\delta\boldsymbol{X}_t)^{\mathrm{T}}\boldsymbol{W}^{-1}(\boldsymbol{b} - \boldsymbol{A}\delta\boldsymbol{X}_t) \tag{7-31}$$

以及更新量求解

$$\delta\hat{\boldsymbol{X}}_t = (\boldsymbol{A}^{\mathrm{T}}\boldsymbol{W}^{-1}\boldsymbol{A})^{-1}\boldsymbol{A}^{\mathrm{T}}\boldsymbol{W}^{-1}\boldsymbol{b} \tag{7-32}$$

导出 $\boldsymbol{A} \in \boldsymbol{R}^{24\times 21}$，$\boldsymbol{W} \in \boldsymbol{R}^{24\times 24}$。

在求解式（7-31）时，如果将 $\boldsymbol{A}$ 和 $\boldsymbol{W}$ 作为一般矩阵处理，则需要计算很多次乘法以及复杂度极高的求逆运算。但从推导可以看出，$\boldsymbol{W}$ 是块对角阵，每一块的大小与式（7-30）中的每一块维度对应。基于该结构，计算 $\boldsymbol{W}^{-1}$ 可以大大简化，只需要求解每块的逆即可。在案例中，最大维度的块为 6×6。随着观测因子的数量不断增加，块的数量会增加，但求

逆的块的最大维度与因子的数量无关，因此整体来看 $\boldsymbol{W}^{-1}$具有 $O(n)$ 的复杂度，其中 n 在本节中记作观测因子的个数。对比原来整个矩阵求解的复杂度 $O(n^3)$，其得到了显著下降。

再看 $\boldsymbol{A}$ 矩阵中的每一个因子的雅可比，虽然其列数和变量的个数有关，但实际上每个因子的雅可比具有非常稀疏的特性。以 $\boldsymbol{J}_{GPS}$为例，它是因子 $\boldsymbol{\phi}_{GPS}(\boldsymbol{x}_2)$ 关于所有变量求偏导。然而该因子仅和 $\boldsymbol{x}_2$有关，所以对其他变量的偏导全部为 0。假定变量的顺序是先位姿、后特征，那么针对上述案例，$\boldsymbol{J}_{GPS}$具有如下结构：

$$\boldsymbol{J}_{GPS} = (0 \quad 0 \quad \blacklozenge \quad 0) \tag{7-33}$$

式中◆表示非零元素块，由于本小节重点分析结构，所以不给出具体的形式。对于其他的观测因子来说，本例中一个因子最多也仅和两个位姿变量有关。即使是更一般的情况，SLAM 问题本身是利用相对观测估计全局，那么所有的观测不可能和很多变量有关。换言之，无论变量的个数如何增加，一个因子的雅可比包含的非零元素块具有有常数上界。那么在计算式（7-32）时，配合展开，具有如下结构：

$$\boldsymbol{A}^{\mathrm{T}}\boldsymbol{W}^{-1}\boldsymbol{A} = \sum\nolimits_k \boldsymbol{A}_k^{\mathrm{T}}[\boldsymbol{W}^{-1}]_k \boldsymbol{A}_k \tag{7-34}$$

式中 $\boldsymbol{A}_k$ 是对 $\boldsymbol{A}$ 的行根据因子进行划分，也就是一个因子的雅可比，$[\ ]_k$表示矩阵的第 k 个元素块。注意到加和中每项的稀疏性，每项加和实际仅和非零元素块的维度有关，也就是和变量的个数无关，那么求逆 $O(n)$，加和 $O(n)$，整个$\sum_k \boldsymbol{A}_k^{\mathrm{T}}[\boldsymbol{W}^{-1}]_k \boldsymbol{A}_k$的计算复杂为 $O(n)$。式（7-32）的另一项 $\boldsymbol{A}^{\mathrm{T}}\boldsymbol{W}^{-1}\boldsymbol{b}$ 具有类似的结构，所以也为 $O(n)$。至此，式（7-32）中的最后一步就是解线性方程组，且系数矩阵为实对称正定阵，维度为 $m \times m$，其中 m 是变量的个数。

需要注意的是：$\boldsymbol{A}^{\mathrm{T}}\boldsymbol{W}^{-1}\boldsymbol{A}$ 还具有特殊的稀疏结构。考虑 $\boldsymbol{A}_k^{\mathrm{T}}[\boldsymbol{W}^{-1}]_k \boldsymbol{A}_k$仅造成与该因子有关的变量的位置呈为非零元素，而其他元素仍为零。仍以 GPS 因子为例，有

$$\boldsymbol{J}_{GPS}^{\mathrm{T}}\boldsymbol{\Sigma}_{GPS}\boldsymbol{J}_{GPS} = \begin{pmatrix} 0 \\ 0 \\ \blacklozenge \\ 0 \end{pmatrix} \boldsymbol{\Sigma}_{GPS}(0 \quad 0 \quad \blacklozenge \quad 0) = \begin{pmatrix} 0 & 0 & 0 & 0 \\ 0 & 0 & 0 & 0 \\ 0 & 0 & \blacklozenge & 0 \\ 0 & 0 & 0 & 0 \end{pmatrix} \tag{7-35}$$

可以看到由该因子导出的方程系数，仅和 $\boldsymbol{x}_2$所在的行列位置有关。如上所述，由于每个因子所能关联的变量是有限的，不妨设所有因子中关联变量个数最大为 c，该值和变量总数无关。那么总共可能造成系数矩阵中有 c^2 个非零量。考虑到总的观测数量，假设观测彼此关联的变量均不同，那么矩阵中至多会有 $n \times c^2$个变量，而整个矩阵变量总数为 m^2个。考虑到和一个变量有关的因子数通常是变量能做的观测数，而一个变量不可能和其他所有变量都做观测，所以一个变量的观测数量往往是常数，那么 n 和 m 应当在同阶的复杂度。这样就可得到一个结论，式（7-32）中系数矩阵的非零元素通常和变量个数呈线性关系，也就是比矩阵的元素总数要低一阶，非常稀疏。结合系数矩阵的正定、稀疏、实对称特性，求解该方程的复杂度有很多现成的工作可以借鉴，复杂度在稀疏元素的线性到平方之间，结合前面的结论，在充分利用矩阵的结构后，复杂度在 $O(n) \sim O(n^2)$ 之间。

结合以上所有对 SLAM 问题求解过程中矩阵结构的分析，可以看到关键的优化步骤可以分为迭代、构造线性方程和求解三部分。这三部分中，构造和求解与迭代次数有关，而迭代次数通常为常数，所以复杂度仅和构造及求解有关。这两部分的复杂度分别是 $O(n)$ 和 $O(n) \sim O(n^2)$ 之间，两者相加，得到解 SLAM 系统的复杂度在 $O(n) \sim O(n^2)$ 之间。这比将所有矩阵当成一般矩阵进行处理整整快了一阶以上，大大推动了利用最小二乘求解 SLAM

问题的实用价值，也是目前很多系统采用该方法而非滤波的关键所在。

7.4.2 鲁棒优化

上述介绍的内容中一直基于噪声为高斯分布来分析问题，即观测结果大概率在真实值附近。但当观测发生了异常时，比如匹配错误，该假设可能会被违背，比如当机器人行动过程中发生了偶然的不可避免的打滑，此时机器人明明行驶了一段距离，但里程估计显示机器人的移动值要短得多。此时如果将该观测构造成因子，加入最小二乘中，可能会导致整个问题的解出现显著偏差。究其原因，最大似然估计的思想是尽可能接近观测结果，而当观测结果错误时，越接近，反而偏差越大。在实际应用中，通常很难保证所有的特征关联都是正确的，所以研究该问题具有实际意义。此类问题称为包含错误观测的 SLAM 问题，求解这类问题的优化算法称为鲁棒优化算法，也就是当问题即使被错误观测干扰，仍然能获得较好的求解结果，因此具有鲁棒性。

首先具体分析错误观测导致优化出现偏差的原因。从对应高斯分布所导出的因子形式来看，有

$$\phi(\boldsymbol{x})=\exp(-(\boldsymbol{y}-\boldsymbol{x})^{\mathrm{T}}\boldsymbol{\Sigma}^{-1}(\boldsymbol{y}-\boldsymbol{x})) \tag{7-36}$$

最大化该因子，就是最小化 $\boldsymbol{\Sigma}^{-1}$加权的平方项。当测量偏离期望越多时，$\phi(\boldsymbol{x})$ 就越小，平方项就越大，优化器就会往使平方项更小的方向搜索，来提升 $\phi(\boldsymbol{x})$。回到概率的视角，可以看作高斯分布对于打滑这类远离均值的事件赋予的概率。赋予的概率越小，则平方项越大。因此，能够减少平方项的优化算法，其目的就是让打滑事件看上去不偶然，赋予其更大的概率。如果在一次 SLAM 过程中，错误观测的比例非常小，小到高斯分布认为打滑事件出现的偶然程度符合高斯概率，那么从结果上看，优化的结果就不会因为该错误观测而被影响。反之，当出现错误观测的比例高于了出现这种偶然事件所被赋予的概率时，优化的结果就会被影响，导致估计误差很大。

基于以上分析，如果能改变错误观测的 $\boldsymbol{\Sigma}^{-1}$，扩大对应高斯的方差，使出现这种原理期望的观测不那么偶然，就能够提升优化算法的鲁棒性。但是，这种做法存在矛盾，因为假如知道哪个观测需要被调整 $\boldsymbol{\Sigma}^{-1}$，那直接舍弃该观测即可。更一般的情况是观测是否错误并不预知，从而被赋予了和非偶然事件一样的方差，导致认为打滑事件的概率较大，引起了最终估计结果偏离正确的估计。

如果不能检测到错误观测，那么剩下的办法就是调整概率分布。具体来说，让观测的分布对偶然事件赋予更大概率。图 7-8 给出了高斯分布和拉普拉斯分布在零均值情况下的概率密度函数 $p_g(x)$ 和 $p_l(x)$。可以看到，当随机变量取值 $\tilde{x}$，偏离均值很大时，$p_g(\tilde{x})<p_l(\tilde{x})$，拉普拉斯分布的概率明显更高。这类在远离均值处还有较大概率的分布称为**厚尾特性**，这类特性使得在高斯分布下的小概率事件在该分布下不太偶然。如果将观测建模为拉普拉斯分布，即

$$p(x)=L(y,b)=\frac{1}{2b}\exp(-b^{-1}|x-y|) \tag{7-37}$$

相应的因子可以构造为

$$\phi(x)=\exp(-b^{-1}|x-y|) \tag{7-38}$$

相比于式（7-36），式（7-38）的主要区别在于指数内部的部分是绝对值，而非平方。因此对于偏离期望很大的 x，赋予的概率要比高斯分布大一阶。

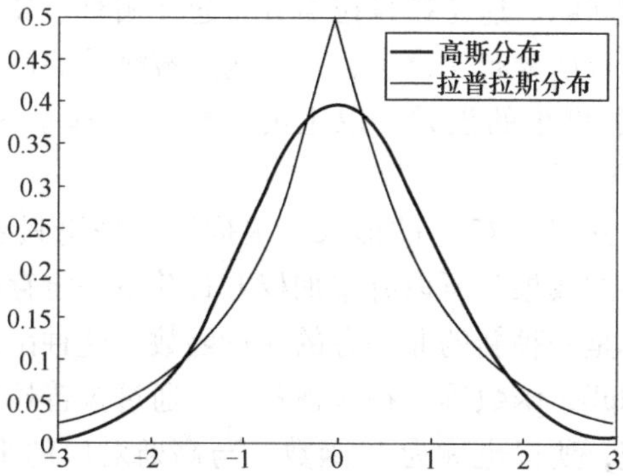

图 7-8 高斯分布和拉普拉斯分布概率密度函数曲线

图 7-8 彩图

仍然采用之前的案例，如果因为怀疑 GPS 的信号可能受到干扰而获得不对的定位，而将 GPS 的因子建模为拉普拉斯，存在

$$\begin{cases}\boldsymbol{\phi}_{GPS}(\boldsymbol{x}_2)=\exp(-\bar{\boldsymbol{b}}\,|\boldsymbol{x}_2-\boldsymbol{y}_{2,GPS}|)\\ \boldsymbol{\phi}_l(\boldsymbol{x}_0,\boldsymbol{l}_0)=\exp(-(\boldsymbol{y}_{0,l_0}-\boldsymbol{h}(\boldsymbol{x}_0,\boldsymbol{l}_0))^{\mathrm{T}}\boldsymbol{\Sigma}_{0,0}^{-1}(\boldsymbol{y}_{0,l_0}-\boldsymbol{h}(\boldsymbol{x}_0,\boldsymbol{l}_0)))\\ \boldsymbol{\phi}_l(\boldsymbol{x}_1,\boldsymbol{l}_0)=\exp(-(\boldsymbol{y}_{1,l_0}-\boldsymbol{h}(\boldsymbol{x}_1,\boldsymbol{l}_0))^{\mathrm{T}}\boldsymbol{\Sigma}_{1,0}^{-1}(\boldsymbol{y}_{1,l_0}-\boldsymbol{h}(\boldsymbol{x}_1,\boldsymbol{l}_0)))\\ \boldsymbol{\phi}(\boldsymbol{x}_1,\boldsymbol{x}_0)=\exp(-(\boldsymbol{x}_1-\boldsymbol{F}(\boldsymbol{x}_0,\boldsymbol{u}_0))^{\mathrm{T}}\boldsymbol{\Sigma}_t^{-1}(\boldsymbol{x}_1-\boldsymbol{F}(\boldsymbol{x}_0,\boldsymbol{u}_0)))\\ \boldsymbol{\phi}(\boldsymbol{x}_2,\boldsymbol{x}_1)=\exp(-(\boldsymbol{x}_2-\boldsymbol{F}(\boldsymbol{x}_1,\boldsymbol{u}_1))^{\mathrm{T}}\boldsymbol{\Sigma}_t^{-1}(\boldsymbol{x}_2-\boldsymbol{F}(\boldsymbol{x}_1,\boldsymbol{u}_1)))\end{cases} \tag{7-39}$$

考虑到多变量相关的拉普拉斯分布较为复杂，仅考虑多变量互相独立的情形，这里 $\bar{\boldsymbol{b}}$ 是由多变量各自的 $\boldsymbol{b}^{-1}$ 依次排列构成的行向量。此时的求解优化就是平方函数和绝对值函数同时存在的情况。但在介绍高斯-牛顿优化时，是在平方的构造下介绍的。因此需要将绝对值代价函数也构造为平方形式，从而可采用高斯-牛顿或 LM 算法进行优化。对于梯度法，则不影响。将上式一般化为线性方程

$$r(\boldsymbol{x})\triangleq\bar{\boldsymbol{b}}\,|\boldsymbol{x}_2-\boldsymbol{y}_{2,GPS}|=\sqrt{(\boldsymbol{y}-\boldsymbol{A}\boldsymbol{x})^{\mathrm{T}}\boldsymbol{\Lambda}(\boldsymbol{y}-\boldsymbol{A}\boldsymbol{x})} \tag{7-40}$$

式中，$\boldsymbol{\Lambda}$ 是以 $\bar{\boldsymbol{b}}$ 的每个元素平方后为对角元素的对角阵。对该项误差求偏导，得到

$$\frac{\partial \boldsymbol{r}(\boldsymbol{x})}{\partial(\boldsymbol{y}-\boldsymbol{A}\boldsymbol{x})^{\mathrm{T}}\boldsymbol{\Lambda}(\boldsymbol{y}-\boldsymbol{A}\boldsymbol{x})}\frac{\partial(\boldsymbol{y}-\boldsymbol{A}\boldsymbol{x})^{\mathrm{T}}\boldsymbol{\Lambda}(\boldsymbol{y}-\boldsymbol{A}\boldsymbol{x})}{\partial\boldsymbol{x}}=-2\boldsymbol{\psi}(\boldsymbol{y}-\boldsymbol{A}\boldsymbol{x})^{\mathrm{T}}\boldsymbol{\Lambda}\boldsymbol{A} \tag{7-41}$$

令该式为 0，可得

$$\boldsymbol{\psi}\boldsymbol{A}^{\mathrm{T}}\boldsymbol{\Lambda}\boldsymbol{y}=\boldsymbol{\psi}\boldsymbol{A}^{\mathrm{T}}\boldsymbol{\Lambda}\boldsymbol{A}\boldsymbol{x} \tag{7-42}$$

注意到 $\boldsymbol{\psi}$ 是包含 $\boldsymbol{x}$ 的项，因此上式无法直接得到解。但当放入非线性迭代法时，将 $\boldsymbol{A}$ 看作雅可比，将 $\boldsymbol{y}$ 看作线性化误差，由于每步存在 $\check{\boldsymbol{x}}$ 处展开，上式可转化为

$$\check{\boldsymbol{\psi}}\boldsymbol{A}^{\mathrm{T}}\boldsymbol{\Lambda}\boldsymbol{y}=\check{\boldsymbol{\psi}}\boldsymbol{A}^{\mathrm{T}}\boldsymbol{\Lambda}\boldsymbol{A}\delta\boldsymbol{x} \tag{7-43}$$

其中

$$\check{\boldsymbol{\psi}}=\left.\frac{\partial \boldsymbol{r}(\boldsymbol{x})}{\partial(\boldsymbol{y}-\boldsymbol{A}\boldsymbol{x})^{\mathrm{T}}\boldsymbol{\Lambda}(\boldsymbol{y}-\boldsymbol{A}\boldsymbol{x})}\right|_{\boldsymbol{x}=\check{\boldsymbol{x}}} \tag{7-44}$$

注意到在式（7-43）等号两侧同时左乘 $\delta\boldsymbol{x}$ 前矩阵部分的逆，可获得和式（7-32）一致的形式。注意当将该式融合到迭代中和其他因子导出的方程相加时，$\check{\boldsymbol{\psi}}$ 不能被消去。进一步来看，当因子采用非高斯的分布建模时，与高斯建模的迭代步骤相比，此时的迭代步骤可以理解为对方差用 $\check{\boldsymbol{\psi}}$ 进行了加权，当测量误差很大时，该权重反而很小，从而起到抵消大测量

误差对整个优化问题造成影响的问题。这是拉普拉斯分布建模相对于高斯建模具有鲁棒性的原因。就像之前分析的，在拉普拉斯分布建模下，错误测量被赋予的概率提高了，而它在优化问题下看就是相比高斯赋予了更小的误差。以上的分析就解释了这种赋予更小误差的方式。

需要注意的是：由于导出了式（7-43）的形式，根据以上理论只要能够在大误差下赋予减小的权重，都能够产生鲁棒的效果。所以有些加权方式并不一定存在对应的已被命名的分布，但其加权方法可以被看作是一种新的非平方的代价函数。这种函数通常称为鲁棒代价函数，如 Huber 函数、Pseudo-Huber 函数等。在该视角下，通过拉普拉斯分布导出的代价函数，优化的目标是误差的绝对值，所以也称为 l_1 函数，与高斯对应的平方 l_2 函数具有一致的命名方式。在实际应用时，可以使用上述任意鲁棒代价函数，并设定或拟合合适的参数，实现鲁棒的效果。一种基于 Pseudo-Huber 函数的鲁棒代价函数的形式如图 7-9 所示。可以看到，对高斯分布和拉普拉斯分布取对数求负所对应的代价函数以及 Pseudo-Huber 代价函数三者相比，对于偏离均值很大的区域，后两者的取值比前者取值更小。

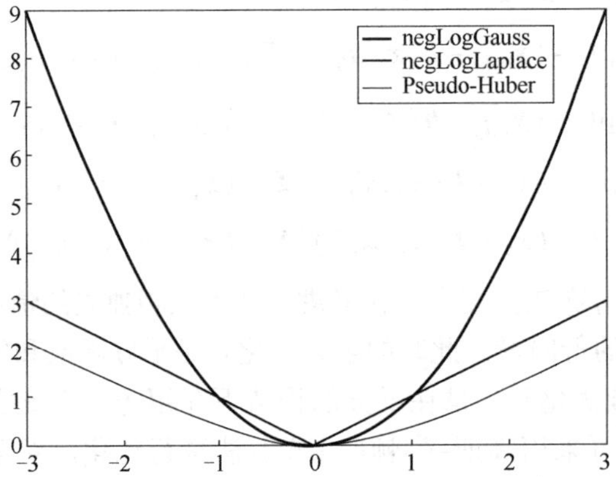

图 7-9　鲁棒代价函数示例

图 7-9 彩图

7.5　定位

上述内容中介绍了机器人如何利用自身的观测以及观测之间的特征关联，比如闭环或观测到同一特征，甚至是采用更多传感器（如 GPS 等）估计自身的轨迹和地图特征，也就是求解了 SLAM 问题，消除了里程估计的累积误差。但 SLAM 仍存在问题，尽管通过一系列优化能够将其复杂度做到关于观测个数 n 的线性或平方，但机器人长期运行会导致 n 不断增加。那么无论多小的复杂度，只要不是 $O(1)$，最终都会导致计算量过大。因此，要满足机器人长期运行的需求，必须有一种方法使机器人的位姿估计复杂度为 $O(1)$。考虑到地图特征或历史轨迹是对环境的一种描述，而这部分信息的估计随着观测越来越多，方差会逐渐收敛，并且对运行环境的覆盖也会越来越广。针对该特点，在机器人运行 SLAM 到一定程度时，比如对运行环境基本覆盖以后，不再继续求解 SLAM 问题，而是固定所有的历史轨迹和特征变量，仅求解当前位姿，也不再将当前位姿放入到历史状态中，这样就可以保证复杂度为 $O(1)$。这就好比特征和历史轨迹成了地图，而机器人利用地图对自身进行定位。本节将介绍如何基于 SLAM 的理论求解定位问题。

7.5.1 基于扩展卡尔曼滤波的定位

与定位问题最匹配的模型是扩展卡尔曼滤波和特征地图，即式（7-24）所建模的 SLAM 问题。对定位问题来说，特征不再参与优化，而是作为已知信息。因此，基于第 2 章的滤波理论，有

$$p(\boldsymbol{x}_t \mid \boldsymbol{Y}_t, \boldsymbol{U}_{t-1}, \boldsymbol{L}) = \frac{p(\boldsymbol{y}_t \mid \boldsymbol{x}_t, \boldsymbol{L}) \int p(\boldsymbol{x}_t \mid \boldsymbol{x}_{t-1}, \boldsymbol{u}_{t-1}, \boldsymbol{L}) p(\boldsymbol{x}_{t-1} \mid \boldsymbol{Y}_{t-1}, \boldsymbol{U}_{t-2}, \boldsymbol{L}) \mathrm{d}\boldsymbol{x}_{t-1}}{\int p(\boldsymbol{y}_t \mid \boldsymbol{x}_t, \boldsymbol{L}) \int p(\boldsymbol{x}_t \mid \boldsymbol{x}_{t-1}, \boldsymbol{u}_{t-1}, \boldsymbol{L}) p(\boldsymbol{x}_{t-1} \mid \boldsymbol{Y}_{t-1}, \boldsymbol{U}_{t-2}, \boldsymbol{L}) \mathrm{d}\boldsymbol{x}_{t-1} \mathrm{d}\boldsymbol{x}_t} \tag{7-45}$$

由于在上式中，$\boldsymbol{L}$ 并不是待估计量，所以滤波层面的推导和预备知识中的推导保持一致。与 SLAM 的区别主要在观测模型，以 SLAM 中基于特征和位姿的观测模型式（7-20）为对比，在定位状态下，由于特征不是待估计量，所以相应的因子模型为

$$\phi_l(\boldsymbol{x}_t, \boldsymbol{l}_i) = \exp(-(\boldsymbol{y}_{t,l_i} - \boldsymbol{h}_i(\boldsymbol{x}_t))^{\mathrm{T}} \boldsymbol{\Sigma}_{t,i}^{-1} (\boldsymbol{y}_{t,l_i} - \boldsymbol{h}_i(\boldsymbol{x}_t))) \tag{7-46}$$

构造对应的高斯分布为

$$p(\boldsymbol{y}_{t,i} \mid \boldsymbol{x}_t, \boldsymbol{l}_i) = N(\boldsymbol{h}_i(\boldsymbol{x}_t), \boldsymbol{\Sigma}_{t,i}) \tag{7-47}$$

可以看到，此时的 $\boldsymbol{h}$ 和特征无关。因为特征已知，其扮演的角色就像是模型的参数。

对于基于位姿图模型的 SLAM 来说，也可以采用 EKF 进行定位，因为位姿图模型也同样具备运动模型和观测模型，与位姿-特征模型的唯一区别是地图的表示并不通过特征，而是通过一系列 SLAM 时的历史轨迹位姿。同样可以对位姿图的观测模型进行改造，以式（7-12）为基础，定义

$$p(\boldsymbol{y}_{t,m} \mid \boldsymbol{x}_t, \boldsymbol{x}_m) = N(\boldsymbol{h}_m(\boldsymbol{x}_t), \boldsymbol{\Sigma}_{t,m}) \tag{7-48}$$

该模型可以被理解为当前位姿通过闭环检测和历史轨迹上的某个时刻的位姿发生了关联，并形成了相对位姿观测。此时的 $\boldsymbol{x}_m$ 由于不再是变量，在定位运行时已固定不参与优化，所以也和特征一样，被作为观测模型的参数。

除了以上通过相对观测地图中特征或历史轨迹从而形成观测，并对自身进行定位的方法以外，还包括直接获得来自地图的绝对观测，比如 GPS 等。以特征地图和 GPS 传感器联合观测为例，将这类多传感器问题直接表达为联合观测模型，通过条件独立，可得

$$p(\boldsymbol{y}_t \mid \boldsymbol{x}_t, \boldsymbol{l}_i) = p(\boldsymbol{y}_{t,GPS} \mid \boldsymbol{x}_t) p(\boldsymbol{y}_{t,i} \mid \boldsymbol{x}_t, \boldsymbol{l}_i) \tag{7-49}$$

即可以看作是两个观测模型的乘积。为了将该模型嵌入到滤波框架下，可以这样思考该问题：机器人首先获得了 GPS 信号，然后在原地等待了一个周期，在下个时刻获得了关于特征的观测，这样就可以用两步卡尔曼滤波来融合式（7-49）的观测模型。这里还需要解决一个问题，就是原地等待的方差问题。不妨设机器人对原地等待非常确定，这就意味着方差为 0，也就是在第一步卡尔曼滤波完成后的后验到下一步观测被融合之前，中间有一步完全不引入方差的静止运动模型，所以该步骤不对期望和方差产生任何改变。因此，当有多个观测模型时，只需要分步将观测模型依次更新状态即可。

至此，针对位姿图模型和位姿-特征模型各自的环境表示方法，定义了各自在定位状态下的观测模型，即式（7-47）和式（7-48）。在概率模型层面，由于环境变量在定位状态下是给定量，所以仅以条件嵌入在概率模型式（7-45）中。这使得要使用 EKF 进行定位变得非常简单，只需要将对应的观测模型代入到第 2 章介绍的标准 EKF 中即可，而不需要做任何其他处理。

7.5.2 基于粒子滤波的定位

通过位姿图模型可以求解 SLAM 问题，获得历史轨迹的估计。如果不依赖特征，也不依赖历史轨迹对环境进行描述，还可以用栅格地图等其他形式的地图模型。相比于特征和历史轨迹，采用其他形式的地图会引入一个新问题，即观测噪声可能不为高斯分布。这会导致即使运动模型仍为高斯分布，后验分布也不再会有任何标准的分布形式可以使用，也就无法把式（7-45）转化为 EKF 的形式进行求解。本小节将介绍如何解决这类更一般化的非高斯分布的贝叶斯滤波问题。

可以发现，贝叶斯滤波中无法解决的部分是求解边缘分布，因为要用到积分。所以，如果存在对任意分布求解积分的方法，就可能解决贝叶斯滤波问题。这里介绍蒙特卡罗积分方法。

首先看一个例子，如果不知道 π 值，要如何估计？如图 7-10 所示，提供一个数值方法，构造一个中心在（0,0）、半径为 1 的圆。然后在圆外部构造外接正方形，四个角点分别位于（−1，−1）、（−1,1）、（1,1）和（1，−1），样本从方形区域汇总产生，处于圆内的样本点被接受，用蓝圈标出。由于能在正方形区域中产生均匀分布的样本，那么只需要做 N 次实验，记录有 M 次落入到圆区域中。图 7-10 的案例中，有 79.6% 的样本落入到圆中。可以对该过程用数学方式描述：从正方形区域中产生均匀分布的样本，可以写为样本 s，即

$$s \sim p(\boldsymbol{x}) = \frac{1}{4} \tag{7-50}$$

也就是将正方形区域看作均匀分布概率密度函数的定义域。然后构造标记函数

$$I(\boldsymbol{x}) = \begin{cases} 1, & r(\boldsymbol{x}) \leqslant 1 \\ 0, & \text{其他} \end{cases} \tag{7-51}$$

式中 $r(\boldsymbol{x})$ 指 $\boldsymbol{x}$ 距离坐标轴原点的距离，也就是当 $\boldsymbol{x}$ 在圆内时，$I(\boldsymbol{x})=1$。通过样本落入圆内的期望，可以构造

$$\frac{\pi}{4} = \int I(\boldsymbol{x}) p(\boldsymbol{x}) \mathrm{d}\boldsymbol{x} \tag{7-52}$$

左边是理论分析的面积比结果，右边是期望公式，也可以看作是采样，然后判断是否在圆内的实验过程。现在假定有一组样本取值为 $\{\hat{\boldsymbol{x}}_k\}$，用经验分布拟合密度函数，可得

$$\frac{\pi}{4} = \int I(\boldsymbol{x}) \Sigma_k \frac{1}{N} \delta(\boldsymbol{x} - \hat{\boldsymbol{x}}_k) \mathrm{d}\boldsymbol{x} \tag{7-53}$$

式中 $\delta(\boldsymbol{x}-\hat{\boldsymbol{x}}_k)$ 表示平移 $\hat{\boldsymbol{x}}_k$ 的狄拉克函数。将积分和求和交换顺序，可得

$$\frac{\pi}{4} = \frac{1}{N} \Sigma_k \int I(\boldsymbol{x}) \delta(\boldsymbol{x} - \hat{\boldsymbol{x}}_k) \mathrm{d}\boldsymbol{x} \tag{7-54}$$

进一步求解

$$\frac{\pi}{4} = \frac{1}{N} \Sigma_k I(\hat{\boldsymbol{x}}_k) = \frac{M}{N} \tag{7-55}$$

可以看到，通过这个过程，得到了 π 的估计是$\frac{4M}{N}$。基于图 7-10 的案例，得到对 π 的估计为 3.184。如果要提升估计精度，可以进一步提升粒子的数量。

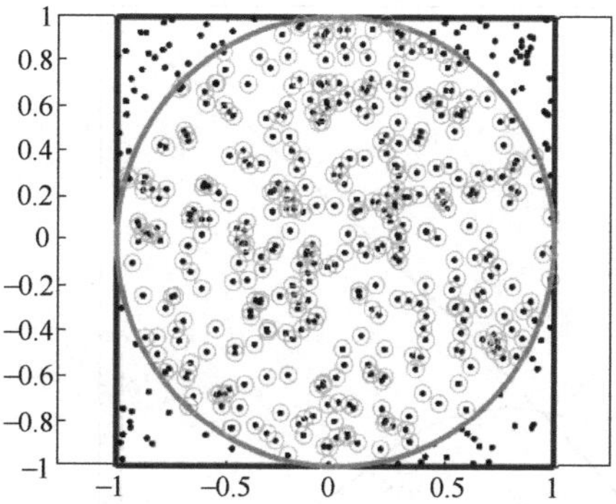

图7-10 基于蒙特卡罗积分方法求解 π 值的采样过程

图7-10 彩图

在上述过程中最关键的步骤是在求解积分时，对密度函数用经验分布进行替代，也就是说求解积分可以用一组来自于给定密度函数的样本来估计。这个思想就是蒙特卡罗积分方法的思想。

利用该思想，定义概率密度函数为 $p(\boldsymbol{x})$，待求解积分的目标函数为 $g(\boldsymbol{x})$。那么对 $g(\boldsymbol{x})$ 求积分可以写为如下形式：

$$\int g(\boldsymbol{x})\mathrm{d}\boldsymbol{x} = \int \frac{g(\boldsymbol{x})}{p(\boldsymbol{x})}p(\boldsymbol{x})\mathrm{d}\boldsymbol{x} \tag{7-56}$$

如果将$\frac{g(\boldsymbol{x})}{p(\boldsymbol{x})}$整体看作一个函数，对 $g(\boldsymbol{x})$ 求积分就可以看作是对$\frac{g(\boldsymbol{x})}{p(\boldsymbol{x})}$求当 $\boldsymbol{x}$ 满足 $p(\boldsymbol{x})$ 概率分布时的期望。因此，通过采样求和估计期望的方式，可以从 $p(\boldsymbol{x})$ 中采样样本，令其取值为 $\{\hat{\boldsymbol{x}}_k\}$，就可以得到一种积分估计方法

$$\int g(\boldsymbol{x})\mathrm{d}\boldsymbol{x} \approx \int \frac{g(\boldsymbol{x})}{p(\boldsymbol{x})}\Sigma_k \frac{1}{N}\delta(\boldsymbol{x}-\hat{\boldsymbol{x}}_k)\mathrm{d}\boldsymbol{x} = \frac{1}{N}\Sigma_k \frac{g(\hat{\boldsymbol{x}}_k)}{p(\hat{\boldsymbol{x}}_k)} \tag{7-57}$$

更进一步，如果 $g(\boldsymbol{x})$ 本身就是期望函数，记为 $g(\boldsymbol{x})=\boldsymbol{x}f(\boldsymbol{x})$，$f(\boldsymbol{x})$ 为任意函数，就有

$$E_f\{\boldsymbol{x}\} = \int \boldsymbol{x}f(\boldsymbol{x})\mathrm{d}\boldsymbol{x} \approx \frac{1}{N}\Sigma_k \frac{f(\hat{\boldsymbol{x}}_k)}{p(\hat{\boldsymbol{x}}_k)}\hat{\boldsymbol{x}}_k \tag{7-58}$$

这里$\frac{f(\hat{\boldsymbol{x}}_k)}{Np(\hat{\boldsymbol{x}}_k)}$称为重要性，估计的方法叫作重要性采样，也就是每一个样本关联了一个重要性，从而对期望进行估计。图7-11 中给出了一个案例，图中显示了基于蒙特卡罗积分方法求解为 $g(\boldsymbol{x})$ 积分过程中的采样步骤。从均值为0、标准差为1.2 的高斯分布 $p(\boldsymbol{x})$ 中采样，并通过$\frac{g(\boldsymbol{x})}{p(\boldsymbol{x})}$对 $p(\boldsymbol{x})$ 中的每个样本进行加权。可以看到样本的密度由 $p(\boldsymbol{x})$ 决定，但样本的重要性和 $g(\boldsymbol{x})$ 与 $p(\boldsymbol{x})$ 之比相关，比值越大的区域，加权越高。

从以上例子可以看到，概率分布可以用一组粒子进行表示，进而使积分可以估计，而期望作为一种典型的积分操作，显然也能被估计。基于该思想，由于定位过程中，初始分布是已知的，那么从初始分布能够采集样本。不妨假设第 $t-1$ 时刻的定位后验分布能够用粒子 $\{\hat{\boldsymbol{x}}_{t-1,k}\}$ 表示，那么式（7-45）就被表示为

$$p(\boldsymbol{x}_t \mid \boldsymbol{Y}_t, \boldsymbol{U}_{t-1}, \boldsymbol{L}) = \frac{p(\boldsymbol{y}_t \mid \boldsymbol{x}_t, \boldsymbol{L})\int p(\boldsymbol{x}_t \mid \boldsymbol{x}_{t-1}, \boldsymbol{u}_{t-1}, \boldsymbol{L})\ \frac{1}{N}\Sigma_k\delta(\boldsymbol{x}_{t-1}-\hat{\boldsymbol{x}}_{t-1,k})\mathrm{d}\boldsymbol{x}_{t-1}}{\int p(\boldsymbol{y}_t \mid \boldsymbol{x}_t, \boldsymbol{L})\int p(\boldsymbol{x}_t \mid \boldsymbol{x}_{t-1}, \boldsymbol{u}_{t-1}, \boldsymbol{L})p(\boldsymbol{x}_{t-1} \mid \boldsymbol{Y}_{t-1}, \boldsymbol{U}_{t-2}, \boldsymbol{L})\mathrm{d}\boldsymbol{x}_{t-1}\mathrm{d}\boldsymbol{x}_t} \tag{7-59}$$

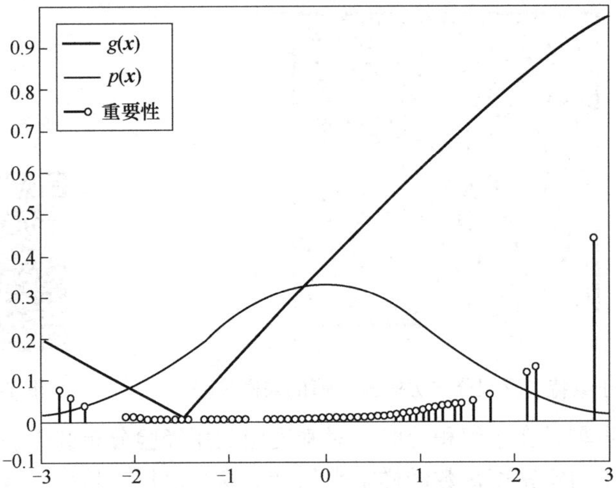

图 7-11　基于蒙特卡罗积分方法求解为 $g(x)$ 积分过程中的采样步骤

图 7-11 彩图

对上式的分子中的积分操作做重要性采样转化，可得

$$p(\boldsymbol{x}_t \mid \boldsymbol{Y}_t,\boldsymbol{U}_{t-1},\boldsymbol{L}) = \frac{p(\boldsymbol{y}_t \mid \boldsymbol{x}_t,\boldsymbol{L})\ \frac{1}{N}\Sigma_k p(\boldsymbol{x}_t \mid \hat{\boldsymbol{x}}_{t-1,k},\boldsymbol{u}_{t-1},\boldsymbol{L})}{\int p(\boldsymbol{y}_t \mid \boldsymbol{x}_t,\boldsymbol{L})\int p(\boldsymbol{x}_t \mid \boldsymbol{x}_{t-1},\boldsymbol{u}_{t-1},\boldsymbol{L})p(\boldsymbol{x}_{t-1} \mid \boldsymbol{Y}_{t-1},\boldsymbol{U}_{t-2},\boldsymbol{L})\mathrm{d}\boldsymbol{x}_{t-1}\mathrm{d}\boldsymbol{x}_t} \tag{7-60}$$

考虑到 $\hat{\boldsymbol{x}}_{t-1,k}$ 和 $\boldsymbol{u}_{t-1}$ 以及 $\boldsymbol{L}$ 是确定的，所以可以通过运动模型直接采样出一组 $\boldsymbol{x}_t$ 的样本 $\{\hat{\boldsymbol{x}}_{t,k}\}$。图 7-12 展现了基于 0 时刻的状态和运动模型，采样下一时刻运动模型样本集的过程。可以看到尽管大多数的样本落在方差的 2σ 椭圆中，但近似的椭圆和真实的样本分布之间并未严格满足 2σ 范围的概率，这主要是因为将非线性运动模型进行线性化引入了近似误差。也从侧面反映了基于高斯假设的 EKF 所携带的误差和利用采样方法避免该假设带来的优劣：前者可解析计算，但存在非线性线性化误差；后者无线性化，但存在样本大小的误差。基于该样本集合，可形成

$$p(\boldsymbol{x}_t \mid \boldsymbol{Y}_t,\boldsymbol{U}_{t-1},\boldsymbol{L}) = \frac{\frac{1}{N}\Sigma_k p(\boldsymbol{y}_t \mid \hat{\boldsymbol{x}}_{t,k},\boldsymbol{L})\delta(\boldsymbol{x}_t - \hat{\boldsymbol{x}}_{t,k})}{\int p(\boldsymbol{y}_t \mid \boldsymbol{x}_t,\boldsymbol{L})\int p(\boldsymbol{x}_t \mid \boldsymbol{x}_{t-1},\boldsymbol{u}_{t-1},\boldsymbol{L})p(\boldsymbol{x}_{t-1} \mid \boldsymbol{Y}_{t-1},\boldsymbol{U}_{t-2},\boldsymbol{L})\mathrm{d}\boldsymbol{x}_{t-1}\mathrm{d}\boldsymbol{x}_t} \tag{7-61}$$

注意到此时的观测模型所有变量都确定，因此也可以进行计算，将其记为 $p(\boldsymbol{y}_t \mid \hat{\boldsymbol{x}}_{t,k},\boldsymbol{L}) = \tilde{\omega}_{t,k}$，有

$$p(\boldsymbol{x}_t \mid \boldsymbol{Y}_t,\boldsymbol{U}_{t-1},\boldsymbol{L}) = \frac{\Sigma_k \frac{\tilde{\omega}_{t,k}}{N}\delta(\boldsymbol{x}_t - \hat{\boldsymbol{x}}_{t,k})}{\int p(\boldsymbol{y}_t \mid \boldsymbol{x}_t,\boldsymbol{L})\int p(\boldsymbol{x}_t \mid \boldsymbol{x}_{t-1},\boldsymbol{u}_{t-1},\boldsymbol{L})p(\boldsymbol{x}_{t-1} \mid \boldsymbol{Y}_{t-1},\boldsymbol{U}_{t-2},\boldsymbol{L})\mathrm{d}\boldsymbol{x}_{t-1}\mathrm{d}\boldsymbol{x}_t} \tag{7-62}$$

最后，注意到后验分布的概率分布归一化特性以及分布是常数的特性，可以将上式直接写为

$$p(\boldsymbol{x}_t \mid \boldsymbol{Y}_t,\boldsymbol{U}_{t-1},\boldsymbol{L}) \triangleq \frac{\Sigma_k \tilde{\omega}_{t,k}\delta(\boldsymbol{x}_t - \hat{\boldsymbol{x}}_{t,k})}{\Sigma_k \tilde{\omega}_{t,k}} \triangleq \Sigma_k \omega_{t,k}\delta(\boldsymbol{x}_t - \hat{\boldsymbol{x}}_{t,k}) \tag{7-63}$$

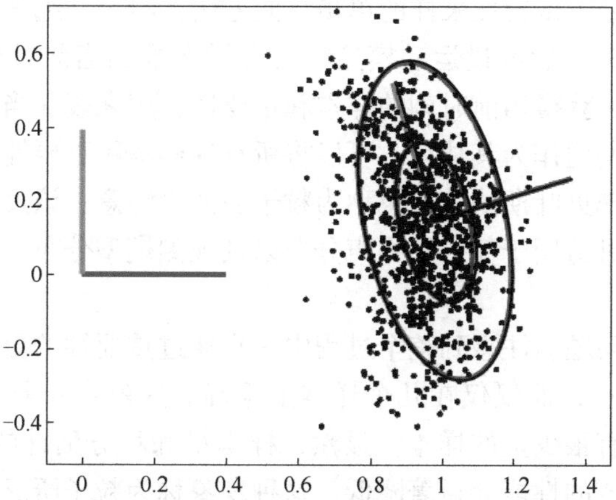

图 7-12　利用运动模型进行采样和方差近似

图 7-12 彩图

通过上述的一系列步骤，得到当 $t-1$ 时刻的分布可以用一组样本表示时，t 时刻可以用一组样本和对应的权重 $\omega_{t,k}$ 来表示，注意这里 $\omega_{t,k}$ 包含加和为 1 的约束。如图 7-13 所示，图 7-12 中的样本集通过观测模型计算了对应的重要性权重，其中黑色表示该样本的权重低，越白则重要性越高。可以看到，当观测数据到来时，运动模型采样得到的样本会被加权，权重高的部分更靠近真实位姿所在的区域。因此，在真值附近的样本具有更高的权重，描述了通过观测模型更新样本以后，获得了对真实位姿更好的估计。此时，通过对后验分布求期望，就可以估计机器人当前的定位。

$$E\{p(\boldsymbol{x}_t \mid \boldsymbol{Y}_t, \boldsymbol{U}_{t-1}, \boldsymbol{L})\} = \int \boldsymbol{x}_t \Sigma_k \omega_{t,k} \delta(\boldsymbol{x}_t - \hat{\boldsymbol{x}}_{t,k}) \mathrm{d}\boldsymbol{x}_t = \Sigma_k \omega_{t,k} \hat{\boldsymbol{x}}_{t,k} \tag{7-64}$$

显然，$\{\omega_{t,k}\}$ 就是样本的重要性。

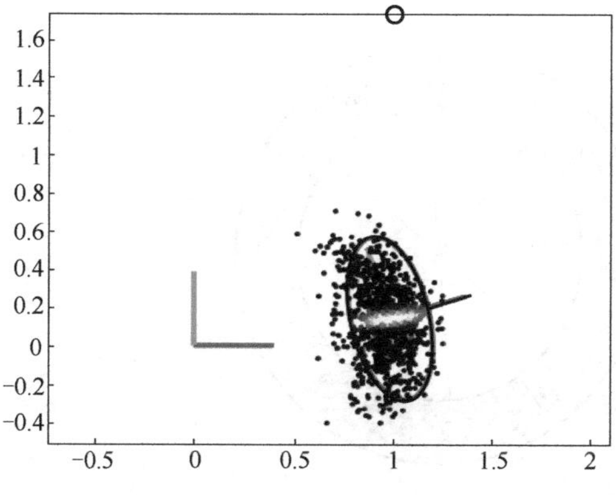

图 7-13 彩图

图 7-13　利用运动模型进行采样，并根据观测进行重要性权重的计算示意

对上述的推导过程，更一般化的情况是：如果 $t-1$ 时刻是一组样本和对应的重要性，那么 t 时刻仍可以被表示为样本和重要性，即

$$p(\boldsymbol{x}_t \mid \boldsymbol{Y}_t, \boldsymbol{U}_{t-1}, \boldsymbol{L}) \propto \Sigma_k p(\boldsymbol{y}_t \mid \hat{\boldsymbol{x}}_{t,k}, \boldsymbol{L}) \omega_{t-1,k} \delta(\boldsymbol{x}_t - \hat{\boldsymbol{x}}_{t,k}) = \Sigma_k \omega_{t,k} \delta(\boldsymbol{x}_t - \hat{\boldsymbol{x}}_{t,k}) \tag{7-65}$$

可以导出

$$\omega_{t,k} \propto p(\boldsymbol{y}_t \mid \hat{\boldsymbol{x}}_{t,k}, \boldsymbol{L}) \omega_{t-1,k} \tag{7-66}$$

即重要性的更新公式，以 $p(\boldsymbol{y}_t \mid \hat{\boldsymbol{x}}_{t,k}, \boldsymbol{L})$ 为更新量。

通过以上推导，可以给出基于重要性采样的单步滤波方法：给定一组来自0时刻概率分布的样本和各自相等的重要性，然后经过运动模型将所有样本推到当前时刻并计算观测模型，对相应的重要性进行更新，获得当前时刻的样本和重要性，用来表征当前时刻位姿的分布。如果需要当前时刻位姿的期望作为其估计，可以将所有的样本用重要性加权进行求和得到。迭代进行该步骤，即可实现贝叶斯滤波，也称为粒子滤波。注意：该过程中没有任何需要显式获得分布的步骤，因此可适用于任意的噪声分布以及观测模型分布，解决了本节开始时提出的问题。

然而，粒子滤波同样存在问题。注意到整个过程中一直通过重要性的更新实现迭代，这会造成大多数样本的重要性很小，而仅仅在几个样本上很高。这就意味着当这种情况出现时，有效的后验分布范围内仅有很少量的样本。显然，样本量和积分估计的质量直接相关，所以出现这种情况时，粒子滤波的性能会显著降低，这种现象称为粒子匮乏。

为了解决粒子匮乏问题，可以采用重采样技术。其思路就是在高重要性的样本周围采样新的样本，从而使样本能更好地表示当前的分布。这里介绍一种重采样的方法，如图7-14所示，将样本的重要性依次排列，形成N个区间，有

$$[0,\omega_1],[\omega_1,\omega_1+\omega_2],[\omega_1+\omega_2,\omega_1+\omega_2+\omega_3],\cdots,[\Sigma_{k=1\cdots N-1}\omega_k,\Sigma_{k=1\cdots N}\omega_k=1] \tag{7-67}$$

然后，在$[0,1]$的区间上进行均匀采样，根据所得样本落在第i段区间，选择ω_i所对应的样本作为重采样后的样本。根据该方法，如果当前样本的重要性很大，那么其被保留到重采样后的样本集中的可能性就越高；相反，比如图7-14中重要性小的2号和9号粒子则不会被重采样选中。通过这种方式，重采样步骤确保了之后样本分布在高重要性的区域，以此增加样本的丰富程度。在重采样后，之前的重要性不再保留，而是在新的样本集中，所有的样本均被赋予相当的重要性，即$\frac{1}{N}$。

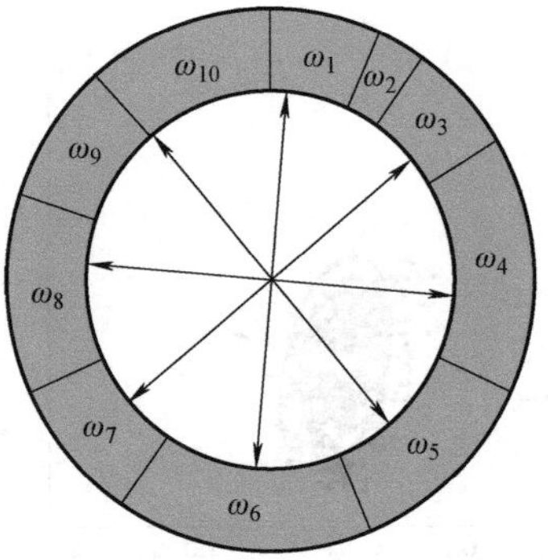

图7-14　利用轮盘赌的方式进行重采样示意

触发重采样技术的前提是粒子匮乏较严重，为了衡量匮乏程度，可以用当前样本的重要性方差来衡量。当样本的重要性集中在少数几个粒子上时，重要性的方差会变大，那么以此为思路，定义匮乏程度为

$$e=\frac{1}{\Sigma_k(\omega_k)^2} \tag{7-68}$$

当该值小于给定的阈值时，即触发重采样。

本节介绍了粒子滤波方法，该方法利用非参数的采样方法对分布进行估计，从而在不要

求任何分布特定形式的情况下实现了贝叶斯滤波。因此，粒子滤波可以适配非高斯初始分布、非高斯观测模型及非高斯运动模型，克服了 EKF 系列存在的高斯分布假设局限。这也使得粒子滤波可以被初始化均匀分布，实现不依赖地点识别闭环检测的全局定位。但该方法也存在缺陷，即非参数的本质使其性能和样本的数量高度相关。对于三维世界的六维位姿问题，粒子滤波所需的样本数非常大，很难达到实时性。所以粒子滤波方法更多地被用于二维世界的三维位姿定位问题，而充分利用其非高斯的特性并使用稠密的栅格地图来进行定位，从而有较好的鲁棒性。

7.6 小结

本章共介绍了三方面内容。首先对闭环检测进行了介绍，使读者能够在当前位姿和历史轨迹的某个位姿之间构建联系，该联系是消除里程估计过程中存在累积误差的关键。进行地点识别的方法和上一章中介绍的局部特征匹配有所不同，地点识别更依赖对传感器信息的整体描述，并借助搜索技术使得在整个历史轨迹的数据库中能够快速找到闭环，从而满足实时性要求。闭环构建了 SLAM 的基础，使 SLAM 相比于里程估计转化为一个全局估计问题。为了解决该问题，本章介绍了基于 EKF-SLAM 求解，其与标准 EKF 的最大区别在于，EKF-SLAM 的状态量中包含了地图信息即特征。不过由于特征的静态特性，引入特征到状态几乎不改变 EKF 的步骤。然而，由于 EKF 存在一致性问题，所以目前更多 SLAM 系统一般采用全局优化的方式。为了分析该问题，本章介绍了因子图模型，将多种传感器的表达都统一为因子模型，从而大大简化了问题的分析。在转化为因子图后，SLAM 问题就和预备知识中的最大似然估计具有一致的形式，可以通过最小二乘最优化的方式求解。从 SLAM 这一特点问题的优化求解出发，本章介绍了 SLAM 问题特有的稀疏结构，其能大幅度降低求解优化的时间复杂度。此外，还介绍了错误观测，引入特殊的分布来减弱高斯分布对错误观测赋予的过小概率情况，实现鲁棒的估计。在介绍完 SLAM 后，由于其复杂度不断上涨问题，很难被用于长期运行。因此，本章又介绍了定位，也即将 SLAM 中建模环境的变量都进行固定，不再进行优化，从而将复杂度限定到 $O(1)$，实现在线。基于该思路，首先介绍了 EKF 定位，其相比于 EKF-SLAM 的区别是不需要将环境纳入到状态中，而仅是当作已知量作为分布的条件，因而能够简化 EKF - SLAM 的结构，符合标准 EKF 的处理手段。最后，由于 EKF 定位存在的高斯假设约束，介绍了基于非参数样本方法的粒子滤波，其能适配非高斯的模型和噪声，这使得更复杂的地图和模型能够在该框架下被应用，使性能提升成为可能。但粒子滤波也存在关键问题，即其性能与样本数高度相关，而在三维空间，粒子滤波的样本数要求几乎很难达到。

本章是本书的最后一章，它是前面所有章节的衔接，是里程估计、地图表示和观测模型在概率框架下的组合，形成机器人对环境和对自身的可靠估计，该估计则是运动规划和控制不可或缺的输入。因此，在完成同时定位与地图构建以后，结合本书其他的技术就可以使机器人在给定的环境里进行长期的运行，不用再担忧累积误差的影响，从而真正发挥机器人代替人工的价值。

习 题

7-1 请结合稀疏特征地点识别方法如 BoW 以及稠密特征地点识别方法如 DenseVLAD 各自的优缺点，分析移动机器人在家庭、工厂、园区、野外等几种典型场景应当选用哪种方法进行地点识别？

7-2 为什么在因子图建模时，可以不需要考虑常数项？

7-3 假定有两套全局定位系统，各自的坐标系原点不同，那么移动机器人能否同时使用两套定位系统提供的观测都作为1-因子放入因子图中进行优化？

7-4 两个时刻的因子图模型，如果只相差了一个里程估计的因子，是否需要重新计算所有的位姿？如何相差一个闭环的因子？

7-5 特征匹配错误能否采用鲁棒优化的方式进行解决？

7-6 EKF定位和粒子滤波定位的区别是什么？

7-7 相比EKF，错误的特征匹配对于粒子滤波的影响如何？

7-8 在因子图的视角下，如何描述定位问题？

参考文献

[1] SIEGWART R，NOURBAKHSH I R，SCARAMUZZA D. 自主移动机器人导论（第2版）[M]. 李人厚，宋青松，译. 西安：西安交通大学出版社，2013.

[2] SIEGWART R，NOURBAKHSH I R，SCARAMUZZA D. Introduction to Autonomous Mobile Robots [M]. 2nd ed. Cambridge：The MIT Press，2011.

[3] THRUN S，BURGARD W，FOX D. Probabilistic Robotics [M]. Cambrige：The MIT Press，2005.

[4] 张帼奋，黄柏琴，张彩伢. 概率论、数理统计与随机过程 [M]. 杭州：浙江大学出版社，2011.

[5] 陈希孺. 概率论与数理统计 [M]. 合肥：中国科学技术大学出版社，2009.

[6] BARFOOT T D. State Estimation for Robotics [M]. Cambridge：Cambridge University Press，2020.

[7] BREDER C M. The Locomotion of Fishes [J]. Zoologica，1926，4：159-297.

[8] LAUDER G V，ANDERSON E J，TANGORRA J，et al. Fish Biorobotics：Kinematics and Hydrodynamics of Self-propulsion [J]. Journal of Experimental Biology，2007，210：2767-2780.

[9] ZHOU C. Modeling and Control of Swimming Gaits for Fish-like Robots Using Coupled Nonlinear Oscillator [D]. Singapore：Nanyang Technological University，2012.

[10] TRIANTAFYLLOU M S，TRIANTAFYLLOU G S. An Efficient Swimming Machine [J]. Scientific American，1995，272：64-70.

[11] LIGHTHILL M J. Note on the Swimming of Slender Fish [J]. Journal of Fluid Mechanics，1960，9：305-317.

[12] HU H，LIU J，DUKES I，et al. Design of 3D Swim Patterns for Autonomous Robotic Fish [C]. Beijing：IEEE/RSJ International Conference on Intelligent Robots and Systems，2006：2406-2411.

[13] IJSPEERT A J. Central Pattern Generators for Locomotion Control in Animals and Robots：AReview [J]. Neural Networks，2008，21：642-653.

[14] IJSPEERT A J，CRESPI A，RYCZKO D，et al. From Swimming to Walking with a Salamander Robot Driven by a Spinal Cord Model [J]. Science，2007，315：1416-1420.

[15] ZHOU C，LOW K H. Design and Locomotion Control of a Biomimetic Underwater Vehicle with Fin Propulsion [J]. IEEE/ASME Transactions on Mechatronics，2012，17（1）：25-35.

[16] FLOREANO D，ZUFFEREY J C，SRINIVASAN M V，et al. Flying Insects and Robots [M]. New York：Springer，2009.

[17] CROON D G，GROEN M A，WAGTER D C，et al. Design，Aerodynamics and Autonomy of the DelFly [J]. Bioinspiration&Biomimetics，2012，7（2）：025003.

[18] KEENNON M，KLINGEBIEL K，WON H. Development of the Nano Hummingbird：A Tailless Flapping Wing Micro Air Vehicle [C]. Nashville：50th AIAA Aerospace Sciences Meeting including the New Horizons Forum and Aerospace Exposition，2012：588.

[19] MA K Y，CHIRARATTANANON P，FULLER S B，et al. Controlled Flight of a Biologically Inspired，Insect-scale Robot [J]. Science，2013，340（6132）：603-607.

[20] WOOD R J. The First Takeoff of a Biologically Inspired At-scale Robotic Insect [J]. IEEE Transactions on Robotics，2008，24（2）：341-347.

[21] 梶田秀司. 仿人机器人 [M]. 管贻生，译. 北京：清华大学出版社，2007.

[22] XIONG R，SUN Y，ZHU Q，et al. Impedance Control and its Effects on a Humanoid Robot Playing Table

Tennis [J]. International Journal of Advanced Robotic Systems, 2012, 9 (5): 178.

[23] YU Z, HUANG Q, MA G, et al. Design and Development of the Humanoid Robot BHR-5 [J]. Advances in Mechanical Engineering, 2014, 6: 852937.

[24] RAMOS J, KIM S. Humanoid Dynamic Synchronization Through Whole-Body Bilateral Feedback Teleoperation [J]. IEEE Transactions on Robotics, 2018, 34 (4): 953-965.

[25] LAVALLE S M. Planning Algorithms [M]. Cambridge: Cambridge University Press, 2006.

[26] DORIGO M, DI CARO G. Ant Colony Optimization: A New Meta-heuristic [C]. Washington D. C.: IEEE Congress on Evolutionary Computation, 1999.

[27] GLOVER F W, KOCHENBERGER G A. Handbook of Metaheuristics [M]. Boston: Springer, 2003.

[28] DORIGO M, BIRATTARI M, STÜTZLE T. Ant Colony Optimization [J]. IEEE Computational Intelligence Magazine, 2006, 1 (4): 28-39.

[29] KAVRAKI L E, SVESTKA P, LATOMBE J C, et al. Probabilistic Roadmaps for Path Planning in High-dimensional Configuration Spaces [J]. IEEE Transactions on Robotics and Automation, 1996, 12 (4): 566-580.

[30] KARAMAN S, FRAZZOLI E. Sampling-based Algorithms for Optimal Motion Planning [J]. The International Journal of Robotics Research, 2011, 30 (7): 846-894.

[31] LAVALLE S M. Rapidly-exploring Random Trees: A New Tool for Path Planning [R]. Ames: Iowa State University, 1998.

[32] LAVALLE S M, KUFFNER J J. Rapidly-Exploring Random Trees: Progress and Prospects [J]. Algorithmic and Computational Robotics: New Directions, 2001 (5): 293-308.

[33] KUFFNER J J, LAVALLE S M. RRT-Connect: An Efficient Approach to Single-query Path Planning [C]. San Francisco: IEEE International Conference on Robotics and Automation, 2000.

[34] CHOSET H M, HUTCHINSON S, LYNCH K M, et al. Principles of Robot Motion: Theory, Algorithms, and Implementation [M]. Cambridge: The MIT Press, 2005.

[35] ALLEN P K. Robotic Motion Planning: Bug Algorithms [EB/OL]. (2015-09-17) [2020-11-05] http://www.cs.columbia.edu/~allen/F15/NOTES/Chap2-Bug.pdf.

[36] BORENSTEIN J, KOREN Y. The Vector Field Histogram-fast Obstacle Avoidance for Mobile Robots [J]. IEEE Transactions on Robotics and Automation, 1991, 7 (3): 278-288.

[37] ULRICH I, BORENSTEIN J. VFH+: Reliable Obstacle Avoidance for Fast Mobile Robots [C]. Leuven: IEEE International Conference on Robotics and Automation, 1998.

[38] ULRICH I, BORENSTEIN J. VFH/sup*: Local Obstacle Avoidance with Look-ahead Verification [C]. San Francisco: IEEE International Conference on Robotics and Automation, 2000.

[39] FOX D, BURGARD W, THRUN S. The Dynamic Window Approach to Collision Avoidance [J]. IEEE Robotics & Automation Magazine, 1997, 4 (1): 23-33.

[40] BIAGIOTTI L, MELCHIORRI C. Trajectory Planning for Automatic Machines and Robots [M]. Berlin: Springer Science & Business Media, 2008.

[41] LAUMONDJ P. Robot Motion Planning and Control [M]. Berlin: Springer, 1998.

[42] HOWARD T M, KELLY A. Optimal Rough Terrain Trajectory Generation for Wheeled Mobile Robots [J]. The International Journal of Robotics Research, 2007, 26 (2): 141-166.

[43] PARK J J, KUIPERS B. A Smooth Control Law for Graceful Motion of Differential Wheeled Mobile Robots in 2D Environment [C]. Shanghai: IEEE International Conference on Robotics and Automation, 2011.

[44] IJSPEERT A J, NAKANISHI J, SCHAAL S. Movement Imitation with Nonlinear Dynamical Systems in Humanoid Robots [C]. Washington D. C.: IEEE International Conference on Robotics and Automation, 2002.

[45] IJSPEERTA J. Learning Control Policies for Movement Imitation and Movement Recognition [C]. Vancou-

ver: Neural Information Processing System, 2003.

[46] KALAKRISHNAN M, PASTOR P, RIGHETTI L, et al. Learning Objective Functions for Manipulation [C]. Karlsruhe: IEEE International Conference on Robotics and Automation, 2013.

[47] PETEREIT J, EMTER T, FREY C W, et al. Application of Hybrid A* to an Autonomous Mobile Robot for Path Planning in Unstructured Outdoor Environments [C]. Munich: German Conference on Robotics, 2012.

[48] QUINLAN S, KHATIB O. Elastic Bands: Connecting Path Planning and Control [C]. Atlanta: IEEE International Conference on Robotics and Automation, 1993.

[49] RÖSMANN C, FEITEN W, WÖSCH T, et al. Trajectory Modification Considering Dynamic Constraints of Autonomous Robots [C]. Munich: German Conference on Robotics, 2012.

[50] RÖSMANN C, FEITEN W, WÖSCH T, et al. Efficient Trajectory Optimization Using a Sparse Model [C]. Barcelona: European Conference on Mobile Robots, 2013.

[51] KELLER M, HOFFMANN F, HASS C, et al. Planning of Optimal Collision Avoidance Trajectories with Timed Elastic Bands [J]. IFAC Proceedings Volumes, 2014, 47 (3): 9822-9827.

[52] RÖSMANN C, OELJEKLAUS M, HOFFMANN F, et al. Online Trajectory Prediction and Planning for Social Robot Navigation [C]. Munich: IEEE International Conference on Advanced Intelligent Mechatronics, 2017.

[53] HORNUNG A, WURM K M, BENNEWITZ M, et al. OctoMap: An Efficient Probabilistic 3D Mapping Framework based on Octrees [J]. Autonomous Robots, 2013, 34 (3): 189-206.

[54] WHELAN T, MCDONALD J, KAESS M, et al. Kintinuous: Spatially Extended Kinect Fusion [C]. Sydney: 3rd RSS Workshop on RGB-D, 2012.

[55] ZUCKER M, RATLIFF N, DRAGAN A D, et al. Chomp: Covariant Hamiltonian Optimization for Motion Planning [J]. The International Journal of Robotics Research, 2013, 32 (9-10): 1164-1193.

[56] WHELAN T, KAESS M, JOHANNSSON H, et al. Real-time Large-scale Dense RGB-D SLAM with Volumetric Fusion [J]. The International Journal of Robotics Research, 2015, 34 (4-5): 598-626.

[57] NEWCOMBE R A, IZADI S, HILLIGES O, et al. Kinectfusion: Real – time Dense Surface Mapping and Tracking [C]. Basel: IEEE International Symposium on Mixed & Augmented Reality, 2011.

[58] LORENSEN W E, CLINE H E. Marching Cubes: A High Resolution 3D Surface Construction Algorithm [C]. New York: ACM Siggraph Computer Graphics, 1987.

[59] OLEYNIKOVA H, TAYLOR Z, FEHR M, et al. Voxblox: Incremental 3D Euclidean Signed Distance Fields for On-board Mav Planning [C]. Vancouver: IEEE/RSJ International Conference on Intelligent Robots and Systems, 2017.

[60] MADDERN W, PASCOE G, LINEGAR C, et al. 1 year, 1000km: The Oxford RobotCar Dataset [J]. The International Journal of Robotics Research, 2017, 36 (1): 3-15.

[61] GRINVALD M, FURRER F, NOVKOVIC T, et al. Volumetric Instance-Aware Semantic Mapping and 3D Object Discovery [J]. IEEE Robotics and Automation Letters, 2019, 4 (3): 3037-3044.

[62] KESELMAN L, ISELIN WOODFILL J, GRUNNET-JEPSEN A, et al. Intel Realsense Stereoscopic Depth Cameras [C]. Honolulu: Proceedings of the IEEE Conference on Computer Vision and Pattern Recognition Workshops, 2017.

[63] WERMELINGER M, FANKHAUSER P, DIETHELM R, et al. Navigation Planning for Legged Robots in Challenging Terrain [C]. Daejeon: IEEE/RSJ International Conference on Intelligent Robots and Systems, 2016.

[64] WILLIAMS S, DISSANAYAKE G, DURRANT-WHYTE H. Towards Terrain-Aided Navigation for Underwater Robotics [J]. Advanced Robotics, 2001, 15 (5): 533-549.

[65] SACK D, BURGARD W. A Comparison of Methods for Line Extraction from Range Data [C]. Lisboa: 5th

IFAC/EURON Symposium on Intelligent Autonomous Vehicles Instituto Superior Técnico, 2004.
[66] TREVOR A J, GEDIKLI S, RUSU R B, et al. Efficient Organized Point Cloud Segmentation with Connected Components [C]. Karlsruhe: Proceedings of Semantic Perception Mapping and Exploration, 2013.
[67] HENRY P, KRAININ M, HERBST E, et al. RGB-D Mapping: Using Depth Cameras for Dense 3D Modeling of Indoor Environments [J]. International Journal of Robotics Research, 2013, 31 (5): 647-663.
[68] SALAS-MORENO R F, NEWCOMBE R A, STRASDAT H, et al. SLAM++: Simultaneous Localisation and Mapping at the Level of Objects [C]. Portland: Computer Vision and Pattern Recognition, 2013.
[69] PUMAROLA A, VAKHITOV A, AGUDO A, et al. PL-SLAM: Real-time Monocular Visual SLAM with Points and Lines [C]. Singapore: IEEE International Conference on Robotics and Automation, 2017.
[70] TANG L, WANG Y, DING X, et al. Topological Local-metric Framework for Mobile Robots Navigation: a Long Term Perspective [J]. Autonomous Robots, 2018 (4): 1-15.
[71] MORAVEC H P. Sensor Devices and Systems for Robotics: Sensor Fusion in Certainty Grids for Mobile Robots [M]. Berlin: Springer, 1989.
[72] KWEON I S, HEBERT M, KROTKOV E, et al. Terrain Mapping for a Roving Planetary Explorer [C]. Scottsdale: IEEE International Conference on Robotics & Automation, 1989.
[73] KORTENKAMP D, WEYMOUTH T E. Topological Mapping for Mobile Robots Using a Combination of Sonar and Vision Sensing [C]. Seattle: Twelfth National Conference on Artificial Intelligence, 1994.
[74] NÜCHTER A, HERTZBERG J. Towards Semantic Maps for Mobile Robots [J]. Robotics and Autonomous Systems, Elsevier B. V., 2008, 56 (11): 915-926.
[75] PRONOBIS A, JENSFELT P. Large-scale Semantic Mapping and Reasoning with Heterogeneous Modalities [C]. Saint Paul: IEEE International Conference on Robotics & Automation, 2012.
[76] SUNDERHAUF N, PHAM T T, LATIF Y, et al. Meaningful Maps with Object-oriented Semantic Mapping [C]. Vancouver: IEEE International Conference on Intelligent Robots and Systems, 2017.
[77] Calibration and 3D Reconstruction [EB/OL]. (2019-12-4) [2020-08-21]. https://docs.opencv.org/2.4/modules/calib3d/doc/camera_calibration_and_3d_reconstruction.html.
[78] 为什么编码器需要挡光板? [EB/OL]. (2019-02-27) [2020-08-21]. http://www.motion-control.com.cn/index.php?m=Article&a=show&id=346.
[79] 高钟毓. 惯性导航系统技术 [M]. 北京: 清华大学出版社, 2012.
[80] NÜCHTER A, LINGEMANN K, HERTZBERG J, et al. 6D SLAM—3D Mapping Outdoor Environments [J]. Journal of Field Robotics, 2007, 24 (8-9): 699-722.
[81] DONG H, BARFOOT T D. Lighting-invariant Visual Odometry Using Lidar Intensity Imagery and Pose Interpolation [J]. Field and Service Robotics, 2014, 92: 327-342.
[82] ZHANG J, SINGH S. Laser-visual-inertial Odometry and Mapping with High Robustness and Low Drift [J]. Journal of Field Robotics, 2018, 35 (8): 1242-1264.
[83] ZHANG J, SINGH S. LOAM: Lidar Odometry and Mapping in Real-time [C]. Berkeley: Robotics: Science and Systems, 2014.
[84] POMERLEAU F, COLAS F, SIEGWART R, et al. Comparing ICP Variants on Real-world Datasets [J]. Autonomous Robots, 2013, 34 (3): 133-148.
[85] HONG S, KO H, KIM J. VICP: Velocity Updating Iterative Closest Point Algorithm [C]. Anchorage: IEEE International Conference on Robotics and Automation, 2010.
[86] ZHANG J, SINGH S. Low-drift and Real-time Lidar Odometry and Mapping [J]. Autonomous Robots, 2017, 41 (2): 401-416.
[87] HARTLEY R, ZISSERMAN A. Multiple View Geometry in Computer Vision [M]. Cambrige: Cambridge University Press, 2003.

[88] GRISETTI G, STACHNISS C, BURGARD W. Improved Techniques for Grid Mapping with Rao-blackwellized Particle Filters [J]. IEEE Transactions on Robotics, 2007, 23 (1): 34-46.

[89] MURPHY K, RUSSELL S. Rao-blackwellised Particle Filtering for Dynamic Bayesian Networks [J]. Sequential Monte Carlo Methods in Practice, Springer, 2001, 24: 499-515.

[90] SCARAMUZZA D, FRAUNDORFER F. Visual Odometry [Tutorial] [J]. IEEE Robotics &Automation Magazine, 2011, 18 (4): 80-92.

[91] ROSTEN E, PORTER R, DRUMMOND T. Faster and Better: A Machine Learning Approach to Corner Detection [J]. IEEE Transactions on Pattern Analysis and Machine Intelligence, 2008, 32 (1): 105-119.

[92] G L. Distinctive Image Feature from Scale-invariant Key Points [J]. International Journal of Computer Vision, 2004, 60 (2): 91-110.

[93] GOOL H. SURF: Speeded Up Robust Features [M]. Berlin: Springer, 2006.

[94] KONOLIGE E. ORB: An Efficient Alternative to SIFT or SURF [C]. International Conference on Cumputer Vision, 2011.

[95] BRUHN A, WEICKERT J, SCHNÖRR C. Lucas/Kanade Meets Horn/Schunck: Combining Local and Global Optic Flow Methods [J]. International Journal of Computer Vision, 2005, 61 (3): 211-231.

[96] BAKER S, MATTHEWS I. Lucas-Kanade 20 Years on: A Unifying Framework [J]. International Journal of Computer Vision, 2004, 56 (3): 221-255.

[97] NAGEL H H. On the Estimation of Optical Flow: Relations Between Different Approaches and Some New Results [J]. Artificial Intelligence, 1987, 33 (3): 299-324.

[98] BLACK M J, ANANDAN P. The Robust Estimation of Multiple Motions: Parametric and Piecewise-smooth Flow Fields [J]. Computer Vision and Image Understanding, 1996, 63 (1): 75-104.

[99] FLEET D J, JEPSON A D. Computation of Component Image Velocity from Local Phase Information [J]. International Journal of Computer Vision, 1990, 5 (1): 77-104.

[100] LONGUET-HIGGINS H C. A Computer Algorithm for Reconstructing a Scene from Two Projections [J]. Nature, 1981, 293 (5828): 133-135.

[101] ZHANG Z, HANSON A R. 3D Reconstruction Based on Homography Mapping [J]. Proceedings of ARPA, 1996, 96: 1007-1012.

[102] GAO X S, HOU X R, TANG J, et al. Complete Solution Classification for the Perspective-Three-point Problem [J]. IEEE Transactions on Pattern Analysis and Machine Intelligence, 2003, 25 (8): 930-943.

[103] LEPETIT V, MORENO-NOGUER F, FUA P. EPnP: An Accurate O(n) Solution to the PnP Problem [J]. International Journal of Computer Vision, 2009, 81 (2): 155.

[104] PENATE-SANCHEZ A, ANDRADE-CETTO J, MORENO-NOGUER F. Exhaustive Linearization for Robust Camera Pose and Focal Length Estimation [J]. IEEE Transactions on Pattern Analysis and Machine Intelligence, 2013, 35 (10): 2387-2400.

[105] LI Y, FAN S, SUN Y, et al. Bundle Adjustment Method Using Sparse BFGS Solution [J]. Remote Sensing Letters, 2018, 9 (8): 789-798.

[106] ENGEL J, KOLTUN V, CREMERS D. Direct Sparse Odometry [J]. IEEE Transactions on Pattern Analysis and Machine Intelligence, 2017, 40 (3): 611-625.

[107] FORSTER C, ZHANG Z, GASSNER M, et al. SVO: Semidirect Visual Odometry for Monocular and Multicamera Systems [J]. IEEE Transactions on Robotics, 2017, 33 (2): 249-265.

[108] ENGEL J, SCHÖPS T, CREMERS D. LSD-slam: Large-scale Direct Monocular SLAM [C]. Zurich: European Conference on Computer Vision, 2014.

[109] CADENA C, et al. Past, Present, and Future of Simultaneous Localization and Mapping: Toward the Robust-perception Age [J]. IEEE Transactions on Robotics, 2016, 32 (6): 1309-1332.

[110] CHOI Y, et al. KAIST Multi-spectral Day/Night Data Set for Autonomous and Assisted Driving [J]. IEEE Transactions on Intelligent Transportation Systems, 2018, 19 (3): 934-948.

[111] MOURIKIS A I, ROUMELIOTIS S I. A Multi-state Constraint Kalman Filter for Vision-aided Inertial Navigation [C]. Roma: IEEE International Conference on Robotics and Automation, 2007.

[112] BLOESCH M, OMARI S, HUTTER M, et al. Robust Visual Inertial Odometry Using a Direct EKF-based Approach [C]. Hamburg: International Conference on Intelligent Robots and Systems (IROS), 2015.

[113] LEUTENEGGER S, LYNEN S, BOSSE M, et al. Keyframe-based Visual-inertial Odometry Using Nonlinear Optimization [J]. The International Journal of Robotics Research, 2015, 34 (3): 314-334.

[114] MUR-ARTAL R, TARDÓS J D. Orb-slam2: An Open-source SLAM System for Monocular, Stereo, and RGB-D Cameras [J]. IEEE Transactions on Robotics, 2017, 33 (5): 1255-1262.

[115] QIN T, LI P, Shen S. Vins-Mono: A Robust and Versatile Monocular Visual-inertial State Estimator [J]. IEEE Transactions on Robotics, 2018, 34 (4): 1004-1020.

[116] MUSTANIEMI J, KANNALA J, SÄRKKÄ S, et al. Inertial-based Scale Estimation for Structure from Motion on Mobile Devices [C]. Vancouver: International Conference on Intelligent Robots and Systems (IROS), 2017.

[117] DOMÍNGUEZ-CONTI J, YIN J, ALAMI Y, et al. Visual-inertial SLAM Initialization: A General Linear Formulation and a Gravity-observing Non-linear Optimization [C]. Munich: IEEE International Symposium on Mixed and Augmented Reality, 2018.

[118] QIN T, SHEN S. Robust Initialization of Monocular Visual-inertial Estimation on Aerial Robots [C]. Vancouver: International Conference on Intelligent Robots and Systems (IROS), 2017.

[119] ZHANG J, SINGH S. Visual-lidar Odometry and Mapping: Low Drift, Robust, and Fast [C]. IEEE International Conference on Robotics and Automation, 2015.

[120] YANG J, LI H, CAMPBELL D, et al. Go-ICP: A Globally Optimal Solution to 3D ICP Point-Set Registration [J]. IEEE Transactions on Pattern Analysis and Machine Intelligence (TPAMI), 2015, 38 (11): 2241-2254.

[121] DESCHAUD J E. IMLS-SLAM: Scan-to-model Matching Based on 3D Data [C]. Brisbane: 2018 IEEE International Conference on Robotics and Automation, 2018.

[122] CHUI H, RANGARAJAN A. A New Point Matching Algorithm for Non-rigid Registration [J]. Computer Vision and Image Understanding, 2003, 89 (2-3): 114-141.

[123] ARUN K S, HUANG T S, BLOSTEIN S D. Least-squares Fitting of Two 3D Point Sets [J]. IEEE Transactions on Pattern Analysis and Machine Intelligence, 1987 (5): 698-700.

[124] RUSU R B, MARTON Z C, BLODOW N, et al. Persistent Point Feature Histograms for 3D Point Clouds [C]. Baden-Baden: Proceedings of the 10th International Conference on Intelligent Autonomous Systems, 2008.

[125] CUMMINS M, NEWMAN P. FAB-MAP: Probabilistic Localization and Mapping in the Space of Appearance [J]. The International Journal of Robotics Research, 2008, 27 (6): 647-665.

[126] GÁLVEZ-LÓPEZ D, TARDOS J D. Bags of Binary Words for Fast Place Recognition in Image Sequences [J]. IEEE Transactions on Robotics, 2012, 28 (5): 1188-1197.

[127] JÉGOU H, DOUZE M, SCHMID C, et al. Aggregating Local Descriptors into a Compact Image Representation [C]. San Francisco: 2010 IEEE Computer Society Conference on Computer Vision and Pattern Recognition, 2010.

[128] TORII A, ARANDJELOVIC R, SIVIC J, et al. 24/7 Place Recognition by View Synthesis [C]. Boston: IEEE Conference on Computer Vision and Pattern Recognition, 2015.

[129] MILFORD M J, WYETH G F. SeqSLAM: Visual Route-based Navigation for Sunny Summer Days and

Stormy Winter Nights [C]. Saint Paul: 2012 IEEE International Conference on Robotics and Automation, 2012.

[130] LYNEN S, BOSSE M, FURGALE P, et al. Placeless Place-recognition [C]. Tokyo: 2014 2nd International Conference on 3D Vision, 2014.

[131] LATIF Y, CADENA C, NEIRA J. Robust Loop Closing over Time for Pose Graph SLAM [J]. The International Journal of Robotics Research, 2013, 32 (14): 1611-1626.

[132] KONOLIGE K, AGRAWAL M. FrameSLAM: From Bundle Adjustment to Real-time Visual Mapping [J]. IEEE Transactions on Robotics, 2008, 24 (5): 1066-1077.

[133] SCHUSTER F, KELLER C G, RAPP M, et al. Landmark Based Radar SLAM Using Graph Optimization [C]. Rio de Janeiro: 2016 IEEE 19th International Conference on Intelligent Transportation Systems, 2016.

[134] KAESS M, RANGANATHAN A, DELLAERT F. iSAM: Incremental Smoothing and Mapping [J]. IEEE Transactions on Robotics, 2008, 24 (6): 1365-1378.

[135] KOLLER D, FRIEDMAN N. Probabilistic Graphical Models: Principles and Techniques [M]. Cambridge: The MIT press, 2009.

[136] DELLAERT F. Factor Graphs and GTSAM: A Hands-on Introduction [R]. Atlanta: Georgia Institute of Technology, 2012.

[137] CORTÉS J, JAILLET L, SIMÉON T. Disassembly Path Planning for Complex Articulated Objects [J]. IEEE Transactions on Robotics, 2008, 24 (2): 475-481.

[138] BOSSE M, NEWMAN P, LEONARD J, et al. An Atlas Framework for Scalable Mapping [C]. Taipei: 2003 IEEE International Conference on Robotics and Automation, 2003.

[139] THRUN S, KOLLER D, GHAHMARANI Z, et al. SLAM Updates Require Constant Time [C]. Nice: Workshop on the Algorithmic Foundations of Robotics, 2002.

[140] EUSTICE R M, SINGH H, LEONARD J J. Exactly Sparse Delayed-state Filters for View-based SLAM [J]. IEEE Transactions on Robotics, 2006, 22 (6): 1100-1114.

[141] GRISETTI G, KÜMMERLE R, STRASDAT H, et al. g2o: A General Framework for Graph Optimization [C]. Shanghai: 2011 IEEE International Conference on Robotics and Automation, 2011.

[142] LOURAKIS M I A, ARGYROS A A. SBA: A Software Package for Generic Sparse Bundle Adjustment [J]. ACM Transactions on Mathematical Software, 2009, 36 (1): 1-30.

[143] KONOLIGE K, GRISETTI G, KÜMMERLE R, et al. Efficient Sparse Pose Adjustment for 2D Mapping [C]. Taipei: 2010 IEEE/RSJ International Conference on Intelligent Robots and Systems, 2010.

[144] OLSON E, AGARWAL P. Inference on Networks of Mixtures for Robust Robot Mapping [J]. The International Journal of Robotics Research, 2013, 32 (7): 826-840.

[145] SÜNDERHAUF N, PROTZEL P. Switchable Constraints for Robust Pose Graph SLAM [C]. Vilamoura: 2012 IEEE/RSJ International Conference on Intelligent Robots and Systems, 2012.

[146] CASAFRANCA J J, PAZ L M, PINIÉS P. A Back-end L1 Norm Based Solution for Factor Graph SLAM [C]. Tokyo: 2013 IEEE/RSJ International Conference on Intelligent Robots and Systems, 2013.

[147] DJURIC P M, KOTECHA J H, ZHANG J, et al. Particle Filtering [J]. IEEE Signal Processing Magazine, 2003, 20 (5): 19-38.

[148] FOX D, BURGARD W, DELLAERT F, et al. Monte Carlo Localization: Efficient Position Estimation for Mobile Robots [J]. AAAI/IAAI, 1999, 1999 (343-349): 2-2.

[149] THRUN S, FOX D, BURGARD W, et al. Robust Monte Carlo Localization for Mobile Robots [J]. Artificial Intelligence, 2001, 128 (1-2): 99-141.

[150] LEVINSON J, MONTEMERLO M, THRUN S. Map-based Precision Vehicle Localization in Urban Environments [C]. Atlanta: Robotics: Science and Systems, 2007.